电路分析简明教程

主　编　刘文胜　陈雪娇

华中科技大学出版社
中国·武汉

内 容 简 介

根据高校的教学大纲要求和教学现状，本书分为 10 章，主要内容包括三个部分。第一部分为电阻电路的分析，我国包括：集总参数电路中电压、电流的约束关系，运用独立电流、电压变量的分析方法，叠加方法、分解方法以及单口网络。第二部分为动态电路的相量分析法，包括：正弦稳态电路的分析，正弦稳态的功率和能量计算，频率响应与网络函数，耦合电感和理想变压器。第三部分为动态电路的时域分析，包括：电容元件和电感元件的性质，一阶电路的分析。

本书适用于高校工科各电类专业和涉及用电知识的相关专业，也可作为有关高校理科院系电路课程的教材或参考书。

图书在版编目(CIP)数据

电路分析简明教程/刘文胜，陈雪娇主编. —武汉：华中科技大学出版社，2018.8(2024.1 重印)
ISBN 978-7-5680-4439-4

Ⅰ.①电… Ⅱ.①刘… ②陈… Ⅲ.①电路分析-教材 Ⅳ.①TM133

中国版本图书馆 CIP 数据核字(2018)第 183303 号

电路分析简明教程
Dianlu Fenxi Jianming Jiaocheng

刘文胜　陈雪娇　主编

策划编辑：范　莹
责任编辑：刘辉阳
封面设计：原色设计
责任校对：张会军
责任监印：周治超
出版发行：华中科技大学出版社(中国·武汉)　电话：(027)81321913
武汉市东湖新技术开发区华工科技园　邮编：430223
录　　排：武汉市洪山区佳年华文印部
印　　刷：武汉市洪林印务有限公司
开　　本：787mm×1092mm　1/16
印　　张：16.25
字　　数：412 千字
版　　次：2024 年 1 月第 1 版第 2 次印刷
定　　价：42.00 元

前　　言

“电路分析”是高等院校理工科学生必修的专业基础课程之一，也是电类专业学生知识结构的重要组成部分。该课程在人才培养中起着十分重要的作用。同样地，在机械、化工等需要较多电学知识的非电类专业学生的知识体系中，电学理论和电路分析的知识也十分重要。

“电路分析”课程的教材为早年的《电工与电子技术》等书籍，讲授的是以集总参数电路为研究对象的基本理论和分析方法，所编写的是研究电路及其规律的一门基础学科，具有很强的实践性。在时代进步的今天，编写本书是为了纳入新知识、新技术，力争达到理论与实践相结合，通过学习使学生掌握电类技术人员必须具备的电路基础理论、基本分析方法，并掌握各种常用电工仪器、仪表的使用及简单的电工测量方法，为后续专业课的学习和步入社会后的工程实践打下一定的基础。同时使学习者通过本课程的学习能够提高自身的思维能力、逻辑推理能力、理论联系实际的技术应用能力。

本书根据我国高等院校的课程设置和教学现状，结合作者多年的教学实践经验，对该课程的原有教学内容进行了调整。全书分为10章。第一部分为电阻电路的分析，其内容包括：集总参数电路中电压、电流的约束关系，运用独立电流、电压变量的分析方法，叠加方法、分解方法以及单口网络。第二部分为动态电路的相量分析法，其内容包括：正弦稳态电路的分析，正弦稳态的功率和能量计算，频率响应与网络函数，耦合电感和理想变压器。第三部分为动态电路的时域分析，其内容包括：电容元件和电感元件的性质，一阶电路的分析。为便于读者自学，各章节后都附有小结和习题。

本课程的先修课程是“高等数学”，后续课程为“电子技术基础”“电力电子技术”“信号与系统”“高频电子线路”等。

参与本书编写的有华南理工大学广州学院的刘文胜老师（第4、5、6、7章）和陈雪娇老师（第8、9、10章），第1、2、3章的内容由两位老师共同协商编写。全书由刘文胜统稿，王羽负责本教材课题组的创建和科研项目的管理工作。

在本书编写过程中，何志伟教授、冯金垣教授对课程建设提出了宝贵意见。在近年来的教材使用中，曹英烈和刘国富博士、尼喜和曹闹昌副教授、谢永红老师等对教材的修订提出了宝贵意见和精辟见解，同时兄弟院校同仁对教材建设给予的无私支援和帮助，在此深表谢意。同时，对书中所引用的参考文献和网络资源的作者，在此一并表示感谢。

本书的编写与出版得到了范莹编辑的鼎力相助和华中科技大学出版社的大力支持，特别予以致谢。

受作者学识水平所限，书中难免有疏漏和不足之处，敬请读者批评指正。

编　者

2023年10月修订

目　　录

第1章 电路的基本概念和基本定律

知识要点

- 了解电路和电路模型的概念；
- 理解电流、电压和电功率的概念，理解和掌握电路基本元件的特性；
- 掌握电位和电功率的计算方法；会应用基尔霍夫定律分析电路。

随着科学技术的飞速发展，现代电工电子设备的种类日益繁多，规模和结构更是日新月异，但无论怎样设计和制造，其本质都是由各种基本电路组成的。所以，学习电路的基础知识，掌握分析电路的基本规律与方法，是学习电学理论的重要内容，也是进一步学习电机、电气和电子技术的基础。本章重点讲解有关电路的基本概念、基本元件特性和电路基本定律。

1.1 电路与电路模型

1.1.1 电路的概念

1. 电路及其组成

简单地讲，电路是电流通过的路径。实际电路通常由各种电路元器件（如电源、电阻器、电感线圈、电容器、变压器、仪表、晶体管等）组成。每一种电路元器件都具有各自不同的电磁特性和功能，按照需要把相关电路元器件按一定方式进行组合和连接，就构成了一个个电路。如果某个电路元器件的数目很多，而且电路结构较为复杂，则通常把这些电路称为电网络，简称网络。

手电筒电路、单个照明灯电路是实际应用中较为简单的电路，而电动机电路、雷达导航设备电路、计算机电路、电视机电路、4G 手机电路则是较为复杂的电路。但不管简单还是复杂，电路的基本组成都离不开三个基本环节：电源、负载和中间环节。

电源是向电路提供电能的装置。它可以将其他形式的能量，如化学能、热能、机械能、原子能等转换为电能。在电路中，电源是激励源，是激发和产生电流的因素。负载是消耗电能的装置，其作用是把电能转换为其他形式的能（如机械能、热能、光能等）。通常在生产与生活中经常用到的电灯、电动机、电炉、手机等用电设备，都是电路中的负载。中间环节在电路中起着传递电能、分配电能和控制整个电路的作用。最简单的中间环节即开关和导线。一个实用电路的中间环节通常还有一些保护和检测装置。复杂的中间环节可以是由许多电路元件组成的网络系统。

图 1-1 所示的手电筒照明电路中，电池作为电源，电灯泡作为负载，导线和开关作为中间

环节将电灯泡和电池连接起来。

2. 电路的种类及功能

实际工程应用中的电路，根据功能可分为两大类：一是完成能量的传输、分配和转换的电路，如图 1-1 所示，电池通过导线将电能传递给电灯泡，电灯泡将电能转化为光能和热能。这类电路的特点通常是大功率、大电流；二是实现对电信号的传递、变换、存储和处理的电路，图 1-2 所示的是一个扩音机的工作过程。传声器将声波信号转换为电信号，即转换为相应的电压和电流，经过放大器处理后，通过电路传递给扬声器，再由扬声器转换为声音信号。这类电路的特点是小功率、小电流。

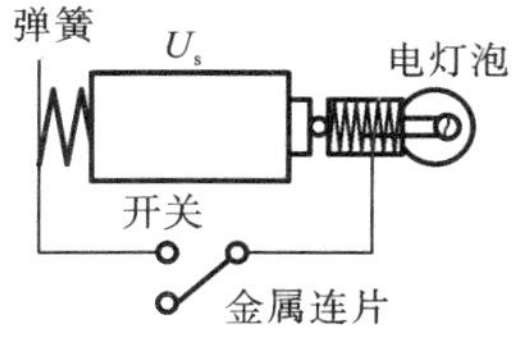

图 1-1　手电筒照明电路

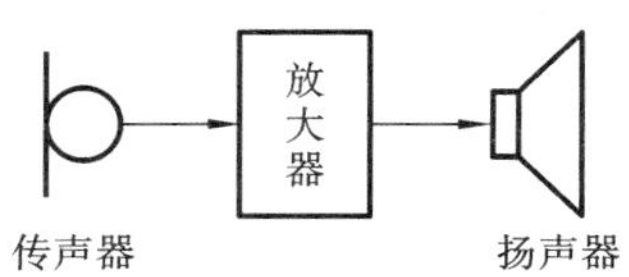

图 1-2　扩音机的工作过程

1.1.2　电路模型

电路分析，是指对由理想元器件组成的电路模型进行定性或定量的分析。实际电路的电磁转换过程是相当复杂的，难以进行有效的分析和计算。在电路理论中，为了方便实际电路的分析和计算，通常在实际工程允许的条件下对实际电路进行模型化处理，即忽略次要因素，抓住足以反映其功能的主要电磁特性，抽象出实际电路元器件的“电路模型”。

例如电阻器、电灯泡、电炉等，这些电气设备接收电能并将电能转换成光能或热能，由于光和热的散失性，光能和热能不可能再直接回到电路中。因此，把这种能量转换过程不可逆的电磁特性称为耗能。这些电气设备除了具有耗能的电磁特性外，还有一些其他的电磁特性，但在研究和分析问题时，即使忽略这些电磁特性，也不会影响整个电路的分析和计算。因此，可以用一个只具有耗能特性的“电阻元件”作为其电路模型。

将实际电路元器件理想化得到的只具有某种单一电磁特性的元件，称为理想电路元件，简称电路元件。每一种电路元件体现某种基本现象，即具有某种确定的电磁特性和精确的数学定义。常用的有表示将电能转换为热能的电阻元件、表示电场性质的电容元件、表示磁场性质的电感元件，以及电压源元件和电流源元件等，其电路图形符号如图 1-3 所示。

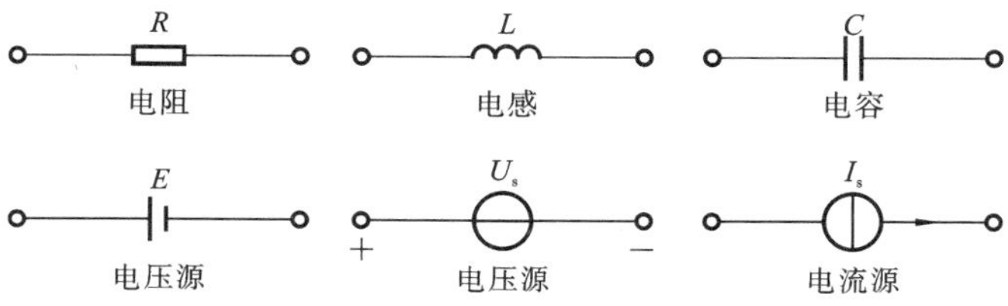

图 1-3　理想电路元件的图形符号

由理想电路元件相互连接组成的电路称为电路模型。电池对外提供电压的同时，内部也有电阻消耗能量，所以电池用其电压源和内阻 R_0 的串联表示。电灯泡除了具有消耗电能的性质(电阻性)外,通电时还会产生磁场,具有电感性。但电感微弱,可以忽略不计,于是可将电灯泡作为电阻元件,用 R 表示。图 1-4 所示的是图 1-1 所示实际电路的电路模型。

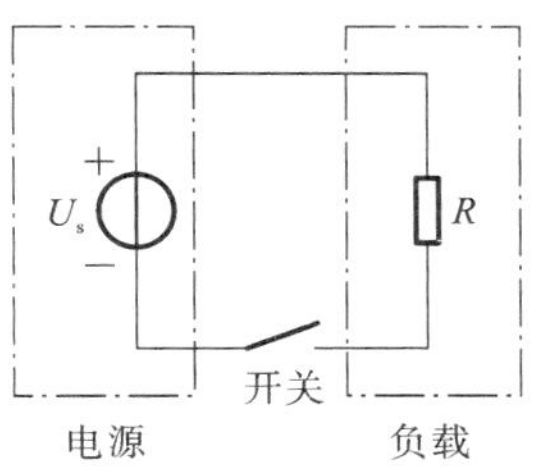

图 1-4 手电筒照明电路的电路模型

1.1.3 集总参数电路

电路的工作环境有直流、交流、低频和高频之分。当实际电路中元件的物理尺寸远小于其最高工作频率所对应的波长时,将其称为"集总参数电路"。在集总参数电路中,电路元件(简称元件)只反映一种基本的电磁现象,且可由数学方法予以定义。例如:电阻只涉及消耗电能的现象和属性;电容只涉及与电场有关的现象和属性;电感只涉及与磁场有关的现象和属性。电场、磁场被认为只集中在相应元件的内部,元件外部的场量为零。此外,还有电压源、电流源等多种元件,各种元件可用图形符号表示。在一定的条件下,有些器件的模型较简单,只涉及一种元件,而有些零件、器件的模型则由几种元件构成。图 1-4 所示电路中,电灯泡的电感是极其微弱,可忽略不计,所以用一个电阻元件 R 作为其理想化模型,电池的模型则由电压源元件 U_s 表示。

在集总参数电路模型中,不用考虑电路中电场与磁场之间的相互作用,以及电磁波的传播现象,而只认为电能的传送是瞬间完成的。若电路的物理尺寸大于最高工作频率所对应的波长或二者属于同一数量级,则不能将其作为集总参数电路模型来分析和处理,应将其作为分布参数等效电路来进行分析处理。例如,工作频率为 2 GHz 的移动通信设备(手机),其信号为分米波,此类设备的电路不能作为集总参数电路来处理。但是,在日常生活中,电力设备的工作频率为 50 Hz,相应的波长 λ 为 6000 km,这种电路元件的物理尺寸远小于该波长,故此类电路可按集总参数电路来处理。

集总参数电路又分为两大类,即电阻性电路和动态电路。前者只含电阻元件和电源元件,又可简称电阻电路。本书第 1 章的内容就是电阻电路的分析。

1.2 电流、电压及其参考方向

电路中的变量是电流和电压。无论是电能的传输和转换,还是信号的传递和处理,都是这两个量变化的结果。因此,弄清楚电流与电压及其参考方向,对进一步掌握电阻电路的分析与计算是十分重要的。

1.2.1 电流及其参考方向

1. 电流的基本概念

电荷的定向移动形成电流。电流的大小用电流强度来衡量,电流强度简称电流,其定义为单位时间内通过导体横截面的电荷量,用 $i(t)$ 表示,即

$$i(t)=\frac{\mathrm{d}q}{\mathrm{d}t} \tag{1-1}$$

式中：i 表示随时间变化而变化的电流；dq 表示在 dt 时间内通过导体横截面的电量。

在国际单位制中，电流的单位为安培，简称安(A)。实际应用中，大电流用千安(kA)表示，小电流用毫安(mA)表示，或者用微安(μA)表示。它们的换算关系为

$$1\ \text{kA}=10^{3}\ \text{A}=10^{6}\ \text{mA}=10^{9}\ \mu\text{A}$$

在外电场的作用下，正电荷将沿着电场方向运动，而负电荷将逆着电场方向运动(在金属导体内，自由电子在电场力的作用下定向移动形成电流)，通常规定正电荷运动的方向为电流的实际方向。

电流有交流和直流之分，大小和方向都随时间变化而变化的电流称为交流电流。方向不随时间变化而变化的电流称为直流电流；大小和方向都不随时间变化而变化的电流称为稳恒直流。直流电流习惯上用大写字母 I 表示。

2. 电流的参考方向

在简单电路中，电流从电源正极流出，经过负载，然后回到电源的负极；在分析复杂电路时，一般很难判断电流的实际方向，而列方程、进行定量计算时则需要对电流约定一个方向。对于交流电流，电流的方向随时间改变而改变，无法用一个固定的方向表示，因此引入电流的“参考方向”。

参考方向可以任意设定，如用一个箭头表示某电流的假定正方向，就称其为该电流的参考方向。当电流的实际方向与参考方向一致时，电流的数值就为正值(即 $i>0$)，如图 1-5(a)所示；当电流的实际方向与参考方向相反时，电流的数值就为负值(即 $i<0$)，如图 1-5(b)所示。需要注意的是，未规定电流的参考方向时，电流的正负没有任何意义，如图 1-5(c)所示。

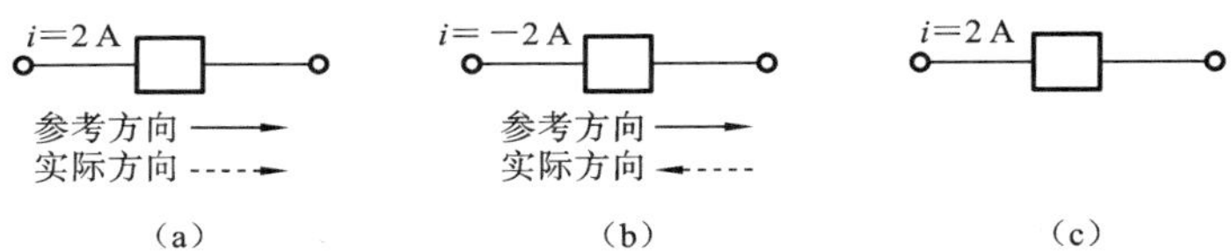

图 1-5　电流及其参考方向

1.2.2　电压及其参考方向

1. 电压的基本概念

如图 1-6 所示的闭合电路，在电场力的作用下，正电荷从电源正极 a 经过导线和负载流向负极 b，从而形成电流，电场力对电荷做了功。

电场力把单位正电荷从 a 点经外电路(电源以外的电路)移送到 b 点所做的功，其大小等于 a、b 两点之间的电压，记作 U_{ab}。因此，电压是衡量电场力做功能力大小的物理量。

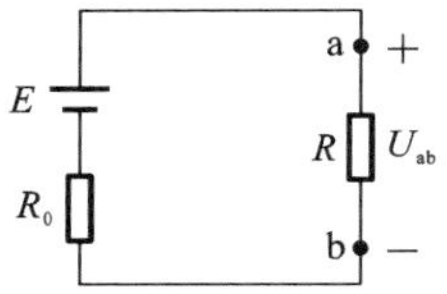

图 1-6　定义电压示意图

若电场力将正电荷 dq 从 a 点经外电路移送到 b 点所做的功为 dW，则 a、b 两点间的电压为

$$u_{ab}=\frac{dW}{dq} \tag{1-2}$$

在国际单位制中，电压的单位为伏特，简称伏(V)。实际应用中，高电压用千伏(kV)表示，低电压用毫伏(mV)表示，或者用微伏(μV)表示。它们的换算关系为

$$1\ kV=10^3\ V=10^6\ mV=10^9\ \mu V$$

规定电压的实际方向为从高电位指向低电位，在电路图中可用箭头来表示。

2. 电压的参考方向

在比较复杂的电路中，往往事先并不知道电路中任意两点间的电压，为了分析和计算的方便，与电流的方向规定类似，在分析计算电路之前必须对电压标以极性(正、负号)，或标以方向(箭头)，这种标法表示假定的参考方向，如图 1-7 所示。如果采用双下标标记，电压的参考方向意味着从前一个下标指向后一个下标，图 1-7 所示元件两端的电压记作 u_{ab}；若电压的参考方向选择由 b 点指向 a 点，则应写成 u_{ba}，即 $u_{ab}=-u_{ba}$。

图 1-7 电压参考方向的表示方法

分析及求解电路时，先按选定的电压参考方向进行分析、计算，再由计算结果中电压值的正负来判断电压的实际方向与参考方向是否一致；若电压值为正，则实际方向与参考方向相同，若电压值为负，则实际方向与参考方向相反。

为了便于识别与计算，对同一元件或同一段电路，通常将其电流 i 和电压 u 的参考方向选为一致，这样的方向称为关联参考方向，如图 1-7(a)所示；如果二者的参考方向相反，则称为非关联参考方向，如图 1-7(b)所示。

1.2.3 电位的概念及其分析计算

为了方便分析问题，常在电路中指定一点作为参考点，假定该点的电位是零，用符号“⊥”表示，如图 1-8 所示。在生产实践中，常把地球作为零电位点，凡是机壳接地的设备，机壳电位即为零电位。有些设备或装置，机壳并不接地，而是把许多元件的公共点作为零电位点，用符号“⊥”表示。

电路中其他各点相对于参考点的电压即是各点的电位。因此，任意两点间的电压等于这两点间的电位之差，可以用电位的高低来衡量电路中某点电场能量的大小。

电路中各点电位的高低是相对的，参考点不同，各点电位的高低也会不同，但是电路中任意两点之间的电压与参考点的选择无关。电路中，凡是比参考点电位高的各点电位为正电位，比参考点电位低的各点电位为负电位。

【例 1-1】 求图 1-8 所示 a 点的电位值。

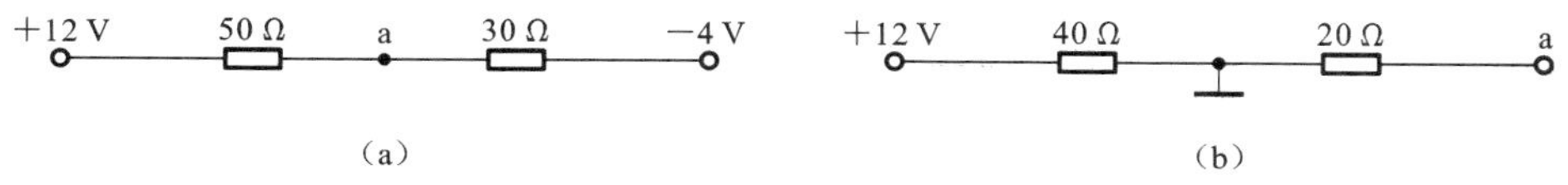

图 1-8 例 1-1 图

解 对于图 1-8(a)所示电路，有

$$U_a = -4\ \text{V} + \frac{30}{50+30} \times (12+4)\ \text{V} = 2\ \text{V}$$

对于图 1-8(b)所示电路，因 20 Ω 电阻的电流为零，故

$$U_a = 0\ \text{V}$$

【例 1-2】 求图 1-9 所示电路中 a 点的电位值。若开关 S 闭合，a 点的电位值又为多少？

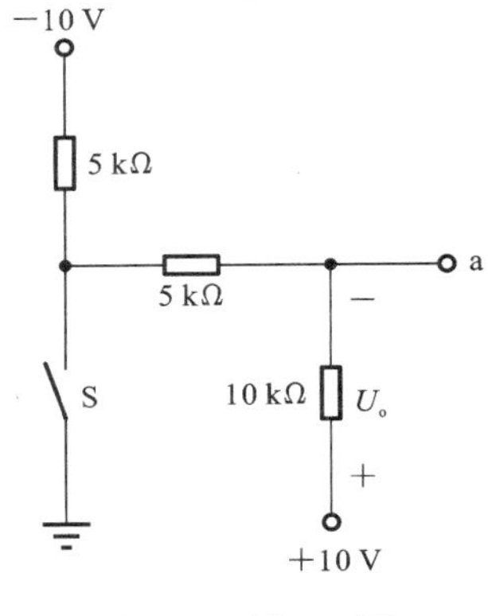

图 1-9 例 1-2 图

解 当开关 S 断开时，三个电阻串联。电路两端的电压为

$$U = [10 - (-10)]\ \text{V} = 20\ \text{V}$$

电流方向由 +10 V 端经三个电阻至 −10 V 端，则 10 kΩ 电阻两端的电压为

$$U_o = 20 \times \frac{10}{5+5+10}\ \text{V} = 10\ \text{V}$$

根据电压与电位的关系，可得

$$V_a = 10 - U_o = (10-10)\ \text{V} = 0\ \text{V}$$

开关 S 闭合后，有

$$V_a = \frac{5}{5+10} \times 10\ \text{V} = 3.33\ \text{V}$$

【扩展阅读】

防电击接地电路

电气设备的金属外壳或机架通过接地装置与大地直接连接，其目的是防止设备的金属外壳带电而造成触电的危险。当人体触碰到外壳带电的电气设备时，由于接地装置的接触电阻远小于人体电阻，绝大部分电流经接地装置进入大地，只有很小部分电流流过人体，不会对人的生命造成危害。保护地可以直接接在电气接地网上，其接地电阻一般小于 10 Ω。正常人的人体电阻一般为 700～800 Ω。图 1-10(a)和图 1-10(b)所示的分别表示设备外壳接地的情况和对应的电路模型。

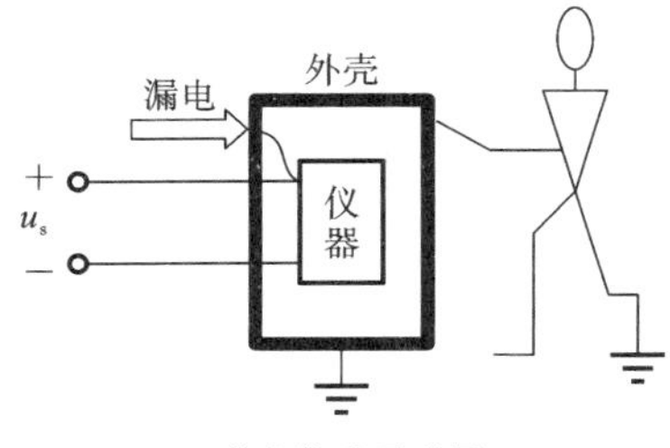

(a) 外壳接地示意图

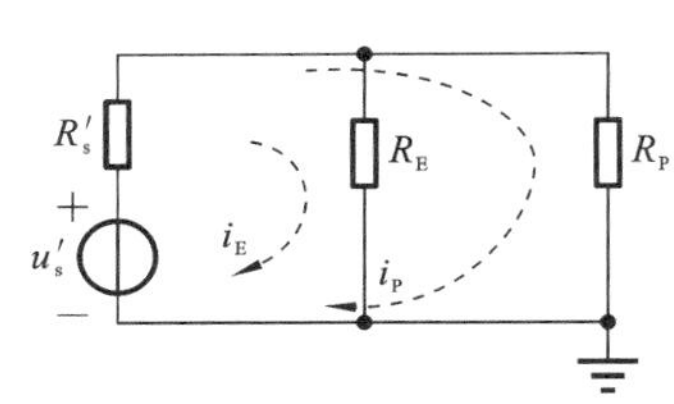

(b) 外壳接地电路模型

图 1-10 防电击接地电路

其中，u_s 表示电源电压；u'_s 表示漏电电压；R'_s 表示漏电电源的内电阻，R_E 和 R_P 分别表示外壳接地电阻和人体电阻。由于 $R_E \ll R_P$，所以大部分漏电电流经外壳接地线流入大地。显然，外壳接地电阻越小，流过人体的电流也就越小。所以，人体接触外壳接地的电气设备就比较安全。

1.3 电功率及电能的概念和计算

1.3.1 电功率

当任意二端电路有电流通过时，该电路总会和外部电路发生能量交换。电路中伴随电压、电流的电磁场的能量，称为电能，用 W 表示。功率是衡量电能转换速率的一个物理量。功率是指某一段电路吸收或提供能量的速率。电路在单位时间内所转换的电能称为瞬间功率，用 $P(t)$表示，即

$$P(t)=\frac{\mathrm{d}W}{\mathrm{d}t} \tag{1-3}$$

式中：$\mathrm{d}W$ 为 $\mathrm{d}t$ 时间内电场力所做的功；功率的单位为瓦特(W)；电能的单位为焦耳(J)。

在关联参考方向下，有 $u(t)=\frac{\mathrm{d}W}{\mathrm{d}q}$、$i(t)=\frac{\mathrm{d}q}{\mathrm{d}t}$，故瞬时功率又可表示为

$$P(t)=\frac{\mathrm{d}W}{\mathrm{d}t}=u(t)i(t) \tag{1-4}$$

可见，元件吸收或发出的功率等于元件上的电压乘以元件上的电流。

如同电流、电压可以作为代数量处理一样，也可以为功率设定参考方向，当功率的实际方向与参考方向一致时，功率为正；相反时，功率为负。从式(1-4)的推导过程可知，一段电路在电压、电流选取关联参考方向的情况下，功率的参考方向指定为电流进入该电路的方向。对于图 1-7(a)，则运用式(1-4)计算而得到的功率为正，说明功率的实际方向与参考方向一致，也就是，该电路吸收功率。

在电路分析中，常常仅标识电流、电压的参考方向。此时，如果电流、电压的参考方向一致，则电路所吸收的功率为该段电路的端电压与线电流的乘积。功率 P 为正值，该段电路吸收功率；P 为负值，则该段电路释放功率，即该段电路向外输出功率，或者说提供功率。

电路中的各个组成部分，在能量转化中所起到的作用不尽相同。电源的作用是把其他形式的能量转换成电能，即提供电功率；负载的作用是把电能转化成其他形式的能量，即消耗电功率；理想导线的作用是传输及分配电能。同时，完整的电路系统同样遵循能量守恒定律。

【例 1-3】 图 1-11 所示电路中，已知 $I=4$ A，$U_1=20$ V，$U_2=12$ V，$U_3=-8$ V，试问哪些元件是电源？哪些元件是负载？

解 (1) 由图 1-11 可知，元件 1 的电压与电流的参考方向为非关联参考方向，故

$$P_1=-U_1I=-20\times4\ \mathrm{W}=-80\ \mathrm{W}$$

负号说明元件 1 发出功率 80 W，即元件 1 是电源。

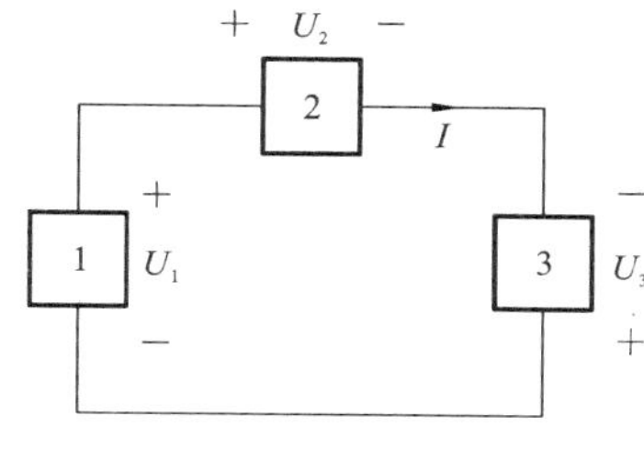

图 1-11 例 1-3 图

(2) 元件 2 的电压与电流的参考方向为关联参考方向，故

$$P_2=U_2I=12\times4\ \mathrm{W}=48\ \mathrm{W}$$

元件 2 吸收功率 48 W，即元件 2 是负载。

(3) 元件 3 的电压与电流的参考方向为非关联参考方向，故

$$P_3=-U_3I=[-(-8)\times4]\ \mathrm{W}=32\ \mathrm{W}$$

元件 3 吸收功率 32 W，即元件 3 是负载。

本例中，元件 2 和元件 3 的电压与电流的实际方向相同，二者吸收功率；元件 1 的电压与电流的实际方向相反，发出功率。由此可见，当电压与电流的实际方向相同时，电路一定是吸收功率，反之则是发出功率。实际电路中，电阻元件的电压与电流的实际方向总是一致的，说明电阻总在消耗能量；而电源则不然，其功率可能为正也可能为负，这说明它为电路提供电能，也可能被充电，吸收功率。在整个电路中，功率的代数和为零，满足能量守恒定律。

1.3.2 电能

电路在一段时间内消耗或提供的能量称为电能。根据式(1-4)，电路元件在 t_0 到 t 时间内消耗或提供的能量为

$$W=\int_{t_0}^{t} P\mathrm{d}t \tag{1-5}$$

在直流时

$$W=P(t-t_0) \tag{1-6}$$

在国际单位制中，电能的单位为焦耳(J)。1 J 等于 1 W 的用电设备在 1 s 内消耗的电能。通常电力部门用“度”作为单位测量用户消耗的电能，“度”是千瓦时(kW·h)的简称。1 度(或 1 kW·h)电等于功率为 1 kW 的元件在 1 h 内消耗的电能，即

$$1\ 度=1\ \mathrm{kW\cdot h}=10^3\times3600\ \mathrm{J}=3.6\times10^6\ \mathrm{J}$$

通过实际元件的电流过大，会导致温度升高使元件的绝缘材料损坏，甚至使导体熔化；而电压过大，则会将绝缘击穿，所以必须要加以限制。

电气设备或元件长期正常运行的电流容许值称为额定电流，其长期正常运行的电压容许值称为额定电压；额定电压和额定电流的乘积为额定功率。通常电气设备或元件的额定值标在产品的铭牌上。如一只 LED 灯泡标有“220 V、5 W”，则表示其额定电压为 220 V，额定功率为 5 W。

1.4 电阻元件

电阻元件、电感元件、电容元件都是理想的电路元件，它们均不提供电能，称为无源元件。其有线性元件和非线性元件之分，线性元件的参数为常数，与所施加的电压和电流无关。本章主要分析讨论线性电阻元件的特性。

1.4.1 电阻的定义及伏安特性

电阻器简称电阻，是实际电路中应用最广泛的一类元件。理想电阻元件是从实际电阻抽象出来的电路模型，只反映电阻对电流呈现阻力的性能。电阻的主要物理特征是将电能转换为热能，因此称为耗能元件。例如电热毯、电炉等元件的电路模型都可用电阻表示。在实际电路设计中，常见的部分电阻元件如图 1-12 所示。

一个二端元件，如果在任一时间 t，其端电压 u 和通过其中的电流 i 之间的关系是由 u-i 平

金属膜电阻

可变电阻

贴片电阻

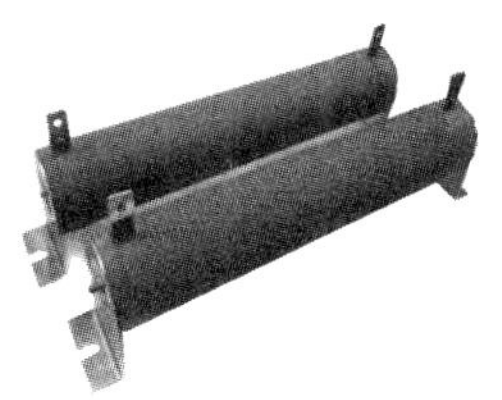

大功率电阻

图 1-12　常见的电阻元件

面上的一条曲线所确定的，则此二端元件称为电阻元件，用 R 表示。u-i 平面上的这条曲线称为电阻元件的伏安特性曲线。如果伏安特性曲线是一条过原点的直线，如图 1-13(a)所示，这样的电阻元件称为线性电阻元件，其图形符号如图 1-14(a)所示。如果电阻元件的伏安特性曲线是一条任意曲线，如图 1-13(b)所示，这样的电阻元件称为非线性电阻元件，如压敏电阻等非线性电阻，其图形符号如图 1-14(b)所示。本书中的电阻元件，除特别指明外，都是指线性电阻元件。

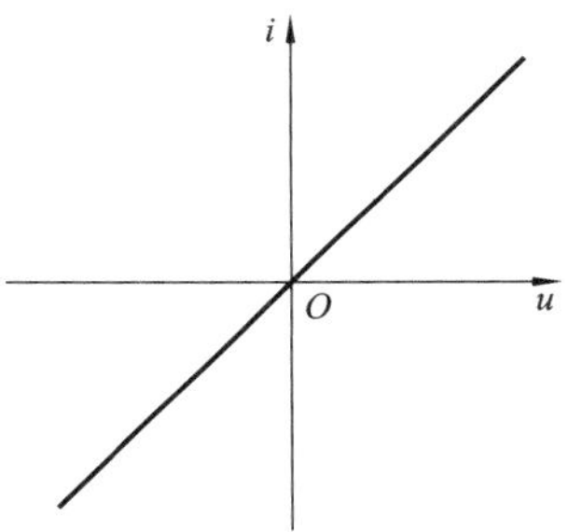

(a) 线性电阻的伏安特性曲线

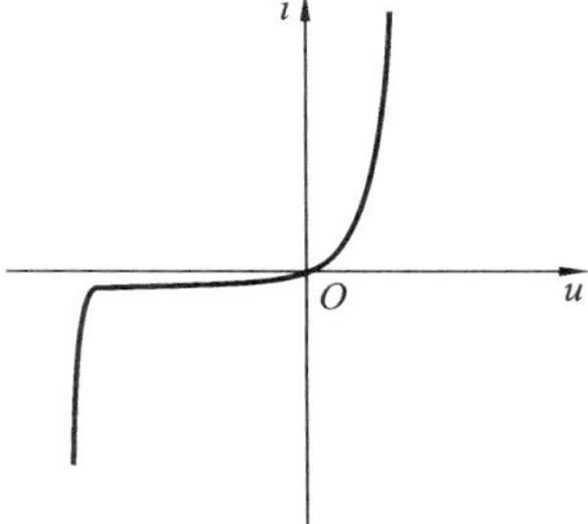

(b) 非线性电阻的伏安特性曲线

图 1-13　电阻元件的伏安特性曲线

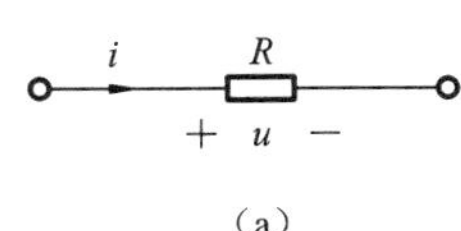

(a)

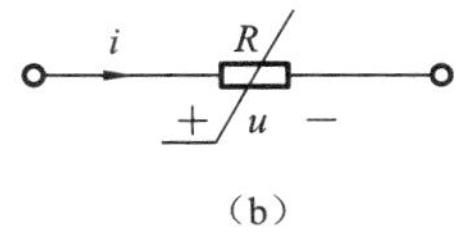

(b)

图 1-14　电阻元件的电路模型

图 1-14(a)所示的 u、i 的参考方向为关联参考方向，该线性电阻的伏安特性符合欧姆定律，即

$$u=Ri \tag{1-7}$$

式中：电阻的单位为欧姆，用符号 Ω 表示。在直流电路中，$U=RI$。

当 u、i 的参考方向为非关联参考方向时，电阻的伏安关系为 $u=-Ri$。在直流电路分析中，$U=-RI$。

电阻的倒数称为电导，用符号 G 表示，单位为西门子(S)，即

$$G=\frac{1}{R} \tag{1-8}$$

当 u、i 的参考方向为关联参考方向时，$i=Gu$。在直流电路分析中，$I=GU$。

1.4.2 电阻元件的功率和能量

当电压、电流的参考方向取关联参考方向时，电阻元件的功率为

$$p=ui=Ri^2=\frac{u^2}{R} \tag{1-9}$$

由于在一般情况下，电阻 R 为正实常数，故功率恒为正值，表明电阻吸收功率。

当电压、电流的参考方向取非关联参考方向时，电阻元件的功率为

$$p=-ui=-i(-Ri)=Ri^2=\frac{u^2}{R} \tag{1-10}$$

式(1-9)与式(1-10)的结论一致，则表明电阻吸收功率。因此电压、电流的参考方向不论是关联参考方向还是非关联参考方向，电阻元件恒定吸收功率，并把吸收的电能转换成其他形式的能量消耗掉，因此电阻是无源的耗能元件。电阻元件从时间 t_1 到 t_2 吸收的电能为

$$W=\int_{t_1}^{t_2}ui\,\mathrm{d}t=R\int_{t_1}^{t_2}i^2\,\mathrm{d}t \tag{1-11}$$

1.4.3 开路和短路

理想情况下，电阻有两种特殊值：① 电路断开或电阻值为无穷大，导致流过电阻的电流恒为零，电压可取任意值，这种状态称为开路，如图 1-15(a)所示，图中粗实线表示开路电压 u。② 元件短路或电阻值为零，即 $R_L=0$，电阻两端的电压恒为零，电流可取任意值，这种状态称为短路，如图 1-15(b)所示，图中粗实线表示短路电流 i。

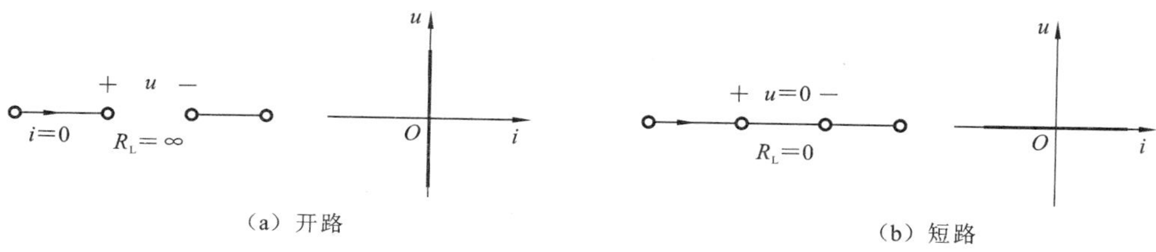

图 1-15 开路与短路

在实际工程中，若电路中某一处因断开而使电阻变为无穷大，则电流无法正常通过，导致电路中的电流为零，中断点两端的电压则为开路电压。一般情况下，开路状态对电路无太大损害。如果电路中的电源未经过负载而直接由导线接通形成短路，则这是一种严重的电路故障，会导致电源因电流过大而烧毁，严重时会发生火灾。因此，除特殊负载要求外，电源正常工作时不允许发生短路现象。

1.4.4 电阻元件的工程应用

电阻元件的应用十分广泛，在电子设备中占元件总数的 30%以上，其质量的好坏对电路工作的稳定性有极大的影响。电阻元件经常作为分流器、分压器或者负载使用。

在规定的环境温度和湿度下，假定周围空气不流通，在长期连续负载而不损坏或基本不改变性能的情况下，电阻允许消耗的最大功率称为电阻的额定功率。为保证安全使用，一般选其

额定功率为它在电路中消耗功率的1～2倍。额定功率分为19个等级，常用的有0.05 W、0.125 W、0.25 W、0.5 W、1 W、2 W、3 W、5 W、7 W、10 W。

对于柱形固定电阻，通常用色环表示法表示电阻值和电阻值的允许偏差（误差）。色环表示法，根据色环的环数，分为四色环表示法和五色环表示法等两种。在识别电阻值时，要从色环离引出线较近的一端读起。五色环电阻的颜色与阻值的关系如表1-1所示。

表1-1 五色环电阻的颜色与阻值的关系

色	第一条色环	第二条色环	第三条色环	第四条色环（倍乘数）	允许偏差/(%)
黑	0	0	0	$\times 10^0$	—
棕	1	1	1	$\times 10^1$	±1
红	2	2	2	$\times 10^2$	±2
橙	3	3	3	$\times 10^3$	—
黄	4	4	4	$\times 10^4$	—
绿	5	5	5	$\times 10^5$	±0.5
蓝	6	6	6	$\times 10^6$	±0.25
紫	7	7	7	$\times 10^7$	±0.1
灰	8	8	8	$\times 10^8$	—
白	9	9	9	$\times 10^9$	—
金	—	—	—	$\times 10^{-1}$	±5
银	—	—	—	$\times 10^{-2}$	±10
无色环	—	—	—	—	±20

图1-16(a)所示的是用四色环表示电阻的标称阻值和允许偏差，其中前三条色环表示电阻的标称阻值，最后一条表示其允许偏差；图1-16(b)所示的色环颜色依次为黄、紫、橙、金，则此电阻的标称阻值为$47\times10^3\ \Omega=47\ \text{k}\Omega$，允许偏差为±5%；图1-16(c)所示的是用五色环表示电阻的标称阻值和允许偏差。

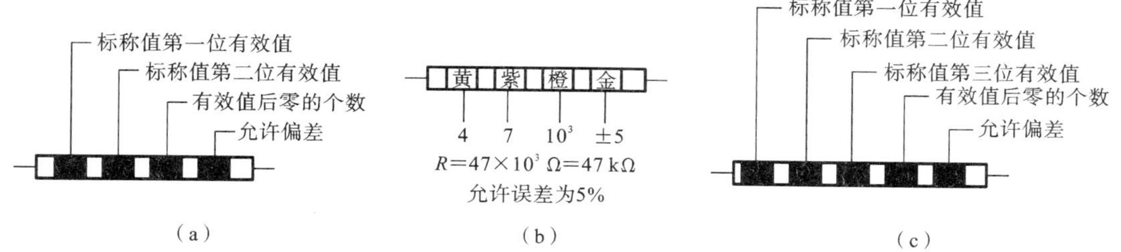

图1-16 电阻元件的色环表示法

【例1-4】 在图1-17所示电路中，已知电阻R两端的电压$U=5$ V，欲使流过R的电流$I=10$ mA，如何选取电阻R？

解 根据欧姆定律，有

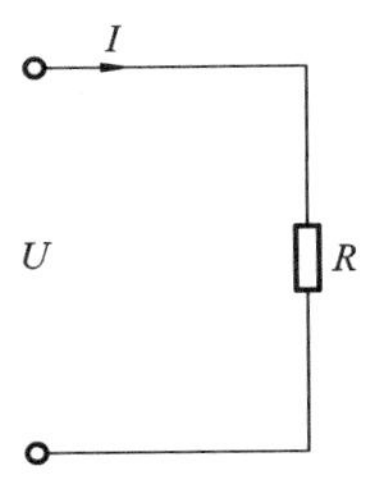

图 1-17 例 1-4 图

$$U=RI$$

则

$$R=\frac{U}{I}=\frac{5\ \text{V}}{10\times10^{-3}\ \text{A}}=500\ \Omega$$

电阻 R 消耗的功率为

$$P=I^2R=0.01^2\times500\ \text{W}=0.05\ \text{W}$$

考虑到要留有一定的裕量，所以选用 500 Ω、$\frac{1}{16}$ W 的精密电阻较为合适。

1.5 电压源与电流源

电源是电路的主要组成部分，所谓独立电源就是能够主动向外电路提供电能或电信号的有源电路元件，且提供的电压或电流与外电路无关。电路分析中的独立电源，是实际电源的理想化电路元件模型，如电气设备中的干电池、蓄电池、直流稳压电源、发电机等都是独立电源。另外，像扩音器使用的传声器、收音机磁棒上的线圈等能提供电信号的元件，统称为信号源。本章内容不讨论独立电源的内部构造及工作原理，只抽象地讨论其端口特性。根据独立电源提供电压、电流的不同，独立电源可分为独立电压源和独立电流源等两类。当独立电源所提供的电压或电流是不随时间变化而变化的物理量时，称为直流电源。本章分析讨论的电源都是直流电源。

1.5.1 实际电压源与理想电压源

实际电气设备中所用的电压源需要输出较为稳定的电压，即当负载的电流改变时，电压源所输出的电压值要尽量保持不变或接近恒定。但实际电压源总是有内阻存在的，因此当负载的电流增大时，电压源的端电压总会有所下降。实际电压源及其伏安特性曲线如图 1-18 所示。为了使设备能够稳定运行，工程应用中希望电压源的内阻越小越好。在理想情况下，当电压源的内阻 R_s 等于零时，无论通过它的电流为何值，电压源的输出电压始终为恒定值，即 U_s，则称其为理想独立电压源，简称理想电压源。理想电压源及其伏安特性曲线如图 1-19 所示。

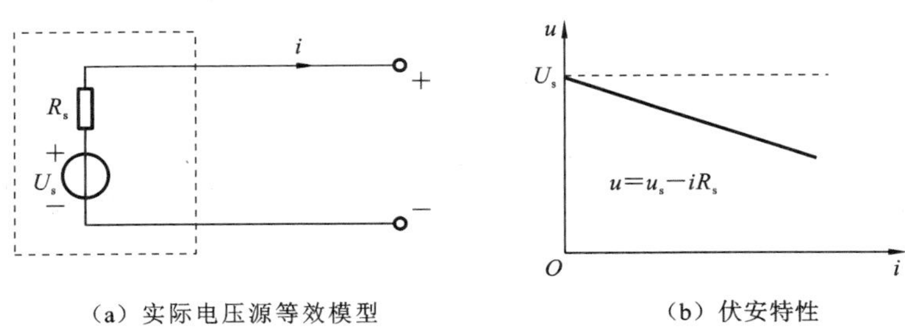

图 1-18 实际电压源及其伏安特性曲线

理想电压源具有以下两个基本性质。

(1) 其对外电路提供的端电压为定值 U_s，或是一定的时间函数 $u_s(t)$，与流过它的电流无

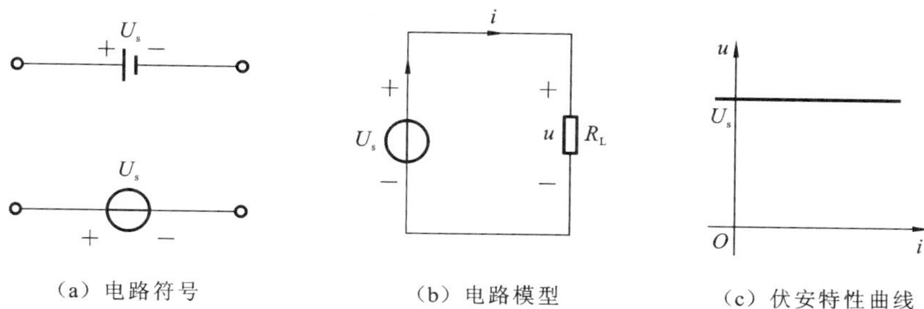

图 1-19 理想电压源及其伏安特性曲线

关，即与接入电路的方式无关。

(2) 流过理想电压源的电流由它本身与外电路共同决定。

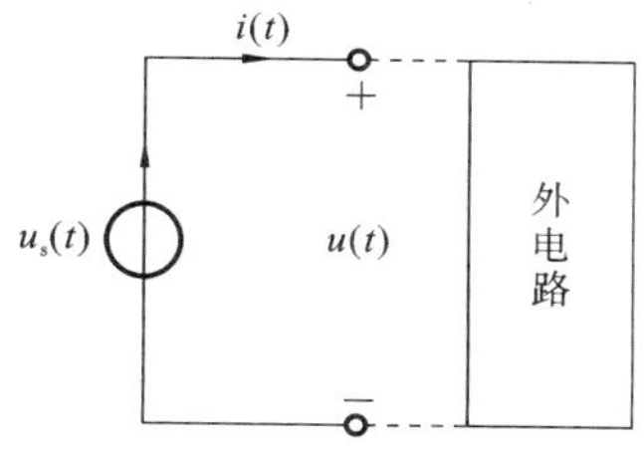

图 1-20 理想电压源的功率计算

实际电流可以流入或流出电压源，因而电压源既可以对外电路提供能量，也可以从外电路吸收能量，视电流的实际方向而定。当理想电压源按图 1-20 所示接入电路时，电压、电流的参考方向为非关联参考方向，电压源的功率为

$$p=-u_s(t)i(t)$$

若 $p<0$，则表明电压源发出功率，起电源作用；若 $p>0$，则表明电压源吸收功率，起负载作用。

1.5.2 实际电流源与理想电流源

能够提供恒定电流或基本不变的电流的独立电源称为独立电流源。实际电气设备中所用的独立电流源，往往是由实际电压源转换而来的电流源，它靠自动改变端电压来维持恒定电流。实际电流源的电路模型及其伏安特性曲线如图 1-21 所示。在理想情况下，当电源内阻 R_s 趋向无穷大时，无论它两端的电压为何值，电流源输出的电流始终为恒定值，即 i_s，则称其为理想化的独立电流源，简称理想电流源。理想电流源及其伏安特性曲线如图 1-22 所示。

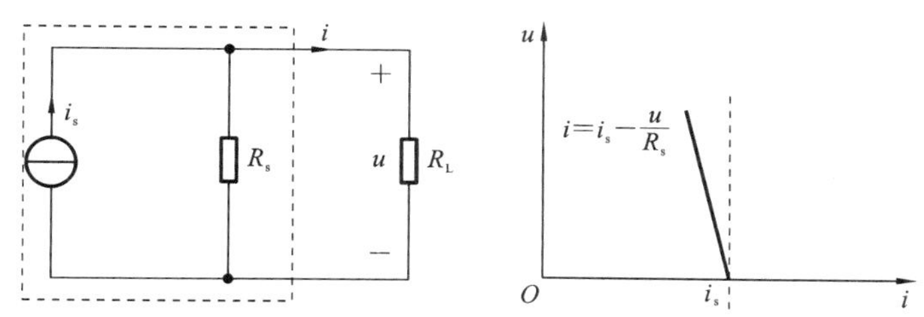

图 1-21 实际电流源等效模型及伏安特性

电流源具有以下两个基本性质。

(1) 其对负载提供的电流 I_s 为恒定值，或是确定的时间函数 $i_s(t)$，与其两端的电压无关，即与接入的电路无关。

(2) 加在理想电流源两端的电压由它本身与外电路共同确定。

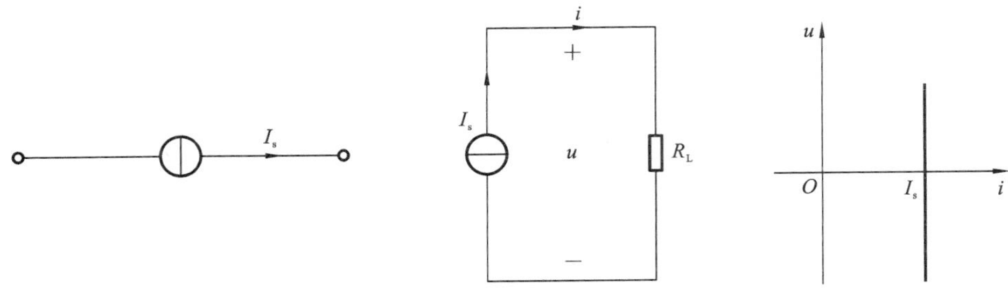

图 1-22　理想电流源及其伏安特性曲线

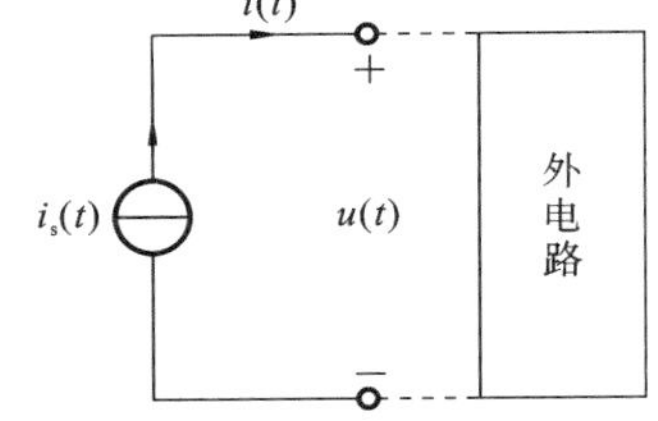

图 1-23　理想电流源的功率计算

加在理想电流源两端的电压可以有不同的极性，因而电流源既可以对外电路提供能量，也可以从外电路吸收能量，视电压的方向而定。当理想电流源按图 1-23 所示接入电路时，电压、电流的参考方向为非关联参考方向，理想电流源的功率为

$$p=-u(t)i_s(t)$$

若 $p<0$，则表明电流源发出功率，起电源作用；若 $p>0$，则表明电流源吸收功率，起负载作用。

1.6　基尔霍夫定律

电路是按一定的方式将多个电路元件相互连接而构成的一个整体。电路中各个元件上的电压和电流满足两种客观规律：一种是由元件本身的特性决定的规律，例如，电阻元件满足欧姆定律；另一种是由元件的相互连接即电路的拓扑结构决定的规律，即任何集总参数电路满足基尔霍夫定律。

1845 年，德国物理学家 G. R. 基尔霍夫(G. R. Kirchhoff)提出了他所研究的电路定律，阐明了集总参数电路中与各节点相连的所有支路电流所满足的关系和与各回路相关的所有支路电压所满足的关系。该定律包含两个内容：一是基尔霍夫电流定律(Kirchhoff's Current Law，KCL)；二是基尔霍夫电压定律(Kirchhoff's Voltage Law，KVL)。基尔霍夫定律是分析集总参数电路的重要定律，也是电路理论的奠基石。

1.6.1　基本概念

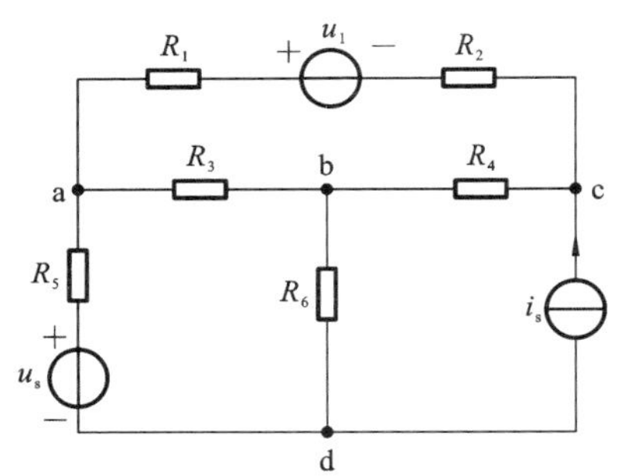

图 1-24　节点、支路与网孔

在电路模型中，单个电路元件或若干个电路元件的串联构成电路的一个分支，电路中的每个分支称为支路。例如，图 1-24 所示的 ab、ad、aec、bc、bd、cd 都是支路，其中 aec 是由三个元件串联构成的支路，ad 是由两个元件串联构成的支路，其余四条都是由单个元件构成的支路。电路中两条以上的支路连接点称为节点。例如，图 1-24 所示的 a、b、c、d 都是节点。电路中的任一闭合路径称为

回路。如图 1-24 所示的 abda、bcdb、abcda、aecda、aecba 等都是回路。在平面电路中，如果回路内部不包含其他任何支路，这样的最小回路就称为网孔。如图 1-24 所示的回路 aecba、abda、bcdb 都是网孔，图 1-24 所示电路共有 3 个网孔。因此，网孔一定是回路，但回路不一定是网孔。

1.6.2 基尔霍夫电流定律

基尔霍夫电流定律(KCL)：对于任一满足集总参数假设的电路，其中的任一节点，在任一时刻，流出或流入该节点的所有支路电流的代数和等于零。假设流经某节点的 b 条支路中第 k 条支路电流用 i_k 来表示，则 KCL 可表示为

$$\sum_{k=1}^{b} i_k = 0 \tag{1-12}$$

KCL 实质上是电流连续性的体现，也是电流连续性的代数描述。在任何瞬间，流入该节点的电流等于流出该节点的电流。

基于 KCL 列写电路方程时，必须先标出与节点相关的各支路电流的参考方向，一般对于已知电流，可按实际方向标定；对于未知电流，其参考方向可任意选定。只有在选定参考方向之后，才能确立各支路电流在电路方程式中的正、负号。解出的未知电流若为正值，则说明实际电流方向与设定的参考方向相同；反之，则说明实际电流方向与设定的参考方向相反。本书规定，流入节点的电流为正值，流出节点的电流为负值。

下面以图 1-25 所示电路为例，对于节点①共有三条支路 1、4、5 与其相连，根据三个电流的参考方向，由 KCL 可列写方程为

节点①：$-i_1-i_4-i_5=0$

同理，对于其余节点，有

节点②：$i_1-i_2-i_3=0$

节点③：$i_2+i_5-i_6=0$

节点④：$i_3+i_5+i_6=0$

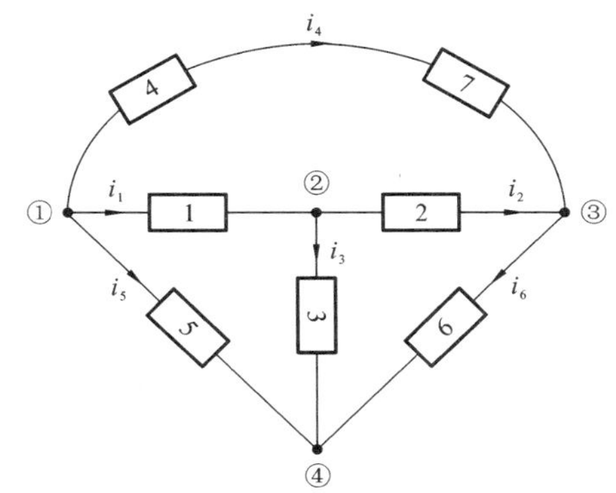

图 1-25 电路节点示意图

KCL 适用于任何集总参数电路，与元件的性质无关。由 KCL 所得到的电路方程就是线性代数方程，它表明了电路中各支路电流所受的是线性约束。

KCL 虽然是对电路中任一节点而言的，但根据电流的连续性原理，它可推广应用于电路中的任一假想曲面，这一假想曲面称为广义节点。对任一广义节点来说，各电流仍然满足 KCL。例如，图 1-26(a)所示的晶体管电路模型，穿越封闭面 S_1 所围成闭合曲面的三条支路电流满足 $i_B+i_C-i_E=0$；图 1-26(b)所示穿越封闭面 S_2 所围成闭合曲面的三条支路电流同样满足 $i_1+i_2-i_3=0$。

【例 1-5】 在图 1-27 所示直流电路中，已知 $I_1=-2$ A，$I_2=9$ A，$I_3=3$ A，$I_5=-3$ A。求电流 I_4 和 I_6。

解 根据图 1-27 所示电流的参考方向，对于节点 a，根据 KCL 列出方程，有

$$I_1+I_2-I_3-I_4=0$$

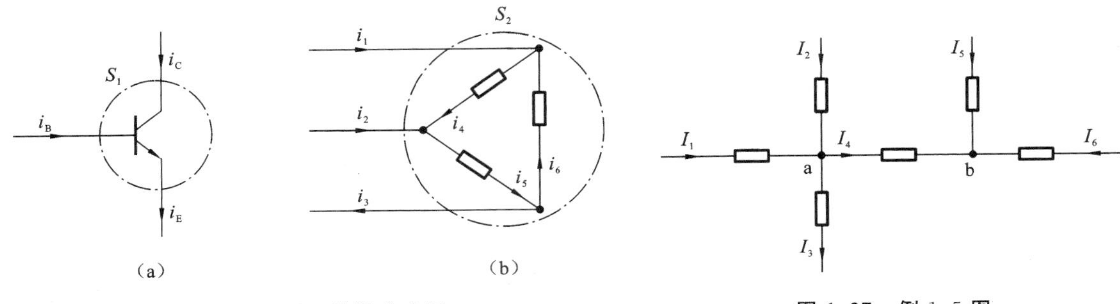

图 1-26　KCL 的推广应用

图 1-27　例 1-5 图

代入已知电流值，可得

$$(-2)+9-3-I_4=0$$

解得

$$I_4=4\ \mathrm{A}$$

对于节点 b，根据 KCL 列出方程，有

$$I_4+I_5+I_6=0$$

代入已知电流值，可得

$$4+(-3)+I_6=0$$

解得

$$I_6=-1\ \mathrm{A}$$

1.6.3　基尔霍夫电压定律

基尔霍夫电压定律(KVL)：在集总参数电路中，任一时刻，沿任一回路绕行一周，则该回路的各段支路电压的代数和等于零。假设某一回路上的 b 条支路中第 k 条支路电压用 u_k 表示，则 KVL 可表示为

$$\sum_{k=1}^{b} u_k = 0 \tag{1-13}$$

KVL 实质上是电位单值性的体现，也是电位单值性的代数描述。在电路选定电位参考点以后，其余各节点都具有一定的电位值。电路中两个节点之间的电压只与两端的节点有关，而与所选取的路径无关。

基于 KVL 列写电路方程时，必须先标出与回路相关的各支路电压的参考方向，然后任意选择顺时针或逆时针方向作为回路的绕行方向，各支路电压取值的正、负与回路绕行方向有关。解出的未知电压若为正值，则说明实际电压方向与设定的参考方向相同；反之，则说明实际电压方向与设定的参考方向相反。本书规定，当支路电压的方向与所选取的回路绕行方向一致时取正，反之取负。

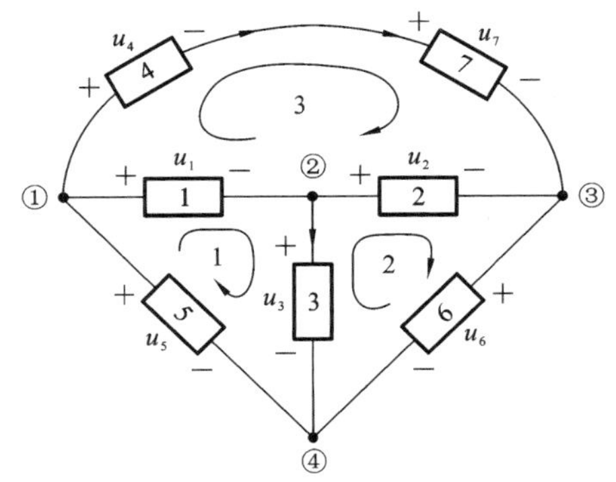

图 1-28　电路回路示意图

下面以图 1-28 所示电路为例，列出相应回路的 KVL 方程。假设三个回路的绕行方向均为顺时针，各支路电压的参考方向如图 1-28 所示。

对于回路 1，KVL 方程为

$$u_1+u_3-u_5=0$$

对于回路 2,KVL 方程为

$$u_2+u_6-u_3=0$$

对于回路 3,KVL 方程为

$$u_4+u_7-u_2-u_1=0$$

KVL 只与电路结构有关,而与支路中元件的参数无关。根据 KVL 所得到的电路方程为线性代数方程,它表明电路中与回路相关联的各支路电压所受的是线性约束。

KVL 不仅适用于闭合回路,还可推广到结构不闭合(开口)回路。这种结构不闭合的回路称为广义回路,如图 1-29 所示。应用 KVL 可列出 $u_1+u_2-u_3=0$,即 $u_3=u_1+u_2$。

【例 1-6】 在图 1-30 所示电路中,求电流 I 和电压 U。

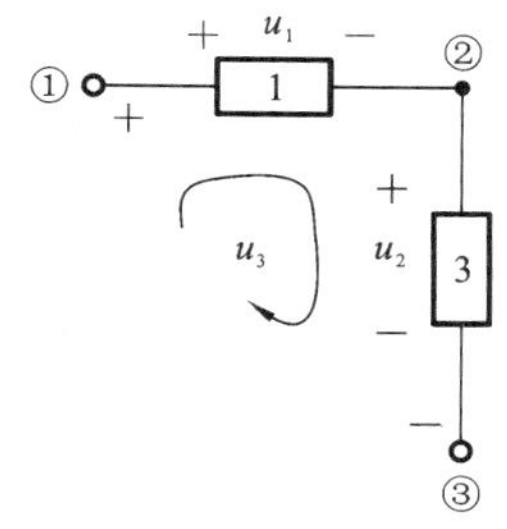

图 1-29 KVL 的推广应用

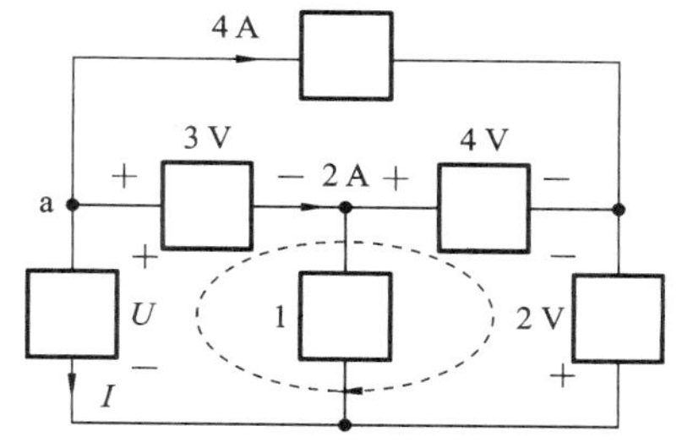

图 1-30 例 1-6 图

解 列出节点 a 的 KCL 方程,有

$$-I-2-4=0$$

解得
$$I=-6\ \text{A}$$

选择回路 1 的绕行方向如图 1-30 所示,列出回路 1 的 KVL 方程为

$$-U+3+4-2=0$$

解得
$$U=5\ \text{V}$$

1.6.4 基尔霍夫定律在直流电路中的应用

欧姆定律和基尔霍夫定律是电学理论的基本定律,应用它们可以很方便地求解直流电路。

【例 1-7】 试写出图 1-31 所示支路电压 U 与电流 I 之间的关系。

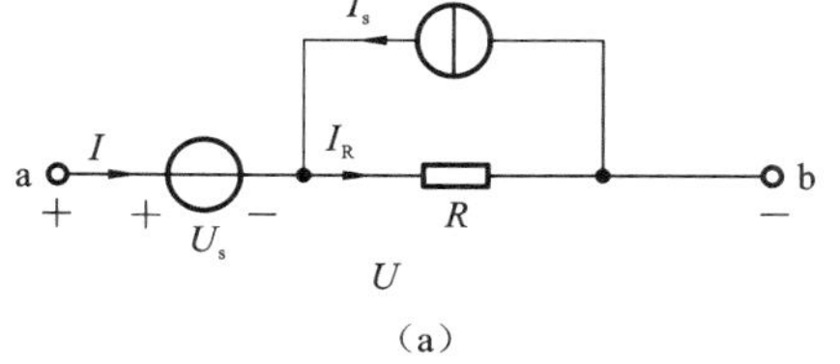

(a)

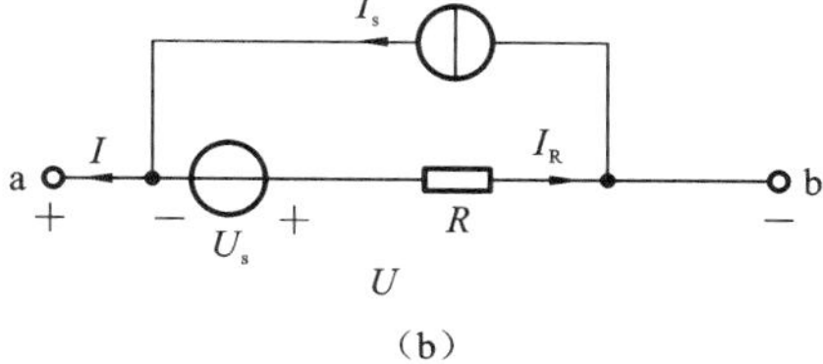

(b)

图 1-31 例 1-7 图

解 支路的电压、电流关系可根据欧姆定律及 KCL、KVL 写出。

对于图 1-31(a)所示电路,有

$$U=U_s+R(I+I_s)$$

对于图 1-31(b)所示电路,有

$$U=-U_s+R(-I+I_s)$$

【例 1-8】 求图 1-32 所示电路的电流 I_1 和 I_2。

解 设回路 1 的绕行方向如图 1-32 所示，列出回路 1 的 KVL 方程为

$$-30+8I_1+3I_2=0$$

列出节点 a 的 KCL 方程为

$$I_1-I_2+1=0$$

解得

$$I_1=2.45\ \text{A}$$

$$I_2=3.45\ \text{A}$$

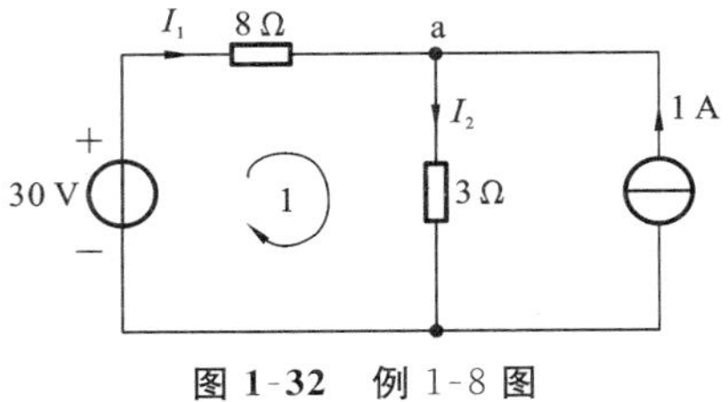

图 1-32 例 1-8 图

【例 1-9】 电路如图 1-33(a)所示。求电流 I_1、I_2、I_3 和电压 U_1、U_2。

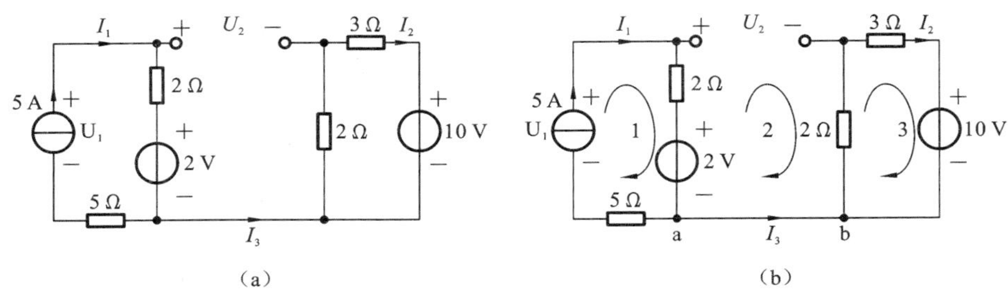

图 1-33 例 1-9 图

解 设三个回路的绕行参考方向如图 1-33(b)所示。

I_1 为理想电流源的电流，即

$$I_1=5\ \text{A}$$

由欧姆定律可求出 I_2，即

$$I_2=-\frac{10}{2+3}\ \text{A}=-2\ \text{A}$$

式中：负号表示 I_2 的参考方向与实际方向相反。

I_3 可通过作一穿过其所在支路的闭合面得到。因该闭合面只有这一条支路穿过，根据 KCL，有

$$I_3=0\ \text{A}$$

U_1 可对回路 1 应用 KVL 求得，即

$$U_1=2I_1+2+5I_1=7I_1+2=(7\times5+2)\ \text{V}=37\ \text{V}$$

U_2 可对回路 2 应用 KVL 求得，即

$$U_2=2I_1+2+2I_2=[2\times5+2+2\times(-2)]\ \text{V}=8\ \text{V}$$

注意：I_3 也可对节点 a 或节点 b 应用 KCL 进行求解；U_2 也可通过对其相关的回路应用 KVL 进行求解；但一般不选含电流源支路的回路，除非已知电流源两端的电压。

本章小结

1. 电路与电路模型

电路理论的研究对象是由理想电路元器件构成的电路模型。实际电路元器件的电磁特性

是多元的、复杂的，而各种理想电路元件的电磁特性都是单一的、简单的，即它们各自具有精确定义、表征参数、伏安特性和能量特性。

2. 电流、电压的参考方向

电路分析的主要变量有电压、电流和电功率等。在分析电路时，电流、电压的参考方向是重要的概念，必须熟练掌握和正确运用。若电流的参考方向与电压的参考方向一致，则称电流、电压的参考方向为关联参考方向。

3. 功率

在关联参考方向下，功率 $p(t)=\frac{\mathrm{d}w}{\mathrm{d}t}=u(t)i(t)$；若 $p>0$，则表明电路吸收功率；若 $p<0$，则表明电路发出功率。

4. 基尔霍夫定律

KCL 和 KVL 是电学理论中两个非常重要的基本定律，它们只取决于电路的连接方式，与元件的性质无关。KCL 是电流连续性的体现，KVL 是电位单值性的体现。凡是集总参数电路，任何时刻都遵循这两条定律。应用 KCL、KVL 列写方程式时，必须注意电压、电流的参考方向以及回路的绕行方向。

5. 电阻元件

电阻是实际电路中应用最广泛的一类元件，线性电阻的伏安特性满足欧姆定律，即在关联参考方向下，$u=Ri$。电阻是恒吸收功率的，即 $p=ui=Ri^2=\frac{u^2}{R}$。

6. 实际电源与理想电源

实际电源具有两种电路模型：一种是由电阻与理想电压源串联构成的电压源模型，另一种是由电阻与理想电流源并联构成的电流源模型。理想电压源为零时，相当于短路；理想电流源为零时，相当于开路；而实际的电压源不允许短路，实际的电流源不允许开路。

7. 电位

电路中某一点的电位等于该点与参考点之间的电压，计算电位时与所选择的路径无关。选择不同的参考点，各点的电位会随之改变，但是两点之间的电位差是不变的。

习 题 1

1. 在图题 1 中，已知 $I=-2$ A，$R=5$ Ω。求各图中的电压 U。

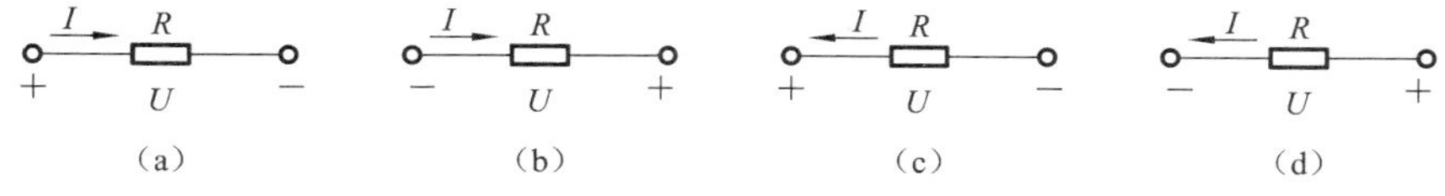

图题 1

2. 在图题 2 中，已知 $I=-2$ A，$U=15$ V。计算各图中元件的功率，并说明它们是电源还是负载。

3. 某电路中需要接入一个限流电阻，已知接入的电阻两端电压为 $U_R=10$ V，流过电阻的电流为 $I_R=20$ mA。试选择这个电阻的参数。

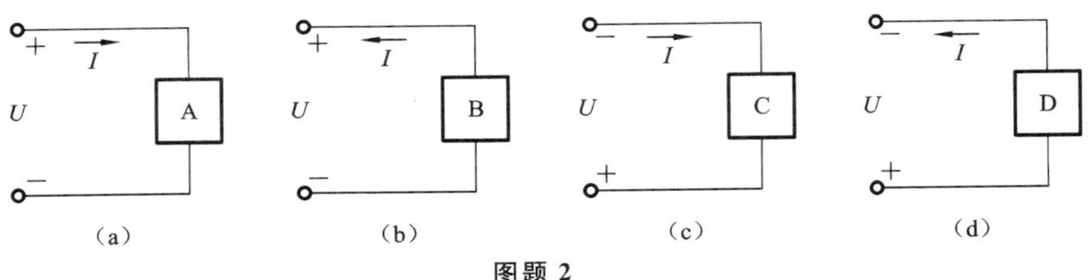

图题 2

4. 一只 15 V、5 W 的白炽灯接在 36 V 的电源上，试选择需要串联的电阻。

5. 在图题 5 所示电路中，已知 $U_1=12$ V，$U_{s1}=4$ V，$U_{s2}=6$ V，$R_1=R_2=R_3=2$ Ω。试求 U_2。

6. 在图题 6 所示电路中，已知电位器 RP=6 kΩ。试求：当电位器的滑动头 c 分别在 a、b 点和中间位置时，输出电压 U_o 的值。

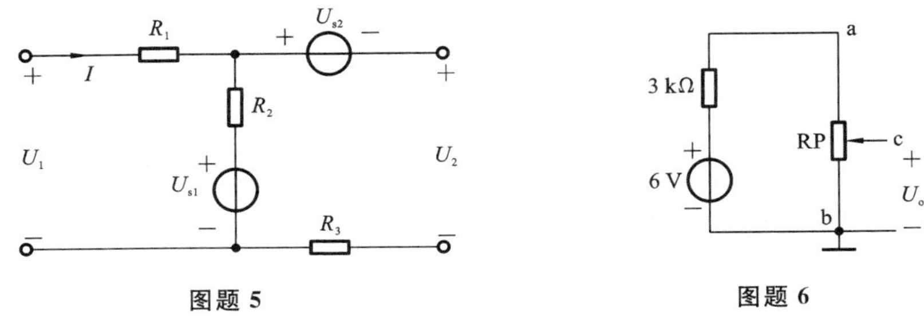

图题 5　　　　图题 6

7. 在图题 7 所示电路中，当电位器调到 $R_1=R_2=5$ kΩ 时。试求：A 点、B 点、C 点的电位。

8. 试求图题 8 所示电路中的 U_{ab}。

9. 试求图题 9 所示电路中电源和电阻的功率，并验证功率平衡关系。

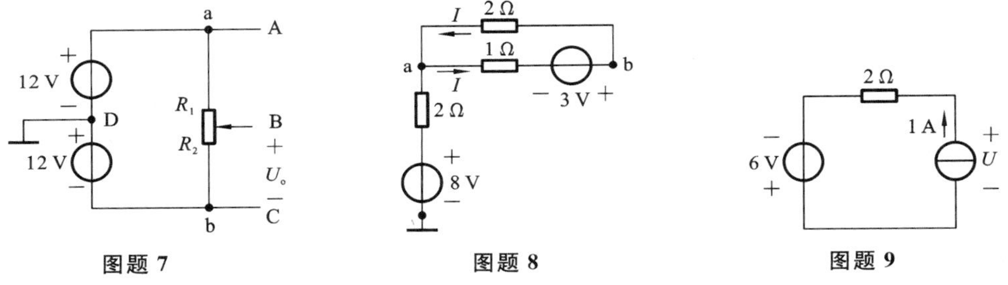

图题 7　　　　图题 8　　　　图题 9

10. 试求图题 10 所示电路中电源和电阻的功率，并验证功率平衡关系。

11. 试求图题 11 所示电路中的 U_{ab}。

12. 在图题 12 所示电路中，已知 $I_s=2$ A，试求电流 I_1。

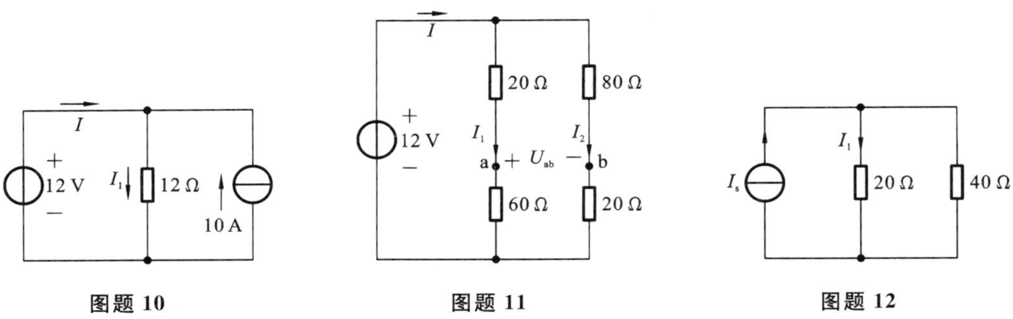

图题 10　　　　图题 11　　　　图题 12

13. 在图题 13 所示电路中，已知 $U_s=3$ V，$I_s=2$ A，求 U_{AB} 和 I。

14. 已知电路如图题 14 所示。试求：(1) 开关 S 打开时，A 点和 B 点的电位。(2) 开关 S 闭合时，A 点和 B 点的电位。

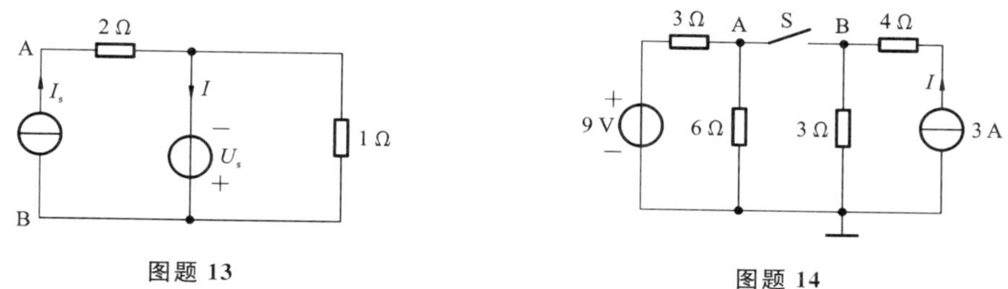

图题 13　　　　图题 14

提示：

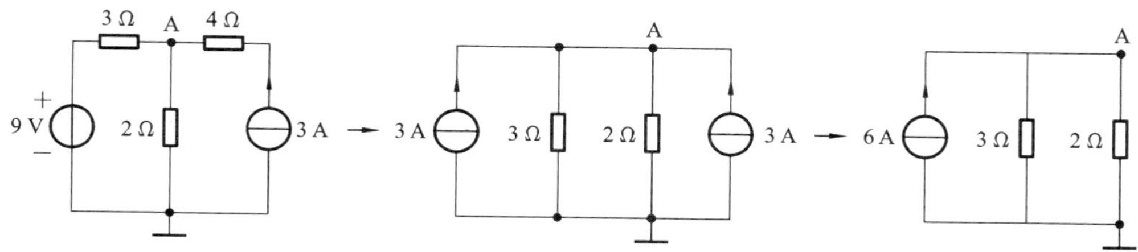

15. 求图题 15 电路中 a 点的电位。

16. 图题 16 是用两个 10 V 直流电压源、两个 10 kΩ 电阻和一个 20 kΩ 的电位器(可调电阻)组成的直流电路，试求输出电压 U_o 的变化范围。

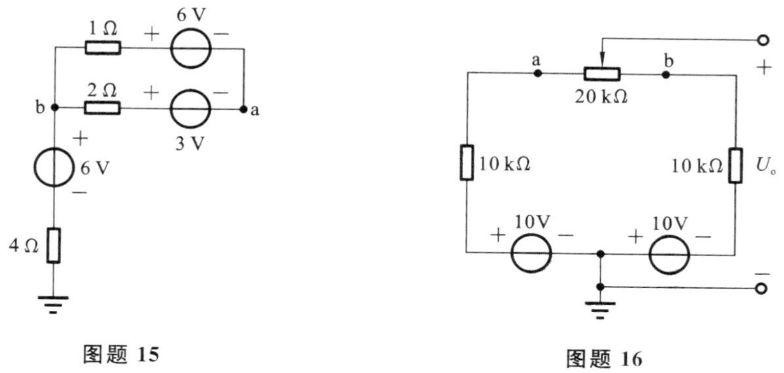

图题 15　　　　图题 16

17. 思考：电压源在使用的时候不能将其直接短路，电流源在使用时不能将其开路，为什么？

第 2 章　电阻电路的等效变换

知识要点

- 掌握电阻串、并联以及电阻电路的计算方法；
- 了解电阻的 Y 形连接、△形连接方式，掌握 Y-△之间的等效变换方法；
- 了解电压源、电流源的串、并联形式，熟悉电压源与电流源之间的等效变换方式；
- 掌握输入电阻的概念及求解输入电阻的方法。

电路分析有两类基本方法，即电路方程法和等效变换法。本章介绍的是常用的等效变换法，主要内容有等效变换的概念、电阻的等效变换、独立电源和受控电源的等效变换，以及输入电阻的计算方法等。

2.1　电阻电路与等效变换

2.1.1　基本概念

1. 电阻电路

电路是由各种性能的元器件连接而成的，总体上分为线性电路和非线性电路等两类。线性电路是指完全由线性元件、独立源或线性受控源构成的电路。线性就是指输入和输出之间的关系可以用线性函数表示的性质，线性电路的元器件应该为时不变的线性元件（例如 R、L、C），并且其中受控源的系数必须为常数。

非线性电路是指含有除独立电源之外的非线性元件的电路。非线性元器件的种类很多，最常见的是半导体类的元器件（如晶体管、半导体集成电路等）。非线性元器件在电工电路和电子电路中具有广泛的应用。

线性电阻电路简称电阻电路，是指仅由电源和线性电阻构成的电路（电路中无 L 和 C），如图 2-1 所示。

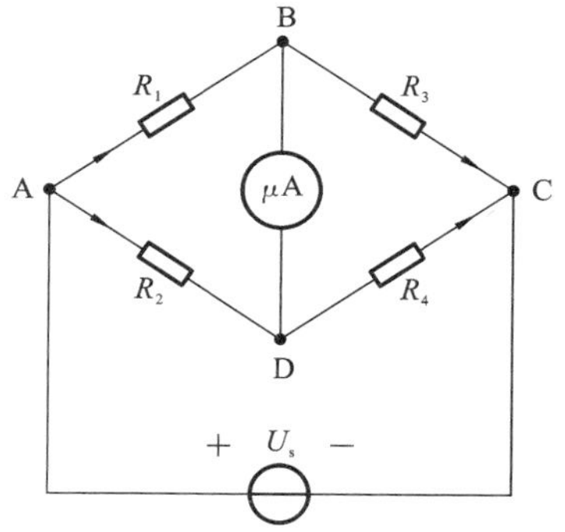

图 2-1　平衡电桥

2. 分析方法

电路的一般分析方法为方程分析法，是以电路元件的约束特性（VCR）和电路的拓扑约束特性（KCL、KVL）为依据，建立以支路电流或回路电流或节点电压为变量的电路方程组，解出所求的电压、电流和功率的分析方法。方程分析法的特点：① 具有普遍适用性，即线性电路和非线性电路都适用；② 具有系统性，即不改变电路结构，应用 KCL、KVL、元件的 VCR 建立电路变量方程。方程的建立通常具有一套固定不变的步骤和格式，便于编程和计算机计算。

通常对于复杂电路的分析，罗列方程众多、公式解析难度较大。在实际工作中，为了便于电路的分析计算，一般在建立方程前首先要对电路进行等效变换，以简化电路，方便计算。

3. 电路的等效性

对于一个比较复杂的电路，可以把某一部分电路等效化简，用一个较简单的电路替代，使原电路简化，有利于电路的计算，这个过程称为等效变换。如图 2-2(a)所示电路，虚线框内是由电阻组成的网络，其可用一个等效电阻 R_{eq} 替代，如图 2-2(b)所示。替代的条件是 R_{eq} 两端的电压电流关系与图 2-2(a)所示 ab 端的电压电流关系相同，它们对虚线框左边部分的作用一样，使左边部分电路的电压、电流不变，则 R_{eq} 与图 2-2(a)所示虚线框内的电路互称为等效电路。

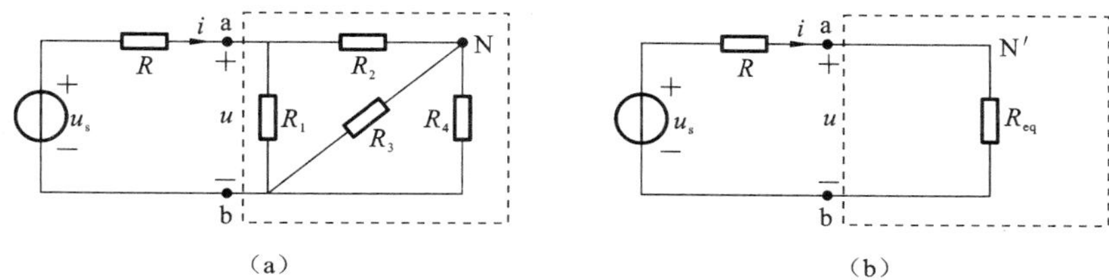

图 2-2 等效变换举例

2.1.2 一端口网络的定义

在电路分析中，可以把多个元器件组成的电路看成一个整体，若这个整体只有两个端子与外电路相连，则称为二端网络或一端口网络（或单口网络），如图 2-3 所示。一端口网络的端子电流称为端口电流，两个端子之间的电压称为端口电压，图 2-3 中标出的端口电流 i 和端口电压 u 为关联参考方向。

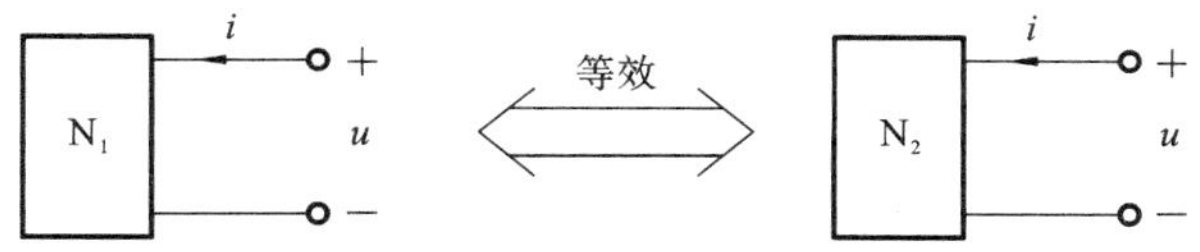

图 2-3 一端口网络

一个单口网络的特性可以由端口电压 u 和端口电流 i 的伏安关系来表示，即用 $u=f(i)$ 或 $i=f(u)$ 来表示。如果两个一端口网络（N_1、N_2）的内部结构完全不同，但端子具有相同的伏安关系，则这两个一端口网络就是等效的。

分析复杂电路的一种最简单的拆分方法，就是将原电路 N 看成是由两根导线相连的两部分电路组成的，如图 2-4(a)所示。两部分电路拆分后就得到了如图 2-4(b)所示的两个对外只有一个端口的电路 N′和 N_1。按照一端口网络的定义，N′和 N_1 都为一端口网络。若一端口网络仅由无源元件构成，则称为无源一端口网络；若一端口网络内部含有能够工作的独立电源，则称为含源一端口网络。

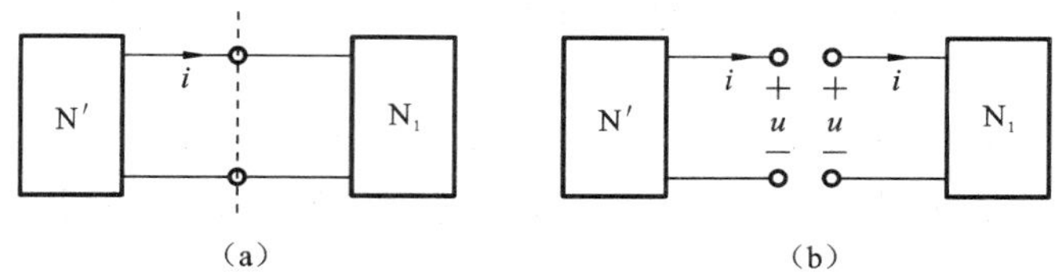

图 2-4　一端口网络

2.1.3　一端口网络的等效变换

一个一端口网络只有两个端子与外电路相连接。如果两个一端口网络 N_1 和 N_2 的外特性即伏安关系完全相同，那么这两个一端口网络是等效的。尽管这两个网络可以具有不同的内部结构，但对任一外电路来说，它们具有完全相同的作用。

综上所述，一端口（网络）电路的端口特性是由电路本身的元件和结构决定的，与外电路无关。因此，一端口电路的端口特性，可以通过连接任意外电路的方法来求取相应的端口电压和端口电流。外接电路可以选择最简单的电路或元器件，如电流源、电压源、电阻等模型。

需要注意的是，等效是仅对端口的外部电路而言的。等效电路只能用来计算端口及端口外部电路的电流和电压。

等效变换的概念在电路理论中应用广泛。利用等效变换可将图 2-2(a)所示的部分电路 N 用图 2-2(b)所示的电路 N′替代，而不影响原电路中未作变换的任何一条支路的电压和电流，将结构复杂的一端口网络进行简化，等效变换实际上就是简化电路的结构，从而简化电路的分析和计算。

2.2　电阻的等效变换

2.2.1　电阻的串联

两个或多个二端元件依次首尾相接，中间无分叉，这种连接方式称为串联，串联电路的特点是流过各元件的电流为同一电流。由 n 个电阻构成的串联电路如图 2-5(a)所示。

1. 等效电阻 R_{eq}

对图 2-5(a)所示的串联电阻电路应用 KVL，有

$$u=u_1+u_2+\cdots+u_k+\cdots+u_n$$

根据 KCL 和欧姆定律，有

$$u=R_1i+R_2i+\cdots+R_ki+\cdots+R_ni=(R_1+R_2+\cdots+R_k+\cdots R_n)i=R_{eq}i$$

因此，n 个电阻串联的电路的等效电阻 R_{eq} 等于所串联的 n 个电阻之和，即

$$R_{eq}=R_1+R_2+\cdots+R_n=\sum_{k=1}^{n}R_k \tag{2-1}$$

式中：R_{eq} 为 n 个电阻串联时的等效电阻，又称为端口的输入电阻。

串联电阻所组成的一端口网络 N_1，可以用一个等效电阻组成的一端口电路 N_2 等效替代，

如图 2-5(b)所示。

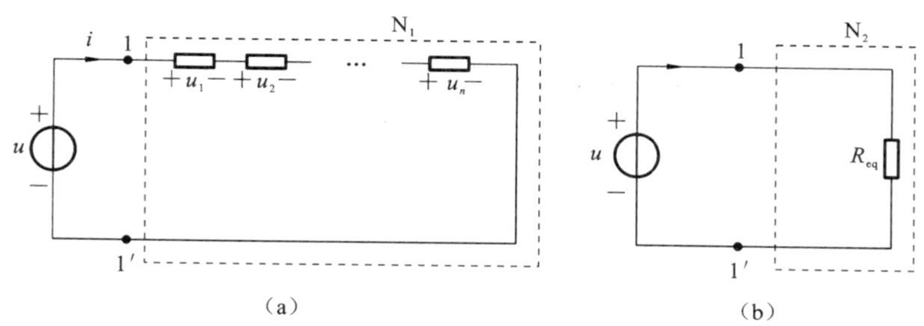

图 2-5 电阻的串联

2. 分压公式

已知串联电阻电路两端的总电压，就可求各分电阻上的电压(分压)。如图 2-5(a)所示，串联电路的电流为

$$i=\frac{u}{R_1+R_2+\cdots+R_n}=\frac{u}{\sum\limits_{k=1}^{n}R_k}=\frac{u}{R_{eq}}$$

则第 k 个电阻 R_k 上的电压为

$$u_k=R_k i=R_k\frac{u}{R_{eq}}=\frac{R_k}{R_{eq}}u<u \tag{2-2}$$

式(2-2)就是串联电路的分压公式，表明在串联电阻电路中，总电压 u 按电阻大小成正比分配。电阻值越大，电阻分配到的电压也就越大，$\frac{R_k}{R_{eq}}$称为分压比。因此，串联电阻电路可用作分压电路。

在电子电路中常需多种不同数值及极性的直流工作电压，信号电压的大小也常需加以控制(如录音机、电视机的音量控制)，运用分压电路就可解决这类问题，并可用分压公式来计算其值。

两个串联电阻的计算较为简单，如图 2-6 所示的电路中，两个串联电阻的总电压为 u，流过的同一电流为 i，显然每个电阻上的电压只是总电压的一部分，其分压关系式推导如下。

由 KVL 及 VCR 得

$$u=u_1+u_2=R_1 i+R_2 i$$

因而

$$i=\frac{u}{R_1+R_2}$$

由此可得

$$u_1=\frac{R_1}{R_1+R_2}u$$

$$u_2=\frac{R_2}{R_1+R_2}u$$

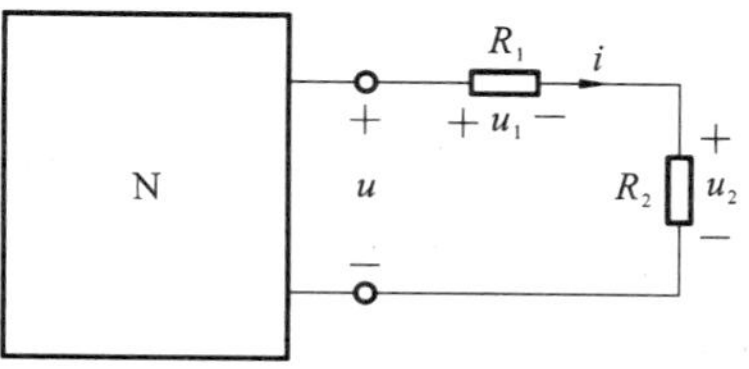

图 2-6 分压电路

以上两式表明：串联电阻中任一电阻的电压等于总电压乘以该电阻与总电阻的比值。显然，电阻值越大的电阻分配到的电压也越高。

【例 2-1】 在图 2-7 所示的电路中，电压表Ⓥ的量程为 10 V，内阻为 1 MΩ，现将其量程扩大到 100 V，试问应串联多大的电阻？

解 分别用 U_g 和 R_g 表示电压表的量程和内阻，用 R_s 表示电压表应串联的电阻。根据两电阻串联的分压公式，有

$$u_g=\frac{R_g}{R_g+R_s}\times 100\ \text{V}=10\ \text{V}$$

解得应串联的电阻为

$$R_s=\frac{100R_g-10R_g}{10}=9R_g=9\ \text{M}\Omega$$

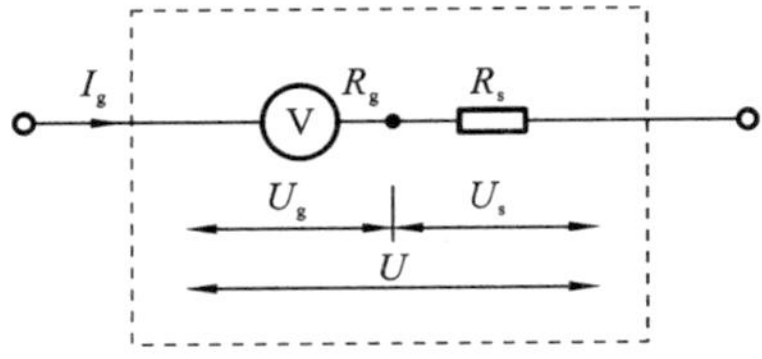

图 2-7 例 2-1 图

2.2.2 电阻的并联

两个或多个二端元件连接在同一对节点之间，这种连接方式称为并联。在并联电路中，各元件两端的电压是相同的。图 2-8(a)所示的为一个由 n 个电阻构成的并联电路。

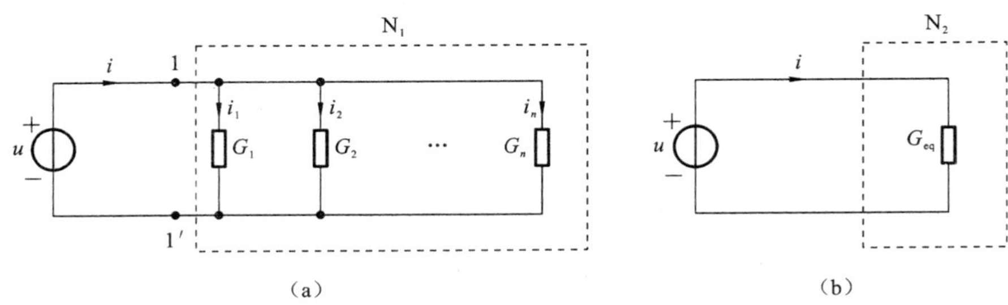

图 2-8 电阻的并联

1. 等效电导 G_{eq}

对于图 2-8(a)所示的并联电阻电路应用 KCL，有

$$i=i_1+i_2+\cdots+i_k+\cdots+i_n$$

根据 KVL 和欧姆定律，有

$$i=G_1u+G_2u+\cdots+G_ku+\cdots+G_nu=(G_1+G_2+\cdots+G_k+\cdots+G_n)u=G_{eq}u$$

所以，并联电阻电路的等效电导 G_{eq} 等于所并联的 n 个电导之和，即

$$G_{eq}=G_1+G_2+\cdots+G_n=\sum_{k=1}^{n}G_k \tag{2-3}$$

式中：G_{eq} 为 n 个电阻并联时的等效电导，又称为端口的输入电导。

并联电阻所组成的一端口网络 N_1，可以用一个等效电导组成的一端口电路 N_2 等效替代，如图 2-8(b)所示。

由此可见，在串联电路中用电阻计算比较方便，而在并联电路中用电导计算比较方便。但在实际工程中，一般习惯于用电阻计算，电导则用得较少。因此，式(2-3)的电阻表达形式为

$$\frac{1}{R_{eq}}=\frac{1}{R_1}+\frac{1}{R_2}+\cdots+\frac{1}{R_n}=\sum_{k=1}^{n}\frac{1}{R_k} \tag{2-4}$$

当两个电阻并联时，其等效电阻为

$$R_{\mathrm{eq}}=\frac{R_1R_2}{R_1+R_2} \tag{2-5}$$

2. 分流公式

已知并联电阻电路端口流过的总电流，就可求各分电阻上的电流（分流）。图 2-8(a)所示并联电路两端的电压 u 为

$$u=\frac{i}{G_1+G_2+\cdots+G_n}=\frac{i}{\sum\limits_{k=1}^{n}G_k}=\frac{i}{G_{\mathrm{eq}}}$$

则第 k 个电阻 R_k 上的电流为

$$i_k=G_ku=G_k\frac{i}{G_{\mathrm{eq}}}=\frac{G_k}{G_{\mathrm{eq}}}i<i \tag{2-6}$$

式(2-6)称为并联电路的分流公式。表明在电阻并联电路中，总电流 i 按各个并联电导值成正比分配，电导越大，其分配到的电流也越大，$\frac{G_k}{G_{\mathrm{eq}}}$称为分流比。因此并联电阻电路可以用作分流电路。

在图 2-9 所示电路中，两个并联电阻的总电流为 i，两端的电压同为 u。其分流关系式推导如下。

用电导表示电阻元件，由 KCL 及欧姆定律，可得

$$i=i_1+i_2=G_1u+G_2u=(G_1+G_2)u$$

因而

$$u=\frac{i}{G_1+G_2}$$

由此可知

$$i_1=\frac{G_1}{G_1+G_2}i$$

$$i_2=\frac{G_2}{G_1+G_2}i$$

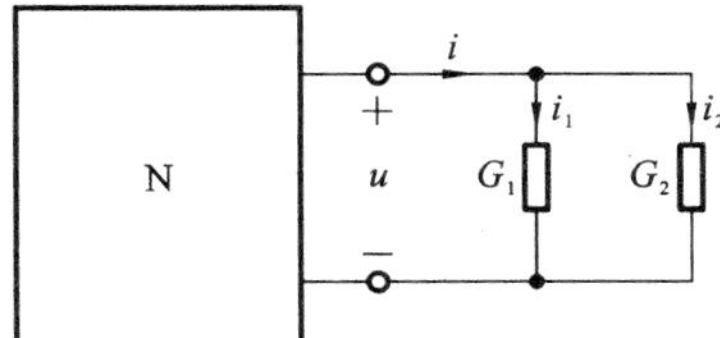

图 2-9 分流电路

以上两式表明：并联电导中的任一电导的电流等于总电流乘以该电导与总电导的比值。显然，电导值越大的电导分配到的电流也越大。因此并联电阻电路可作为分流电路。

在实际工程上，一般习惯于用电阻，电导则用得较少。因此以上两式可以替换为

$$i_1=\frac{R_2}{R_1+R_2}i$$

$$i_2=\frac{R_1}{R_1+R_2}i$$

【例 2-2】 在图 2-10 所示的电路中，电流表Ⓐ的量程为 1 mA，内阻为 2 kΩ，现将其量程扩大到 10 mA，试问应并联多大的电阻？

解 分别用 I_{g} 和 R_{g} 表示电流表的量程和内阻，用 R_{p} 表示电流表并联的电阻。根据两电阻并联的分流公式，有

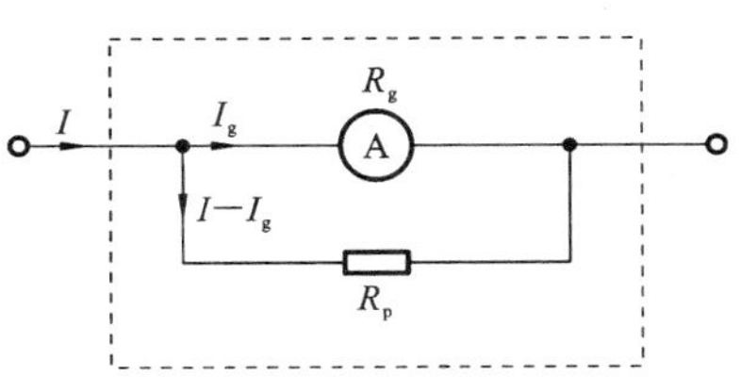

图 2-10 例 2-2 图

$$I_g=\frac{R_p}{R_g+R_p}\times 10\times 10^{-3}=1\times 10^{-3}\ \mathrm{A}$$

化简得

$$0.9R_p=0.1R_g$$

即应并联的电阻为

$$R_p=\frac{0.1R_g}{0.9}=\frac{2\times 10^3}{9}\ \Omega=222.22\ \Omega$$

2.2.3　电阻的混联

既有串联又有并联的电路称为混联电路。混联电路不仅具有串联电路的特点，还具有并联电路的特点。所以利用串联电路等效电阻，并联电路等效电导（阻）和串、并联电路的分压、分流公式，可以比较容易地求解混联电路。

分析混联电路的关键是如何判别电路的串、并联关系，这是初学者感到难掌握的地方。判别混联电路的串、并联关系一般应掌握以下三个要点。

（1）电路的结构特点。若两电阻是首尾相连就是串联，首首、尾尾相连就是并联。

（2）电压、电流关系。若流经两电阻的电流为同一电流，则为串联；若两个电阻两端为同一电压，则为并联。

常遇到的电路连接结构为纵横交错的复杂形式，仅用上述两点对有些电阻之间的连接关系仍判别不出来，这时用下面所述的第三点还是很有效的。

（3）将电路变形等效。即对电路作扭动变形，如左边的支路可以扭到右边，上面的支路可以翻到下面，弯曲的支路可以拉直等；电路的短路线可以任意压缩与伸长；多点接地可以用短路线相连。一般而言，如果是真正的电阻串、并联电路的问题，是可以辨别区分的。

混联电路的一般计算步骤是先求总电阻（或总电导），然后求总电流（或总电压），最后根据分流、分压关系求出结果。需要注意区分哪些电阻是短接的或是悬空（开路）的。

【例 2-3】 试求图 2-11 所示电路中 ab 端的等效电阻 R_{ab}。

解　观察电路的连接方式可知，5 Ω、20 Ω 电阻为并联，3 Ω、5 Ω 电阻串联，其可等效成一个电阻 R'，即

$$R'=\left(\frac{5\times 20}{5+20}+3+5\right)\ \Omega=12\ \Omega$$

等效电阻 R' 与 4 Ω 电阻并联后，串联 1 Ω 电阻就可得到 ab 端的等效电阻，即

$$R_{ab}=\left(1+\frac{12\times 4}{12+4}\right)\ \Omega=4\ \Omega$$

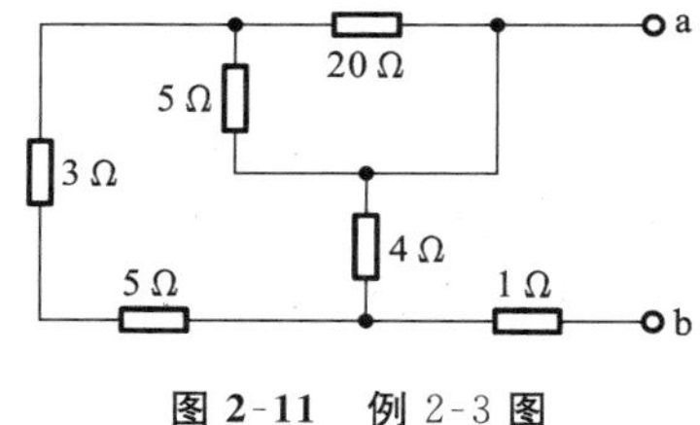

图 2-11　例 2-3 图

【例 2-4】 试求图 2-12 所示电路的电流 I_x。

解　从电源端观察电路的连接方式可见，R_4 和 R_5 并联再与 R_3 串联，然后与 R_2 并联，最后与 R_1 串联。首先求出电路中电压源两端的等效电阻 R。根据电阻的串、并联等效电阻的计算方法，则有

$$R=R_1+\frac{R_2\left(R_3+\frac{R_4R_5}{R_4+R_5}\right)}{R_2+\left(R_3+\frac{R_4R_5}{R_4+R_5}\right)}=\left[1+\frac{6\times\left(1+\frac{4\times 4}{4+4}\right)}{6+\left(1+\frac{4\times 4}{4+4}\right)}\right]\ \Omega=3\ \Omega$$

于是得总电流为

$$I=\frac{U_s}{R}=\frac{18}{3}\ \text{A}=6\ \text{A}$$

由分流公式,得

$$I_1=\frac{6}{6+\left(1+\frac{4\times 4}{4+4}\right)}I=\frac{6}{9}\times 6\ \text{A}=4\ \text{A}$$

再分流得 $I_x=\frac{1}{2}I_1=2\ \text{A}$

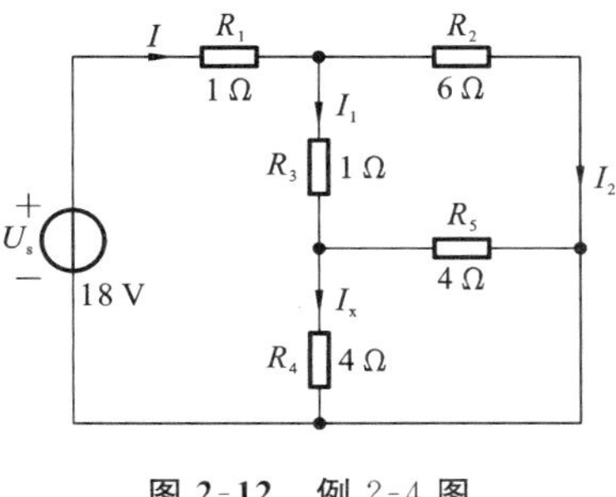

图 2-12　例 2-4 图

2.2.4　Y 形连接和△形连接之间的等效变换

将三个电阻的一端连接在一个节点上,而另一端分别接到三个不同的端子上,就构成了如图 2-13(a)所示网络,这样的连接方式称为 Y 形连接,也称 T 形连接。如果将三个电阻分别接在三个端子之间,使三个电阻构成一个回路,如图 2-13(b)所示,这样的连接方式称为△形连接。

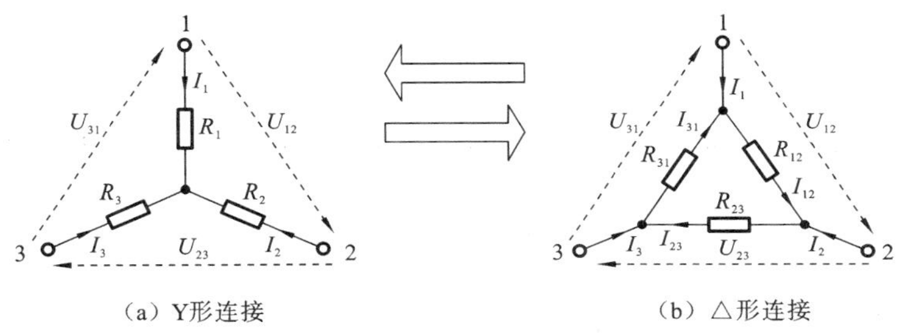

图 2-13　Y 形连接和△形连接的等效变换

电阻的 Y 形连接和△形连接是通过三个端子与外部电路相连接的(图中未画电路的其他部分),如果在它们的对应端子之间具有相同的电压 U_{12}、U_{23} 和 U_{31},而流入对应端子的电流也分别相等,则说明这两种连接方式的电阻电路相互“等效”,即它们可以等效变换。

将 Y 形连接等效变换为△形连接,就是将已知 Y 形连接的三个电阻 R_1、R_2 和 R_3,通过变换公式求出△形连接的三个电阻 R_{12}、R_{23} 和 R_{31}。根据电路的等效条件,为使图 2-13(a)和图 2-13(b)所示的两个电路等效,必须满足:

$$I_{1\triangle}=I_{1\text{Y}}=I_1,\quad I_{2\triangle}=I_{2\text{Y}}=I_2,\quad I_{3\triangle}=I_{3\text{Y}}=I_3,$$

$$U_{12\triangle}=U_{12\text{Y}}=U_{12},\quad U_{23\triangle}=U_{23\text{Y}}=U_{23},\quad U_{31\triangle}=U_{31\text{Y}}=U_{31}$$

在△形连接中用电压表示电流,根据 KCL,可得

$$\left.\begin{aligned}I_{1\triangle}&=\frac{U_{12\triangle}}{R_{12}}-\frac{U_{31\triangle}}{R_{31}}=\frac{U_{12}}{R_{12}}-\frac{U_{31}}{R_{31}}\\I_{2\triangle}&=\frac{U_{23\triangle}}{R_{23}}-\frac{U_{12\triangle}}{R_{12}}=\frac{U_{23}}{R_{23}}-\frac{U_{12}}{R_{12}}\\I_{3\triangle}&=\frac{U_{31\triangle}}{R_{31}}-\frac{U_{23\triangle}}{R_{23}}=\frac{U_{31}}{R_{31}}-\frac{U_{23}}{R_{23}}\end{aligned}\right\}\tag{2-7}$$

在 Y 形连接中用电流表示电压,并根据 KCL 和 KVL,可得

$$\left.\begin{aligned}&U_{12Y}=R_1I_{1Y}-R_2I_{2Y}\\&U_{23Y}=R_2I_{2Y}-R_3I_{3Y}\\&U_{12Y}+U_{23Y}+U_{31Y}=0\\&I_{1Y}+I_{2Y}+I_{3Y}=0\end{aligned}\right\}\tag{2-8}$$

由式(2-8)，可解得

$$\left.\begin{aligned}I_{1Y}&=\frac{U_{12Y}R_3-U_{31Y}R_2}{R_1R_2+R_2R_3+R_3R_1}\\I_{2Y}&=\frac{U_{23Y}R_1-U_{12Y}R_3}{R_1R_2+R_2R_3+R_3R_1}\\I_{3Y}&=\frac{U_{31Y}R_2-U_{23Y}R_1}{R_1R_2+R_2R_3+R_3R_1}\end{aligned}\right\}\tag{2-9}$$

根据等效条件，比较式(2-9)与式(2-7)的系数，得 Y-△形电路的变换公式为

$$\begin{aligned}R_{12}&=\frac{R_1R_2+R_2R_3+R_3R_1}{R_3}\\R_{23}&=\frac{R_1R_2+R_2R_3+R_3R_1}{R_1}\\R_{31}&=\frac{R_1R_2+R_2R_3+R_3R_1}{R_2}\end{aligned}\tag{2-10}$$

式中：分子为 Y 形电路的电阻两两乘积之和；分母为 Y 形电路与对应两节点无关的电阻，式(2-10)的文字表达式为

$$\triangle\text{形电阻}=\frac{\text{Y 形电阻两两乘积之和}}{\text{Y 形不相邻电阻}}$$

类似可得到由△-Y 形电路的变换公式为

$$\begin{aligned}R_1&=\frac{R_{12}R_{31}}{R_{12}+R_{23}+R_{31}}\\R_2&=\frac{R_{23}R_{12}}{R_{12}+R_{23}+R_{31}}\\R_3&=\frac{R_{31}R_{23}}{R_{12}+R_{23}+R_{31}}\end{aligned}\tag{2-11}$$

式中：分子为△形电路中与之对应节点相关联的电阻之积；分母为△形电路中三个电阻之和，式(2-11)的文字表达式为

$$\text{Y 形电阻}=\frac{\triangle\text{形相邻电阻的乘积}}{\triangle\text{形电阻之和}}$$

若 Y 形连接中的三个电阻相等，则等效△形连接中三个电阻也相等，且

$$R_{\triangle}=3R_{Y}\quad\text{或}\quad R_{Y}=\frac{1}{3}R_{\triangle}\tag{2-12}$$

应用 Y-△等效变换，可将某些非串、并联电路变换为串、并联电路，从而简化了电路的计算。

【例 2-5】 试求图 2-14(a)所示电路的输入端电阻 R_{AB}。

解 图 2-14(a)所示电路由 5 个电阻构成，其中任何两个电阻之间都没有简单的串、并联关系，因此这是一个复杂电路。如果我们把图 2-14(a)所示虚线框中的△形电路变换为图 2-14(b)所示虚线框中的 Y 形电路，复杂的电阻电路就变成了简单的串、并联电路，然后利用

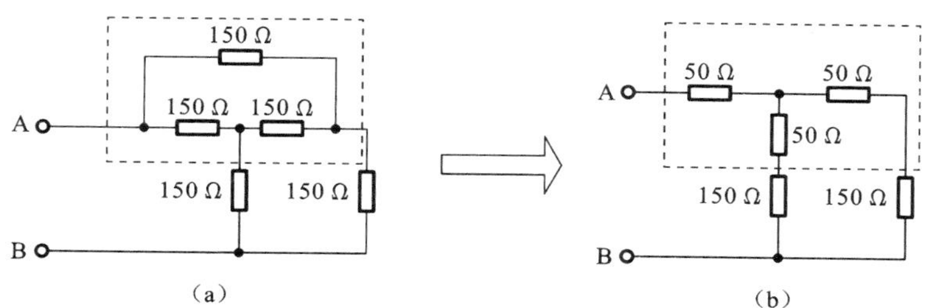

图 2-14 例 2-5 图

电阻的串、并联公式即可求出 R_{AB}，即

$$R_{AB}=\{50+[50+150]//(50+150)\}\ \Omega=(50+100)\ \Omega=150\ \Omega$$

【例 2-6】 求图 2-15(a)所示电桥电路中的电流 I。

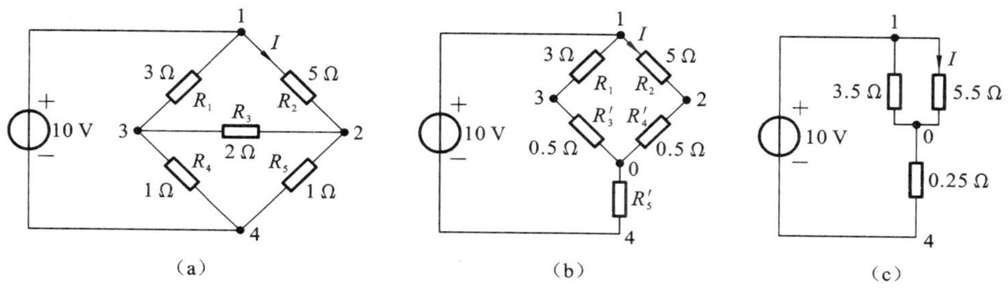

图 2-15 例 2-6 图

解 对图 2-15(a)所示电路利用△-Y 等效变换可得图 2-15(b)所示电路，其中

$$R'_3=\frac{R_3R_4}{R_3+R_4+R_5}=\frac{1\times 2}{1+2+1}\ \Omega=0.5\ \Omega$$

$$R'_4=\frac{R_3R_5}{R_3+R_4+R_5}=\frac{2\times 1}{1+2+1}\ \Omega=0.5\ \Omega$$

$$R'_5=\frac{R_4R_5}{R_3+R_4+R_5}=\frac{1\times 1}{1+2+1}\ \Omega=0.25\ \Omega$$

然后进行串联电阻的化简，得等效电路如图 2-15(c)所示，故有

$$I=\frac{10}{3.5//5.5+0.25}\times\frac{3.5}{3.5+5.5}\ \mathrm{A}=1.63\ \mathrm{A}$$

2.3 电压源和电流源的等效变换

2.3.1 理想电压源的串联与并联

图 2-16(a)所示为 n 个理想电压源的串联线路，根据 KVL，得总电压为

$$u_s=u_{s1}+u_{s2}+\cdots+u_{sn}=\sum_{k=1}^{n}u_{sk}$$

式中：u_{sk}方向与 u_s 方向一致时取“＋”，相反时取“－”。根据等效变换的概念，可以用图 2-16

(b)所示电压为 u_s 的单个理想电压源等效替代图 2-16(a)所示的 n 个串联的理想电压源。

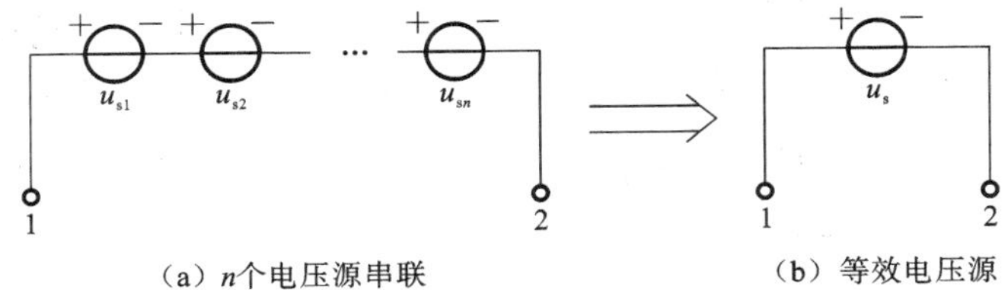

(a) n个电压源串联　　(b) 等效电压源

图 2-16　理想电压源的串联及其等效变换

总之,多个理想电压源的串联可等效为一个理想电压源,其电压值为所串联电压源电压的代数和。

图 2-17 所示的为两个理想电压源的并联,根据 KVL,有 $u_s=u_{s1}=u_{s2}$。这说明只有电压相等且极性一致的电压源才能并联,此时并联电压源的对外特性与单个电压源一样。因此不同值或不同极性的理想电压源是不允许并联的,否则违反 KVL。

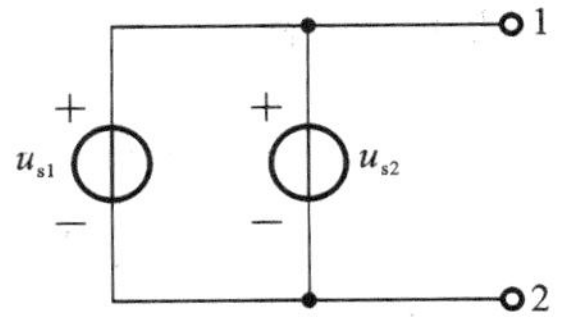

图 2-17　理想电压源并联

当理想电压源 u_s 与其他元件(或支路)并联时,如图 2-18(a)所示,对端口 1、2 而言,其他元件(或支路)去掉后可以用理想电压源 u_s 等效,如图 2-18(b)所示。

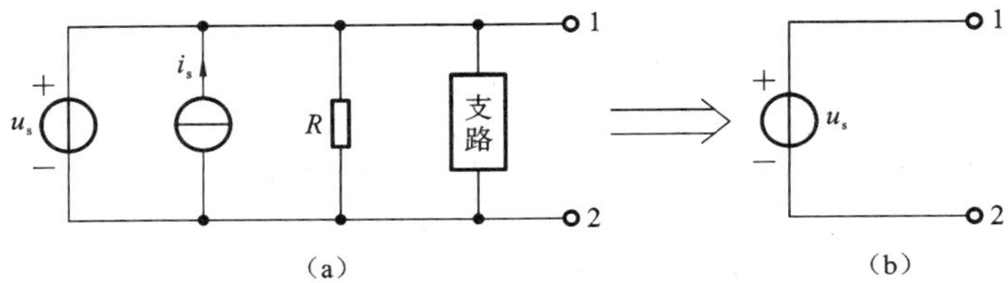

(a)　　(b)

图 2-18　理想电源并联及其等效变换

2.3.2　理想电流源的并联与串联

图 2-19(a)所示为 n 个理想电流源的并联,根据 KCL,得总电流为

$$i_s=i_{s1}+i_{s2}+\cdots+i_{sn}=\sum_{k=1}^{n}i_{sk}$$

式中:i_{sk} 方向与 i_s 方向一致时取"+",相反时取"−"。根据等效变换的概念,可以用图 2-19(b)所示电流为 i_s 的单个理想电流源等效替代图 2-19(a)所示的 n 个并联的理想电流源。

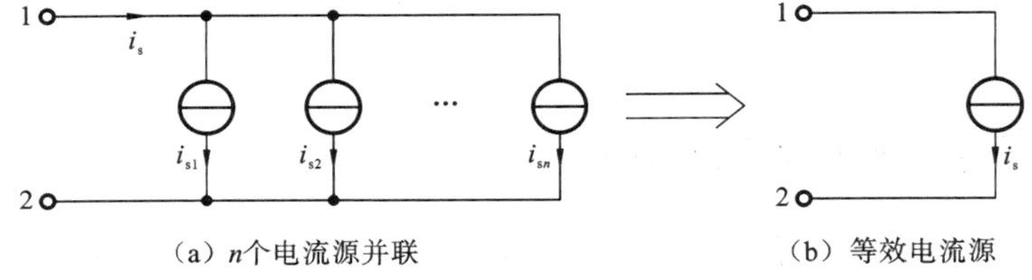

(a) n个电流源并联　　(b) 等效电流源

图 2-19　理想电流源的并联及其等效变换

总之,多个理想电流源的并联可等效为一个理想电流源,其电流值为所并联电流源电流的

代数和。

图 2-20 所示的为两个理想电流源的串联，根据 KCL，有 $i_s=i_{s1}=i_{s2}$。这说明，只有电流相等且方向一致的电流源才能串联，此时串联电流源的对外特性与单个电流源的一样。因此不同值或不同方向的理想电流源是不允许串联的，否则违反 KCL。

当理想电流 i_s 与其他元件（或支路）串联时，如图 2-21(a)所示，对端口 1、2 而言，其他元件（或支路）去掉后可以用理想电流源 i_s 等效，如图 2-21(b)所示。

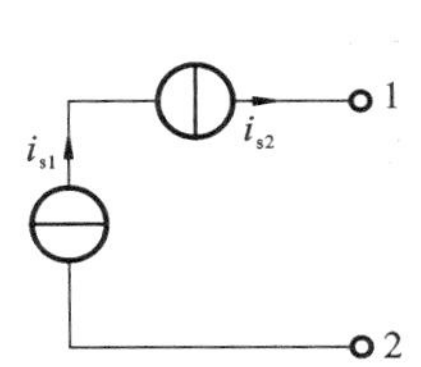

图 2-20 理想电流源的串联

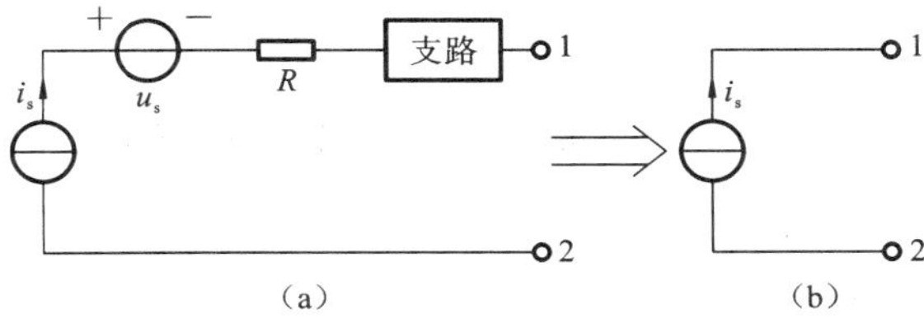

图 2-21 理想电源串联及其等效变换

2.3.3 实际电源的等效变换

1. 实际电源的伏安特性与电路模型

与理想电源不同，实际的电源是存在内阻的。图 2-22(a)所示的为一实际直流电压源，其伏安特性曲线可以通过实验的方式获得，如图 2-22(b)所示。

由图可知，其输出电压会随输出电流的增加而减小，而且不成线性关系；不过在一段范围内电压、电流的关系曲线为一条直线，这一段直线称为实际电压源的伏安特性曲线，如图 2-22(c)所示。

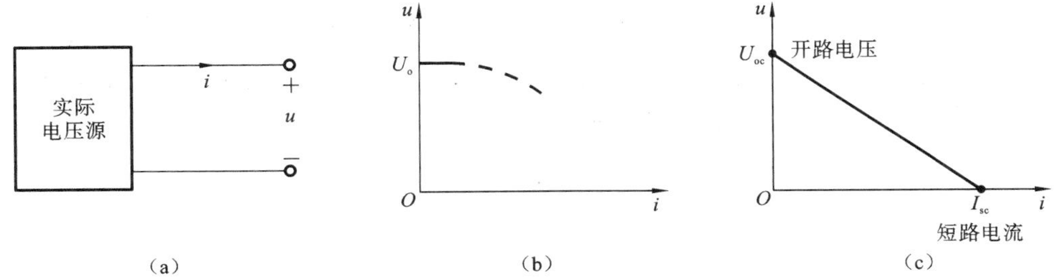

图 2-22 实际电压源的电路模型和伏安特性曲线

其中，当 $i=0$ 时，即实际电压源空载时有 $u=U_{oc}$，U_{oc} 称为开路电压；当 $u=0$ 时，即实际电压源短路时有 $i=I_{sc}$，I_{sc} 称为短路电流；而曲线斜率的绝对值 $R_s=\dfrac{U_{oc}}{I_{sc}}$ 称为实际电压源的内阻。伏安特性曲线对应的方程为

$$u=U_{oc}-R_s i \tag{2-13}$$

又可表示为

$$i=I_{sc}-G_s u \tag{2-14}$$

据此特性，可以用理想电压源和电阻的串联组合或理想电流源与电导的并联组合作为实际电源的电路模型，分别如图 2-23(a)和图 2-23(b)所示。而且这两种实际电源的电路模型也

是可以等效互换的。

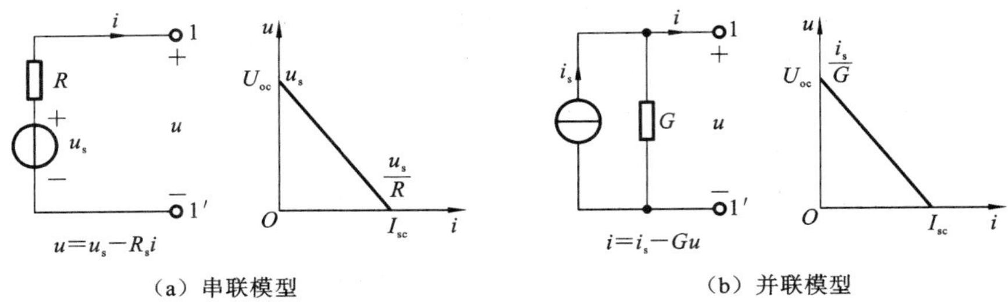

(a) 串联模型　　(b) 并联模型

图 2-23　实际电压源的等效电路模型和伏安特性曲线

2. 电压源与电流源的等效变换

一个串联电源模型(理想电压源与电阻串联,见图 2-24)和一个并联电源模型(理想电流源与电阻并联,见图 2-25),它们作用于完全相同的外电路。如果对任意外电路而言,两种电源模型的效果完全相同,即两电路端口处的电压 u、电流 i 相等,则称这两种电源对外电路是等效的,那么这两种电源模型之间就可以进行等效互换。

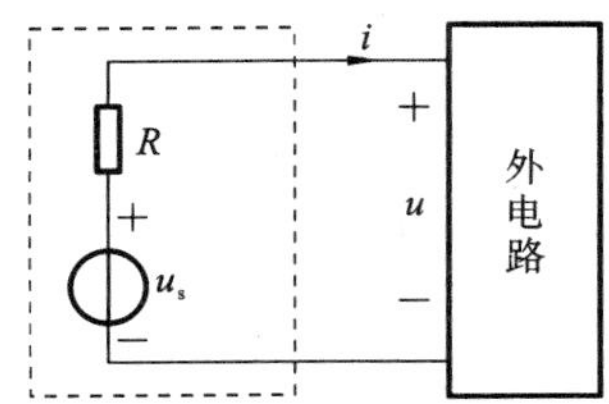

图 2-24　电压源模型等效变换

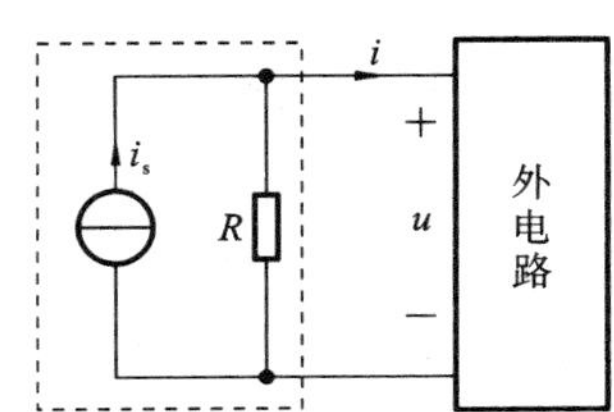

图 2-25　电流源模型等效变换

对于图 2-24 所示的电压源串联电阻的端口,根据 KVL,得 $u=u_s-Ri$,即 $i=\frac{u_s}{R}-\frac{u}{R}$;对于图 2-25 所示的电流源并联电阻的端口,根据 KCL,得 $i=i_s-Gu$;欲使串联电源模型与并联电源模型具有完全相同的伏安特性,则应有

$$u_s=Ri_s,\quad R=\frac{1}{G}$$

或

$$i_s=Gu_s,\quad G=\frac{1}{R}$$

因此,在上述等效变换条件下,可将理想电压源串联电阻的电路等效为理想电流源并联电阻的电路,如图 2-26 所示,反之亦然。

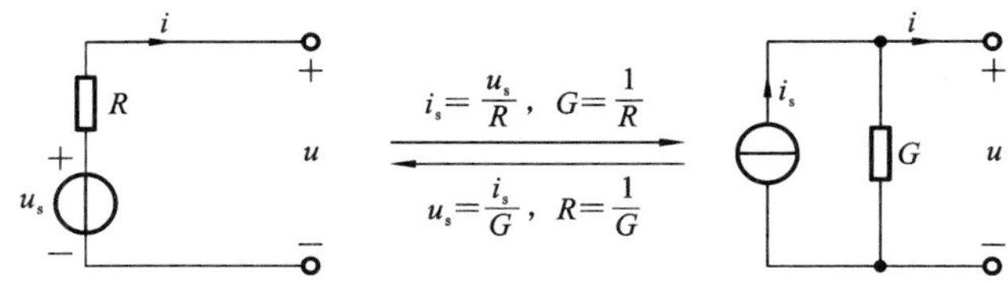

图 2-26　两种电源模型的等效变换条件

注意:① 互换时,电压源电压的极性与电流源电流的方向要一致,即电流 i_s 从电压 u_s 的

正极性一端流出，从而保证对外电路的影响相同；② 等效变换仅保证端子以外的电压、电流和功率相同，对于电源内部并无等效可言；③ 理想电压源与理想电流源不能进行等效变换。

【例 2-7】 电路如图 2-27(a)所示。试用电源等效变换法求流过 R_L 的电流 I。

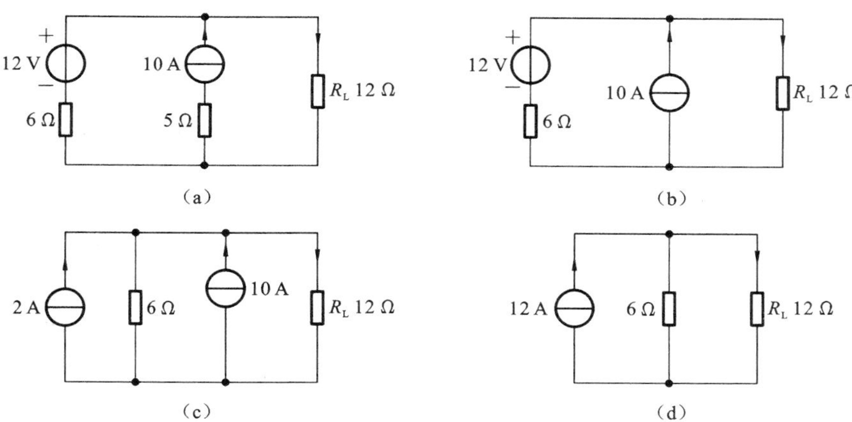

图 2-27 例 2-7 图

解 由于 5 Ω 电阻与电流源串联，对于求解电流 I 来说，5 Ω 电阻为多余元件可去掉，如图 2-27(b)所示。其后的等效变换过程分别如图 2-27(c)、(d)所示。最后由简化后的电路(见图 2-27(d))，利用分流公式便可求得电流 I，即

$$I=\left(\frac{6}{6+12}\times 12\right)\ \text{A}=4\ \text{A}$$

【例 2-8】 电路如图 2-28(a)所示。试用电源等效变换的方法求 5 Ω 电阻支路的电流 I 和电压 U。

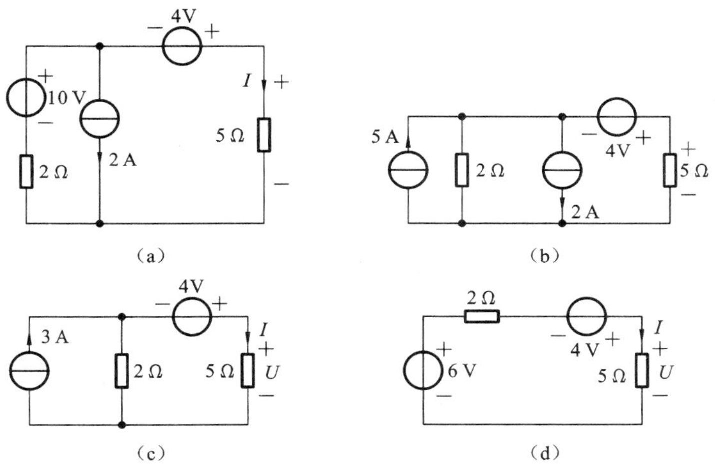

图 2-28 例 2-8 图

解 首先进行等效化简，步骤依次如图 2-28(b)、(c)、(d)所示，然后计算待求支路的电流和电压。根据图 2-28(d)所示的等效电路，并利用欧姆定律，得

$$I=\left(\frac{6+4}{2+5}\right)\ \text{A}=\frac{10}{7}\ \text{A}$$

$$U=\left(5\times\frac{10}{7}\right)\ \text{V}=\frac{50}{7}\text{V}=7.14\ \text{V}$$

2.4 受控电源及其等效变换

与独立电源不同，有些电路元件如晶体管、运算放大器等，虽不能独立地为电路提供能量，但在其他信号控制下仍然可以提供一定的电压或电流，这类元件称为受控电源。受控电源提供的电压或电流由电路中其他元件（或支路）的电压或电流控制。受控电源按控制量和被控制量的关系分为4种类型，即电压控制电压源（VCVS）、电流控制电压源（CCVS）、电压控制电流源（VCCS）和电流控制电流源（CCCS）。为区别于独立电源，受控电源的图形符号采用棱形结构，4种形式的受控源电路图形符号如图2-29所示。图中受控源的控制系数 μ 和 β 无量纲，转移电导 g 的单位是西门子（S），转移电阻 r 的单位是欧姆（Ω）。

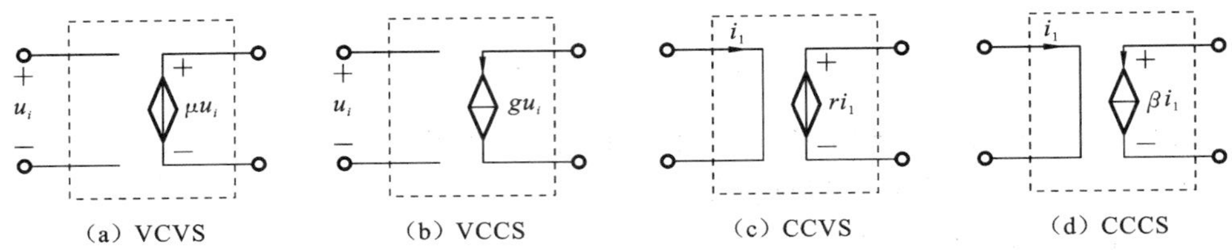

图2-29　4种受控源的电路图

受控源实际上是由晶体管、场效应晶体管等电压或电流控制元件组成的电路。例如，图2-30所示的是晶体管电路图形符号及受控源模型。

当整个电路中没有独立电源存在时，受控电源仅仅是一个无源元件，若电路中有独立电源提供能量，则其可以按照控制量的大小为后面的电路提供电能，因此受控电源实际上具有双重身份。注意独立电源与受控电源在电路中的作用完全不同。独立电源在电路中起“激励”作用，有了这种“激励”作用，电路才能产生响应（即电流和电压），而受控电源则是受电路中其他电压或电流的控制，当这些控制量为零时，受控电源的电压或电流也随之为零，因此受控电源实际上反映了电路中某处的电压或电流能控制另一处的电压或电流这一现象。另外，判断电路中受控电源的类型时，应看其图形符号和控制量。例如图2-31所示的电路中，由图形符号和控制量可知，电路中的受控电源为电流控制的电压源，其大小为 $10I$，单位为伏特而不是安培。

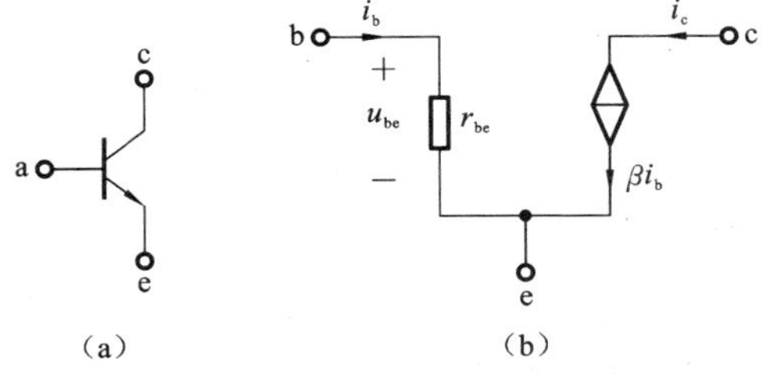

图2-30　晶体管的受控源模型

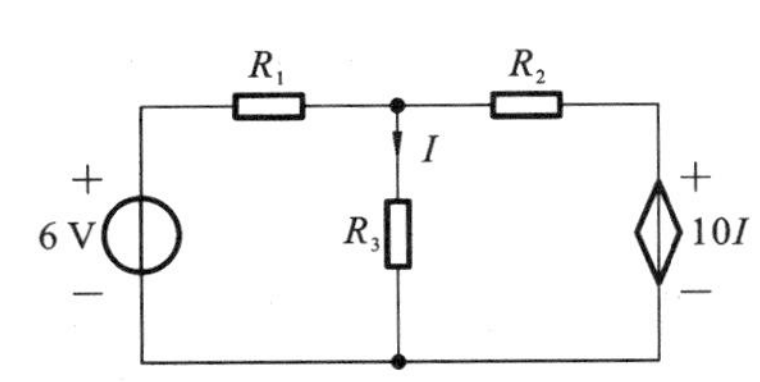

图2-31　含有受控电源的电路

与独立电源的等效变换相似，一个受控电压源与电阻的串联支路，也可等效变换为一个受控电流源与电阻的并联支路，如图 2-32(a)、(b)所示。图 2-32(c)、(d)所示的为受控电流源等效成受控电压源的电路模型。

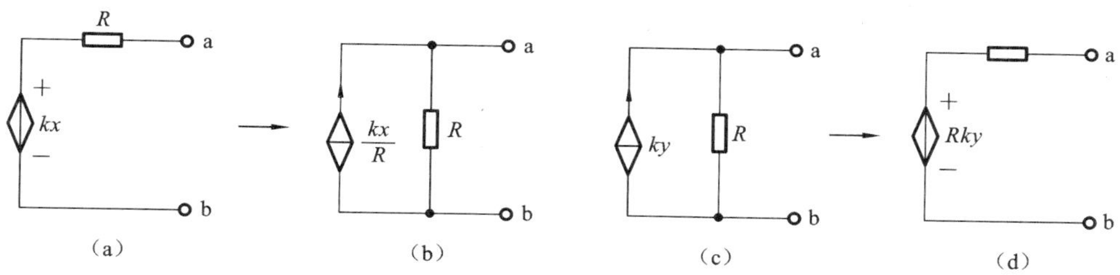

图 2-32 受控源支路的等效变换

在等效变换的过程中，受控电源和独立电源具有本质上的不同，但在列写电路方程和对电路进行简化时，可以将受控电源作为独立电源。这样，前面所讲的有关独立电源的处置方法对受控电源就都能适用，但是要注意在对电路进行化简时，不能随意把含有控制量的支路消除掉。例如，受控电压源的串联和受控电流源的并联都可用一个受控电源(前者用受控电压源，后者用受控电流源)等效。

【例 2-9】 某晶体管工作在放大状态的交流电路如图 2-33(a)所示，已知交流信号输入电压为 u_i，试求输出电压 u_o。

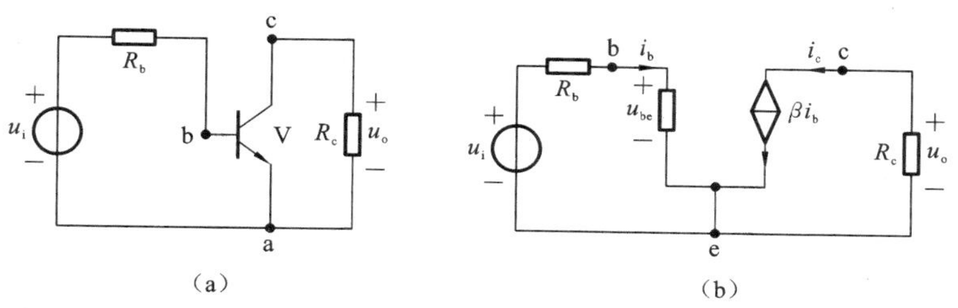

图 2-33 例 2-9 图

解 用晶体管的等效模型来替代晶体管，如图 2-33(b)所示。对左边、右边回路分别写 KVL 方程，得

$$u_i = R_b i_b + u_{be}$$

$$u_{be} = r_{be} i_b$$

$$u_o = -i_c R_c = -\beta i_b R_c$$

联立方程解得

$$u_o = -\frac{\beta R_c}{R_b + r_{be}} u_i$$

【例 2-10】 化简图 2-34(a)所示的电路。

解 首先将图 2-34(a)所示的受控电流源并联电阻的支路等效变换为受控电压源串联电阻的支路，如图 2-34(b)所示。由图 2-34(b)所示电路可写出 U、I 的关系方程式，即

$$U = -400I + (1000 + 1000)I + 20 = 1600I + 20$$

根据这一结果，可将图 2-34(b)所示电路化简为图 2-34(c)所示的等效电路。

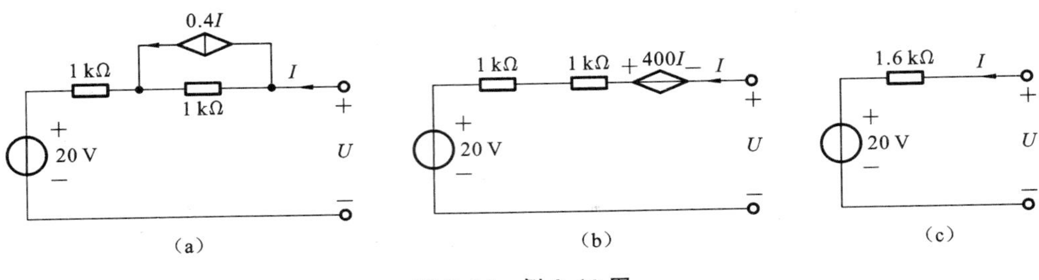

图 2-34 例 2-10 图

2.5 输入电阻

对于一个不含独立电源的一端口电阻网络，从端口看进去的等效电阻称为输入电阻。图 2-35 所示的为一个无源一端口电阻电路 N。设电路端口的电压 u 和电流 i 的参考方向如图 2-35 所示，则该电路的输入电阻 R_i 为

$$R_i = \frac{u}{i} \tag{2-15}$$

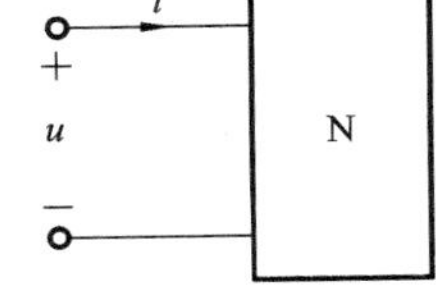

图 2-35 输入电阻

当一端口网络仅含电阻时，可以直接通过电阻的串、并联关系或 Y-△变换来计算输入电阻；当一端口网络含电阻和受控源时，用添加电压源求电流法或添加电流源求电压法来求输入电阻，即在端口加电压源求电流，称为加压求流法；或在端口加电流源求电压，称为加流求压法，从而得其比值为输入电阻。注意当一端口网络中含有受控电源时，输入电阻可能小于零，即一端口网络功率小于零，表明一端口网络向外电路释放电能。

【例 2-11】 在图 2-36(a)所示的电路中，已知转移电阻 $r=3\ \Omega$。求一端口网络的输入电阻。

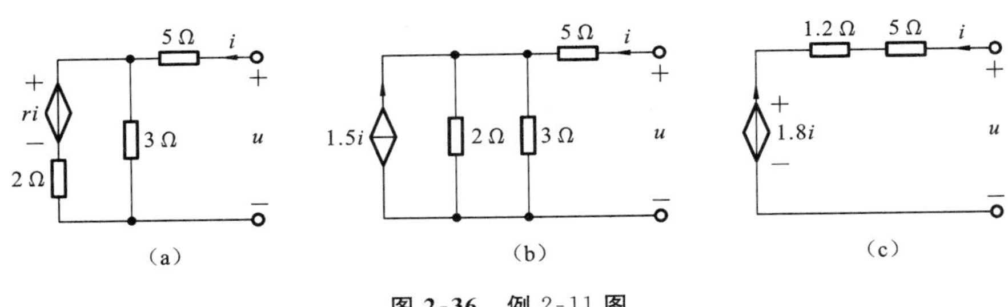

图 2-36 例 2-11 图

解 先将受控电压源和 2 Ω 电阻串联等效变换为受控电流源 $1.5i$ 和 2 Ω 电阻的并联支路，如图 2-36(b)所示。

将 2 Ω 电阻和 3 Ω 电阻并联的等效电阻 1.2 Ω 和受控电流源 $1.5i$ 并联等效变换为 1.2 Ω 电阻和受控电压源 $1.8i$ 的串联支路，如图 2-36(c)所示。由此求得关系方程式为

$$u=(5+1.2+1.8)i=8i$$

所以，电路的等效电阻 R 为

$$R=\frac{u}{i}=8\ \Omega$$

【例 2-12】 求图 2-37 所示电路的输入电阻 R_i。

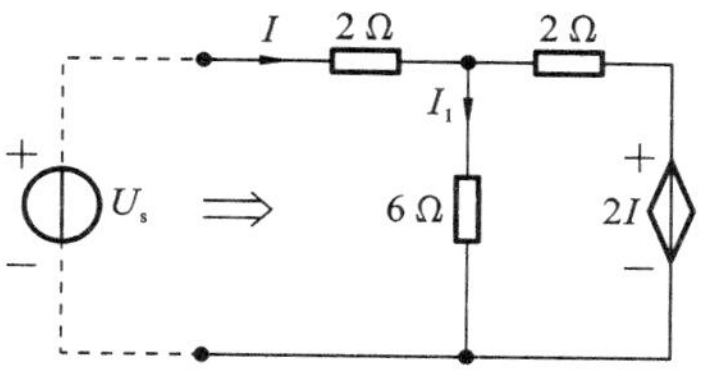

解 利用加压求流法可列写 KVL 方程,有

$$\begin{cases}2I+6I_1=U_s\\2I+2(I-I_1)+2I=U_s\end{cases}$$

解方程得
$$I_1=\frac{1}{2}I$$

所以
$$R_i=\frac{U_s}{I}=\frac{6I-I}{I}=5\ \Omega$$

图 2-37 例 2-12 图

【例 2-13】 求图 2-38(a)所示电路的输入电阻 R_i,并求其等效电路。

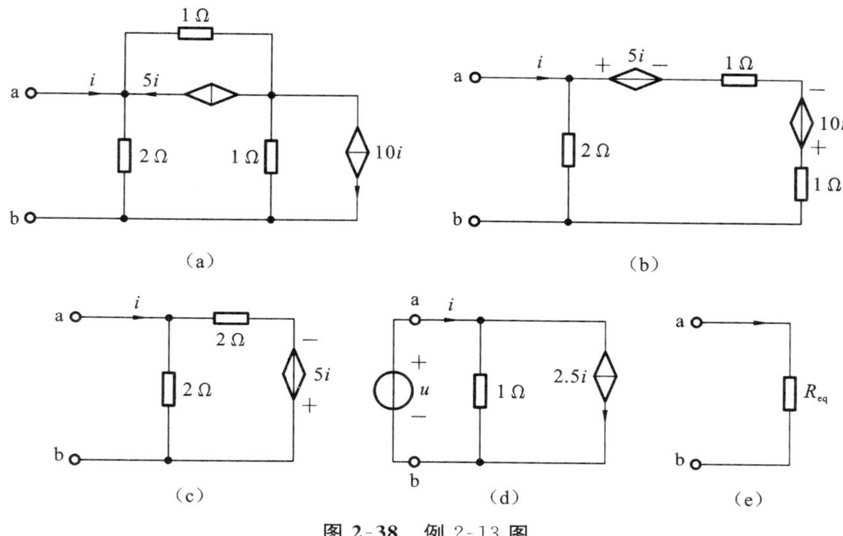

图 2-38 例 2-13 图

解 首先将图 2-38(a)所示的受控电流源并联电阻的支路等效变换为受控电压源串联电阻的支路,如图 2-38(b)所示。化简串联支路,然后再变换为受控电流源与等效电阻并联的支路,在 ab 端外加一电压为 u 的电压源,分别如图 2-38(c)、(d)所示。根据加压求流法得关系方程为

$$u=(i-2.5i)\times 1=-1.5i$$

因此,该一端口输入电阻 R_i 为

$$R_i=\frac{u}{i}=-1.5\ \Omega$$

此例中含受控源电阻电路的输入电阻为负值,表明该一端口网络向外电路释放电能。

图 2-38(a)的等效电路如图 2-38(e)所示,其等效电阻值为

$$R_{eq}=R_i=-1.5\ \Omega$$

2.6 电桥平衡及其等电位法

2.6.1 电桥电路

图 2-39(a)所示的电路称为电桥电路,简称电桥。其中 R_1、R_2、R_3 和 R_4 称为电桥电路的

4 个桥臂，中间对角线上的电阻 R 构成桥支路；一个理想电压源与一个电阻串联构成电桥电路的另一条对角线。整个电桥由 4 个桥臂和两条对角线所组成。

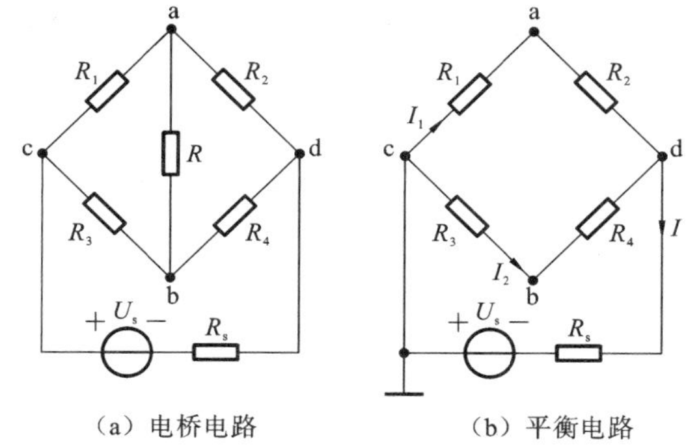

（a）电桥电路　（b）平衡电路

图 2-39　电桥电路

2.6.2　电桥的平衡条件

电桥电路的主要特点是，当 4 个桥臂电阻 R_1、R_2、R_3 和 R_4 的值满足一定关系时，桥支路电阻 R 的电流为零，这种情况称为电桥的平衡状态，如图 2-39(b)所示。

那么，4 个桥臂电阻之间具有什么样的关系才能使电桥处于平衡状态呢？

如果要使 2-39(a)所示电桥电路中的桥支路 R 的电流为零，则要求 a、b 两点的电位相等。因此，我们可假设电桥电路已达到平衡，即 $V_a=V_b$。此时桥支路电阻 R 的电流为零，拆除其不会影响电路的其他部分，原电桥电路就可用图 2-39(b)所示电路来替代。选取 c 点作为平衡电桥电路的参考点，则 a、b 两点的电位为

$$V_a=-I_1R_1=I_1R_2+IR_s-U_s$$
$$V_b=-I_2R_3=I_2R_4+IR_s-U_s$$

由 $V_a=V_b$ 可得

$$I_1R_1=I_2R_3$$
$$I_1R_2=I_2R_4$$

将两式相除，可得电桥的平衡条件为

$$\frac{R_1}{R_2}=\frac{R_3}{R_4} \tag{2-16}$$

也可写成 $R_1R_4=R_2R_3$。

利用电桥的平衡条件可方便地简化电路，例如例 2-5 中的电路就是电桥电路，满足电桥平衡条件，对角线支路的电流为零，则

$$R_{AB}=\frac{(150+150)\times(150+150)}{150+150+150+150}\ \Omega=150\ \Omega$$

2.6.3　具有等电位节点/零电流支路电路的等效变换

在为数众多的电路中有一类电路包含等电位节点和零电流支路。对于具有相等电位的两节点，节点间的电压为零，与短路等效，因此两节点可以用导线相连接。这种等电位节点的等效“短路”通常称为“虚短路”。另外，对于具有零电流的支路，由于支路电流为零，与开路等效，因此该支路可以用断路表示。这种由于支路电流为零而等效的“开路”称为“虚开路”。对于复杂电路，利用上述性质对电路进行等效变换就可以简化电路的计算。

【例 2-14】　在图 2-40(a)所示的电阻电路中，各电阻均为 R，试求 ab 端口的等效电阻 R_{ab}。

解　假设 ab 端口添加一电压源 U_s 由于电路以 acb 为轴左右对称，所以节点 p 与 p′、q 与 q′、o 与 o′的电位分别相等，将等电位点连接起来就成了图 2-40(b)所示电路，相当于以 acb 为

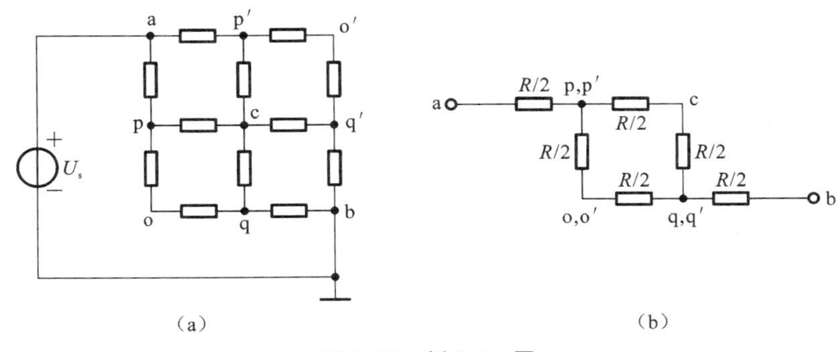

图 2-40　例 2-14 图

轴将右边部分“对折”到左边，对应的电阻并联（各电阻均为$\frac{R}{2}$），所以有

$$R_{ab}=\frac{R}{2}+\frac{R\times R}{R+R}+\frac{R}{2}=\frac{3R}{2}$$

对于图 2-40(a)所示电路还有另一种对称性，就是以 oco′为中心的上下对称，设 b 点为零电位点，a 点电位为 U_s，则在中心线各点的电位均为$\frac{U_s}{2}$，即 o、c、o′ 三点等电位，连接起来能方便地求出等效电阻，其计算式为

$$R_{ab}=\frac{R}{2}+\frac{R}{4}+\frac{R}{4}+\frac{R}{4}=\frac{3}{4}R$$

结论：在电路分析中，如果已知或判断出电路中某两点或多点电位（节点电位）相同，即可把这两个或多个节点短接，进而化简电路。

【例 2-15】　图 2-41(a)所示一端口电阻电路中各电阻均为 1 Ω，求等效电阻 R_{af}。

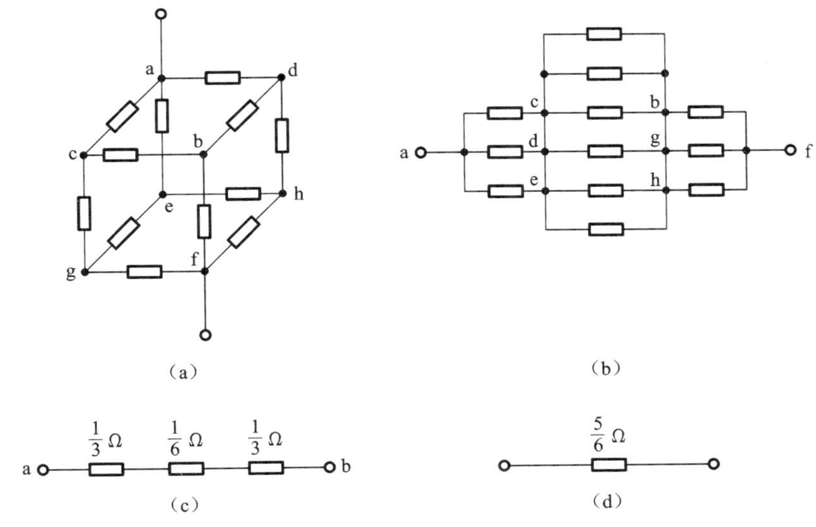

图 2-41　例 2-15 图

解　所求电路为正六面体，具有结构对称性。设电流从 a 端流入，因各电阻都相等，所以流过 ac、ad、ae 电阻的电流是相等的。因此，节点 c、d、e 是等电位点。电路简化如图 2-41(b)所示，进而由串、并联化简为图 2-41(c)、(d)所示电路，即

$$R_{af}=\frac{5}{6}\ \Omega$$

2.6.4 电桥的工程应用

直流电桥是一种精密的电阻测量电路，在工程中具有重要的应用价值。按电桥的测量方式可分为平衡电桥和非平衡电桥等两种。平衡电桥把待测电阻与标准电阻进行比较，通过调节电桥的平衡，从而测得待测电阻值。如单臂直流电桥(惠斯通电桥))、双臂直流电桥(开尔文电桥)，它们只能用于测量相对稳定的物理量。而在实际工程和科学实验中，很多物理量是连续变化的，只能采用非平衡电桥才能测量。非平衡电桥的基本原理是通过桥式电路来测量电阻，根据电桥输出的不平衡电压，再进行运算处理，从而得到引起电阻变化的其他物理量，如温度、压力、形变等。下面将详细介绍惠斯通电桥。

图 2-42 为惠斯通电桥的原理电路，其中 R_1、R_2、R_x 和 R_4 构成电桥，A、C 两端外接 U_s，B、D 之间接一检流计 P。根据电桥平衡条件 $R_1R_4=R_2R_x$，当利用电桥测量未知电阻 R_x 时，有

$$\frac{R_1}{R_2}=\frac{R_x}{R_4} \tag{2-17}$$

式中：R_4 为标准比较电阻；$K=\dfrac{R_1}{R_2}$ 称为比率，一般惠斯通电桥的 K 值为 0.001、0.01、0.1、1、10、100、1000 等。

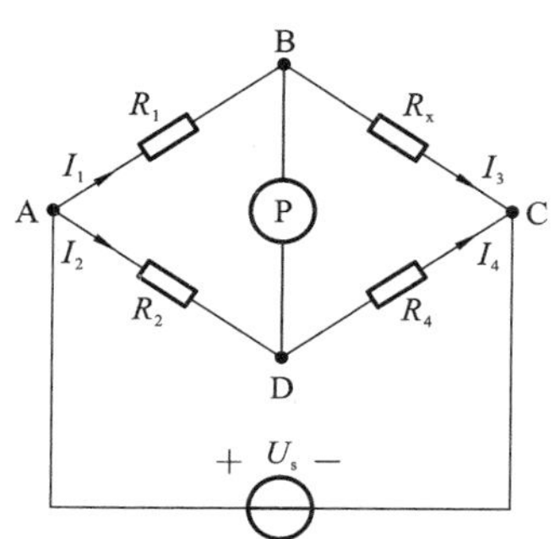

图 2-42 惠斯通电桥原理图

电桥测试箱中的 K 值可以任选。根据待测电阻大小选择适当的 K 值，然后只要调节 R_4，使电桥平衡，即电桥中的灵敏检流计的电流为 0 时，就可以求得待测电阻 R_x 的值，即

$$R_x=KR_4 \tag{2-18}$$

【例 2-16】 图 2-43 所示的为电阻应变仪电桥原理电路。其中 R_x 是电阻应变片，粘附在被测零件上。当零件发生变形(伸长或缩短)时，R_x 的阻值也随之改变，使输出信号 U_o 发生变化。设电源电压 $U=3$ V，如果在测量前 $R_x=100\ \Omega$，$R_1=R_2=200\ \Omega$，$R_3=100\ \Omega$，这时满足 $\dfrac{R_1}{R_2}=\dfrac{R_x}{R_3}$ 的电桥平衡条件，$U_o=0$。在进行测量时，如果测出(1) $U_o=1$ mV；(2) $U_o=-1$ mV。试计算在这两种情况下，应变电阻的增量 ΔR_x，并说明 U_o 的极性改变反映了什么？

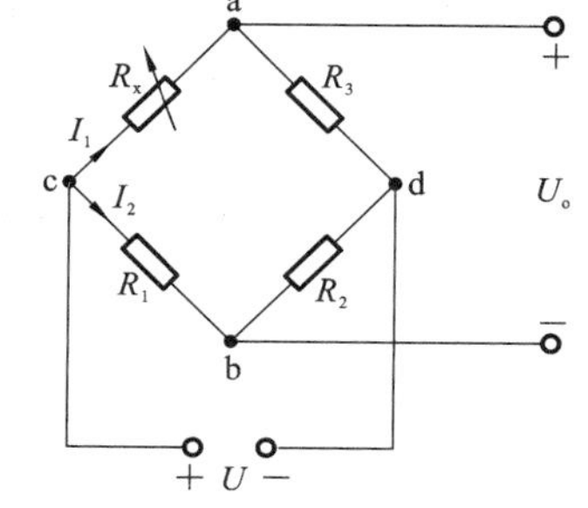

图 2-43 例 2-16 图

解 被测零件发生变形后，在电源电压 U 的作用下，流过 $(R_x+\Delta R_x)$ 和电阻 R_3 的电流设为 I_1，流过 R_1 和 R_2 的电流设为 I_2。

(1) 当 $U_o=1$ mV 时，因为 $R_1=R_2$，所以 $U_{R_1}=U_{R_2}=\dfrac{3}{2}$ V $=1.5$ V。由于输出电压 $U_o=U_{R_3}-U_{R_2}$，所以

$$U_{R_3}=U_o+U_{R_2}=(0.001+1.5)\ \text{V}=1.501\ \text{V}$$

$$I_1=\frac{U_{R_3}}{R_3}=\frac{1.501\ \text{V}}{100\ \Omega}=0.01501\ \text{A}$$

此时，应变电阻的压降为

$$U_{R_x}+U_{\Delta R_x}=U-U_{R_3}=(3-1.501)\ \text{V}=1.499\ \text{V}$$

故

$$R_x+\Delta R_x=\frac{U_{R_x}+U_{\Delta R_x}}{I_1}=\frac{1.499}{0.01501}\ \Omega=99.867\ \Omega$$

$$\Delta R_x=99.867-R_x=(99.867-100)\ \Omega=-0.133\ \Omega$$

即 U_o 为正值，ΔR_x 为负值时，表示被测零件的长度缩短了。

(2) 当 $U_o=-1$ mV 时，$U_{R_3}=U_o+U_{R_2}=(-0.001+1.5)\ \text{V}=1.499\ \text{V}$

$$I_1=\frac{U_{R_3}}{R_3}=\frac{1.499\ \text{V}}{100\ \Omega}=0.01499\ \text{A}$$

此时，应变电阻的压降为

$$U_{R_x}+U_{\Delta R_x}=U-U_{R_3}=(3-1.499)\ \text{V}=1.501\ \text{V}$$

故

$$R_x+\Delta R_x=\frac{U_{R_x}+U_{\Delta R_x}}{I_1}=\frac{1.501}{0.01499}\ \Omega=100.133\ \Omega$$

$$\Delta R_x=100.133\ \Omega-R_x=(100.133-100)\ \Omega=0.133\ \Omega$$

即 U_o 为负值，ΔR_x 为正值时，表示被测零件的长度伸长了。

本章小结

1. 电路的等效交换

电路等效变换的条件是互相替代的两部分电路具有相同的伏安特性；等效变换后外电路或电路中未被替代的部分中的电压、电流和功率保持不变；等效变换的目的是简化电路。

2. 电阻的串、并联简化

电阻的串联、并联和混联是电阻之间的主要连接方式。一个不含独立电源的无源一端口网络，可用一个电阻来等效替换，这个电阻称为无源一端口网络的输入电阻。在分析和化简含有电阻串、并、混联电路的过程中，注意应用分压公式和分流公式来求电路元件的电压和电流。

3. 电阻的 Y 形连接和△形连接的等效变换

Y-△形连接的等效变换属于多端子电路的等效变换，其变换公式为

$$R_Y=\frac{\triangle\text{ 形相邻电阻的乘积}}{\triangle\text{ 形电阻之和}},\quad R_\triangle=\frac{\text{Y 形电阻两两乘积之和}}{\text{Y 形不相连电阻}}$$

若 Y 形连接电阻电路中三个电阻的阻值相等，则等效△形连接电阻电路中三个电阻也相等，可得

$$R_Y=\frac{1}{3}R_\triangle\quad\text{或}\quad R_\triangle=3R_Y$$

4. 电源的等效变换

电源的等效变换包括理想电源的等效变换和实际电源的等效变换。

(1) 理想电源的等效变换主要包括理想电压源的串联和理想电流源的并联。

(2) 实际电源的两种模型分别是理想电压源与电阻的串联支路和理想电流源与电阻的并

联支路，两种模型可以进行等效变换。注意：① 互换时，电流源电流的方向要由电压源电压的正极流出（保证对外部电路的影响相同，即要求端口特性一致）；② 等效变换仅保证端子以外的电压、电流和功率相同，对内部电路不等效；③ 理想电压源与理想电流源不能等效变换。

（3）受控电压源与电阻的串联组合也可以等效变换为受控电流源与电阻的并联支路，注意在变换过程中，若控制量为待求量时，控制支路必须保持不变。

5. 无源一端口网络的输入电阻

无源一端口网络的输入电阻定义为一端口的端电压与端电流的比值。当电路中含有受控源时，可采用加压求流法或加流求压法求输入电阻，且输入电阻可能为负值，此时说明一端口网络输出功率。

6. 电桥平衡与等电位法

掌握电桥平衡原理及其等电位法的应用，电桥电路的主要特点是，当 4 个桥臂电阻 R_1、R_2、R_3 和 R_4 的值满足电桥平衡条件，即 $R_1R_4=R_2R_3$ 时，流过桥支路电阻 R 的电流为零，这种情况称为电桥的平衡状态。

在电路分析中，利用等电位点化简电路的方法称为等电位法。

习 题 2

1. 试求图题 1 所示电路中 a、b 两点间的等效电阻 R_{ab}。

2. 常用的分压电路如图题 2 所示。试求：(1) 当开关 S 打开，负载 R_L 未接入电路时，分压器的输出电压 U_o；(2) 当开关 S 闭合，$R_L=150\ \Omega$ 时，分压器的输出电压 U_o；(3) 当开关 S 闭合，$R_L=150\ k\Omega$ 时，此时分压器输出的电压 U_o 又为多少？并由计算结果得出一个结论。

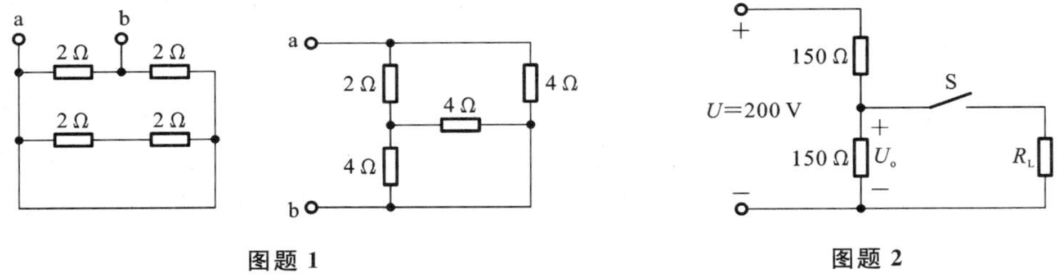

图题 1　　　　图题 2

3. 求图题 3 所示电路的等效电阻 R_{in}。

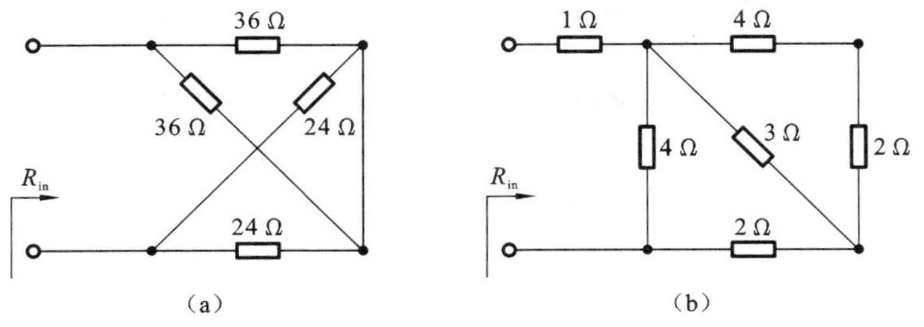

图题 3

4. 试求图题 4 所示电路的端口电阻 R_{AB}。

5. 电路如图题 5 所示，已知 $R_1=R_2=1\ \Omega$，$R_3=R_4=2\ \Omega$，$R_5=4\ \Omega$。试求当开关 S 打开或闭合时的等效电阻 R_{ab}。

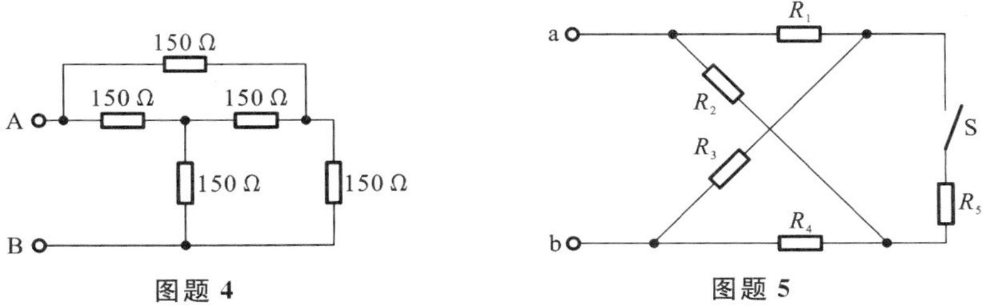

图题 4　　图题 5

6. 试用电源等效变换的方法求图题 6 所示电路的电流 I_5，已知 $U_{s1}=100\ \text{V}$，$U_{s2}=50\ \text{V}$，$R_1=R_3=1\ \Omega$，$R_2=R_4=3\ \Omega$，$R_5=10\ \Omega$。

7. 含有受控电流源的电路如图题 7 所示，试用电源的等效变换法求 I_1 和 U。

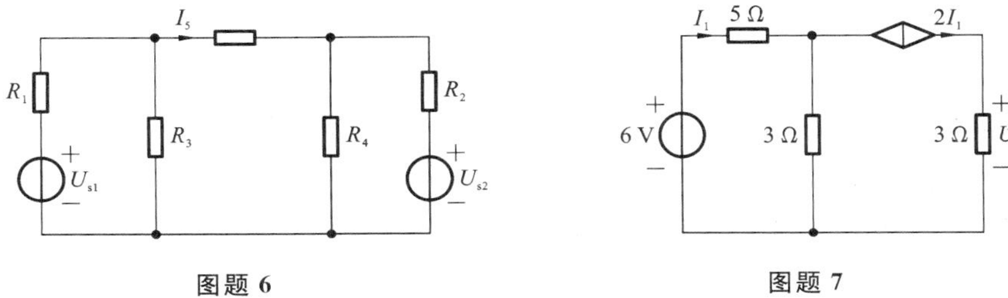

图题 6　　图题 7

8. 试用电源的等效变换法化简图题 8 所示的各电路。

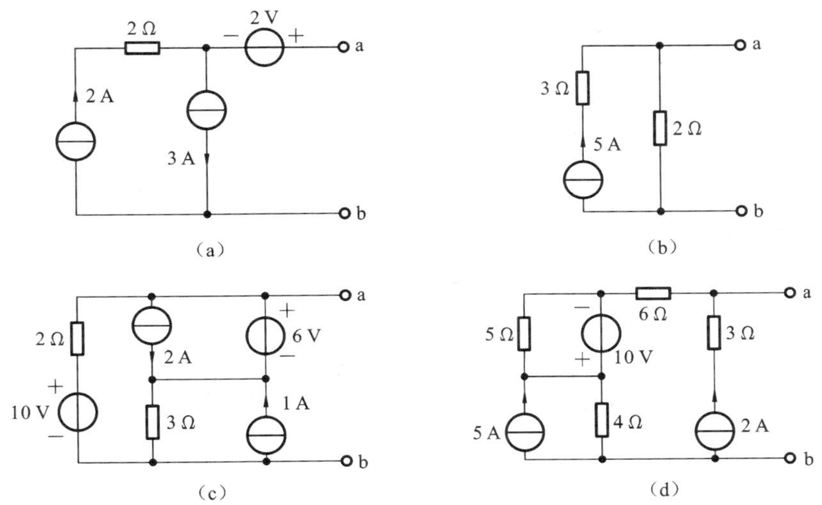

图题 8

9. 将图题 9 所示各电路化为最简形式的等效电路。

10. 在图题 10 所示的电路中，已知 $U_1=2\ \text{V}$。试求电压源电压 U_s。

11. 电路如图题 11 所示，其中 R_1、R_2 和 R_3，电压源电压 u_s 和电流源 i_s 均已知，且为正值。试求：(1) 电流 i_2 和电压 u_2；(2) 若电阻 R_1 增大，对哪些元件的电压、电流有影响？影响如何？

12. 求图题 12 所示电路的输入电阻 R_i，已知 $r=1\ \Omega$。

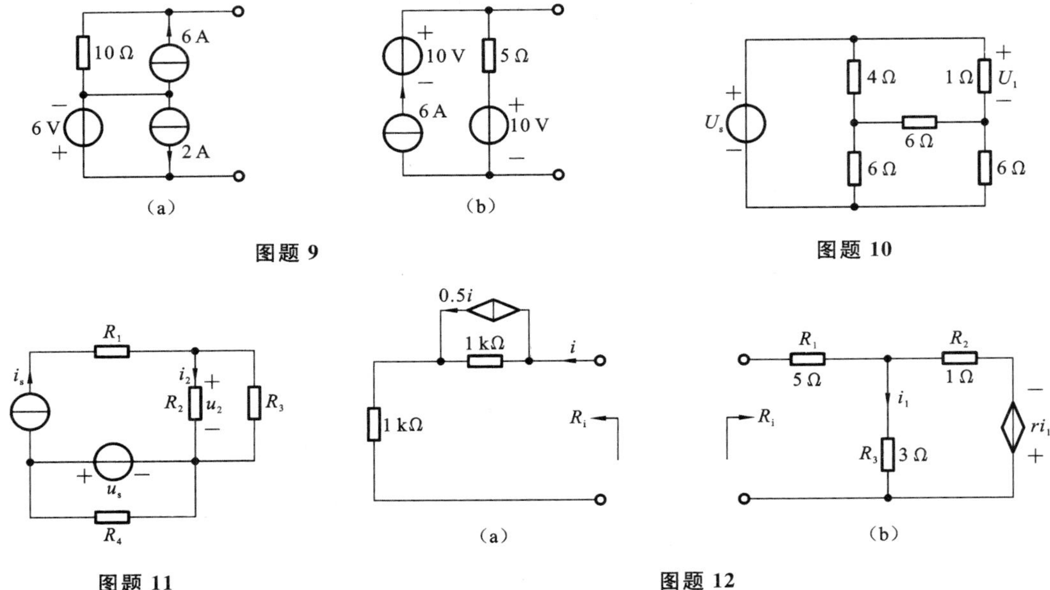

图题 9

图题 10

图题 11

图题 12

13. 在图题 13 所示的电路中，已知 $U_2=-20$ V，求电阻 R。

14. 求图题 14 所示电路中各元件吸收的功率。

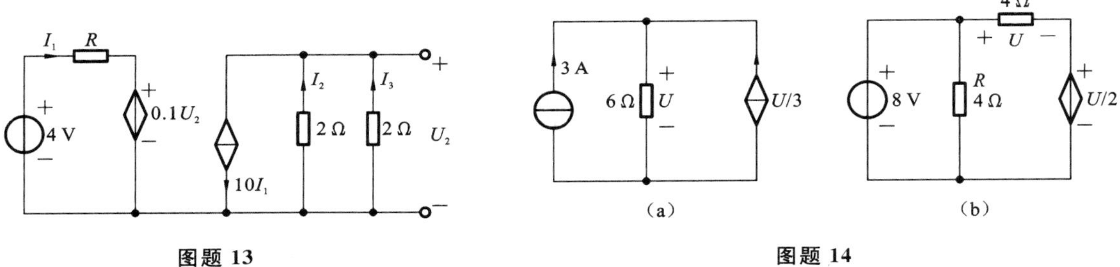

图题 13

图题 14

15. 电路如图题 15 所示。试求电压 U_{ab}。

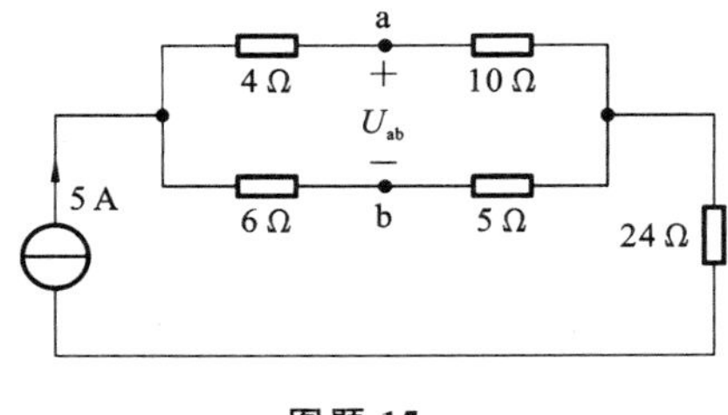

图题 15

第3章　电阻电路分析

知识要点

- 了解电阻电路的一般分析方法；
- 掌握 KCL 和 KVL 的独立方程的列写方法；
- 熟练应用支路电流法、网孔电流法、回路电流法、节点电压法求解电路参数；
- 掌握叠加定理、戴维南定理、诺顿定理和最大功率传输定理的应用方法。

3.1　概述

前一章所讲的等效变换是一种重要的电路分析方法，但只对具有一定结构形式的简单电路有效。为了能对任何复杂的电路进行分析研究，本章主要介绍几种线性电阻电路的一般分析方法。虽然本章研究的对象是由线性电阻及直流电源组成的电路，但所介绍的分析方法在交流电路的相量分析中也是适用的。分析电路的一般步骤如下：

(1) 选定一组独立的电流(或电压)作为求解对象，称为电路变量；

(2) 根据基尔霍夫定律及欧姆定律建立足够数量的求解电路变量的方程；

(3) 联立方程求得电路变量后，根据要求或分析目的，确定电路中其他支路的电压及电流。

可见，进行电路的一般分析关键在于建立一定数量的电路方程，并且这些电路方程必须互不相关，即这些方程中的任意一个都不能由其余电路方程推导得出。

基尔霍夫定律和欧姆定律是分析线性电阻电路的依据。在实际应用中，人们总是希望能够运用最少的电路方程，求解电路中各条支路的电压和电流。那么对于一个具体的电路来说，最少要列出几个 KCL 和 KVL 的独立方程，才能求解出各条支路的电压和电流呢?

3.1.1　KCL 的独立方程数

第1章中介绍了支路、节点、回路、网孔的概念，在此基础上讨论 KCL 和 KVL 的独立方程数。图 3-1 所示电路，其节点和支路都已编号，并给出了支路电流的参考方向。依据图上的参考方向，可对节点①、②、③、④分别列写 KCL 方程，有

节点①：$-i_1-i_4-i_5=0$

节点②：$i_1-i_2-i_3=0$

节点③：$i_2+i_4-i_6=0$

节点④：$i_3+i_5+i_6=0$

由于对所有的节点都列写了 KCL 方程，且每个支路的电流必然从其中一个节点流入，从

另外一个节点流出。因此，在所有的 KCL 方程中，每个支路电流都出现了两次，一次为正，另一次为负(指每项前面的“+”或“-”)。若把其中任意 3 个方程相加，就可得到第 4 个方程。这也就是说，以上 4 个方程不是互相独立的。但 4 个方程中的任意 3 个方程却是相互独立的。

可以证明，对于具有 n 个节点的电路，取任意$(n-1)$个节点，可以列写出$(n-1)$个独立的 KCL 方程，相应的$(n-1)$个节点称为独立节点。

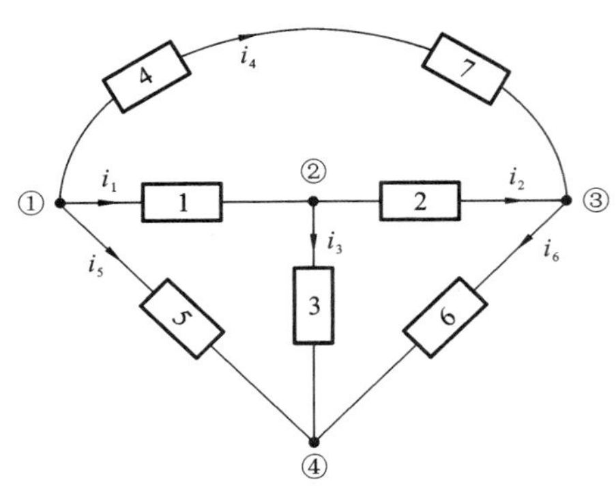

图 3-1　KCL 方程的独立数

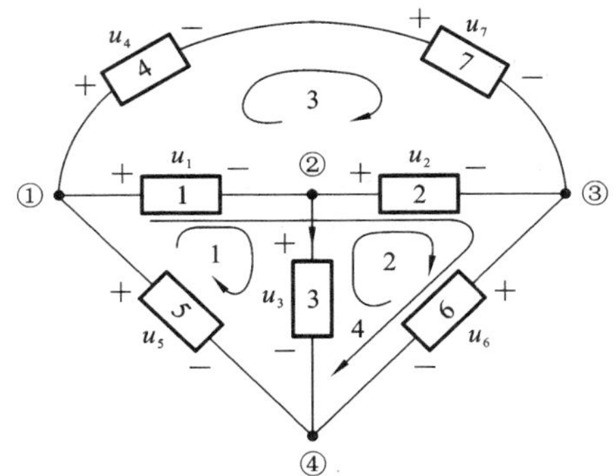

图 3-2　KVL 方程的独立数

3.1.2　KVL 的独立方程数

对于图 3-2 所示的电路模型，其中有 3 个网孔、7 个回路，每个网孔都是一个回路，2 个网孔可合成一个回路，3 个网孔是个大回路。依据图中电压的参考方向，可对网孔 1、2、3 分别列写 KVL 方程，即有

网孔 1：$u_1+u_3-u_5=0$

网孔 2：$u_2+u_6-u_3=0$

网孔 3：$u_4+u_7-u_2-u_1=0$

若把以上 3 个方程中的任意 2 个方程相加，必然可得到另外一个回路的方程。例如，网孔 1 和网孔 2 的方程可合成回路 4 的方程，即

$$u_1+u_2-u_5+u_6=0$$

这就是说，3 个网孔方程是相互独立的。

可以证明，对于具有 n 个节点、b 条支路的电路，其网孔的数目为$(b-n+1)$，与其对应的 KVL 方程是独立的。

3.2　支路电流法

支路电流法是以电路中各支路的电流为基本变量，通过欧姆定律等元件特性约束，用支路电流表示支路电压，根据 KCL 和 KVL 建立电路方程进行分析的方法。支路电流法是求解复杂电路最基本、最直接的一种方法。

3.2.1　支路电流法的分析步骤

对于具有 n 个节点和 b 条支路的电路，支路电流法的电路变量有 b 个，因此只要列写 b 个独立的电路方程就可求解。下面以图 3-3(a)所示电路为例介绍支路电流法，步骤如下。

(1) 选定各支路电流的参考方向，如图 3-3(a)所示。

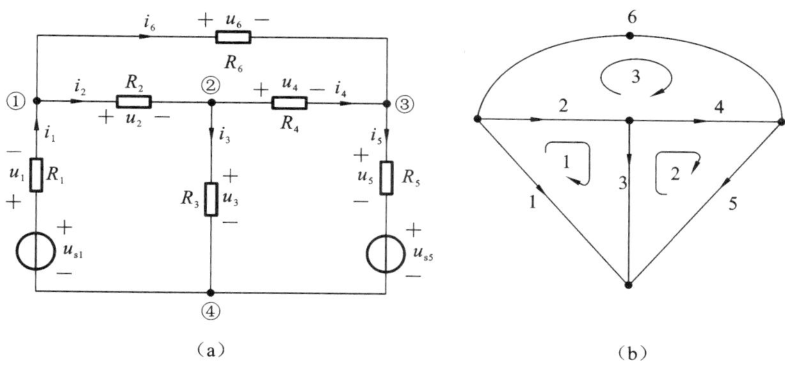

图 3-3 支路电流法

(2) 电路中共有 4 个节点，列写独立的 KCL 方程，其方程数为 $4-1=3$，即节点①、②、③的方程分别为

$$\left.\begin{aligned}&i_1-i_2-i_6=0\\&i_2-i_3-i_4=0\\&i_4-i_5+i_6=0\end{aligned}\right\}\tag{3-1}$$

(3) 选定网孔的参考方向，如图 3-3(b)所示。对$(b-n+1)$个独立回路列写 KVL 方程，本例中有 6 条支路、4 个节点，所以方程数为 $6-4+1=3$，即独立网孔数为 3，则三个回路电压的方程为

$$\left.\begin{aligned}&-u_{s1}+u_1+u_2+u_3=0\\&-u_3+u_4+u_5+u_{s5}=0\\&-u_2-u_4+u_6=0\end{aligned}\right\}\tag{3-2}$$

(4) 用支路电流表示支路电压 $u_i=R_i i_i$，其中，$i=1,\cdots,6$，并代入式(3-2)，得

$$\left.\begin{aligned}&-u_{s1}+R_1i_1+R_2i_2+R_3i_3=0\\&-R_3i_3+R_4i_4+R_5i_5+u_{s5}=0\\&-R_2i_2-R_4i_4+R_6i_6=0\end{aligned}\right\}\tag{3-3}$$

(5) 联立方程式(3-1)、式(3-3)就是以支路电流 $i_1,i_2,\cdots,i_n$ 为未知量的支路电流法的全部方程，即

$$\left.\begin{aligned}&i_1-i_2-i_6=0\\&i_2-i_3-i_4=0\\&i_4-i_5+i_6=0\\&-u_{s1}+R_1i_1+R_2i_2+R_3i_3=0\\&-R_3i_3+R_4i_4+R_5i_5+u_{s5}=0\\&-R_2i_2-R_4i_4+R_6i_6=0\end{aligned}\right\}\tag{3-4}$$

综上所述，支路电流法的 KVL 方程的通式可归纳为

$$\sum R_k i_k=\sum u_{sk}\tag{3-5}$$

式(3-5)要对所有的独立回路列出方程。式中：$R_k i_k$ 为回路中第 k 个支路电阻上的电压，求和遍及回路中的所有支路，且当 i_k 的参考方向与回路方向一致时，该项前面取“+”号，相反时，取“－”号。式中右边的 u_{sk} 为回路中第 k 个支路的电源电压，包括理想电压源的电压和理想电流源两端的电压，且当 u_{sk} 参考方向与回路方向一致时，该项前面取“－”号，相反时，取“+”号。此式实际上是 KVL 的另一种表达形式，即任一回路中，电阻电压的代数和等于电源电压的代数和。

3.2.2 电路中含有电流源时的电路分析

当电路中含有独立电流源时，可以分为两种情况来处理。

(1) 当电路中有电阻与理想电流源并联时，根据电源模型的等效变换将此并联电路等效变换为电压源和电阻串联的支路，然后再列写支路电流的方程。

(2) 当电路中的一条支路仅含理想电流源而不存在与之并联的电阻时，如图 3-4 所示。需假设理想电流源上的电压为 U，这样就多一个未知量，需要补充一个方程，该支路电流等于理想电流源的电流。

【例 3-1】 电路如图 3-4 所示，试用支路电流法列写支路电流的全部方程。

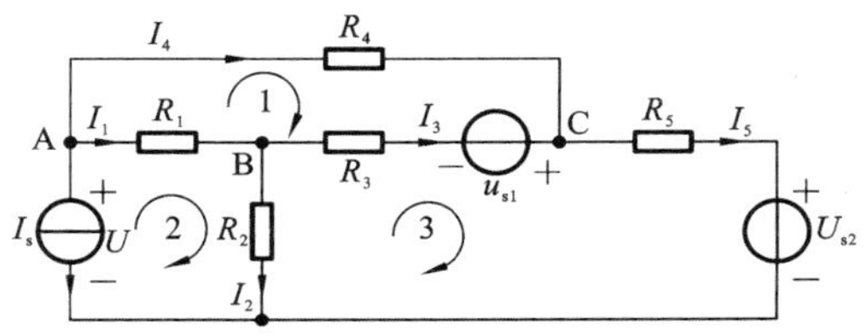

图 3-4 例 3-1 图

解 (1) 选定各支路电流的参考方向和网孔的绕行方向，如图 3-4 所示。

(2) 对节点 A、B、C 列写 KCL 方程，电流源支路的电流为 I_s，即

$$\left.\begin{aligned} -I_s-I_4-I_1&=0\\ I_1-I_3-I_2&=0\\ I_4+I_3-I_5&=0 \end{aligned}\right\} \qquad ①$$

(3) 分别对网孔 1、2、3 列写 KVL 方程，假设电流源 I_s 两端的电压为 U，有

$$\left.\begin{aligned} &-R_1I_1-R_3I_3+R_4I_4+U_{s1}=0\\ &R_1I_1+R_2I_2-U=0\\ &-R_2I_2+R_3I_3-U_{s1}+R_5I_5+U_{s2}=0 \end{aligned}\right\} \qquad ②$$

联立式①和式②，可得到以支路电流为未知量的支路电流法的全部方程。

3.3 网孔电流法和回路电流法

支路电流分析方法是一种普遍适用的电路分析方法。但是，在实际应用中存在两个问题，第一是如何选取独立回路来列写 KVL 方程并没有十分简洁有效的方法，对于简单电路可以通过观察和相关经验来选取回路。但如果电路结构复杂、规模较大，就难以确定其独立回路组。第二

是当电路规模较大时，利用支路电流法分析所列出的方程数较多，解方程的工作量很大。

如果分析的电路是平面电路，即电路图上不存在交叉支路，所有电路部分可以完全画在一个平面上，许多网络图论已经证明，平面电路的所有网孔构成了电路的一组独立回路。

网孔电流是指环流于网孔中的假想电流。以网孔电流为未知量，根据 KVL 列方程求解电路的分析方法，称为网孔电流法。

3.3.1 网孔电流法的分析步骤

对于具有 b 条支路和 n 个节点的平面电路来说，$(b-n+1)$ 个网孔电流就是一组独立的电流变量。求解网孔电流方程得到网孔电流后，根据 KCL 可求出全部支路电流，再用欧姆定律就可求出全部的支路电压。与支路电流法相比，网孔电流法的电路变量少，列写的方程相对简单。下面以图 3-5 为例介绍网孔电流法，分析步骤如下。

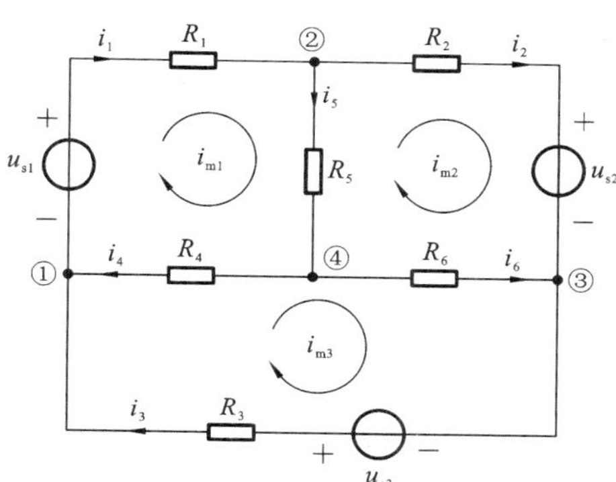

图 3-5 网孔电流分析图

步骤 1：假定每个网孔中有一个电流在连续流动，且假想电流是沿着网孔边界流动的，即为网孔电流 i_{m1}、i_{m2}、i_{m3}。其参考方向如图 3-5 所示。

步骤 2：列出 3 个网孔的 KVL 方程，即

$$\left.\begin{aligned}R_1i_1+R_5i_5+R_4i_4-u_{s1}=0\\R_2i_2-R_5i_5-R_6i_6+u_{s2}=0\\R_3i_3-R_4i_4+R_6i_6-u_{s3}=0\end{aligned}\right\}\tag{3-6}$$

步骤 3：用网孔电流表示支路电流。在平面电路中如果某一支路为 1 个网孔独有（电路最外围支路），则该支路电流就是网孔电流；如果某支路共存于 2 个网孔（电路的内部支路）中，则支路电流由 2 个网孔电流叠加而成，即

$$\begin{aligned}&i_1=i_{m1},\quad i_4=i_1-i_3=i_{m1}-i_{m3}\\&i_2=i_{m2},\quad i_5=i_1-i_2=i_{m1}-i_{m2}\\&i_3=i_{m3},\quad i_6=i_3-i_2=i_{m3}-i_{m2}\end{aligned}$$

步骤 4：将网孔电流代入 3 个网孔的 KVL 方程，得

$$\left.\begin{aligned}R_1i_{m1}+R_5(i_{m1}-i_{m2})+R_4(i_{m1}-i_{m3})=u_{s1}\\R_2i_{m2}-R_5(i_{m1}-i_{m2})-R_6(i_{m3}-i_{m2})=-u_{s2}\\R_3i_{m3}-R_4(i_{m1}-i_{m3})+R_6(i_{m3}-i_{m2})=u_{s3}\end{aligned}\right\}\tag{3-7}$$

步骤 5：整理 KVL 方程得网孔电流方程，即

$$\left.\begin{aligned}(R_1+R_4+R_5)i_{m1}-R_5i_{m2}-R_4i_{m3}=u_{s1}\\-R_5i_{m1}+(R_2+R_5+R_6)i_{m2}-R_6i_{m3}=-u_{s2}\\-R_4i_{m1}-R_6i_{m2}+(R_3+R_4+R_6)i_{m3}=u_{s3}\end{aligned}\right\}\tag{3-8}$$

步骤 6：为了便于书写，将式(3-8)的$(R_1+R_4+R_5)$、$(R_2+R_5+R_6)$、$(R_3+R_4+R_6)$分别称为网孔 1、网孔 2、网孔 3 的自阻，用 R_{11}、R_{22}、R_{33} 表示。将 R_4、R_5、R_6 分别称为网孔 1、网孔 2、网孔 3 之间的互阻，用 R_{13}、R_{31}、R_{12}、R_{21}、R_{23}、R_{32} 表示，写成一般形式为

$$\left.\begin{aligned}R_{11}i_{m1}+R_{12}i_{m2}+R_{13}i_{m3}=u_{s11}\\R_{21}i_{m1}+R_{22}i_{m2}+R_{23}i_{m3}=u_{s22}\\R_{31}i_{m1}+R_{32}i_{m2}+R_{33}i_{m3}=u_{s33}\end{aligned}\right\}\tag{3-9}$$

对于具有 n 个网孔的平面电路，其网孔电流方程的一般形式为

$$\left.\begin{aligned} R_{11}i_{m1}+R_{12}i_{m2}+R_{13}i_{m3}+\cdots+R_{1n}i_{mn}=u_{s11} \\ R_{21}i_{m1}+R_{22}i_{m2}+R_{23}i_{m3}+\cdots+R_{2n}i_{mn}=u_{s22} \\ \vdots \\ R_{n1}i_{m1}+R_{n2}i_{m2}+R_{n3}i_{m3}+\cdots+R_{nn}i_{mn}=u_{snn} \end{aligned}\right\} \tag{3-10}$$

式中：R_{nn} 称为自阻，为某一网孔中支路上的所有电阻之和，其值恒为正；R_{ij} $(i\neq j)$ 称为互阻，为某 2 个网孔公共支路上的电阻之和，其值的正负根据网孔电流流过支路的方向来判断，当 2 个网孔电流流过公共支路的电流方向一致时取正，相反时取负；u_{snn} 为沿第 n 个网孔绕行方向的各支路电源电压的代数和，当电源电压的参考方向与网孔绕行方向一致时取负号，相反时取正号。

网孔方程组式(3-10)是根据网孔电流法列写的，方程数量和变量数量相同，解方程组可以得到网孔电流值，进而可以确定各个支路电流。注意：网孔电流法只能适用于平面电路。

网孔电流法分析电路的过程总结如下：

(1) 设定网孔电流的参考方向并在电路图上标明；

(2) 用观察电路图的方法直接列出网孔方程组，参照式(3-10)；

(3) 求解网孔方程组，得到各网孔电流；

(4) 根据支路电流与网孔电流的线性组合关系，求得各支路电流；

(5) 利用元件特性 VCR 列写方程，求各支路电压。

【例 3-2】 试用网孔电流法求图 3-6 所示电路的各支路电流。

解 选定两个网孔电流 I_{m1}、I_{m2} 的参考方向如图 3-6 所示。列出网孔电流方程为

$$\begin{cases}(1+1)I_{m1}-I_{m2}=5\\ -I_{m1}+(1+2)I_{m2}=-10\end{cases}$$

将 $I_1=I_{m1}$，$I_2=I_{m2}$ 代入并整理，得

$$\begin{cases}2I_1-I_2=5\\ -I_1+3I_2=-10\end{cases}$$

解得各支路电流分别为 $I_1=1\ \text{A}$，$I_2=-3\ \text{A}$，$I_3=I_1-I_2=4\ \text{A}$。

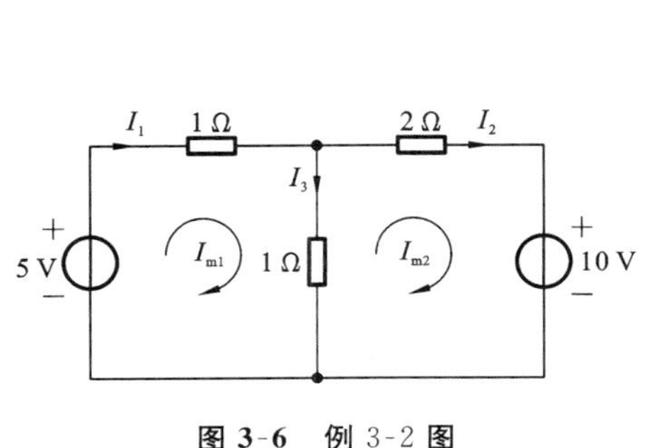

图 3-6 例 3-2 图

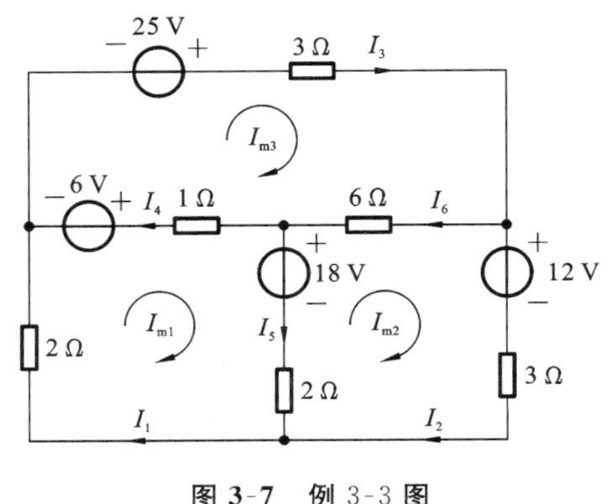

图 3-7 例 3-3 图

【例 3-3】 用网孔电流法求图 3-7 所示电路中的各支路电流。

解 选定三个网孔电流 I_{m1}、I_{m2} 和 I_{m3} 的参考方向如图 3-7 所示。列出网孔电流方程为

$$\begin{cases}(2+2+1)I_{m1}-2I_{m2}-I_{m3}=6-18\\-2I_{m1}+(3+2+6)I_{m2}-6I_{m3}=-12+18\\-I_{m1}-6I_{m2}+(3+6+1)I_{m3}=-6+25\end{cases}$$

将 $I_1=I_{m1}$，$I_2=I_{m2}$ 和 $I_3=I_{m3}$ 代入并整理，得

$$\begin{cases}5I_1-2I_2-I_3=-12\\-2I_1+11I_2-6I_3=6\\-I_1-6I_2+10I_3=19\end{cases}$$

解得各支路电流分别为

$$I_1=-1\ \text{A},\quad I_2=2\ \text{A},\quad I_3=3\ \text{A}$$

$$I_4=-I_1+I_3=-I_{m1}+I_{m3}=4\ \text{A}$$

$$I_5=I_1-I_2=I_{m1}-I_{m2}=-3\ \text{A}$$

$$I_6=I_3-I_2=I_{m3}-I_{m2}=1\ \text{A}$$

3.3.2 含独立电流源电路的网孔电流法

当电路含有独立电流源时，可分为两种情况进行处理。

(1) 电路有电阻和理想电流源并联时，先将此电路等效变换为电压源和电阻串联的电路，再按照定律列写网孔电流方程。

(2) 当电路的一条支路仅含理想电流源而不存在与之并联的电阻时，分两种情况处理：一是理想电流源支路为 1 个网孔独有(电路最外围支路)，可少列 1 个方程，该网孔电流即为电流源的电流；二是该电流源支路共存于 2 个网孔(电路的内部支路)中，首先需假设理想电流源上的电压为 U，因增加 1 个未知量，需补充 1 个方程，即理想电流源的电流用网孔电流来表示。

【例 3-4】 试用网孔电流法求图 3-8 所示电路的支路电流 I_1 和 I_2。

解 选定两个网孔电流 I_{m1}、I_{m2} 的参考方向如图 3-8 所示。设电流源两端的电压为 U，则网孔电流方程为

$$\begin{cases}I_{m1}=5-U\\2I_{m2}=-10+U\end{cases} \qquad ①$$

用网孔电流表示理想电流源的电流为

$$I_{m1}-I_{m2}=7\ \text{A} \qquad ②$$

将 $I_1=I_{m1}$，$I_2=I_{m2}$ 代入式①和式②，联立解得

$$I_1=3\ \text{A},\quad I_2=-4\ \text{A},\quad U=2\ \text{V}$$

【例 3-5】 试用网孔电流法求图 3-9 所示电路中的支路电流 I_1、I_2 和 I_3。

解 选定 3 个网孔电流 I_{m1}、I_{m2} 和 I_{m3} 的参考方向如图 3-9 所示。当电流源在电路外围边界上时，该网孔电流即为电流源的电流，此例中为 $I_{m3}=2$ A，此时不必列出此网孔的电流方程。

假设 1 A 电流源的电压为 U，列出 2 个网孔的电流方程为

$$\left.\begin{array}{l}I_{m1}-I_{m3}+U=20\\(5+3)I_{m2}-3I_{m3}-U=0\end{array}\right\} \qquad ①$$

用网孔电流表示理想电流源的电流，可得

$$I_{m1}-I_{m2}=1 \quad ②$$

将 $I_1=I_{m1}$，$I_2=I_{m2}$ 和 $I_{m3}=2$ A 代入式①和式②，整理后得

$$\begin{cases} I_1+8I_2=28 \\ I_1-I_2=1 \end{cases}$$

解得 $I_1=4$ A，$I_2=3$ A，$I_3=2$ A。

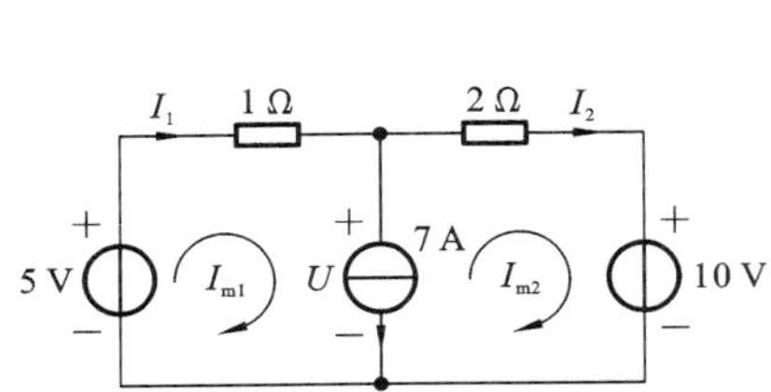

图 3-8　含有独立电流源的网孔分析

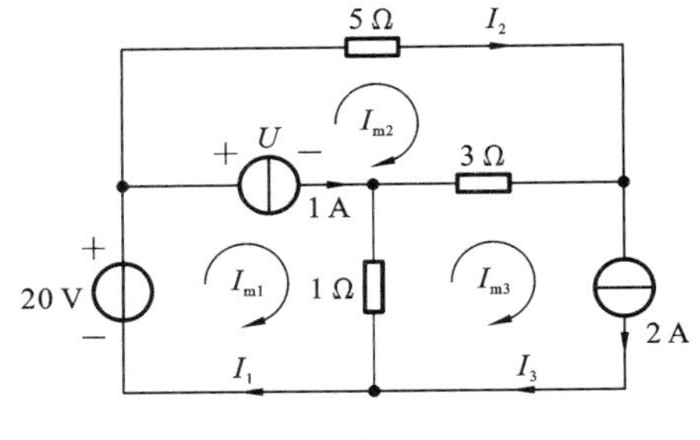

图 3-9　例 3-5 图

3.3.3　含有受控电源的网孔电流法

当电路含有受控电源时，先将受控电源等同独立电源，列出网孔的电流方程，然后再将控制变量用网孔电流表示。

【例 3-6】　试用网孔电流法求图 3-10 所示电路的电流 I_x。

解　选定两个网孔电流 I_{m1}、I_{m2} 的参考方向如图 3-10 所示，列网孔电流方程时先将受控电源等同独立电源，列写网孔电流方程有

$$\begin{cases} 12I_{m1}-2I_{m2}=-8I_x+6 \\ -2I_{m1}+6I_{m2}=-4+8I_x \end{cases}$$

将受控电压源的控制电流 I_x 用网孔电流表示可得

$$I_x=I_{m2}$$

代入上式并整理得

$$\begin{cases} 12I_{m1}+6I_{m2}=6 \\ -2I_{m1}-2I_{m2}=-4 \end{cases}$$

解得 $I_{m1}=-1$ A，$I_{m2}=3$ A，$I_x=3$ A。

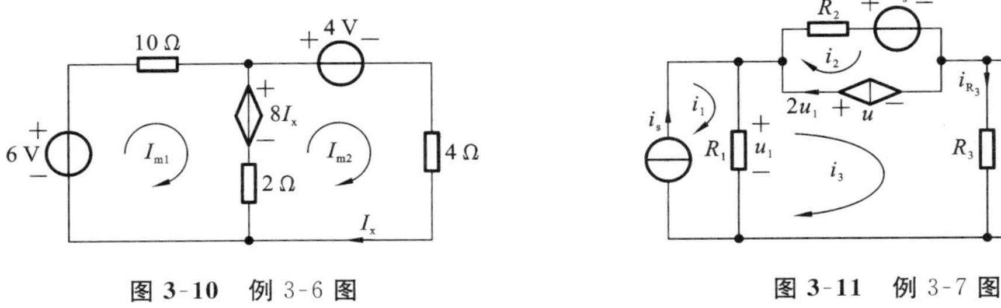

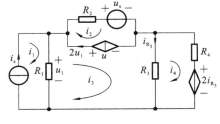

图 3-10　例 3-6 图　　　　图 3-11　例 3-7 图

【例 3-7】　列写图 3-11 所示电路的网孔电流方程。

解　选取网孔电流 i_1、i_2、i_3、i_4 及其方向如图 3-11 所示；将受控源当作独立电源处理，假设受控电流源两端的电压为 u，列写网孔电流方程为

$$\left.\begin{aligned}&i_1=i_s\\&R_2i_2=-u_s+u\\&-R_1i_1+(R_1+R_3)i_3-R_3i_4=-u\\&-R_3i_3+(R_3+R_4)i_4=-2i_{R_3}\end{aligned}\right\}\quad①$$

用网孔电流表示受控电流源的电流为

$$2u_1=i_2-i_3\quad②$$

将控制变量用网孔电流表示，可得

$$\left.\begin{aligned}&u_1=R_1(i_1-i_3)\\&i_{R_3}=i_3-i_4\end{aligned}\right\}\quad③$$

联立式①、式②和式③并整理求解。

3.3.4 回路电流法

网孔电流法只适用于平面电路，而回路电流法既可以应用于平面电路也适用于非平面电路。回路电流是指环流于回路中的理想电流。与网孔电流法相似，回路电流法是以回路电流为未知量，根据 KVL 列方程求解回路电流的分析方法。根据所求得的回路电流可求出电路各个支路的电流。读者通过下面的例题分析，可以更好地理解此法。

【例 3-8】 用回路电流法重解例 3-5 所述的电路，求各支路电流。

解 为了减少联立方程的数目，选择回路电流的原则是每个电流源支路只流过一个回路电流。选择图 3-12 所示的 3 个回路电流 i_{l1}、i_{l2} 和 i_{l3}，已知 $i_{l2}=2$ A，$i_{l3}=1$ A。只需列出 i_{l1} 回路的方程，即

$$(5+3+1)i_{l1}-(3+1)i_{l2}-(3+5)i_{l3}=20$$

代入 $i_{l2}=2$ A，$i_{l3}=1$ A，解得 $i_{l1}=4$ A。

各支路电流分别为

$$i_1=i_{l1}=4\text{ A},\quad i_2=i_{l1}-i_{l3}=3\text{ A}$$

$$i_3=i_{l2}=2\text{ A},\quad i_4=i_{l3}=1\text{ A}$$

$$i_5=i_{l1}-i_{l2}=2\text{ A},\quad i_6=i_{l1}-i_{l2}-i_{l3}=1\text{ A}$$

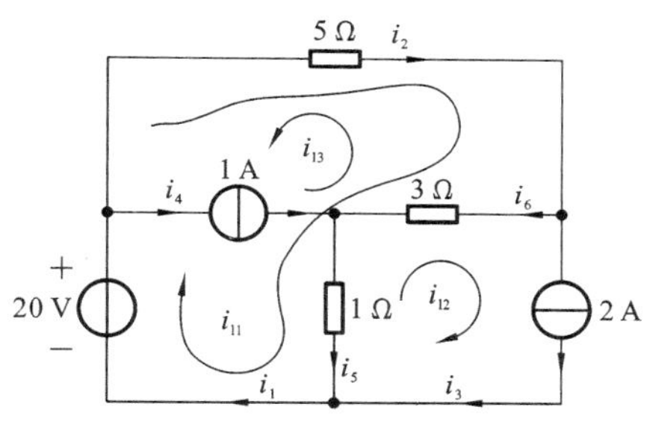

图 3-12 例 3-8 图

【例 3-9】 图 3-13(a)所示的电路含有理想电流源 i_{s1}、电流控制电流源 $i_c=\beta i_2$、电压控制电压源 $u_c=\alpha u_2$ 和理想电压源 U_{s2}、U_{s3}，试列出回路电流方程。

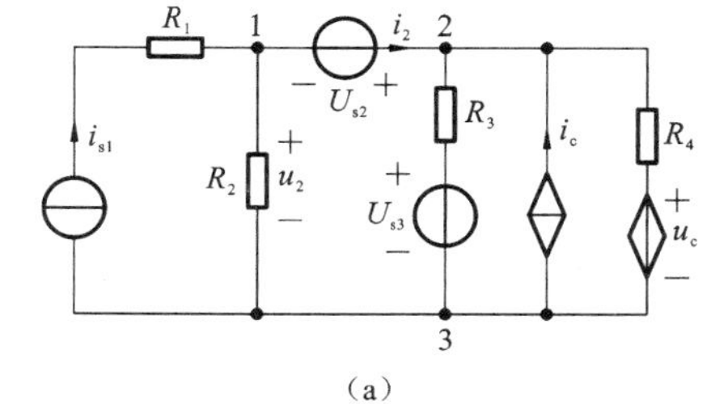

(a)

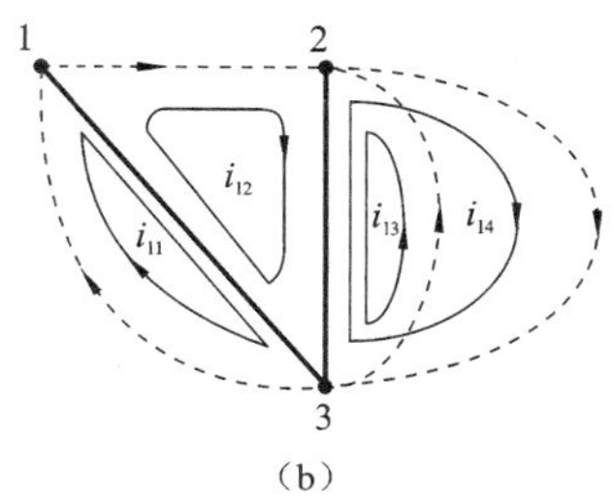

(b)

图 3-13 例 3-9 图

解 选取回路电流 i_{l1}、i_{l2}、i_{l3}、i_{l4} 及其参考方向如图 3-16(b)所示，列写回路的电流方程为

$$\begin{cases} i_{l1}=i_{s1} \\ -R_2 i_{l1}+(R_2+R_3)i_{l2}+R_3 i_{l3}-R_4 i_{l4}=U_{s2}-U_{s3} \\ i_{l3}=i_c=\beta i_{l2} \\ -R_3 i_{l2}-R_3 i_{l3}+(R_3+R_4)i_{l4}=-u_c+U_{s3} \end{cases}$$

补充控制变量方程为

$$\begin{cases} i_2=i_{l2} \\ u_2=R_2(i_{l1}-i_{l2}) \end{cases}$$

整理可得

$$\begin{cases} [R_2+(1+\beta)R_3]i_{l2}-R_3 i_{l4}=U_{s2}-U_{s3}+R_2 i_{s1} \\ -[\alpha R_2+(1+\beta)R_3]i_{l2}+(R_3+R_4)i_{l4}=U_{s3}-\alpha R_2 i_{s1} \end{cases}$$

注意：R_1 对回路电流无影响！

回路电流的选择有较大灵活性，当电路存在 m 个电流源时，若能选择每个电流源的电流作为一个回路电流，仅可写出 m 个回路方程。回路电流法的解题方法、解题步骤与网孔电流法的基本相同，将式(3-10)中的网孔电流用回路电流替换，就可以得到回路电流法的一般表达式。所有可以运用网孔电流法求解的电路均可使用回路电流法求解。

3.4 节点电压法

支路电流法、网孔电流法和回路电流法，皆以电流作为未知量对电路进行分析。事实上，将支路电压作为未知量同样可行，只要确定了各支路电压，支路电流就完全可以确定。电路中，每条支路电压实际上就是该支路所连两个节点的电位差，因此，如果知道电路各个节点的电位，就可求解所有支路电压、电流。一般电路的节点数总是小于支路数，因此采用节点电压法可以减少电路分析的方程组数。

电位是一个相对量，选择不同的参考点，各节点电位的数值就不同。在电路中选择 1 个节点作为参考节点，令其电位为零，在电路图中用“⊥”标记，所有非参考节点(独立节点)的电位实际上就是该节点与参考节点之间的电压，将其定义为非参考节点(独立节点)的节点电压。

值得注意的是，节点电压只有在选定了参考节点后才有意义。因此，采用节点电压法分析电路，首先必须在电路中选定参考节点。

3.4.1 节点电压法的分析步骤

节点电压法是以独立节点的电压作为未知量，应用 KCL 列出支路电流方程，然后用节点电压来表示各支路电流，联立方程求解出各节点电压，再用欧姆定律等求出各支路电流的方法。下面以图 3-14 所示电路为例介绍节点电压法，分析步骤如下。

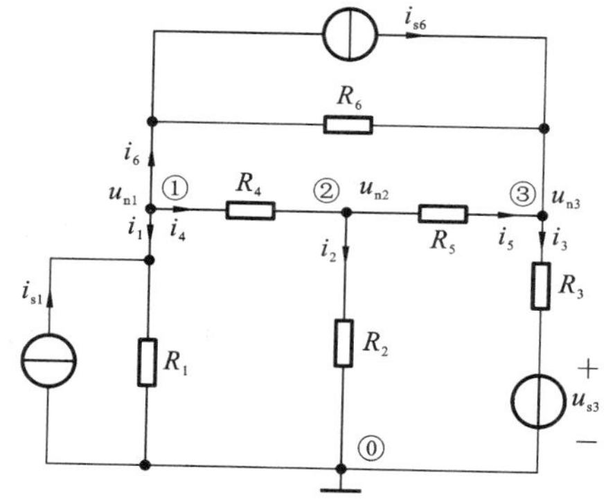

图 3-14　节点电压法的电路分析

步骤 1：如图 3-14 所示，选取节点“0”作为参考节点，标出其余各节点电压 u_{n1}、u_{n2} 和 u_{n3}。

步骤 2：对独立的节点列写 KCL 方程为

$$\left.\begin{aligned}-i_1-i_4-i_6=0\\-i_2+i_4-i_5=0\\-i_3+i_5+i_6=0\end{aligned}\right\}\tag{3-11}$$

步骤 3：列写用节点电压变量表示支路电流的方程，其中电流源 i_{s1} 并联电阻 R_1 的支路作为支路 1，电流源 i_{s6} 并联电阻 R_6 的支路作为支路 6，电压源 u_{s3} 串联电阻 R_3 的支路作为支路 3，即

$$\left.\begin{aligned}&i_1=-i_{s1}+u_{n1}/R_1=-i_{s1}+u_{n1}G_1\\&i_2=u_{n2}/R_2=u_{n2}G_2\\&i_3=(u_{n3}-u_{s3})/R_3=(u_{n3}-u_{s3})G_3\\&i_4=(u_{n1}-u_{n2})/R_4=(u_{n1}-u_{n2})G_4\\&i_5=(u_{n2}-u_{n3})/R_5=(u_{n2}-u_{n3})G_5\\&i_6=i_{s6}+(u_{n1}-u_{n3})/R_6=i_{s6}+(u_{n1}-u_{n3})G_6\end{aligned}\right\}\tag{3-12}$$

步骤 4：将式(3-12)代入式(3-11)并整理得节点电压方程为

$$\left.\begin{aligned}&\left(\frac{1}{R_1}+\frac{1}{R_4}+\frac{1}{R_6}\right)u_{n1}-\frac{1}{R_4}u_{n2}-\frac{1}{R_6}u_{n3}=i_{s1}-i_{s6}\\&-\frac{1}{R_4}u_{n1}+\left(\frac{1}{R_2}+\frac{1}{R_4}+\frac{1}{R_5}\right)u_{n2}-\frac{1}{R_5}u_{n3}=0\\&-\frac{1}{R_6}u_{n1}-\frac{1}{R_5}u_{n2}+\left(\frac{1}{R_3}+\frac{1}{R_5}+\frac{1}{R_6}\right)u_{n3}=i_{s6}+\frac{u_{s3}}{R_3}\end{aligned}\right\}\tag{3-13}$$

也可以写为

$$\left.\begin{aligned}&(G_1+G_4+G_6)u_{n1}-G_4u_{n2}-G_6u_{n3}=i_{s1}-i_{s6}\\&-G_4u_{n1}+(G_2+G_4+G_5)u_{n2}-G_5u_{n3}=0\\&-G_6u_{n1}-G_5u_{n2}+(G_3+G_5+G_6)u_{n3}=i_{s6}+u_{s3}G_3\end{aligned}\right\}\tag{3-14}$$

从上面的推导可以看出，节点电压方程是用节点电压表示的 KCL 方程，因此，KCL 是节点电压法的基本出发点。

步骤 5：将求出的节点电压 u_{n1}、u_{n2} 和 u_{n3} 代入式(3-12)中，即可求出各支路电流。

步骤 6：为了书写方便，可令式(3-14)中 $G_1+G_4+G_6=G_{11}$、$G_2+G_4+G_5=G_{22}$、$G_3+G_5+G_6=G_{33}$ 分别为节点①、节点②、节点③的自电导。自电导总为正，它等于连接该节点的各支路电导之和。$-G_4=G_{12}=G_{21}$、$-G_5=G_{23}=G_{32}$、$-G_6=G_{13}=G_{31}$ 分别为节点①和节点②、节点②和节点③、节点①和节点③之间的互电导，互电导总为负，它们等于连接 2 个节点之间的支路电导的负值。

方程右边可写成 i_{s11}、i_{s22}、i_{s33}，分别为流入节点①、节点②、节点③的各支路电流源的电流代数和，流入节点前面取"+"号，流出节点前面取"−"号。特别需要注意的是，电流源还应包括电压源和电阻串联组合经电源等效变换形成的电流源。如上例中节点③除了 i_{s6} 流入外，还有电压源 u_{s3} 形成的等效电流源，其电流为 $\frac{u_{s3}}{R_3}$。因此，可将式(3-14)改写成方程的一般形式为

$$\left.\begin{aligned}G_{11}u_{n1}+G_{12}u_{n2}+G_{13}u_{n3}=i_{s11}\\G_{21}u_{n1}+G_{22}u_{n2}+G_{23}u_{n3}=i_{s22}\\G_{31}u_{n1}+G_{32}u_{n2}+G_{33}u_{n3}=i_{s33}\end{aligned}\right\}\tag{3-15}$$

对于具有$(n-1)$个独立节点的电路，式(3-15)可以改写为

$$\left.\begin{array}{l} G_{11}u_{n1}+G_{12}u_{n2}+G_{13}u_{n3}+\cdots+G_{1(n-1)}u_{n(n-1)}=i_{s11} \\ G_{21}u_{n1}+G_{22}u_{n2}+G_{23}u_{n3}+\cdots+G_{2(n-1)}u_{n(n-1)}=i_{s22} \\ \vdots \\ G_{(n-1)1}u_{n1}+G_{(n-1)2}u_{n2}+\cdots+G_{(n-1)(n-1)}u_{n(n-1)}=i_{s(n-1)(n-1)} \end{array}\right\} \tag{3-16}$$

式中，G_{nn}称为自电导，为连接第n个节点所有支路电导之和，其值恒为正。G_{ij} $(i\neq j)$称为互电导，为连接于节点i与节点j之间支路上的电导之和，其值恒为负。i_{sii}为流入第i个节点的各支路电源电流值的代数和，流入取正号，流出取负号。

经上述分析可知，每个节点的电压方程都具有同样的结构。因此，可以从电路的组成结构直接根据式(3-16)列写电路方程，不必按照前述步骤进行。

【例 3-10】 列写出图 3-15 所示电路的节点电压方程。

解 选取节点④作为参考节点，其余各节点电压分别为u_{n1}、u_{n2}和u_{n3}，如图 3-15 所示。根据式(3-15)列写节点电压方程为

$$\begin{cases}(G_1+G_5)u_{n1}-G_1u_{n2}-G_5u_{n3}=i_s \\ -G_1u_{n1}+(G_1+G_2+G_3)u_{n2}-G_3u_{n3}=0 \\ -G_5u_{n1}-G_3u_{n2}+(G_3+G_4+G_5)u_{n3}=0\end{cases}$$

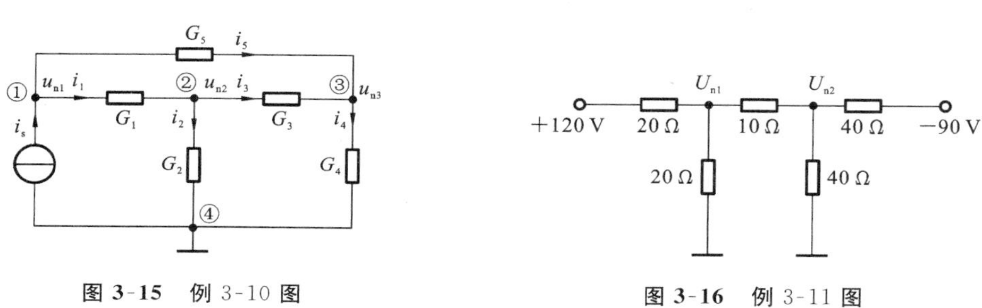

图 3-15 例 3-10 图　　**图 3-16** 例 3-11 图

【例 3-11】 列写出图 3-16 所示电路的节点电压方程并求解。

解 选取参考节点并标出节点电压U_{n1}和U_{n2}，如图 3-16 所示。列出节点电压方程为

$$\begin{cases}\left(\dfrac{1}{20}+\dfrac{1}{20}+\dfrac{1}{10}\right)U_{n1}-\dfrac{1}{10}U_{n2}=\dfrac{120}{20} \\ -\dfrac{1}{10}U_{n1}+\left(\dfrac{1}{40}+\dfrac{1}{10}+\dfrac{1}{40}\right)U_{n2}=-\dfrac{90}{40}\end{cases}$$

解得$U_{n1}=40$ V，$U_{n2}=10$ V。

3.4.2 含有理想电压源的节点电压法

当理想电压源作为一条支路连接两个节点时，该支路的电阻为零，即电导为无限大，支路电流不能用支路电压表示，列写节点电压方程则遇到了困难。针对这种问题可以分两种情况进行解决，解决方法如下。

(1) 当选取理想电压源的负极性端节点作为参考节点时，该支路的另一端电压已知，节点电压等于理想电压源的电压，则不必对该节点列写节点电压方程。例如图 3-17 所示电路的理想电压源u_{s1}，对于节点①，有$u_{n1}=u_{s1}$。

（2）当理想电压源作为两个节点之间的公共支路时，需将理想电压源中流过的电流 I 列入方程。将理想电压源的电压与两端节点电压的关系作为补充方程，即将理想电压源的电压用节点电压表示。

【例 3-12】 列出图 3-17 所示电路的节点电压方程。

解 选取节点④作为参考节点，理想电压源 u_{s1} 符合第一种情况，即

$$u_{s1}=u_{n1}$$

理想电压源 u_{s2} 的电流为 I，根据式(3-16)列写节点②、节点③的方程为

$$\begin{cases}-G_1u_{n1}+(G_1+G_2)u_{n2}+I=0\\-G_5u_{n1}+(G_4+G_5)u_{n3}-I=0\end{cases}$$

将理想电压源的电压用节点电压表示为

$$u_{n2}-u_{n3}=u_{s2}$$

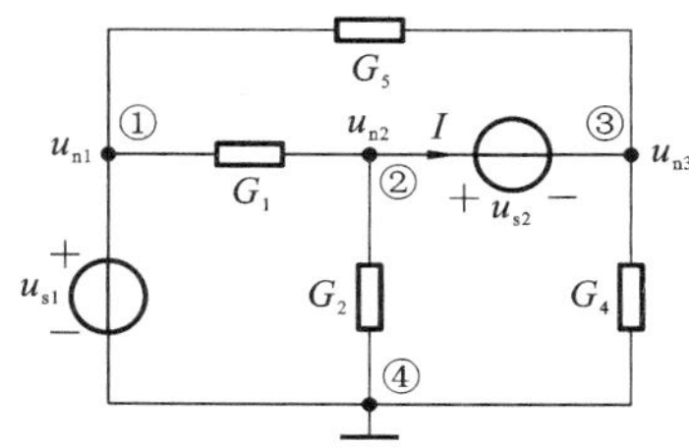

图 3-17 含有理想电压源的节点电压法

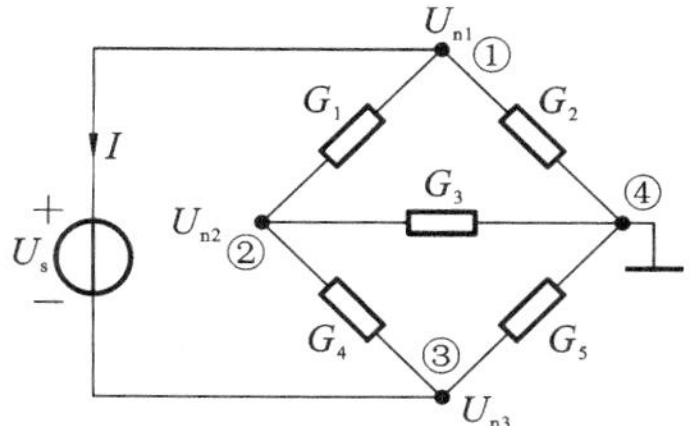

图 3-18 例 3-13 图

【例 3-13】 列出图 3-18 所示电路的节点电压方程。

解 选取节点④作为参考节点，标出其余各点电压为 U_{n1}、U_{n2} 和 U_{n3}，列写节点电压方程为

$$\begin{cases}(G_1+G_2)U_{n1}-G_1U_{n2}=-I\\-G_1U_{n1}+(G_1+G_3+G_4)U_{n2}-G_4U_{n3}=0\\-G_4U_{n2}+(G_4+G_5)U_{n3}=I\end{cases}$$

理想电压源 U_s 位于两个独立节点之间，补充方程为

$$U_{n1}-U_{n3}=U_s$$

3.4.3 含有受控电源的节点电压法

当电路含有受控电源时，先将受控电源等同于独立电源，列出节点电压方程，然后再把控制变量用节点电压表示。下面以图 3-19 所示的电路为例，列写节点电压方程，具体步骤如下。

步骤 1：选取参考节点，标出其余节点的节点电压为 u_{n1}、u_{n2}；

步骤 2：将受控电流源作为独立电流源处理，根据式(3-13)列写方程为

$$\begin{cases}\left(\dfrac{1}{R_1}+\dfrac{1}{R_2}+\dfrac{1}{R_3+R_4}\right)u_{n1}-\dfrac{1}{R_3+R_4}u_{n2}=\dfrac{u_s}{R_1}\\-\dfrac{1}{R_3+R_4}u_{n1}+\left(\dfrac{1}{R_3+R_4}+\dfrac{1}{R_5}\right)u_{n2}=gu\end{cases}$$

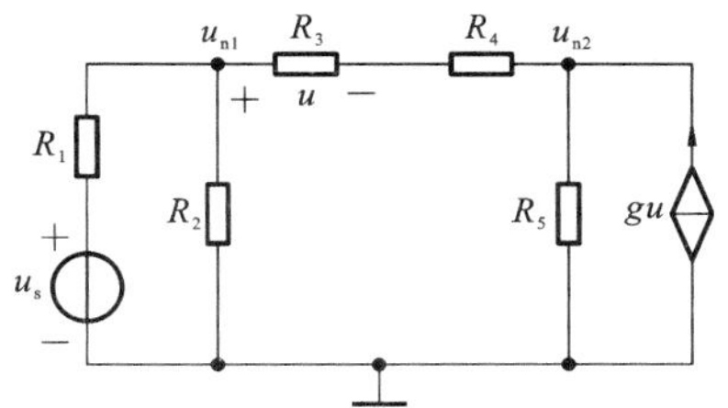

图 3-19 含有受控源的节点电压法

步骤 3：将控制变量用未知量表示为

$$u=\frac{u_{n1}-u_{n2}}{R_3+R_4}R_3$$

步骤 4:整理可得

$$\begin{cases}\left(\dfrac{1}{R_1}+\dfrac{1}{R_2}+\dfrac{1}{R_3+R_4}\right)u_{n1}-\dfrac{1}{R_3+R_4}u_{n2}=\dfrac{u_s}{R_1}\\-\dfrac{gR_3+1}{R_3+R_4}u_{n1}+\left(\dfrac{gR_3+1}{R_3+R_4}+\dfrac{1}{R_5}\right)u_{n2}=0\end{cases}$$

注意:当电路含有受控源时,受控源的控制变量与节点电压有关,将导致 $G_{12}\neq G_{21}$。

【例 3-14】 图 3-20 所示的为含受控电流源的电路(晶体管放大电路的微变等效电路),试列写出节点电压方程。

解 电路含有受控电流源时,暂将其看作独立电流源列方程,先列写节点电压方程,然后把受控电流源的控制变量用节点电压表示为

$$\begin{cases}(G_1+G_2)u_{n1}-G_2u_{n2}=i_s\\-G_2u_{n1}+(G_2+G_3)u_{n2}=gu_x\end{cases}$$

补充方程为

$$u_x=u_{n1}-u_{n2}$$

将补充方程代入上式并整理,得

$$\begin{cases}(G_1+G_2)u_{n1}-G_2u_{n2}=i_s\\-(G_2+g)u_{n1}+(G_2+G_3+g)u_{n2}=0\end{cases}$$

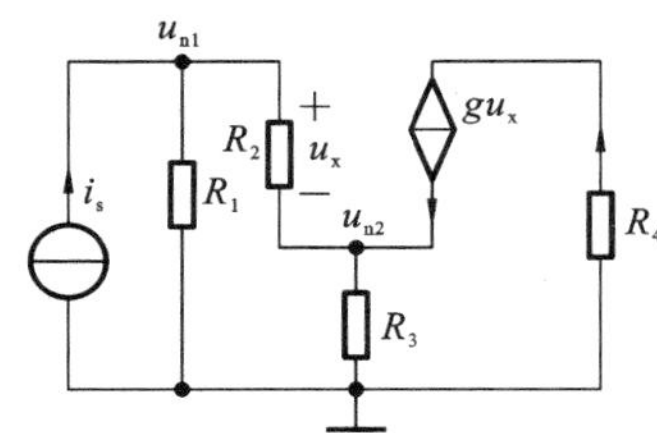

图 3-20 例 3-14 图

3.4.4 弥尔曼定理

电源和电阻组成的电路仅有两个节点时,电路的节点电压法也称为弥尔曼定理。下面通过例 3-15 加以说明。

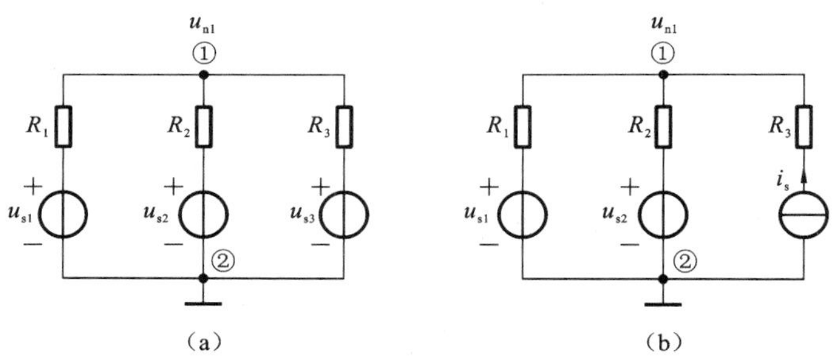

图 3-21 例 3-15 图

【例 3-15】 列写图 3-21(a)所示电路的节点电压方程。

解 图 3-21(a)所示电路只有两个节点,选取节点②作为参考节点,标出节点电压 u_{n1},列写节点电压方程为

$$\left(\frac{1}{R_1}+\frac{1}{R_2}+\frac{1}{R_3}\right)u_{n1}=\frac{u_{s1}}{R_1}+\frac{u_{s2}}{R_2}+\frac{u_{s3}}{R_3}$$

则

$$u_{n1}=\frac{\dfrac{u_{s1}}{R_1}+\dfrac{u_{s2}}{R_2}+\dfrac{u_{s3}}{R_3}}{\dfrac{1}{R_1}+\dfrac{1}{R_2}+\dfrac{1}{R_3}}$$

将上式写成

$$u_{n1}=\frac{\sum \frac{u_{si}}{R_i}}{\sum \frac{1}{R_i}},\quad i=1,2,3 \tag{3-17}$$

式(3-17)就是两个节点的电压公式,称为弥尔曼定理。其中,电压源 u_{si} 的参考方向指向参考点(负极接参考点),u_{si} 取正号,反之取负号。

如果将图 3-21(a)中的电压源 u_{s3} 换成电流源 i_{s3},如图 3-21(b)所示,则

$$u_{n1}=\frac{\frac{u_{s1}}{R_1}+\frac{u_{s2}}{R_2}+i_{s3}}{\frac{1}{R_1}+\frac{1}{R_2}}$$

此时,与电流源串联的电阻 R_3 没有出现在节点电压方程中,请读者自行证明此式的正确性。

3.5 叠加定理和齐次定理

以上讨论的是电路分析的几种基本方法。实际上,许多时候面临的问题并不是对电路所有的电压、电流进行全面分析计算,而只关注电路的某一部分,还有时候需要对电路的不同参量分别进行研究,对于这些特殊情况,则需要区别对待。利用下面所讨论的几个电路定理,可以帮助简化电路分析的流程,同时还可以加深对电路工作机理的认识。

3.5.1 叠加定理

叠加定理是线性电路普遍适用的基本定理,是线性电路的重要性质之一。

叠加定理:对于包含多个独立电源的线性电路 N_0,要确定任一给定支路的电压或电流,可分别计算每个独立电源单独作用(其他独立电源置零)产生的电压或电流,支路总电压或总电流等于各个独立电源在该支路产生电压或电流的代数和,如图 3-22 所示,其中 $I=I'+I''=k_1u_s+k_2i_s$

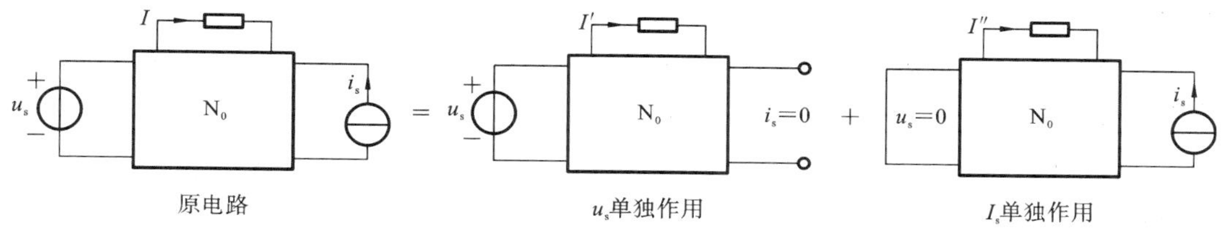

图 3-22 叠加定理

应用叠加定理可以把一个复杂电路分解成若干个简单电路来研究,如图 3-22 所示,然后将这些简单电路的计算结果叠加,便可求得原电路的电流或电压,下面以图 3-23 为例讲解叠加定理。图 3-23(a)所示电路有两个独立源共同激励,试求 R_2 支路的 i。

图 3-23(a)所示电路是两节点电路,由弥尔曼定理可知

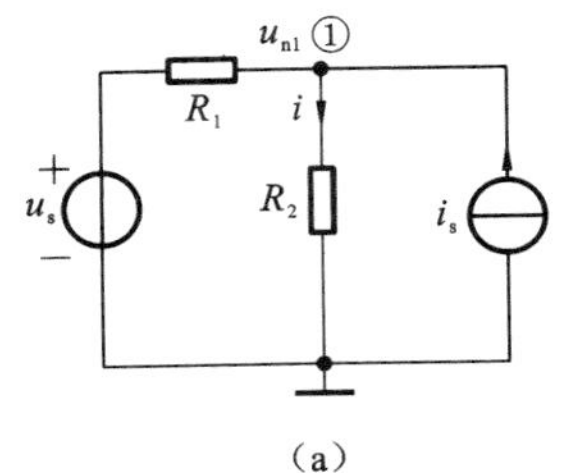

(a)

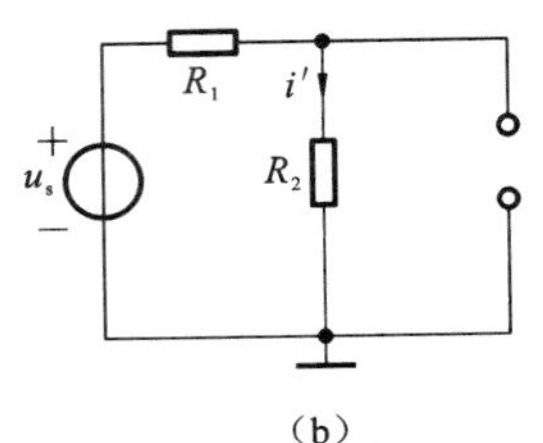

(b)

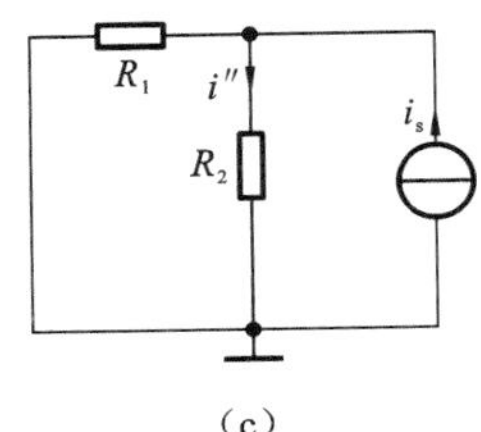

(c)

图 3-23　叠加定理的应用

$$u_{n1}=\frac{\dfrac{u_s}{R_1}+i_s}{\dfrac{1}{R_1}+\dfrac{1}{R_2}}$$

所以

$$i=\frac{u_{n1}}{R_2}=\frac{\dfrac{u_s}{R_1}+i_s}{\left(\dfrac{1}{R_1}+\dfrac{1}{R_2}\right)R_2}=\frac{1}{R_1+R_2}u_s+\frac{R_1}{R_1+R_2}i_s=i'+i''$$

可见 i 是由 u_s 和 i_s 线性组合而成的。从上式可以看出，i' 是将图 3-23(a)所示电路的电流源 i_s 置零，电压源 u_s 单独作用产生的响应，与图 3-23(b)所示电路求得的结果是一致的；i'' 是将图 3-23(a)所示电路的电压源 u_s 置零，电流源 i_s 单独作用产生的响应，与图 3-23(c)所示电路求得的结果是一致的。

在应用叠加定理时需要注意以下几点。

(1) 叠加定理只适用于线性电路，不适用于非线性电路。

(2) 叠加时只将独立电源分别考虑，电路中其他部分(包括受控电源)的结构和参数不变。不作用的电源置零，即理想电压源用短路代替，理想电流源用开路代替。

(3) 应用叠加定理求电压、电流时，应特别注意各分量的参考方向。若分量的参考方向与原电路的参考方向一致，则该分量取正号，反之取负号。

(4) 叠加定理是电路线性关系的应用，由于功率与激励电源不是线性关系，总功率不等于按各分电路计算所得功率的叠加，即功率不满足叠加定理。叠加定理仅用于电压和电流的分析计算。

(5) 当电路有三个或三个以上独立电源时，为了求解方便，可将电源分组，再应用叠加定理求解。如图 3-24 所示，将图 3-24(a)所示的独立电源分成图 3-24(b)所示电压源与图 3-24(c)所示电流源两组。

【例 3-16】 如图 3-25(a)所示的电路，试用叠加定理计算电压 U。

解　(1) 12 V 电压源单独作用时，令 3 A 电流源置零，即视其为开路，如图 3-25(b)所示，则有

$$U'=\left(-\frac{3}{6+3}\times 12\right)\ \text{V}=-4\ \text{V}$$

(2) 3 A 电流源单独作用时，令 12 V 电压源置零，即用短路线替代，如图 3-25(c)所示，则有

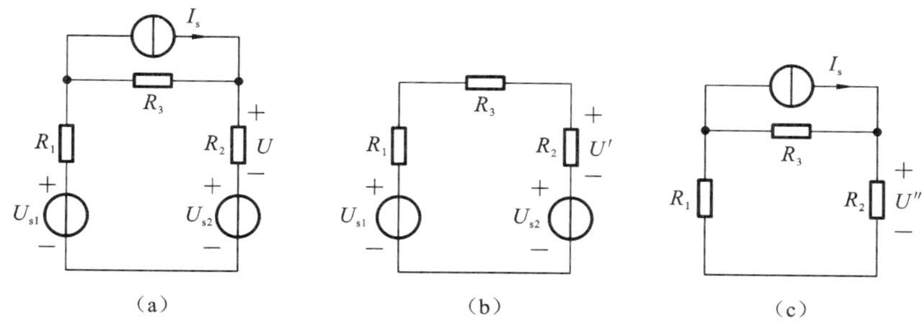

图 3-24 叠加定理中独立电源分组讨论

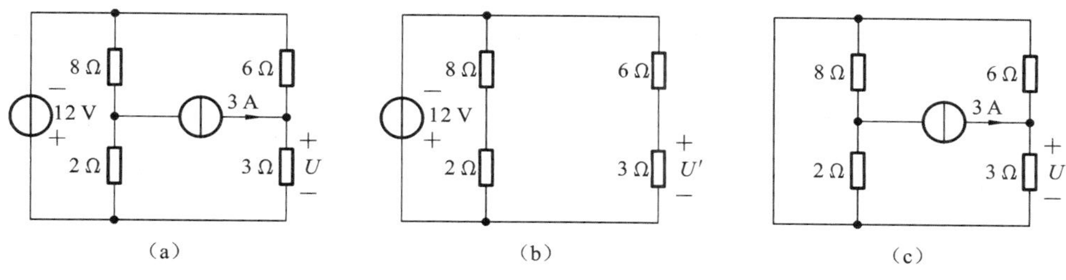

图 3-25 例 3-16 图

$$U''=3\times\frac{6}{6+3}\times 3\ \text{V}=6\ \text{V}$$

(3) 由叠加定理可知 U 为

$$U=U'+U''=(-4+6)\ \text{V}=2\ \text{V}$$

【例 3-17】 电路如图 3-26(a)所示,试用叠加定理求 U 和 I_x。

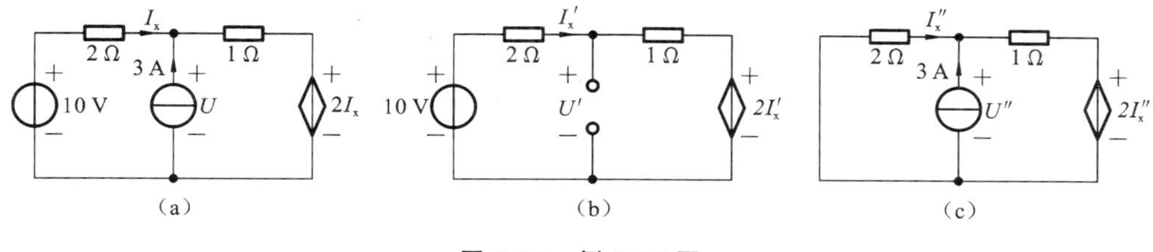

图 3-26 例 3-17 图

解 (1) 当 10 V 电压源单独作用时,3 A 电流源用开路来替代,如图 3-26(b)所示。列写 KVL 方程为

$$(2+1)I'_x+2I'_x=10$$

解得

$$I'_x=2\ \text{A}$$

所以

$$U'=3I'_x=6\ \text{V}$$

(2) 当 3 A 电流源单独作用时,10 V 电压源用短路来替代,如图 3-26(c)所示。根据节点电压法(也可用弥尔曼定理)可得

$$\left(\frac{1}{2}+1\right)U''=3+\frac{2I''}{1}$$

补充方程，把受控变量用节点电压表示为

$$I''_x=-\frac{U''}{2}$$

解得

$$U''=1.2\ \text{V},\quad I''_x=-0.6\ \text{A}$$

(3) 当 10 V 电压源和 3 A 电流源共同作用时，有

$$U=U'+U''=7.2\ \text{V},\quad I=I'+I''=1.4\ \text{A}$$

3.5.2 齐次定理

在线性电路中，若激励(电压源和电流源)都同时增大 K 倍或者减小为原来的$\frac{1}{K}$(K 为实常数)，则响应(电压和电流)也将同样地增加 K 倍或减小为原来的$\frac{1}{K}$，称为线性电路的齐次定理。齐次定理可用叠加定理推出。这里必须注意的是激励必须“同时”增大 K 倍或者减小为原来的$\frac{1}{K}$，响应才增大 K 倍或减小为原来的$\frac{1}{K}$。显然，当电路只有一个激励时，响应必与激励成正比。

用齐次定理分析单电源激励的多级电阻网络尤为方便。

【例 3-18】 用齐次定理求图 3-27 所示电路中 10 Ω 电阻的电压 U。

解 设 10 Ω 电阻上的电压 $U'=10$ V，则流过的电流为 1 A，由图利用分流公式很容易算出 $i'_s=3$ A，而题中 $i_s=1.5$ A，根据齐次定理可得

$$U=10\times\frac{1.5}{3}\ \text{V}=5\ \text{V}$$

这种方法是从网络距电源最远端开始，先设某一电压或电流为一便于计算的值，如 U'。然后根据 KVL、KCL 倒推算到电源端，最后根据齐次定理计算出题目要求的答案。这种方法有时称为“倒推法”，它比串、并联化简计算要简单得多。网络的级数越多越显示出此法的优越性。此外齐次定理对于求解一些“黑匣子”(不知电路结构和参数，只知道端口条件的网络结构)电路非常有用。

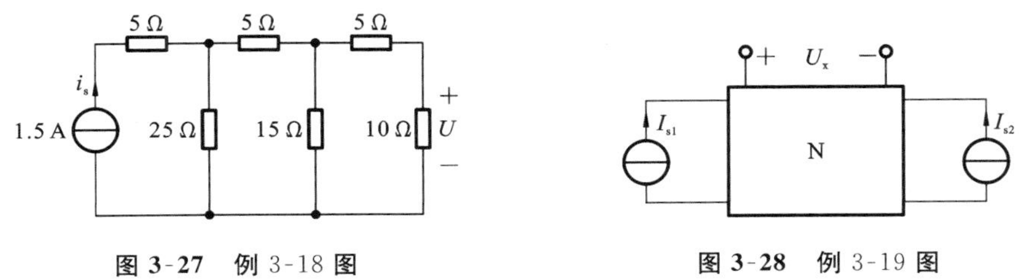

图 3-27 例 3-18 图　　图 3-28 例 3-19 图

【例 3-19】 电路如图 3-28 所示，(1) N 仅含线性电阻，当 $I_{s1}=8$ A，$I_{s2}=12$ A 时，$U_x=80$ V；当 $I_{s1}=-8$ A，$I_{s2}=4$ A 时，$U_x=0$ V；当 $I_{s1}=I_{s2}=20$ A 时，求 U_x。

(2) N 含独立源，当 $I_{s1}=I_{s2}=0$ A 时，$U_x=-40$ V；当 $I_{s1}=8$ A，$I_{s2}=12$ A 时，$U_x=60$ V；当 $I_{s1}=-8$ A，$I_{s2}=4$ A 时，$U_x=20$ V；当 $I_{s1}=I_{s2}=20$ A 时，求 U_x。

解 (1) 由题意可知，U_x 应该是 I_{s1} 和 I_{s2} 共同作用所引起的响应，根据叠加定理和齐次定

理，U_x 可以表示为

$$U_x = aI_{s1} + bI_{s2}$$

式中：aI_{s1} 可看作是 I_{s1} 单独作用引起的分量 U'_x；bI_{s2} 可看作是 I_{s2} 单独作用引起的分量 U''_x。根据已知条件可得到

$$\begin{cases} 80 = 8a + 12b \\ 0 = -8a + 4b \end{cases}$$

解得

$$\begin{cases} a = 2.5 \\ b = 5 \end{cases}$$

代入式 $U_x = aI_{s1} + bI_{s2}$，得

$$U_x = 2.5I_{s1} + 5I_{s2}$$

因此，当 $I_{s1} = I_{s2} = 20$ A 时，有

$$U_x = (2.5 \times 20 + 5 \times 20)\ \text{V} = 150\ \text{V}$$

(2) 若 N 含有独立源，设独立源单独作用引起的响应为 U'''_x，根据叠加定理有

$$U_x = aI_{s1} + bI_{s2} + U'''_x$$

若 $I_{s1} = I_{s2} = 0$ 时，$U_x = -40$ V；$I_{s1} = 8$ A，$I_{s2} = 12$ A 时，$U_x = 60$ V；$I_{s1} = -8$ A，$I_{s2} = 4$ A 时，$U_x = 20$ V。将已知数据代入，可得

$$\begin{cases} -40 = U'''_x \\ 60 = 8a + 12b + U'''_x \\ 20 = -8a + 4b + U'''_x \end{cases}$$

联立方程求得 $a = -2.5$，$b = 10$，所以有 $U_x = -2.5I_{s1} + 10I_{s2} - 40$。

当 $I_{s1} = I_{s2} = 20$ A，得

$$U_x = (-2.5 \times 20 + 10 \times 20 - 40)\ \text{V} = 110\ \text{V}$$

3.6 替代定理

替代定理是存在唯一解的集中参数电路（线性或非线性）普遍适用的基本定理，在电子技术领域应用十分广泛。

设图 3-29(a)所示的是一个分解成 N_1 和 N_2（均为一端口网络）的复杂电路，已知连接端口的电压 U_k 与电流 I_k，说明 N_1 和 N_2 的端口电压-电流特性曲线相交于工作点 $Q(U_k, I_k)$，一端口网络的端口电压、电流之间是受到本身约束的，相互不独立，也就是说，只要 N_1 保持不

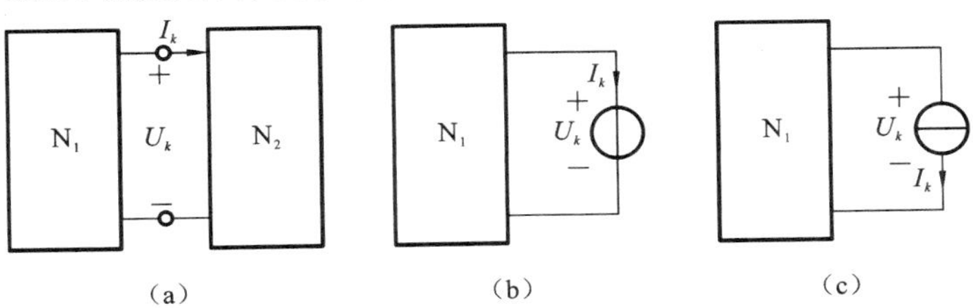

图 3-29 替代定理

变，工作点上的电压和电流就不能任意变化，一旦电压确定，电流也就随之确定，反之亦然。因此，如果用另一个一端口电路结构 N 替代 N_2，只要替代后的 N 电压-电流特性曲线过工作点 $Q(U_k, I_k)$，则 N_1 的内部工作状态就不会改变。

考虑到简化电路分析的目的，N 采用最简单的替代结构——电压源或电流源。

因而替代定理的内容可表述为：在电路中已求得 N_1 和 N_2 两个一端口网络连接端口的电压 U_k 与电流 I_k，如图 3-29(a)所示。那么可以用电压值为 U_k 的电压源或电流值为 I_k 的电流源替代 N_2，如图 3-29(b)和图 3-29(c)所示，则 N_1 的内部工作状态将不会改变。

【例 3-20】 在图 3-30(a)所示的电路中，已知 $U=3$ V。试求 U_1 和 I。

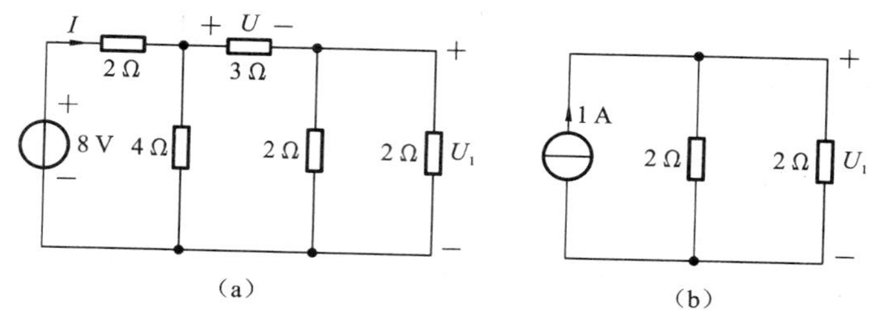

图 3-30 例 3-20 图

解 (1) 根据替代定理，可将 3 Ω 电阻连同左边电路用 $\frac{3}{3}$ A=1 A 的电流源替换，如图 3-30(b)所示，则

$$U_1=(2//2)\times 1\ \text{V}=1\ \text{V}$$

(2) 再回到原电路中，可得

$$2I+U+U_1-8=0$$

所以

$$I=(8-U-U_1)/2$$

$$I=2\ \text{A}$$

替代定理在电子技术中的一个典型应用是，在一些关键的电路测试点标注出正常工作时的电压、电流值，直接在测试点注入信号(即用电源替代)的方法，逐级排查电子系统中的故障位置。

3.7 戴维南定理和诺顿定理

根据电路的基本分析法，对于已知电路可以直接或间接地求出电路中的响应。但实际问题中，电路有一条特殊的支路(通常称为负载支路)的参数是变化的，而其他部分则是固定不变的。如电源插座上可以接不同的负载，而插座内部电路则相对固定。为了避免对固定部分的重复计算，可以用戴维南定理和诺顿定理对固定不变的部分进行等效简化。由第 2 章可知，含独立电源(以下简称含源)的线性电阻一端口网络，可以等效为一个电压源与电阻串联的一端口网络，或等效为一个电流源与电阻并联的一端口网络，本节介绍的戴维南定理和诺顿定理就是求解两种等效电源的一般方法，此方法适合只需求解一条支路电流的复杂线性电路。

3.7.1 戴维南定理

戴维南定理:任何线性含源一端口网络,对负载电路而言,可等效为一个理想电压源 u_{oc} 和电阻 R_{eq} 串联的电压源,如图 3-31(a)所示。其中理想电压源的电压 u_{oc} 是一端口网络的开路电压,即待求支路断开后一端口的电压;电阻 R_{eq} 为所有独立源置零,从一端口网络开路端子之间看进去的等效电阻,如图 3-31(b)所示。

在图 3-31(b)所示电路中,R_{eq} 称为戴维南等效电阻。电压源 u_{oc} 和电阻 R_{eq} 串联的一端口网络,称为戴维南等效电路。当一端口网络的端口电压和电流采用非关联参考方向时,其端口电压、电流关系方程可表示为

$$u=u_{oc}-R_{eq}i \tag{3-18}$$

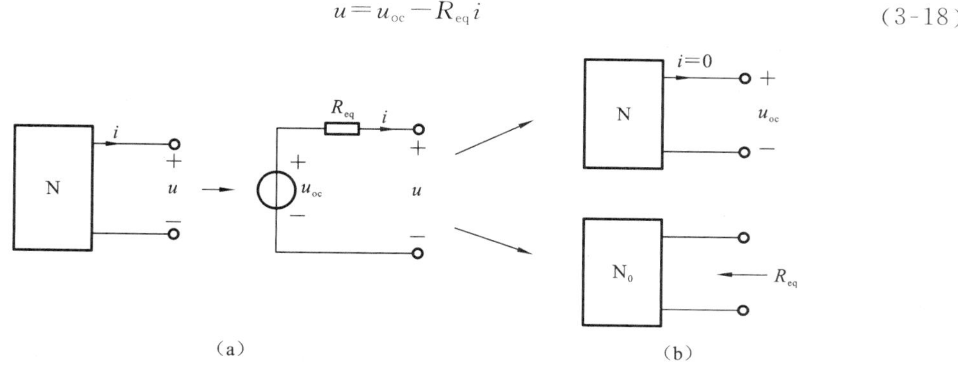

图 3-31 戴维南定理的描述

3.7.2 戴维南定理的证明

戴维南定理可以在一端口网络外加电流源 i,这可用叠加定理计算端口电压表达式的方法证明。证明如下:在一端口网络的端口上外加电流源 i,如图 3-32(a)所示。根据叠加定理,端口电压可以分为两部分。一部分由电流源单独作用(一端口网络内部全部独立源置零)产生的电压 $u'=-R_{eq}i$,如图 3-32(b)所示;另一部分是将外加电流源置零($i=0$),即一端口网络开路,由一端口网络内部全部独立源共同作用产生的电压 $u''=u_{oc}$,如图 3-32(c)所示。由此得到

$$u=u'+u''=u_{oc}-R_{eq}i$$

上式与式(3-18)完全相同,这证明了含源线性电阻一端口网络,在端口外加电流源存在唯一解的条件下,可以等效为一个电压源 u_{oc} 和电阻 R_{eq} 串联的一端口网络。

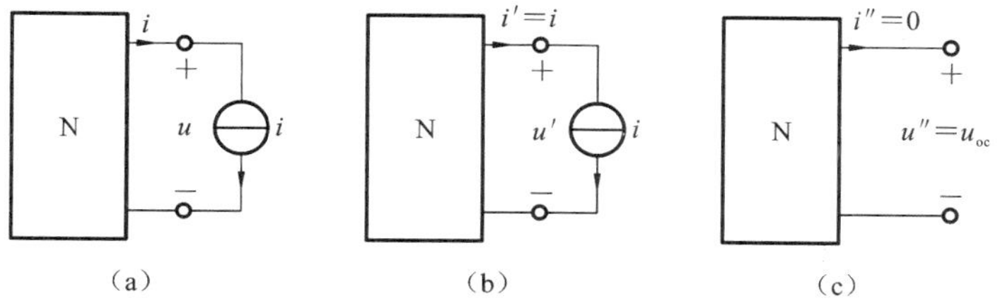

图 3-32 戴维南定理的证明

3.7.3 戴维南定理的应用

求戴维南等效电路求解步骤如下：

(1) 将待求支路移去，保留待求量的参考方向，形成一端口网络；

(2) 求出含源一端口网络的开路电压 u_{oc}；

(3) 求出将一端口网络独立源置零，受控源保留时的等效电阻 R_{eq}；

(4) 串联 u_{oc} 和 R_{eq} 构成一端口网络的戴维南等效电路；

(5) 把(1)中移去的支路接到戴维南等效电路输出端，利用欧姆定律计算该支路的电压和电流。

下面介绍几种常用的求解等效电阻 R_{eq} 的方法。

(1) 若电路为纯电阻电路，可以用串、并联化简，以及电桥平衡条件和等电位法等求解。

(2) 开路短接法。用开路电压、短路电流法先求一端口网络的开路电压 u_{oc}，再求一端口网络的短路电流 i_{sc}，如图 3-33 所示，则该电路的等效电阻为 $R_{eq}=\frac{u_{oc}}{i_{sc}}$。

(3) 当电路含有受控源时，也可以用外加激励法求其戴维南等效电阻。

外加激励法在一端口网络的端口加一电压源 u 或者电流源 i，令一端口内的独立源置零，如图 3-34 所示，然后计算在端口产生的电流 i 或者电压 u，利用公式 $R_{eq}=\frac{u}{i}$ 求出等效电阻。

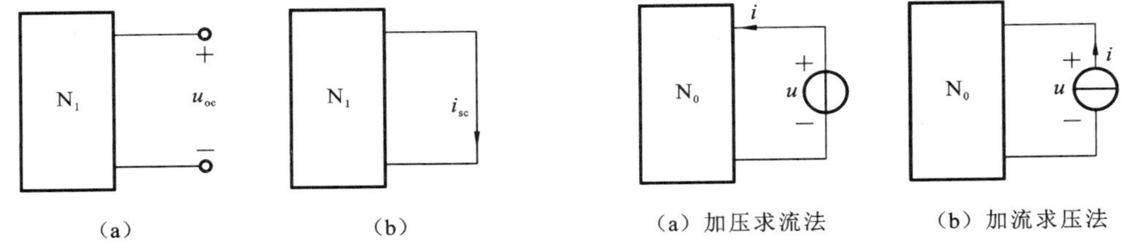

(a) (b) (a) 加压求流法 (b) 加流求压法

图 3-33 开路短接法求一端口网络等效电阻 **图 3-34 外加激励法**

【例 3-21】 电路如图 3-35(a)所示，利用戴维南定理求 6 Ω 电阻上的电压 U。

解 断开 6 Ω 电阻，形成一端口网络如图 3-35(b)所示。在端口上标出开路电压 U_{oc} 及其参考方向，可求得

$$U_{oc}=(-1+2\times2)\ \text{V}=3\ \text{V}$$

将一端口网络内的 1 V 电压源用短路替代，2 A 电流源用开路替代，得到图 3-35(c)，由此求得

$$R_{eq}=(1+2+3)\ \Omega=6\ \Omega$$

根据 U_{oc} 的参考方向，即可画出戴维南等效电路，连接 6 Ω 电阻，如图 3-35(d)所示。根据分压公式，可得 6 Ω 电阻的电压为

$$U=\frac{3\times6}{6+6}\ \text{V}=1.5\ \text{V}$$

【例 3-22】 求图 3-36(a)所示一端口网络的戴维南等效电路。

解 U_{oc} 的参考方向如图 3-36(b)所示。一端口网络负载开路后，$I=0$，使得受控电流源的电流 $3I=0$，相当于开路，用分压公式可求得 U_{oc} 为

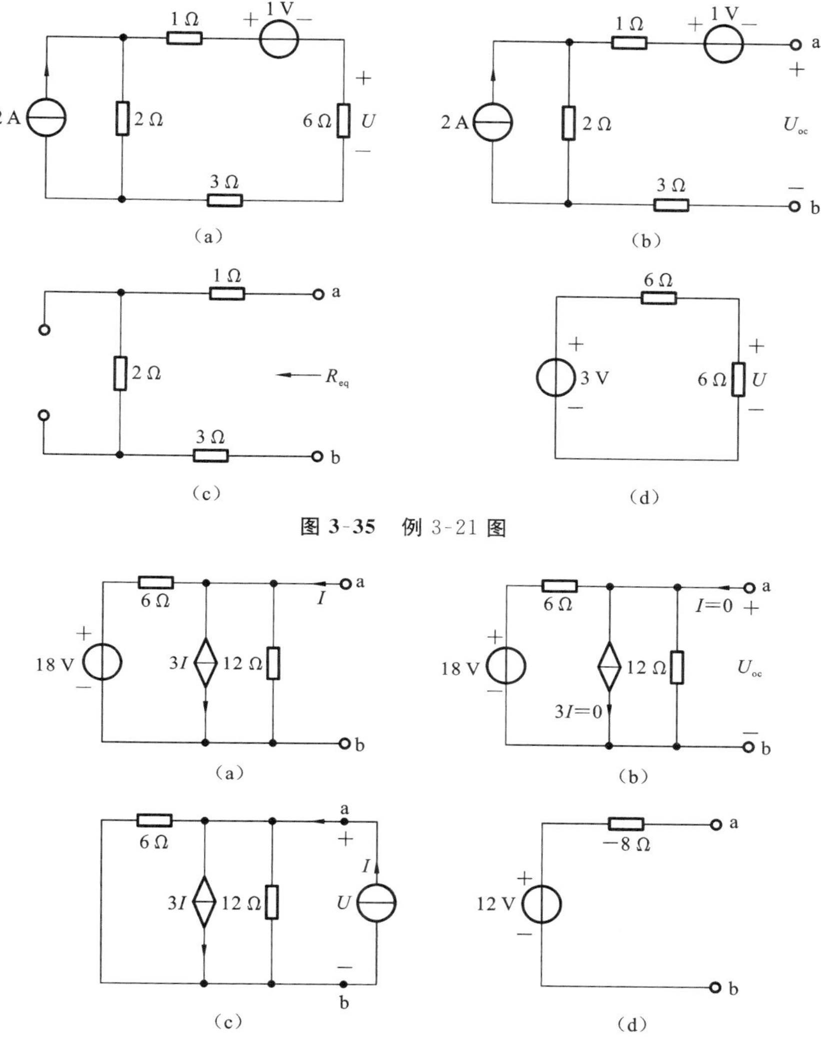

图 3-35 例 3-21 图

图 3-36 例 3-22 图

$$U_{oc}=\frac{12}{12+6}\times 18\ \text{V}=12\ \text{V}$$

为求 R_{eq}，将 18 V 独立电压源用短路线替代，保留受控源，在 a、b 端口外加电流源 I，得到图 3-36(c)所示电路。利用计算端口电压 U 的表达式可求得等效电阻 R_{eq}，即

$$U=\frac{6\times 12}{6+12}\times(I-3I)=-8I$$

$$R_{eq}=-8\ \Omega$$

该一端口网络的戴维南等效电路如图 3-36(d)所示，−8 Ω 的等效电阻表明受控源是发出功率的。

3.7.4 诺顿定理

诺顿定理：任何线性含源一端口电阻电路 N(见图 3-37(a))，就其负载电路而言，可以用

一个电流源 i_{sc} 与一个电阻 R_{eq} 的并联组合(诺顿等效电路)(见图 3-37(b))来等效。其中,电流源的电流 i_{sc} 等于原电路 N 的短路电流(见图 3-37(c)),电阻 R_{eq} 等于将 N 内的全部独立电源置零后(注意保留受控源)所得电路 N_0,从含源一端口网络开路端子之间看进去的等效电阻(见图 3-37(d))。

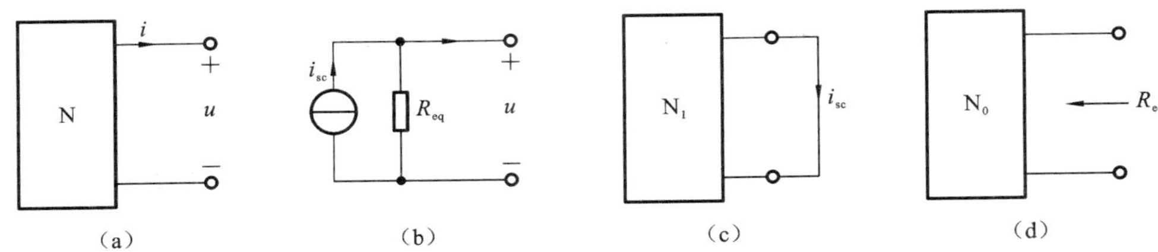

图 3-37　诺顿定理

在图 3-37(b)所示电路中,R_{eq} 称为诺顿等效电阻。电流源 i_{sc} 和电阻 R_{eq} 并联的一端口网络,称为诺顿等效电路。当一端口网络的端口电压、电流采用非关联参考方向时,其端口电压、电流关系方程可表示为

$$i=i_{sc}-\frac{u}{R_{eq}} \tag{3-19}$$

应用诺顿定理时的注意事项。

(1) 诺顿定理可由戴维南定理和电源等效变换推导出。

(2) 测量法(外接负载法),在许多情况下,有源二端网络的内部结构并不能确切给出(特别是一些复杂的网络),同时有源二端网络也常不允许端口开路或短路(尤其大多数网络不能将其端口短路工作,否则将损坏网络内部器件),这时可以采用测量的方法来确定网络的戴维南或诺顿等效电路,这也是实验室常用的二端网络参数测量方法。

给有源二端网络外接一个可变负载电阻 R,调节负载电阻值,分别在两种不同负载 R_1 和 R_2 时测量端口电压、电流,如图 3-38(c)、(d)所示。

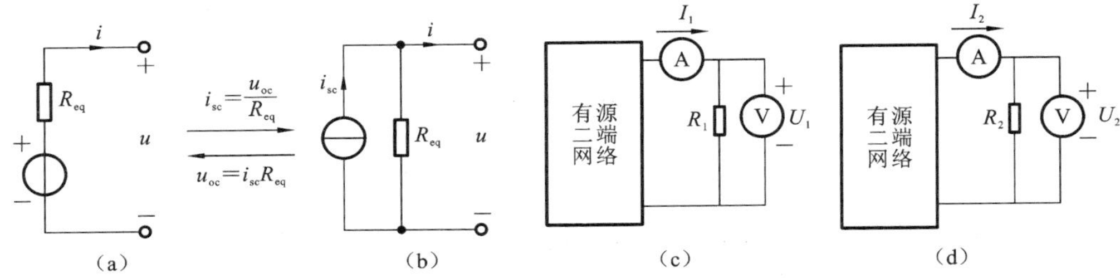

图 3-38　开路短接法

根据戴维南定理,可知两次测量的电压与电流之间都满足

$$U_1=U_{OC}-R_{eq}I_1 \quad U_2=U_{OC}-R_{eq}I_2 \tag{3-20}$$

从而可以求出戴维南和诺顿等效电路。事实上,开路短接法是外接负载法的一个特例,当 $R_1=\infty$(开路)时,有 $I_1=0,U_1=U_{OC}$;当 $R_2=0$(短路)时,有 $U_2=0,I_2=I_{SC}$。

(3) 将电路等效为一个理想电流源的一端口网络($R_{eq}=+\infty$ 或 $G_{eq}=0$)时,只能用诺顿定理等效,不能用戴维南定理等效;同理,等效为一个理想电压源的一端口网络($R_{eq}=0$ 或 $G_{eq}=+\infty$)时,只能用戴维南定理等效,不能用诺顿定理等效。

同时还需注意的是，并非所有一端口电路都存在等效的戴维南电路和诺顿电路。等效的戴维南（诺顿）电路存在的条件为：① 所研究的一端口电路必须不存在与电路之外的变量相耦合的元件；② 所研究的一端口电路在端接任意电流源（电压源）时要满足唯一可解性条件。

【例 3-23】 电路如图 3-39(a)所示，试用诺顿定理求电压 U。

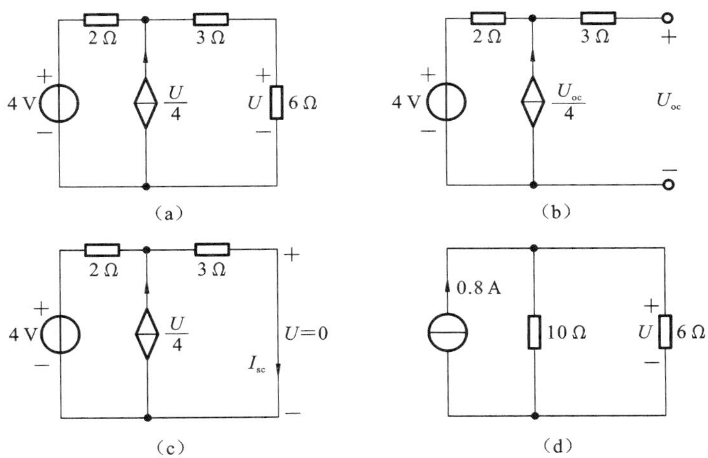

图 3-39　例 3-23 图

解　(1) 断开 6 Ω 电阻形成含源一端口网络，如图 3-39(b)所示。列写 KVL 方程求 U_{oc}，即

$$U_{oc}=2\times\frac{U_{oc}}{4}+4$$

(2) 将 6 Ω 电阻短路，再求 I_{sc}，如图 3-39(c)所示，有

$$I_{sc}=\frac{4}{2+3}\ \text{A}=0.8\ \text{A}$$

可求等效电阻为

$$R_{eq}=\frac{U_{oc}}{I_{sc}}=10\ \Omega$$

(3) 求电压 U，诺顿等效电路如图 3-39(d)所示。由分流公式及欧姆定律可得

$$U=\frac{10\times0.8}{10+6}\times6\ \text{V}=3\ \text{V}$$

【例 3-24】 求图 3-40(a)所示电路的戴维南等效电路和诺顿等效电路，一端口内部含有电流控制电流源，$i_c=0.75i_1$。

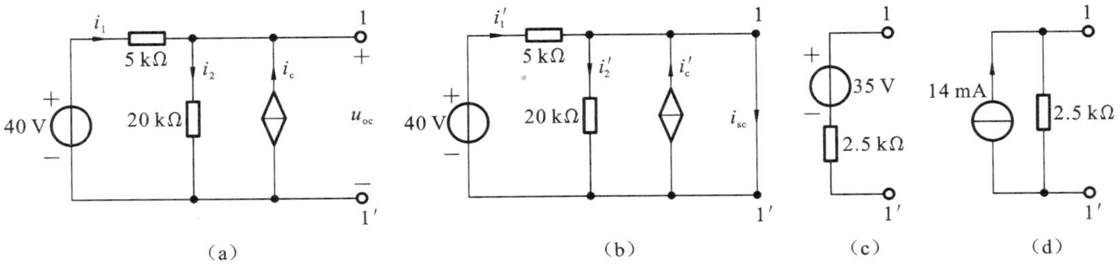

图 3-40　例 3-24 图

解 (1)求开路电压 u_{oc}，如图 3-40(a)所示。由 KCL 可得

$$i_2=i_1+i_c=1.75i_1$$

对于左边回路列写 KVL 方程，得

$$5\times10^3\times i_1+20\times10^3\times i_2=40$$

联立方程，解得 $i_1=1$ mA，开路电压 u_{oc} 为

$$u_{oc}=(40-5\times10^3\times1\times10^{-3})\ \text{V}=35\ \text{V}$$

(2) 求短路电流 i_c，如图 3-40(b)所示，有

$$i'=\frac{40}{5\times10^3}\ \text{A}=8\ \text{mA}$$

$$i_{sc}=i'+i'_c=1.75i'=14\ \text{mA}$$

(3) 求等效电阻 R_{eq}。由开路短接法可知

$$R_{eq}=\frac{u_{oc}}{i_{sc}}=\frac{35}{14\times10^{-3}}\ \Omega=2.5\ \text{k}\Omega$$

戴维南等效电路和诺顿等效电路分别如图 3-40(c)、(d)所示。

3.8 最大功率传输定理

对于一个线性含源一端口网络，当接在其两端的负载电阻不同时，从一端口网络传递给负载的功率也不同。单纯从负载获取功率的角度出发，在什么条件下，负载能从电源得到最大功率呢？

图 3-41(a)所示电路中，网络 N 表示供给电阻负载能量的含源线性电阻一端口网络，它可用戴维南等效电路来替代，如图 3-41(b)所示。电阻 R_L 表示获得能量的负载。此处要讨论的问题是电阻 R_L 为何值时，可以从一端口网络获得最大功率。根据图 3-41(b)所示的等效电路，负载 R_L 吸收的功率为

$$P=I^2R_L=\left(\frac{u_{oc}}{R_{eq}+R_L}\right)^2R_L=\frac{u_{oc}^2R_L}{(R_{eq}+R_L)^2}$$

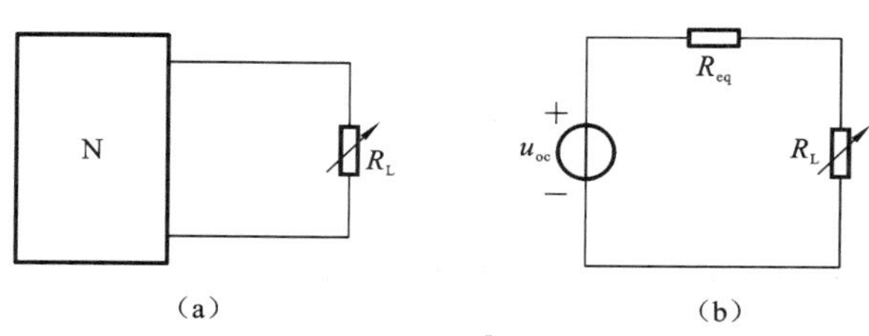

图 3-41 电路传输功率的分析

为求 P 的最大值，令$\frac{\mathrm{d}P}{\mathrm{d}R_L}=0$，即

$$\frac{\mathrm{d}P}{\mathrm{d}R_L}=u_{oc}^2\frac{R_{eq}-R_L}{(R_{eq}+R_L)^3}=0$$

由此式求得 P 为极值的条件为

$$R_{eq}=R_L \tag{3-21}$$

因为$\frac{dP}{dR_L}$关于 R_L 的曲线是开口向下的，所以负载电阻 R_L 从一端口网络中获得最大功率的条件是负载 R_L 应与戴维南（或诺顿）等效电阻相等，即 $R_{eq}=R_L$。此即为最大功率传输定理。式(3-21)称为最大功率匹配条件，其最大功率为

$$P_{max}=\frac{u_{oc}^2}{4R_{eq}} \tag{3-22}$$

当满足最大功率匹配条件 $R_{eq}=R_L$ 时，R_{eq} 吸收的功率与 R_L 吸收的功率相等，对电压源 u_{oc} 而言，功率传输效率（负载所获得的功率与电源输出功率之比）$\eta=50\%$。对一端口网络 N 的独立源而言，效率可能更低。电力系统要求尽可能地提高效率，以便更充分地利用能源，不能采用功率匹配条件。但是在测量、电子与信息工程中，一般是从微弱信号中获得最大功率，而不看重效率的高低。

【例 3-25】 电路如图 3-42(a)所示。试求：(1) R_L 为何值时获得最大功率；(2) R_L 获得的最大功率；(3) 10 V 电压源的功率传输效率。

解 (1)断开负载 R_L，求得一端口网络 N_1 的戴维南等效电路参数为

$$u_{oc}=\frac{2}{2+2}\times 10\ \text{V}=5\ \text{V},\quad R_{eq}=\frac{2\times 2}{2+2}\ \Omega=1\ \Omega$$

如图 3-42(b)所示，当 $R_{eq}=R_L=1\ \Omega$ 时可获得最大功率。

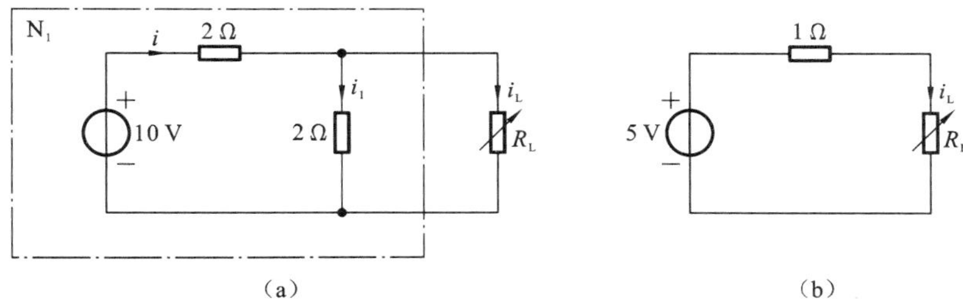

图 3-42 例 3-25 图

(2) 由式(3-22)求得 R_L 获得的最大功率为

$$P_{max}=\frac{u_{oc}^2}{4R_{eq}}=\frac{5^2}{4\times 1}\ \text{W}=6.25\ \text{W}$$

(3) 计算 10 V 电压源发出的功率。当 $R_{eq}=R_L=1\ \Omega$ 时，可得

$$i_L=\frac{u_{oc}}{R_{eq}+R_L}=\frac{5}{2}\ \text{A}=2.5\ \text{A}$$

$$u_L=R_L i_L=2.5\ \text{V}$$

$$i=i_1+i_L=\left(\frac{2.5}{2}+2.5\right)\ \text{A}=3.75\text{A}$$

$$P=10\times 3.75\ \text{W}=37.5\ \text{W}$$

10 V 电压源发出的功率为 37.5 W，电阻 R_L 吸收的功率为 6.25 W，其功率传输效率为

$$\eta=\frac{6.25}{37.5}\times 100\%=0.167\times 100\%=16.7\%$$

由此可以看出，当系统满足最大功率匹配条件时，系统的效率非常低。

【例 3-26】 电路如图 3-43(a)所示，试求一端口网络向负载 R_L 传输的最大功率。

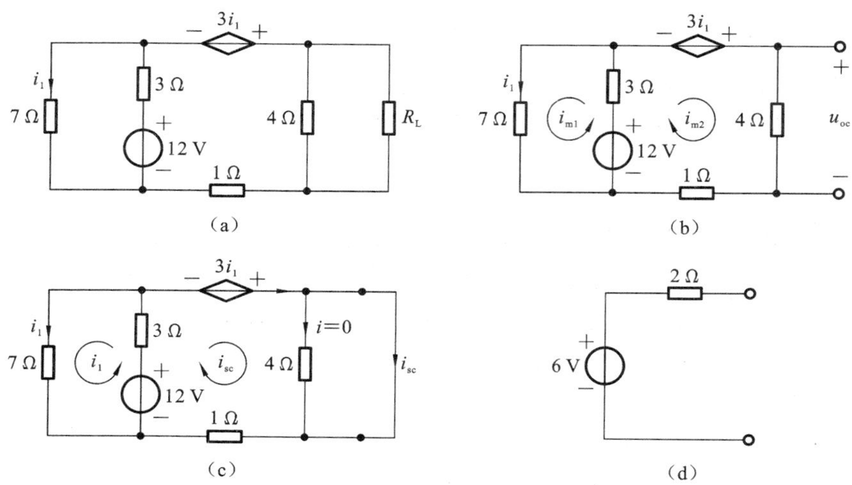

图 3-43 例 3-26 图

解 (1) 断开负载 R_L，求 u_{oc}。按图 3-43(b)所示网孔电流的参考方向，列出网孔电流的方程为

$$\begin{cases}10i_{m1}+3i_{m2}=12\\3i_{m1}+8i_{m2}=12+3i_1\end{cases}$$

将 $i_1=i_{m1}$ 代入，解得

$$\begin{cases}i_{m2}=1.5\ \text{A}\\u_{oc}=4i_{m2}=6\ \text{V}\end{cases}$$

(2) 求 i_{sc}。按图 3-43(c)所示网孔电流的参考方向，列出网孔电流方程为

$$10i_1+3i_{sc}=12$$

$$3i_1+4i_{sc}=12+3i_1$$

解得

$$i_{sc}=3\ \text{A}$$

(3) 由开路短接法求等效电阻，有

$$R_{eq}=\frac{u_{oc}}{i_{sc}}=\frac{6}{3}\ \Omega=2\ \Omega$$

得到一端口网络的戴维南等效电路如图 3-43(d)所示。由式(3-22)求得一端口网络向负载 R_L 传输的最大功率为

$$P_{max}=\frac{u_{oc}^2}{4R_{eq}}=\frac{6^2}{4\times2}\ \text{W}=4.5\ \text{W}\quad 或\quad P_{max}=\frac{i_{sc}^2}{4G_{eq}}=\frac{3^2}{4\times0.5}\ \text{W}=4.5\ \text{W}$$

* 关于数/模(D/A)转换电路中的 T 形 R-$2R$ 电阻网络输出电流 I_Σ 的求解方法如下。

D/A 转换电路中 T 形 R-$2R$ 电阻网络的结构由三部分组成，如图 3-44 所示。其中由 R-$2R$组成 T 形电阻网络，d_3、d_2、d_1、d_0 为数字量，S_3、S_2、S_1、S_0 为模拟开关，U_{REF} 为基准电压，也是 T 形 R-$2R$ 电阻网络的工作电源。

由图 3-44 所示电路可知，由于运算放大器的端电位接近于零，因此无论开关 S_3、S_2、S_1、S_0 合到哪一边，都相当于接到"地"电位上，流过每个支路上的电流始终不变。从 A、B 端看进去，

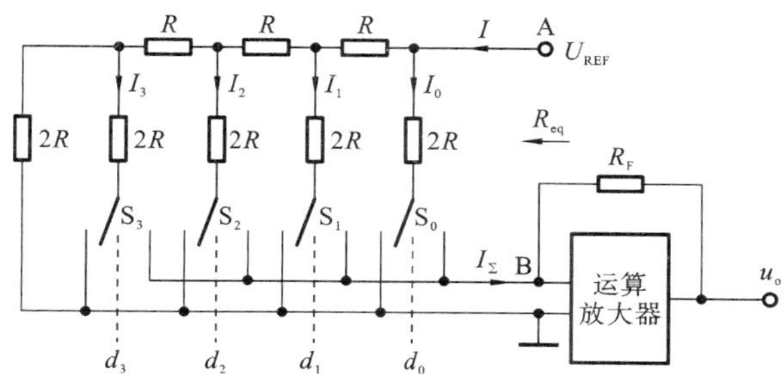

图 3-44　D/A 转换电路中的 T 形 R-$2R$ 电阻网络

等效电阻 $R_{eq}=R$，因此流入电阻网络的总电流为

$$I=\frac{U_{REF}}{R_{eq}}=\frac{U_{REF}}{R} \tag{3-23}$$

根据分流公式，各支路上的电流分别为

$$I_0=\frac{1}{2}I,\quad I_1=\frac{1}{4}I,\quad I_2=\frac{1}{8}I,\quad I_3=\frac{1}{16}I$$

模拟开关受数字电的控制，数字量为 0 时，模拟开关合在左边；数字量为 1 时，模拟开关合在右边。当模拟开关合在左边时，各支路电流流入地；当模拟开关合在右边时，各支路电流流入节点 B。在数字量 $d_3d_2d_1d_0$ 的作用下，在节点 B 利用 KCL，流入集成运放的电流为

$$I_\Sigma=\frac{1}{2}d_0+\frac{1}{4}d_1+\frac{1}{8}d_2+\frac{1}{16}d_3 \tag{3-24}$$

式(3-24)可实现数字量到模拟量的转换。例如，设 $U_{REF}=10$ V，$R=1$ kΩ，数字量 $d_3d_2d_1d_0=0101$ 时，可求得

$$I_\Sigma=\frac{10}{1\times10^3}\left(\frac{1}{2}\times1+\frac{1}{4}\times0+\frac{1}{8}\times1+\frac{1}{16}\times0\right)\text{ A}=\frac{10}{1\times10^3}(0.5+0.125)\text{ A}=6.25\text{ mA}$$

可见，如果给出不同的数字量，将转换成不同的电流值，从而完成 D/A 转换。

本章小结

1. KCL 方程和 KVL 方程的独立数

对于具有 n 个节点、b 条支路的电路，可以列写 $(n-1)$ 个独立的 KCL 方程和 $(b-n+1)$ 个独立的 KVL 方程。

2. 支路电流法

支路电流法是以支路电流作为电路的未知量，根据 KCL、KVL 建立电路的独立方程求解电路的方法。方程的基本形式为

$$\sum R_k i_k=\sum u_{sk}$$

式中：R_ki_k 为回路中第 k 个支路的电阻上的电压，求和遍及回路中的所有支路，且当 i_k 的参考方向与回路方向一致时，前面取"＋"号，不一致时，取"－"号；u_{sk} 为回路中第 k 个支路的电源电压，包括理想电压源的电压和理想电流源两端的电压。

3. 网孔电流法和回路电流法

网孔电流法是以网孔电流为未知量，根据 KVL 列写方程求解电路的分析方法。网孔电

流法仅适用于平面电路。对于具有 n 个网孔的平面电路，其网孔电流方程一般形式为

$$\left.\begin{aligned}R_{11}i_{m1}+R_{12}i_{m2}+R_{13}i_{m3}+\cdots+R_{1n}i_{mn}&=u_{s11}\\R_{21}i_{m1}+R_{22}i_{m2}+R_{23}i_{m3}+\cdots+R_{2n}i_{mn}&=u_{s22}\\&\vdots\\R_{n1}i_{m1}+R_{n2}i_{m2}+R_{n3}i_{m3}+\cdots+R_{nn}i_{mn}&=u_{snn}\end{aligned}\right\}$$

式中：R_{nn} 称为自电阻，为某一网孔中连接的支路上的所有电阻之和，其值恒为正；$R_{ij}\ (i\neq j)$ 称为互电阻，为某两个网孔公共支路上的电阻之和，其值符号根据网孔电流流过支路的方向来判断，当两个网孔电流流过公共支路的电流方向一致时取正号，相反时取负号；u_{sii} 为沿第 i 个网孔绕行方向的各支路电压源电压的代数和，电压源的参考方向与网孔绕行方向一致取负号，相反取正号。

回路电流法是以回路电流为未知量，根据 KVL 列方程求解电路的分析方法。根据所求得的回路电流可求出电路各个支路的电流。回路电流法的方程列写规律与网孔电流法的相同。

回路电流法与网孔电流法比较具有如下优点。

(1) 网孔电流法只适用于平面电路，而回路电流法不仅适用于平面电路，也适用于非平面电路。

(2) 网孔电流法仅限于列写网孔的 KVL 独立方程，而回路电流法则可列写各回路的 KVL 独立方程。所以用回路电流法可以减少列写 KVL 的独立方程数，从而简化电路的分析过程。

4. 节点电压法

节点电压法是以独立的节点电压作为未知量，根据 KCL 列方程求解电路的分析方法。具有 $(n-1)$ 个独立节点的电路的节点电压方程的一般形式为

$$\begin{cases}G_{11}u_{n1}+G_{12}u_{n2}+G_{13}u_{n3}+\cdots+G_{1(n-1)}u_{n(n-1)}=i_{s11}\\G_{21}u_{n1}+G_{22}u_{n2}+G_{23}u_{n3}+\cdots+G_{2(n-1)}u_{n(n-1)}=i_{s22}\\\qquad\vdots\\G_{(n-1)1}u_{n1}+G_{(n-1)2}u_{n2}+\cdots+G_{(n-1)(n-1)}u_{n(n-1)}=i_{s(n-1)(n-1)}\end{cases}$$

式中：G_{nn} 称为自电导，为连接到第 i 个节点各支路电导之和，其值恒为正；$G_{ij}\ (i\neq j)$ 称为互电导，为连接于节点 i、j 之间支路上的电导之和，取负号，其值恒为负；I_{sii} 为流入第 i 个节点的各支路电流源电流值的代数和，电流流入节点取正号，流出节点取负号。

弥尔曼定理是电路中仅含有两个节点的节点电压法，公式可简写为

$$u_{n1}=\frac{\sum\frac{U_{si}}{R_i}}{\sum\frac{1}{R_i}}$$

5. 叠加定理

对于任一线性网络，若同时受到多个独立电源的作用，则这些共同作用的电源在某条支路上所产生的电压或电流应该等于每个独立电源各自单独作用时，在该支路上所产生的电压或电流分量的代数和。需要注意的是，当某个独立电源单独作用时，其他独立源置零，即理想电压源用短路替代，理想电流源用开路替代。除此之外，电路的其他结构和参数都保持不变；受控源不能置零，要保留在电路中；仅电流和电压能叠加，功率不能叠加。

6. 替代定理

在任意的线性或非线性网络中，若已知第 k 条支路的电压和电流分别为 U_k 和 I_k，则不论该支路含有何种元件，总可以用下列任何一个元件替代：① 电压值为 U_k 的理想电压源；② 电流值为 I_k 的理想电流源；③ 电阻值为 U_k/I_k 的线性电阻元件 R_k。

7. 戴维南定理和诺顿定理

戴维南定理：线性含源一端口网络，对于负载电路而言，可以用一个理想电压源和电阻串联的电路模型来等效。其中理想电压源的电压等于线性含源一端口网络的负载电路断开端子之间的开路电压 u_{oc}，电阻等于从含源一端口网络开路端子之间看进去所有独立源置零、受控源保留时的等效电阻 R_{eq}。

诺顿定理：线性含源一端口网络，对于负载电路而言，可以用一个理想电流源和电阻并联的电路模型来等效。其中理想电流源的电流等于线性含源一端口网络端子处短接时的短路电流 i_{sc}，电阻等于从含一端口网络开路端子之间看进去所有独立源置零、受控源保留时的等效电阻 R_{eq}。

8. 最大功率传输定理

当负载电阻满足最大功率匹配条件 $R_L=R_{eq}$ 时，负载电阻 R_L 将从一端口网络中获得最大功率。最大功率为 $P_{max}=\frac{u_{oc}^2}{4R_{eq}}$。

习 题 3

1. 用支路电流法求图题 1 所示电路的各支路电流。
2. 用支路电流法求图题 2 所示电路的各支路电流。

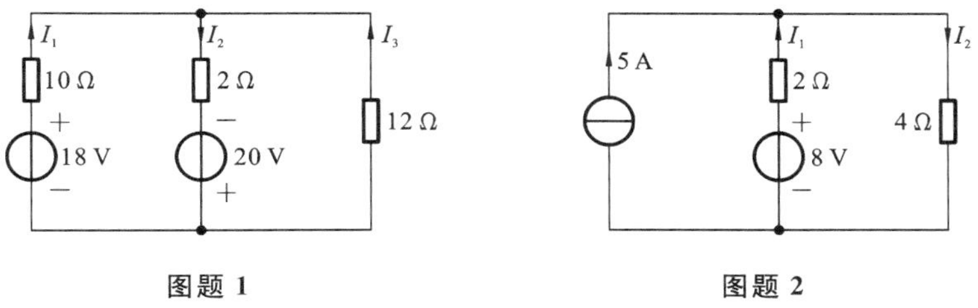

图题 1　　图题 2

3. 用网孔电流法求图题 3 所示电路的电流 I 和电压 U。
4. 已知图题 4 所示电路的电流方程为

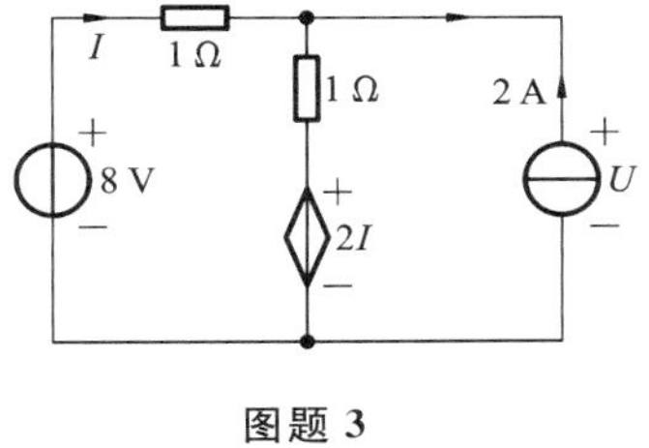

图题 3

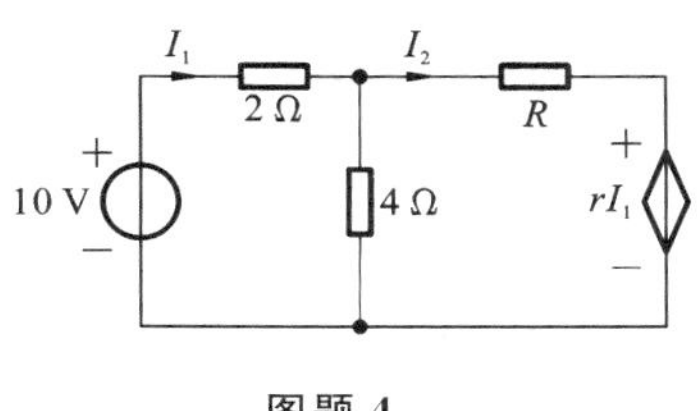

图题 4

$$\begin{cases}6I_1-4I_2=10\\-I_1+5I_2=0\end{cases}$$

求 CCVS 的控制系数 r 以及电阻 R。

5. 电路如图题 5 所示，试用网孔电流法或回路电流法求电流 I。

6. 用网孔电流法或回路电流法求图题 6 所示电路的电流 I_x。

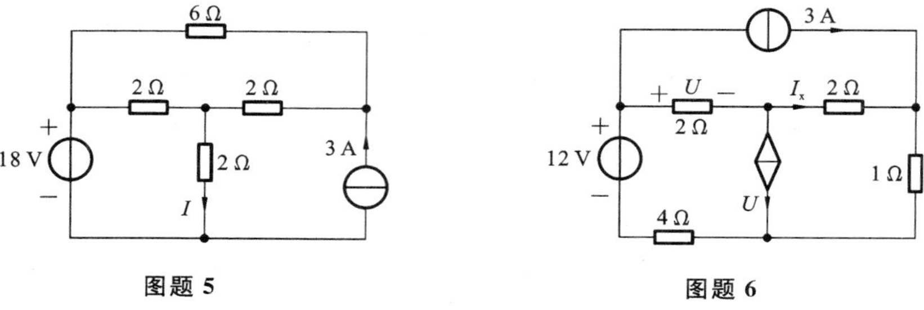

图题 5　　　　图题 6

7. 电路如图题 7 所示，分别用网孔电流法和节点电压法求电压 U_x。

8. 已知图题 8 所示电路的电压方程为

$$\begin{cases}3U_1-2U_2=10\\-4U_1+6U_2=0\end{cases}$$

求 VCCS 的控制系数 g。

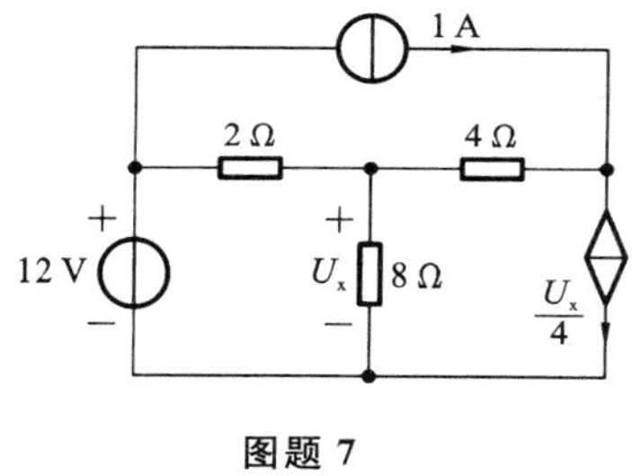

图题 7

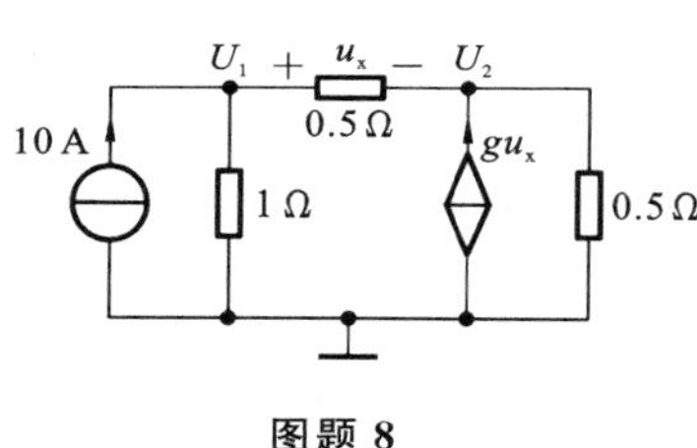

图题 8

9. 电路如图题 9 所示。试用节点电压法求电压 U。

10. 电路如图题 10 所示。试用节点电压法求电流 I。

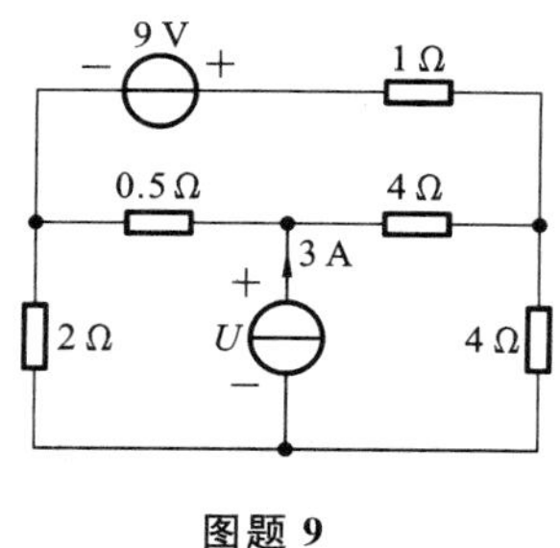

图题 9

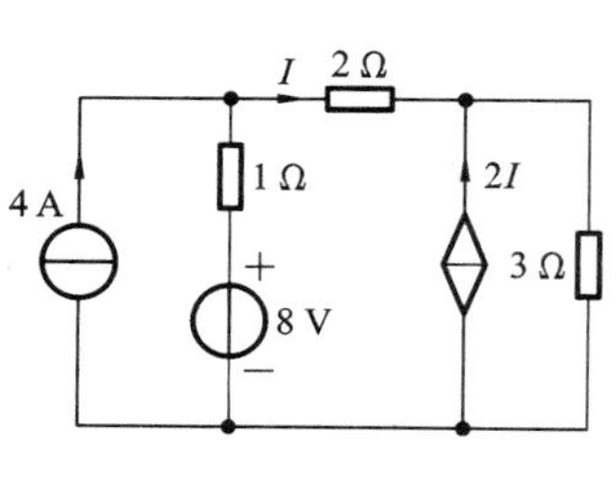

图题 10

11. 试用弥尔曼定理求图题 11 所示电路的各支路电流。

12. 试用弥尔曼定理求图题 12 所示电路的电流 I。

13. 应用叠加定理求图题 13 所示电路的电压 U。

14. 应用叠加定理求图题 14 所示电路的电压 U。

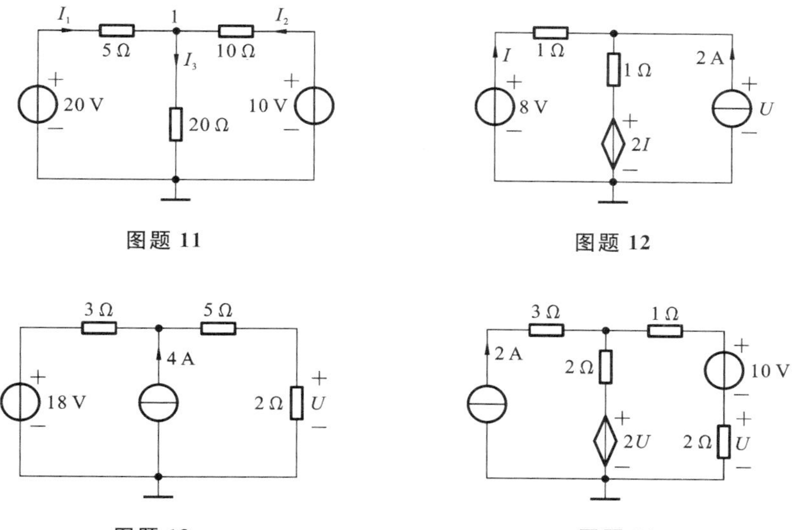

图题 11

图题 12

图题 13

图题 14

15. 应用叠加定理求图题 15 所示电路的电流 I 和电压 U。

16. 图题 16 所示的为线性一端口网络，当 $u_s=5$ V，$i_s=2$ A 时，$u_o=10$ V；$u_s=8$ V，$i_s=3$ A，$u_o=2$ V。现已知 $u_s=2$ V，$i_s=1$ A，试用叠加定理求电压 u_o。

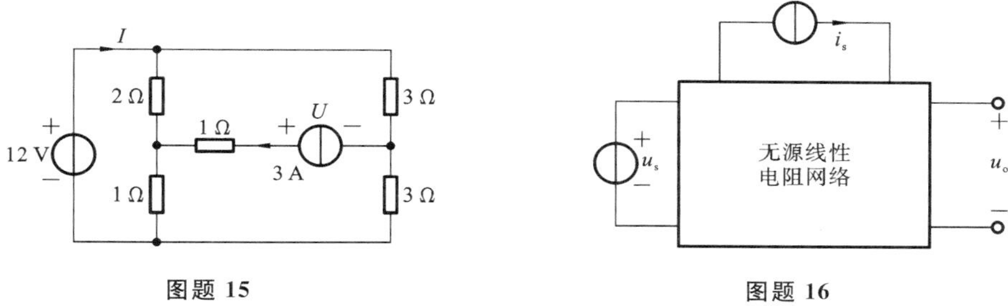

图题 15

图题 16

17. 电路如图题 17 所示，用齐次定理求梯形电路的输出电压 U_{ab}。

18. 电路如图题 18 所示，已知 $I_3=0.5$ A。试用替代定理求 I_1 和 I_2。

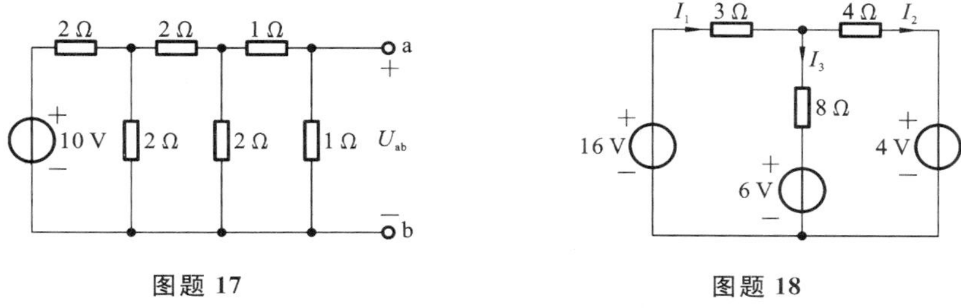

图题 17

图题 18

19. 求图题 19 所示电路的戴维南等效电路和诺顿等效电路。

20. 已知电路如图题 20 所示，试求：(1) 用戴维南定理求流经 2 Ω 电阻的电流；(2) 计算电流源和电压源的功率。

21. 电路如图题 21 所示，当电阻 R 分别为 1 Ω、3 Ω、5 Ω 时，试求电流 I。

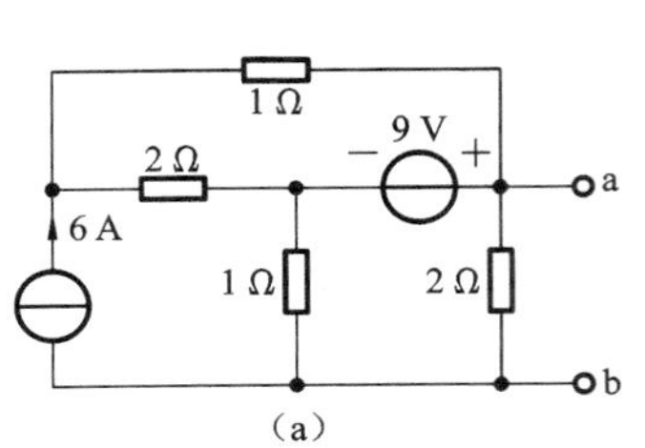

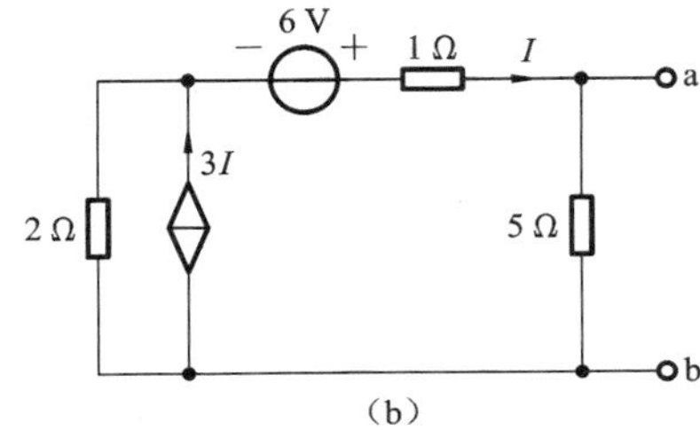

图题 19

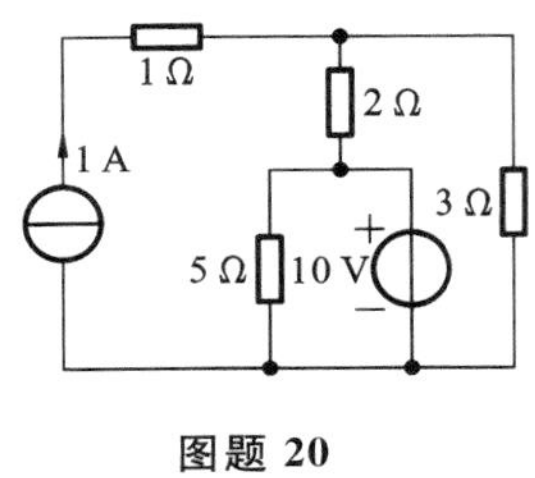

图题 20

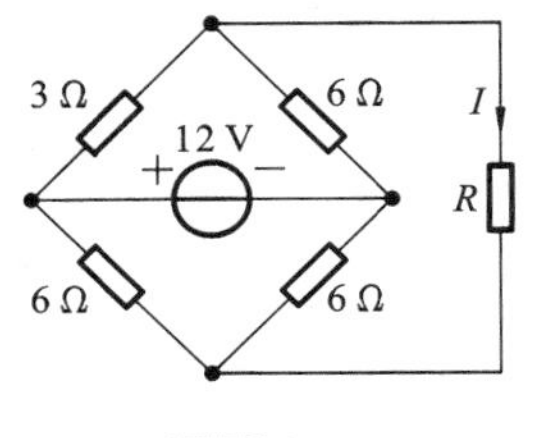

图题 21

22. 电路如图题 22 所示，求 ab 端的等效电阻 R_{ab}。

23. 电路如图题 23 所示，若使 $u_{ab}=0$，试求电阻 R。

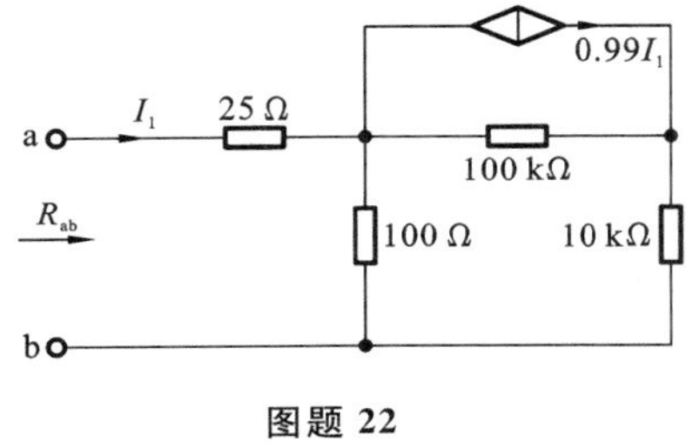

图题 22

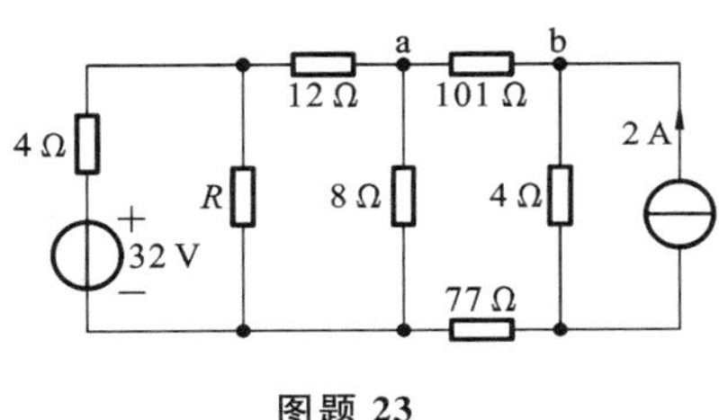

图题 23

24. 图题 24 所示的 N 为含源一端口网络，已知在图 24(a)所示接法时 $U=4\ \text{V}$；在图题 24(b)所示接法时 $U=0\ \text{V}$。试求在图题 24(c)所示接法时的电压 U。

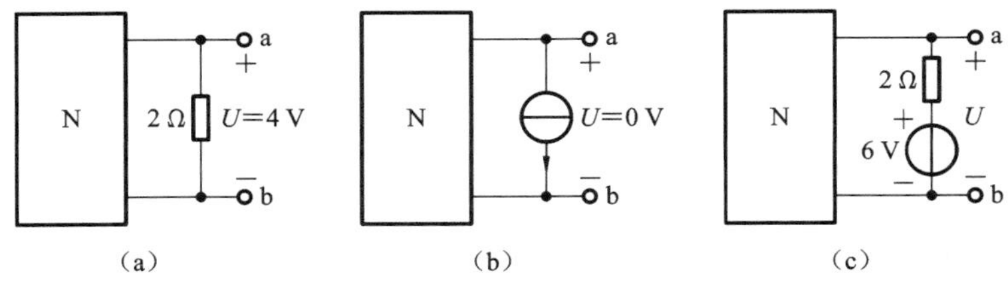

图题 24

25. 在图题 25 所示的电路中，N 为有源网络。已知电路在最佳匹配情况下，R_L 上得到的最大功率为 1 W。试求网络 N 对 ab 端的戴维南等效电路。

26. 图题 26 所示电路中，为使电阻 R_L 上获得最大功率，R_L 的值应为多少？

27. 图题 27 所示电路中，求为使 R_L 获得最大功率时 R_L 的值，并求出该最大功率。

28. 在图题 28 所示电路中，已知 $R_5=30\ \Omega$ 时，$U_5=60\ \text{V}$；$R_5=80\ \Omega$ 时，$U_5=80\ \text{V}$。试问 R_5 为何值时，R_5 能获得最大功率？此最大功率为多少？

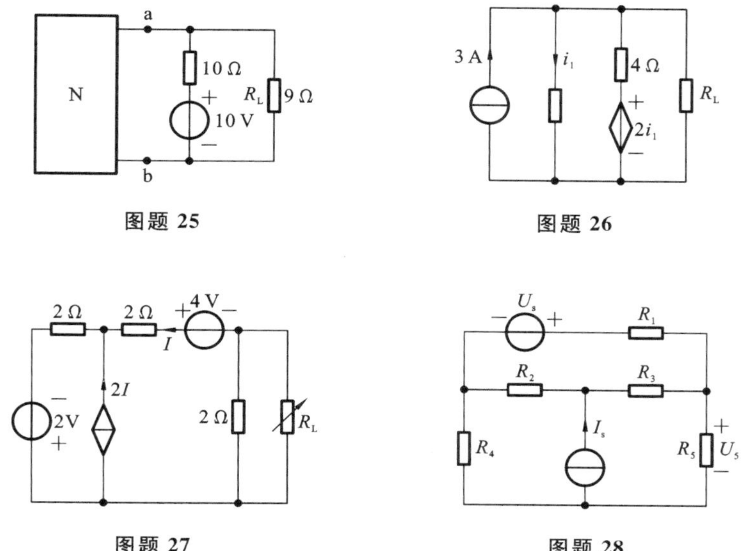

图题 25　　图题 26

图题 27　　图题 28

29. 有一台 40 W 的扩音机，其传输电阻为 8 Ω。现有 8 Ω、10 W 低音扬声器 2 只，16 Ω、20 W 扬声器 1 只。试问：应把它们如何连接在电路中才能满足“匹配”的要求？能否像电灯那样全部并联？

第 4 章　正弦稳态电路分析

知识要点

- 熟悉正弦量三要素、相量、阻抗、谐振的概念；
- 掌握用相量法分析求解正弦稳态电路的方法；
- 熟悉和掌握正弦稳态电路的功率及功率因数的概念和计算方法。

4.1　正弦交流电的概念

4.1.1　正弦交流电的基本概念

在电路中，随时间变化而按正弦函数规律变化的电压或电流，称为正弦交流电。通常所说的交流电就是指正弦交流电，对正弦交流电的数学描述，可采用正弦函数，也可以用余弦函数，本书采用正弦函数表示正弦交流电。

以正弦电流为例，其瞬时表达式为

$$i(t)=I_{\mathrm{m}}\sin(\omega t+\varphi) \tag{4-1}$$

其波形如图 4-1 所示($\varphi\geqslant 0$)，横轴可用 ωt 表示，也可用 t 表示。

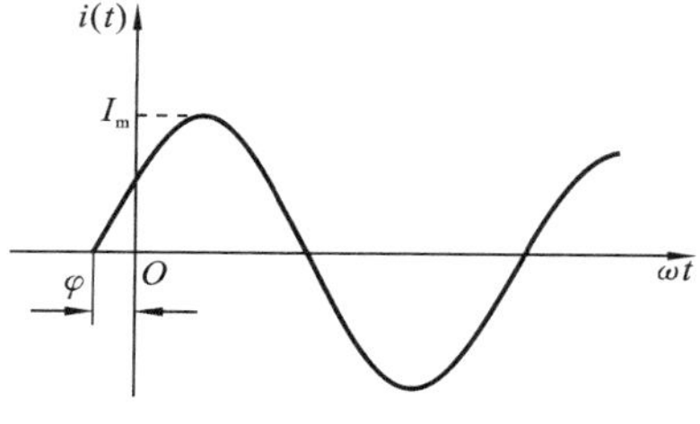

图 4-1　正弦电流波形图

4.1.2　正弦量的三要素

大小方向随时间变化而按正弦规律变化的电压或电流称为正弦量。以电流为例，式(4-1)中的三个常数 I_{m}、ω、φ 称为正弦量的三要素。I_{m} 称为正弦量的振幅，也为最大值。正弦量是一个等幅振荡、正负交替变化的周期函数。振幅是正弦量在整个振荡过程中达到的最大值，在一定程度上反映了正弦量的大小。

ω 称为正弦量的角频率。国际单位制中，角频率的单位是弧度・秒$^{-1}$(rad・s^{-1})。角频率 ω 与正弦量的周期 T 和频率 f 之间的关系为

$$\omega=2\pi f,\quad f=\frac{1}{T},\quad T=\frac{2\pi}{\omega}$$

频率 f 的单位为赫兹(Hz)，简称赫。我国工业用电的频率为 50 Hz，称为工频。欧洲绝大多数国家的供电频率为 50 Hz，美国、日本等国家的供电频率为 60 Hz。

$(\omega t+\varphi)$称为正弦量的相位角，简称相位，是随时间变化而变化的角度。φ 为 $t=0$ 时的相位角，称为初相位角，简称初相位。初相位的单位用 rad 或(°)表示，通常在主值范围内取值，

即$|\varphi|\leqslant\pi$;初相位的值与计时零点有关。在实际工程中通常以(°)作为计量单位,因此在计算过程中应注意将ωt与φ变换成相同的单位。

4.1.3 正弦电流、电压的有效值和相位差

交流电的大小和方向都随时间的变化而变化,如果随意取值,则不能反映它在电路中的实际效果。如果采用其最大值,将会夸大交流电的作用,因而需要一个数值能等效反映交流电做功的能力。在电学理论中,常用有效值来衡量正弦交流电的大小。有效值用大写字母表示,如I和U,与直流量的形式相同。交流电的有效值是根据其热效应确定的。

有效值的定义:以交流电流为例,当某交流电流和直流电流分别通过同一电阻R时,如果在一个周期T内产生的热量相等,那么这个直流电流I的数值就称为交流电流的有效值。

正弦交流电流$i(t)=I_m\sin(\omega t+\varphi)$一个周期内在电阻$R$上产生的能量为

$$W=\int_0^T i^2R\mathrm{d}t$$

直流电流I在相同时间T内,在电阻R上产生的能量为

$$W=I^2RT$$

根据有效值的定义,有

$$I^2RT=\int_0^T i^2R\mathrm{d}t$$

可得

$$I=\sqrt{\frac{1}{T}\int_0^T i^2\mathrm{d}t} \tag{4-2}$$

式(4-2)为有效值定义的数学表达式。适用于任何做周期变化的电流、电压及电动势。

正弦电流的有效值等于其瞬时电流值i的平方在一个周期内积分的平均值再取平方根,所以有效值又称为均方根值。

将正弦交流电流$i(t)=I_m\sin(\omega t+\varphi)$代入式(4-2),得

$$\begin{aligned}I&=\sqrt{\frac{1}{T}\int_0^T I_m^2\sin^2(\omega t+\varphi)\mathrm{d}t}\\&=\sqrt{\frac{1}{T}\int_0^T I_m^2\left[\frac{1}{2}-\frac{1}{2}\cos(2(\omega t+\varphi))\right]\mathrm{d}t}\\&=\frac{1}{\sqrt{2}}I_m=0.707I_m\end{aligned} \tag{4-3}$$

此结论只对正弦量成立。同理可以得到正弦电压$u(t)=U_m\sin(\omega t+\varphi)$的有效值和幅值之间的关系式为

$$U=\frac{1}{\sqrt{2}}U_m=0.707U_m \tag{4-4}$$

由式(4-3)和式(4-4)可见,正弦量的幅值与有效值之间具有固定的$\sqrt{2}$倍关系,通常所说交流电的相关数值都是指有效值。用有效值表示正弦电流的数学表达式为

$$i(t)=\sqrt{2}I\sin(\omega t+\varphi)$$

在电路测量的过程中,交流电压表、电流表所指示的读数,以及电气设备铭牌上所标示的交流电参数均是指有效值。我国民用电网的供电电压的有效值为220 V。世界各国的民用电器所使用的电网电压不尽相同,日本的民用电网电压为100 V;美国等美洲国家的民用电网电

压为 110 V～130 V；东南亚和欧洲大部分国家的民用电网电压为 220 V～230 V。

特别注意的是，日本本土使用的电气设备，比如电视机，在中国是不能直接插到电源上使用的，那样会烧坏电视！只有通过电源转换器(220 V/110 V)才可以使用。

【例 4-1】 一个正弦电压的初相角为 45°，最大值为 537 V，角频率 $\omega=314$ rad/s，试求其有效值、解析式，并求 $t=0.0176$ s 时的瞬时值。

解 $U_{\mathrm{m}}=537$ V，所以其有效值为

$$U=\frac{U_{\mathrm{m}}}{\sqrt{2}}=\frac{537}{\sqrt{2}}\ \mathrm{V}=380\ \mathrm{V}$$

则电压的解析式为

$$u(t)=380\sqrt{2}\sin\left(314t+\frac{\pi}{4}\right)\ \mathrm{V}$$

当 $t=0.0176$ s 时，得

$$u(t)=380\sqrt{2}\sin\left(314\times0.0176+\frac{\pi}{4}\right)\ \mathrm{V}\approx16.87\ \mathrm{V}$$

在分析和计算正弦电路时，电路中常引用“相位差”的概念描述两个同频率正弦量之间的相位关系，两个同频率正弦量的相位之差，称为相位差，用 $\Delta\varphi$ 表示。

设电流、电压分别为 $i(t)=I_{\mathrm{m}}\sin(\omega t+\varphi_1)$、$u(t)=U_{\mathrm{m}}\sin(\omega t+\varphi_2)$时，则电压与电流的相位差为

$$\Delta\varphi=(\omega t+\varphi_2)-(\omega t+\varphi_1)=\varphi_2-\varphi_1 \tag{4-5}$$

可见，同频率正弦量的相位差始终不变，其等于两个正弦量的初相角之差。相位差也是在主值范围内取值 $|\Delta\varphi|\leqslant\pi$。

若 $\Delta\varphi>0$，则电压 u 超前电流 i，大小为 φ，如图 4-2 所示。

若 $\Delta\varphi<0$，则电压 u 滞后电流 i，大小为 $-\varphi$，如图 4-3 所示。

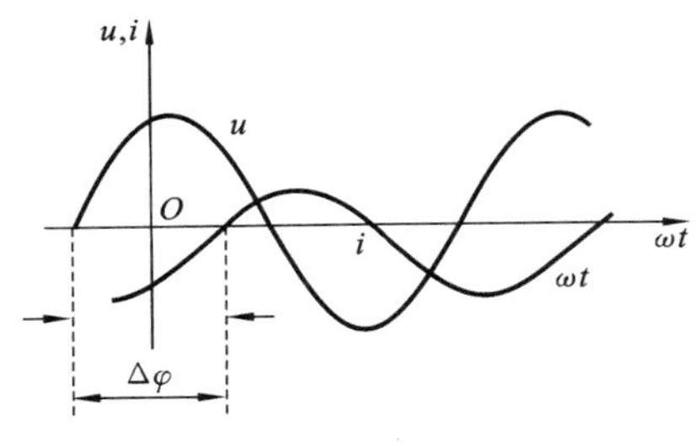

图 4-2

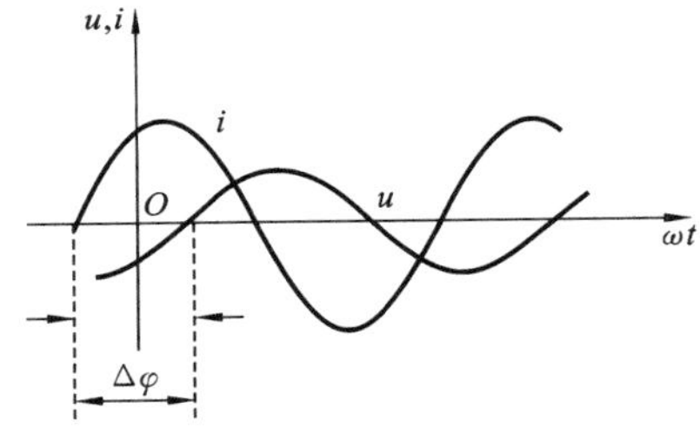

图 4-3

若 $\Delta\varphi=0$，则电压 u 与电流 i 同相位，如图 4-4 所示。

若 $\Delta\varphi=\pm\pi$，则称 u 与 i 反相，如图 4-5 所示。

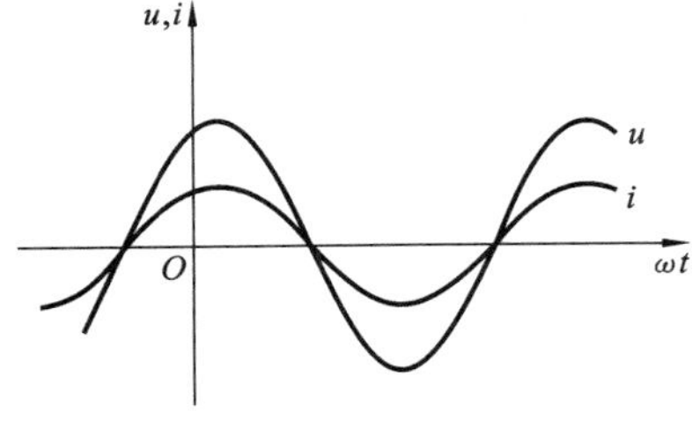

图 4-4

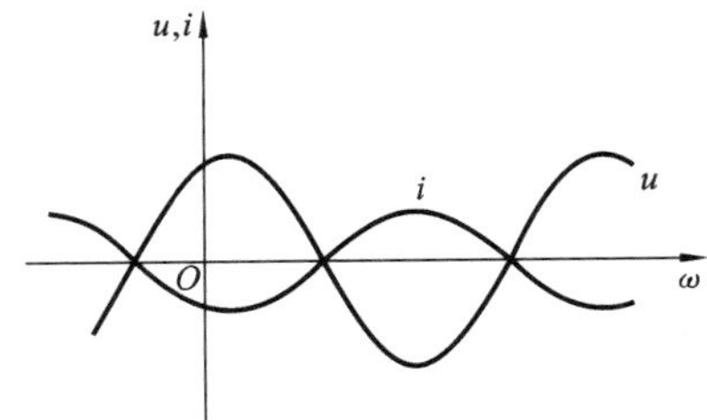

图 4-5

若 $\Delta\varphi=\pm\frac{\pi}{2}$，则称 u 与 i 正交，如图 4-6 所示。

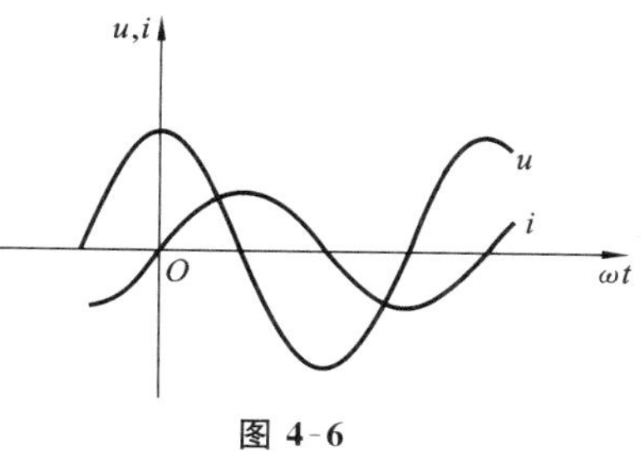

图 4-6

当两个同频率正弦量的计时起点改变时，它们的初相角也随之改变，但二者之间的相位差仍保持不变。对于两个不同频率的正弦量，其相位差随时间的变化而变化，不再是常量。需要指出的是，只有两个同频率正弦量之间的相位差才有意义。

【例 4-2】 已知同频率的正弦电流分别为 $i_1=20\cos\left(314t+\frac{\pi}{3}\right)$ A、$i_2=10\sin\left(314t-\frac{\pi}{4}\right)$ A。试求：(1) 相位差，并画出波形图；(2) 若以 $t=0.005$ s 为计时起点，求两正弦量的初相位和相位差，并画出波形图。

解 在对两正弦量的相位差进行比较时，应将两正弦量的函数形式化为一致，可将 i_2 转换为余弦函数，即

$$\begin{aligned} i_2 &=10\sin\left(314t-\frac{\pi}{4}\right)\ \text{A}=10\cos\left(314t-\frac{\pi}{4}-\frac{\pi}{2}\right)\ \text{A} \\ &=10\cos\left(314t-\frac{3\pi}{4}\right)\text{A} \end{aligned}$$

(1) 两正弦量的相位差为

$$\Delta\varphi=\varphi_1-\varphi_2=60^\circ-(-135^\circ)=195^\circ$$

考虑相位差的取值区间，则 i_1 滞后 i_2 的相位角为 165°。两正弦量的波形如图 4-7(a)所示。

(2) 由于 $T=0.02$ s，则以 $t=0.005$ s 为计时起点，相当于正弦量的初相位均在原来的基础上增加了 $\frac{\pi}{2}=90^\circ$，故有

$$\varphi_1=\frac{\pi}{3}+\frac{\pi}{2}=\frac{5\pi}{6}=150^\circ,\quad \varphi_2=\frac{3\pi}{4}+\frac{\pi}{2}=-\frac{\pi}{4}=-45^\circ$$

两正弦量的相位差为

$$\Delta\varphi=\varphi_1-\varphi_2=150^\circ-(-45^\circ)=195^\circ$$

考虑相位差的取值区间，有

$$\Delta\varphi=195^\circ-360^\circ=-165^\circ$$

可见，由于计时起点不同，故初相位角已改变，但其相位差不变。此时两正弦量的波形如图 4-7(b)所示。

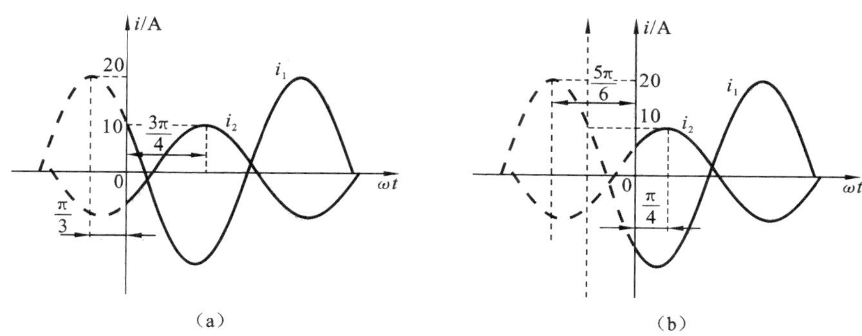

图 4-7 例 4-2 图

4.2　正弦交流电的相量表示

在线性电路中，当电源电压、电流恒定或做周期性变化时，电路中各部分的电压和电流同样也是恒定或按周期性规律变化的。电路的这种工作状态称为稳定状态，简称稳态。当线性电路外加正弦激励时，各支路的电压和电流的响应也是同频率的正弦量，这样的电路称为正弦稳态电路。

相量法是分析研究正弦稳态电路的一种简单易行的方法，是在数学理论和电路理论的基础上建立起来的。

4.2.1　复数和常用的表示方法

如图 4-8 所示，相量 F 的复数代数表达式为 $F=a+\mathrm{j}b$，式中 $\mathrm{j}=\sqrt{-1}$ 为虚数单位（与数学中常用的 i 等同）。图中 r 表示复数的大小，称为复数的模，a、b 分别为复数 F 的实部和虚部。有向线段与实轴正方向之间的夹角，称为复数的辐角，用 φ 表示，规定辐角的绝对值要小于 180°。

$$r=\sqrt{a^2+b^2},\quad \varphi=\arctan\left(\frac{b}{a}\right) \tag{4-6}$$

$$a=r\cos\varphi,\quad b=r\sin\varphi$$

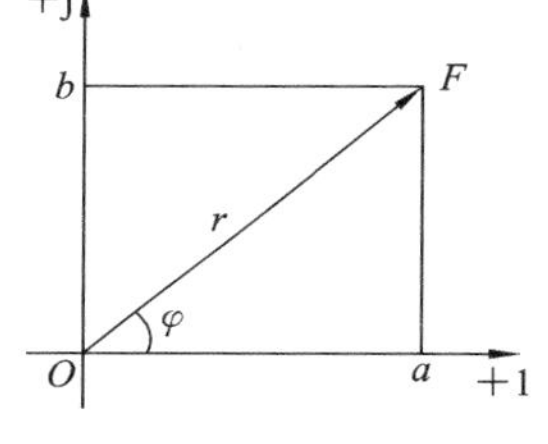

图 4-8　复数坐标

由图 4-8 可将复数的代数式 $F=a+\mathrm{j}b$ 转化为三角形式，得

$$F=r(\cos\varphi+\mathrm{j}\sin\varphi)$$

根据欧拉公式 $\mathrm{e}^{\mathrm{j}\varphi}=\cos\varphi+\mathrm{j}\sin\varphi$，将复数的三角形式转化为指数形式，得

$$F=r\mathrm{e}^{\mathrm{j}\varphi}$$

在实际工程计算中，常采用极坐标形式：$F=r\angle\varphi$。

实部相等、虚部大小相等而异号的两个复数称为共轭复数，用 F^* 表示。则有

$$F=a+\mathrm{j}b,\quad F^*=a-\mathrm{j}b$$

复数可以进行四则运算。两个复数进行乘除运算时，采用极坐标形式或指数形式进行计算比较方便。

如将两个复数 $F_1=a_1+\mathrm{j}b_1=r_1\angle\varphi_1$、$F_2=a_2+\mathrm{j}b_2=r_2\angle\varphi_2$ 相除，可得

$$\frac{F_1}{F_2}=\frac{r_1\angle\varphi_1}{r_2\angle\varphi_2}=\frac{|r_1|}{|r_2|}\angle(\varphi_1-\varphi_2) \tag{4-7}$$

如将复数 $A_1=r\mathrm{e}^{\mathrm{j}\varphi}$ 与另一个复数 $\mathrm{e}^{\mathrm{j}\omega t}$ 相乘，则得

$$A_2=r\mathrm{e}^{\mathrm{j}\varphi}\mathrm{e}^{\mathrm{j}\omega t}=r\mathrm{e}^{\mathrm{j}(\omega t+\varphi)}$$

如将两个复数进行加减运算，则用代数形式进行计算比较方便。

例：$F_1=a_1+\mathrm{j}b_1$，$F_2=a_2+\mathrm{j}b_2$，则

$$F_1\pm F_2=(a_1\pm a_2)+\mathrm{j}(b_1\pm b_2)$$

也可以采用图解法，按平行四边形法则在复平面上作图求得，如图 4-9 所示。

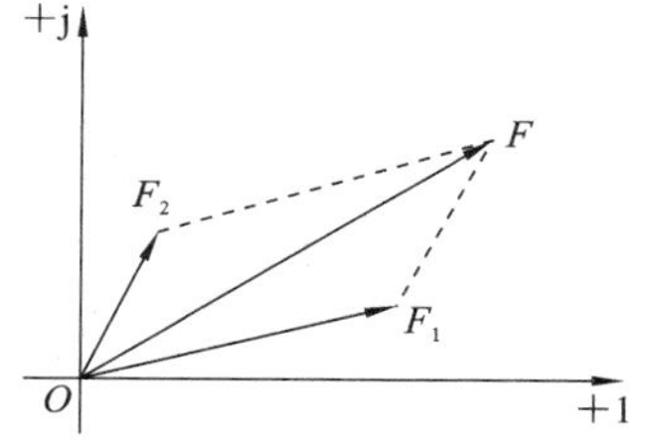

图 4-9　复数的图解运算

【例 4-3】 计算 $5\angle 47^\circ+10\angle -25^\circ$。

解
$$5\angle 47^\circ+10\angle -25^\circ=(3.41+\mathrm{j}3.657)+(9.063-\mathrm{j}4.226)=12.47-\mathrm{j}0.569=12.48\angle -2.61^\circ$$

4.2.2 正弦量的相量表示方法

正弦量的数学表达式 $i(t)=I_m\sin(\omega t+\varphi)$，能准确表示在任意时刻 t 正弦量的值，但两个同频率正弦量之间进行加减运算时不方便，如果采用相量表示正弦量，则可以简化运算。

用复数形式表示的正弦量称为正弦量的相量表示形式，为了与一般的复数相区别，在相应的大写字母头上加“·”表示。在正弦量的三要素中，频率可以作为已知量，要确定电路中的电压或电流，只需把电压或电流的幅值和初相角两个要素用复数描述即可。

于是，正弦电压 $u(t)=U_m\sin(\omega t+\varphi)$ 的相量形式为

$$\dot{U}_m=U_m\angle\varphi \quad 或 \quad \dot{U}=U\angle\varphi$$

式中：$\dot{U}_m$ 表示电压的幅值相量；$\dot{U}$ 表示电压的有效值相量。一般情况用有效值相量表示正弦量。

相量和复数一样，可以在复平面上用矢量表示。相量之间的运算可用复数间的运算方法完成，如图 4-10 所示。

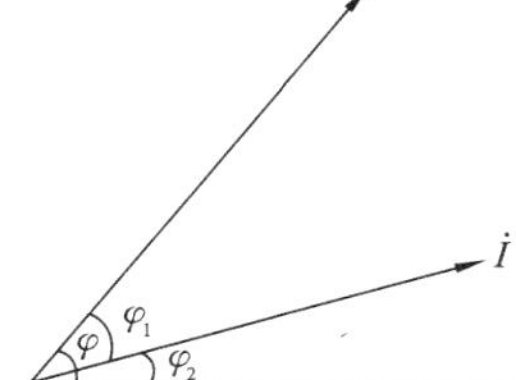

图 4-10 相量关系图

【例 4-4】 已知

$$i(t)=141.4\sin(314t+30^\circ)\ \mathrm{A}$$
$$u(t)=311.1\sin(314t-60^\circ)\ \mathrm{V}$$

试用相量表示 i,u。

解
$$\dot{I}=100\angle 30^\circ\ \mathrm{A}$$
$$\dot{U}=220\angle -60^\circ\ \mathrm{V}$$

4.3 单一元件伏安关系的相量表示

为了利用相量的概念来简化正弦稳态电路的分析，必须先建立单一参数元件在电路中电压与电流之间关系的相量形式，而复杂电路只是单一参数元件的组合。

4.3.1 电阻元件伏安关系的相量形式

1. 电阻元件电压与电流的相量关系

假设电阻 R 两端的电压与通过电阻的电流采用关联参考方向，如图 4-11(a)所示。并设流过电阻元件的正弦电流为

$$i_R=I_m\sin(\omega t+\varphi_1)$$

对于电阻元件，稳态下的伏安关系满足欧姆定律，即

$$u_R=RI_m\sin(\omega t+\varphi_1)$$

u_R 和 i_R 是同频率的正弦量，其相量形式为

$$\dot{U}_R = R\dot{I}_R \tag{4-8}$$

或写成

$$U_R\angle\varphi_2 = RI_R\angle\varphi_1$$

式(4-8)是电阻元件伏安关系的相量形式，由此可得如下结论。

(1) $U_R = RI_R$，即电阻的电压有效值等于电流有效值乘以电阻值。

(2) $\angle\varphi_2 = \angle\varphi_1$，即电阻上的电压与电流同相位。

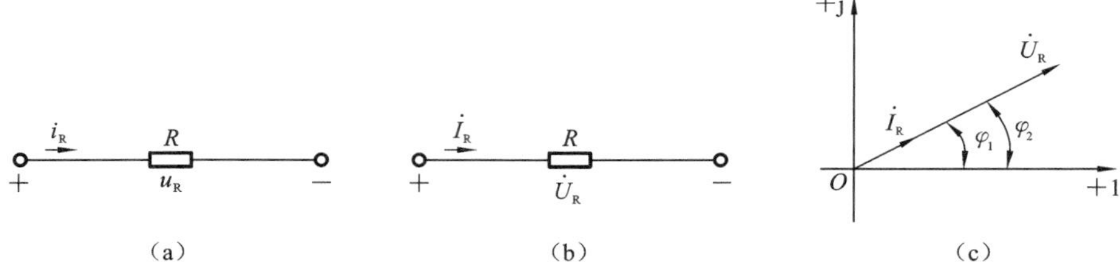

图 4-11　电阻元件电路

其中，图 4-11(b)所示为电阻元件的端电压、电流相量形式的示意图；图 4-11(c)所示为该电路的端电压与电流的相量图。

2. 电阻电路的功率

在任一瞬间，电阻两端的电压瞬时值与电流瞬时值的乘积称为瞬时功率，用小写字母 p 表示，其波形如图 4-12 所示。

$$p_R = u_R i = U_{Rm} I_m \sin^2(\omega t+\varphi)$$
$$= U_R I[1-\cos 2(\omega t+\varphi)]$$

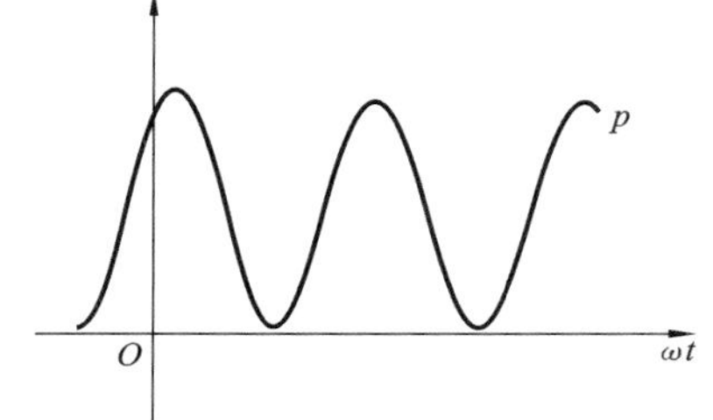

图 4-12

由瞬时功率的表达式及图 4-12 可知，$p \geqslant 0$ 时，电阻元件在除过零点外，任一瞬间均从电源吸取能量，并将电能转化为热能，可见电阻元件是耗能元件。

瞬时功率的实用意义不大，通常电路的功率是指瞬时功率在一个周期内的平均值，称为平均功率(也称有功功率)，用 P 表示，即

$$P = \frac{1}{T}\int_0^T U_R I[1-\cos(2\omega t+\varphi)]\mathrm{d}t$$
$$= U_R I = I^2 R \tag{4-9}$$

4.3.2　电感元件伏安关系的相量形式

将导线紧密缠绕在磁性材料芯子或非磁性材料芯子上，就制作成了电感元件，如图 4-13 所示。电路理论中的电感元件可以看作是电感线圈的理想化模型。

1. 电感元件电压与电流的相量关系

如图 4-14(a)所示的电感元件电路，设 $i_L = I_m\sin(\omega t+\varphi_1)$，在正弦稳态下的伏安关系为

$$u_L = L\frac{\mathrm{d}i_L}{\mathrm{d}t} = LI_m\omega\cos(\omega t+\varphi_1) = LI_m\omega\sin(\omega t+\varphi_1+90^\circ)$$

图 4-13 电感元件中的两种特例

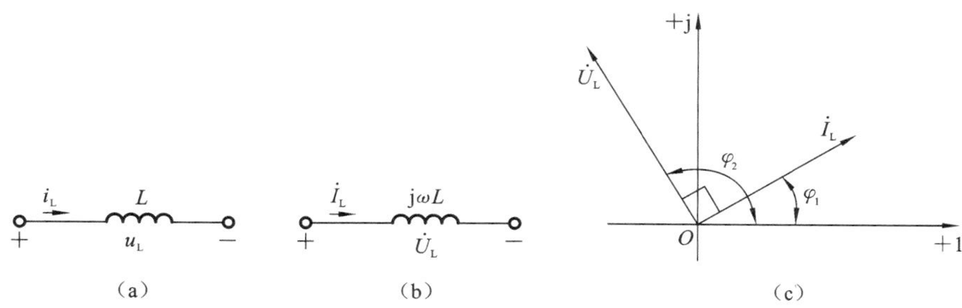

图 4-14 电感元件伏安关系的相量形式

其相量形式为

$$\dot{I}_L = \dot{I}\angle\varphi_1$$

$$\dot{U}_L = j\omega L\,\dot{I}_L \tag{4-10}$$

或写成

$$U_L\angle\varphi_2 = \omega L I_L\angle(\varphi_1 + 90^\circ) \tag{4-11}$$

式(4-11)称为电感元件伏安关系的相量形式,由此可得如下结论。

(1) $U_L = \omega L I_L$,电感元件的电压有效值等于电流有效值、角频率和电感值三者的乘积。

(2) $\varphi_2 = \varphi_1 + 90^\circ$,电感上电压的相位超前电流 90°。

图 4-14(b)所示为电感元件的端电压、电流相量形式的示意图;图 4-14(c)所示为电感元件的端电压与电流的相量图。

由式(4-11),可得

$$\frac{U_L}{I_L} = \omega L,\quad \frac{I_L}{U_L} = \frac{1}{\omega L}$$

记 $X_L = \omega L$,称为电感元件的感抗,国际单位制中,其单位为欧姆(Ω),其值与频率成正比;$B_L = 1/X_L$ 称为感纳,其单位为西门子(S)。

感抗是用来表示电感元件对电流阻碍作用的一个物理量。在电压一定的条件下,感抗越大,电路中的电流越小,其值与频率 f 成正比。在交流电路中,电感元件的两种极端情况如下。

(1) $f \to +\infty$ 时,$X_L = \omega L \to +\infty$,$I_L \to 0$。即电感元件对高频率的电流有极强的抑制作用,在极限情况下,其相当于开路。因此,在电子电路中,常用电感线圈作为高频扼流圈。

(2) $f \to 0$ 时,$X_L = \omega L \to 0$,$U_L \to 0$。即电感元件对于直流电流相当于短路。

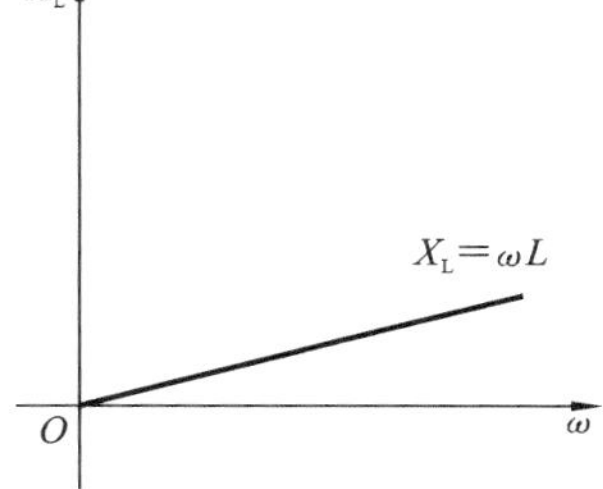

图 4-15 感抗随频率变化而变化曲线

感抗随频率变化而变化的曲线如图 4-15 所示。一般地,电感元件具有通直流、隔交流的作用。

必须注意的是，感抗是电压、电流有效值之比，而不是它们的瞬时值之比。

【例 4-5】 一个 $L=10$ mH 的电感元件，其两端电压为 $u(t)=100\sin\omega t$，当电源频率为 50 Hz、50 kHz 时，求流过电感元件的电流 I。

解 当 $f=50$ Hz 时，有

$$X_L=2\pi fL=2\pi\times50\times10\times10^{-3}\ \Omega=3.14\ \Omega$$

通过线圈的电流为

$$I=\frac{U}{X_L}=\frac{100}{\sqrt{2}}\times\frac{1}{3.14}\ \text{A}=22.5\ \text{A}$$

当 $f=50$ kHz 时，有

$$X_L=2\pi fL=2\pi\times50\times10^3\times10\times10^{-3}\ \Omega=3140\ \Omega$$

通过线圈的电流为

$$I=\frac{U}{X_L}=\frac{100}{\sqrt{2}}\times\frac{1}{3140}\ \text{A}=22.5\ \text{mA}$$

可见，电感线圈能有效阻止高频电流通过。

2. 电感电路的功率

假设电流的初相角 $\varphi=0$，则电感元件的瞬时功率的表达式为

$$\begin{aligned}p_L&=u_L i=\sqrt{2}U_L\cos(\omega t)\times\sqrt{2}I\sin(\omega t)\\&=U_L I\sin(2\omega t)\end{aligned}$$

由表达式可见，p_L 是一个以 2ω 的角频率随时间变化而变化的正弦量，其变化曲线如图 4-16 所示。

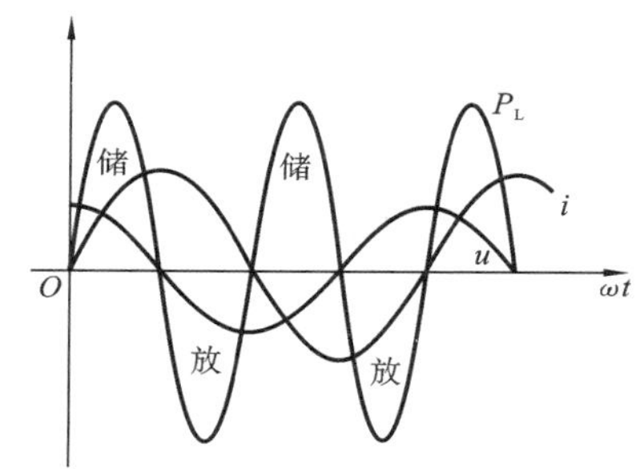

图 4-16 电感元件的功率曲线

由图 4-16 可知，在第一个和第三个 $\frac{1}{4}$ 周期内，p_L 为正值，这表示电感从电源吸收电能并将其转换为磁场能存储起来，电感相当于负载。在第二个和第四个 $\frac{1}{4}$ 周期内，p_L 为负值，表明电感将存储的磁场能转换为电能送还给电源，电感起着一个电源的作用。

电感电路的平均功率为

$$P=\frac{1}{T}\int_0^T p\mathrm{d}t=\frac{1}{T}\int_0^T UI\sin(2\omega t)\mathrm{d}t=0$$

电感电路的平均功率在一个周期内等于零，故没有能量消耗，也就是说电感从电源吸收的能量将全部送回给电源。

4.3.3 电容元件伏安关系的相量形式

电容器定义：任何两个彼此绝缘且相隔很近的导体(包括导线)都将构成一个电容器，简称电容。用字母 C 表示，单位为 F(法拉)。

图 4-17(a)所示的是一个电力设备中常用的电解电容，参数为 400V/6800μF/85℃；图 4-17(b)所示的是一个超高压瓷片电容，参数为 12kV/2nF。

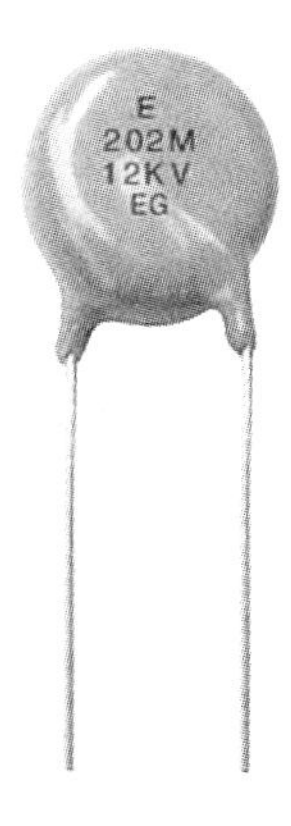

(a) (b)

图 4-17 电路中使用的两种电容特例

1. 电容电路电压与电流的相位关系

图 4-18(a)所示的为正弦稳态下的电容元件的图形符号，设 $u_C=U_m\sin(\omega t+\varphi_1)$，在正弦稳态下该电容的伏安关系为

$$i_C=C\frac{du_C}{dt}=CU_m\omega\cos(\omega t+\varphi_1)=CU_m\omega\sin(\omega t+\varphi_1+90°)$$

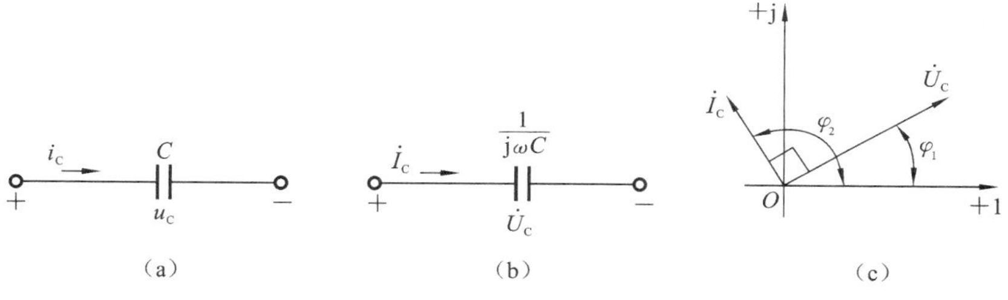

(a) (b) (c)

图 4-18 电容元件伏安关系的相量形

其相量形式为

$$\dot{U}_C=\dot{U}\angle\varphi_1$$

$$\dot{I}_C=j\omega C\dot{U}_C \tag{4-12}$$

或写成

$$I_C\angle\varphi_2=\omega CU_C\angle(\varphi_1+90°) \tag{4-13}$$

式(4-13)称为电容元件伏安关系的相量形式。由此可得出如下结论。

(1) $I_C=\omega CU_C$，即电容上的电流有效值等于电压有效值、角频率、电容量三者的乘积；

(2) $\varphi_2=\varphi_1+90°$，即电容上电流的相位超前电压相位 90°。

图 4-18(b)所示的为电容元件的电压、电流相量形式的示意图，图 4-18(c)所示的为电容元件端电压、电流的相量图。

由式(4-13)，可得

$$\frac{U_C}{I_C}=\frac{1}{\omega C},\quad \frac{I_C}{U_C}=\omega C$$

记 $X_C=\frac{1}{\omega C}$，称为电容元件的容抗，国际单位制中，其单位为 Ω(欧姆)，其值与频率成反比；$B_C=\omega C$，称为电容元件的容纳，其单位为 S(西门子)。在交流电路中，有以下两种极端情况。

(1) $f\to\infty$ 时，$X_C=\frac{1}{\omega C}\to 0$，$U_C\to 0$。电容元件对高频率电流有极强的导流作用，在极限情况下，其相当于短路。因此，在电子线路中，常用电容元件作为旁路高频电流的元件。

(2) $f\to 0$ 时，$X_C=\frac{1}{\omega C}\to+\infty$，$I_C\to 0$。即电容对于直流电流相当于开路。因此，电容元件具有隔直流、通交流的作用。

在电子线路中，常用电容元件来隔离直流电源。电容元件的容抗和容纳随频率变化而变化的情况如图 4-19 所示。必须注意的是，容抗是电压、电流的有效值之比，而不是它们的瞬时值之比。

2. 电容电路的功率

假设电压的初相角 $\varphi=0$，瞬时功率为

$$p_C=ui=2UI\sin(\omega t)\cos(\omega t)=UI\sin(2\omega t)$$

瞬时功率 p_C 的波形如图 4-20 所示，在第一个和第三个$\frac{1}{4}$周期内，p_C 为正值，这表示电容从电源吸收电能并将其转换为电场能存储起来。在第二个和第四个$\frac{1}{4}$周期内，p_C 为负值，表明电容将存储的电场能转换为电能送还给电源。

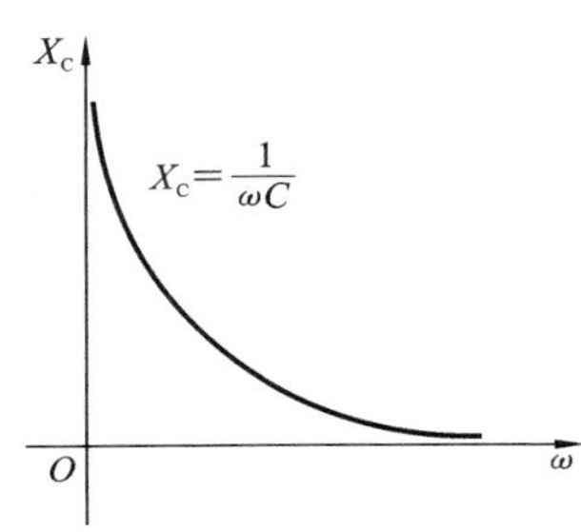

图 4-19 电容随频率变化曲线

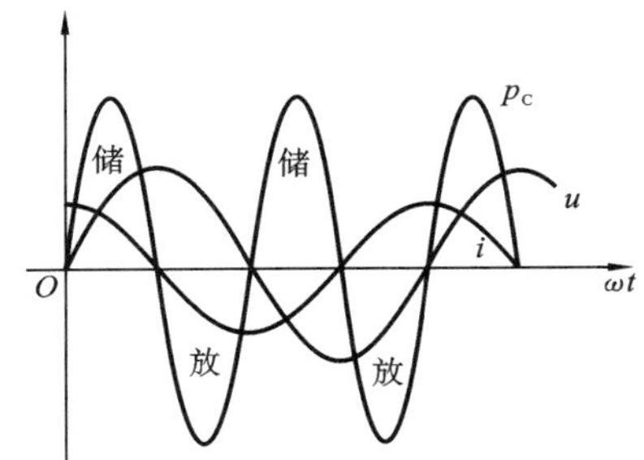

图 4-20 电容元件的功率曲线

电容电路的平均功率在一个周期内等于零，因而没有能量消耗，只与电源进行能量交换。电容和电感一样，都是储能元件。

4.4 基尔霍夫定律相量表示和相量图

4.4.1 KCL 和 KVL 的相量形式

第 1 章中所介绍的 KVL、KCL 是普遍适用的定律，对于正弦交流电同样适用。正弦交流

电路中各支路电流、电压都是同频率的正弦量，因此可以用相量法将 KCL 和 KVL 转化为相量形式。

KCL 指出：在电路中任何时刻，任意节点的各支路电流瞬时值的代数和为零。KCL 的瞬时值表达式为

$$\sum i = 0$$

KCL 对于任一瞬间都适用，那么对正弦交流电也适用，即电路任一节点的各支路正弦电流的解析式的代数和为零。

由于所有支路的电流都是同频率的正弦量，所以 KCL 的相量形式为

$$\sum \dot{I} = 0 \tag{4-14}$$

同理，KVL 的相量形式为

$$\sum \dot{U} = 0 \tag{4-15}$$

需要注意的是，在正弦稳态交流电中，电流、电压的有效值一般情况下并不满足式(4-14)及式(4-15)。

4.4.2 相量图的画法

1. 相量图的概念

在正弦交流电路的分析中，画出一种能反映 KCL 和 KVL 及电压与电流之间相量关系的图，即为电路的相量图。

相量图能够直观地显示电路中各相量的关系，在相量图上除了按比例反映各相量的模(有效值)以外，还可以根据各相量在图上的位置确定各相量的相位。

2. 相量图的一般画法

当电路元件串联连接时，以电流作为参考相量，根据电路上有关元件电流与电压之间的相位关系，画出相应电压、电流的相量，需要求和的相量用平行四边形法则计算。

当电路元件并联连接时，以电压作为参考相量，根据电路上有关元件电流与电压之间的相位关系，画出相应电压、电流的相量，需要求和的相量用平行四边形法则计算。

【例 4-6】 图 4-21(a)所示正弦稳态电路中，$I_2 = 10$ A，$U_s = \frac{10}{\sqrt{2}}$ V，求电流$\dot{I}$和电压$\dot{U}_s$，并画出电路的相量图。

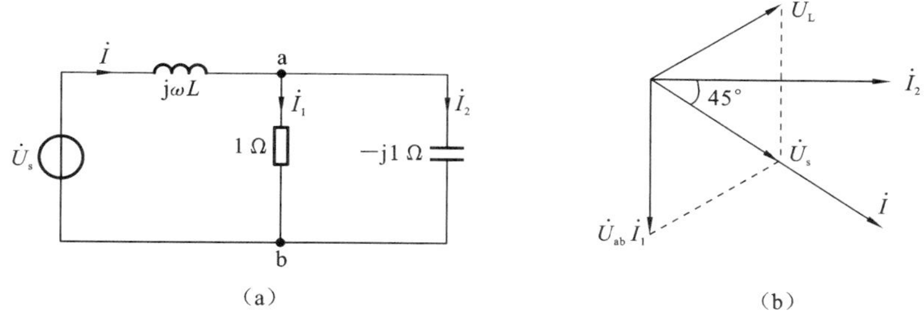

图 4-21 例 4-6 图

解 设$\dot{I}_2$为参考相量，即$\dot{I}_2=10\angle 0°$，则 ab 两端的电压相量为

$$\dot{U}_{ab}=-j1\times\dot{I}_2=-j1\times 10\ V=-j10\ V$$

电流相量为

$$\dot{I}_1=\frac{\dot{U}_{ab}}{1}=-j10\ A$$

$$\dot{I}=\dot{I}_1+\dot{I}_2=(-j10+10)\ A=10\sqrt{2}\angle -45°\ A$$

由 KVL，得

$$\begin{aligned}\dot{U}_s&=\dot{U}_L+\dot{U}_{ab}=jX_L\dot{I}+\dot{U}_{ab}\\&=j10(X_L-1)+10X_L\end{aligned}$$

根据已知条件

$$U_s=\frac{10}{\sqrt{2}}\ V$$

有

$$\left(\frac{10}{\sqrt{2}}\right)^2=[10(X_L-1)]^2+(10X_L)^2$$

可解得

$$X_L=\frac{1}{2}\ \Omega$$

$$\begin{aligned}\dot{U}_s&=jX_L\dot{I}+\dot{U}_{ab}=j10(X_L-1)+10X_L\\&=5-j5\ V=\frac{10}{\sqrt{2}}\angle -45°\ V\end{aligned}$$

相量图如图 4-21(b)所示，在水平方向作$\dot{I}_2$，其初相角为零，称为参考相量，电容的电流超前电压 90°，所以$\dot{U}_{ab}$垂直于$\dot{I}_2$，并滞后$\dot{I}_2$；在电阻上电压与电流同相，所以$\dot{I}_1$与$\dot{U}_{ab}$同相，$\dot{I}$和$\dot{U}_s$可用平行四边形法则求解。

4.5 复阻抗与复导纳的概念及等效变换

4.5.1 复阻抗与复导纳的概念

无源二端网络中，如图 4-22(a)所示，在输入端添加角频率为ω的正弦电压(或正弦电流)，因为网络中线性元件端口的电流(或电压)是同频率的正弦量。定义端口电压相量$\dot{U}$与电流相量$\dot{I}$的比值为该端口的复阻抗，用大写字母Z表示，图形符号如图 4-22(b)所示。Z是一个复数，而不是正弦量的相量。

按照定义可得

$$Z=\frac{\dot{U}}{\dot{I}}=\frac{U\angle\varphi_u}{I\angle\varphi_i}=\frac{U}{I}\angle(\varphi_u-\varphi_i)=|Z|\angle\varphi_Z$$

式中：$|Z|$为阻抗的模，等于电压有效值与电流有效值之比；$\varphi_Z=\varphi_u-\varphi_i$为阻抗角，即电路电压相位与电流相位的相位差。

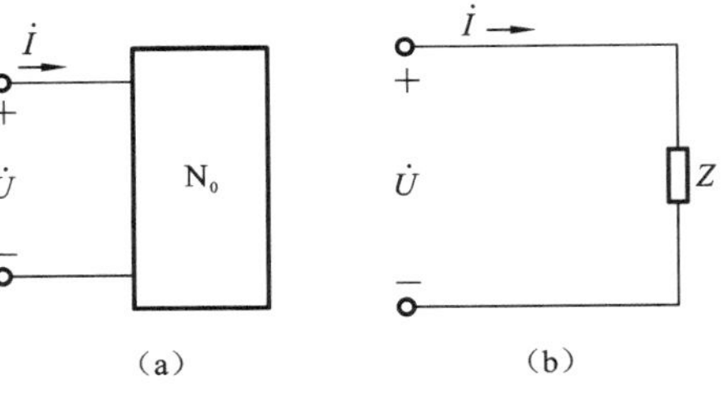

(a) (b)

图 4-22 无源二端网络

可以用其他形式表示为

$$Z=|Z|\cos\varphi_Z+j|Z|\sin\varphi_Z=R+jX \tag{4-16}$$

式中：$R=|Z|\cos\varphi_Z$，称为交流电阻，简称电阻；$X=|Z|\sin\varphi_Z$，称为交流电抗，简称电抗。

依据上述阻抗的定义得 R、L、C 单个元件的复阻抗分别为

$$Z_R=R$$

$$Z_L=j\omega L$$

$$Z_C=\frac{1}{j\omega C}$$

复导纳（简称导纳）定义为同一端口上电流相量 $\dot{I}$ 与电压相量 $\dot{U}$ 之比，用大写字母 Y 表示，单位是西门子(S)。它也是一个复数。

$$Y=\frac{\dot{I}}{\dot{U}}=\frac{I\angle\varphi_i}{U\angle\varphi_u}=\frac{I}{U}\angle(\varphi_i-\varphi_u)$$

$$=|Y|\angle\varphi_Y=|Y|[\cos\varphi_Y+j\sin\varphi_Y]$$

可得

$$Y=G+jB \tag{4-17}$$

式中：$|Y|$ 为导纳模，等于电流有效值与电压有效值之比；φ_Y 为导纳角，为电流与电压的相位差；$G=|Y|\cos\varphi_Y$，为交流电导，简称电导；$B=|Y|\sin\varphi_Y$，为交流电纳，简称电纳。

由导纳的定义可得 R、L、C 单个元件的复导纳分别为

$$Y_R=\frac{1}{R}$$

$$Y_L=\frac{1}{j\omega L}$$

$$Y_C=j\omega C$$

由以上定义可知，同一端口的阻抗和导纳互为倒数，即

$$Z=\frac{1}{Y}$$

4.5.2 RLC 电路的阻抗计算

RLC 串联电路如图 4-23 所示，该电路由 KVL，得

$$u=u_R+u_L+u_C$$

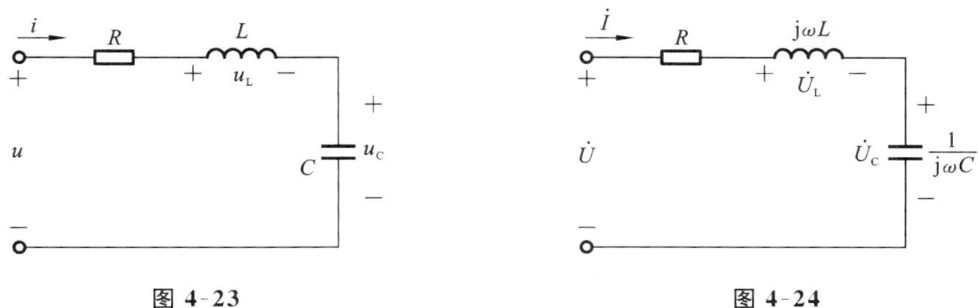

图 4-23　　图 4-24

图 4-24 所示为 RLC 串联电路的相量形式，同样由 KVL，得

$$\dot{U}=\dot{U}_R+\dot{U}_L+\dot{U}_C=R\dot{I}+j\omega L\dot{I}-j\frac{1}{\omega C}\dot{I}$$

$$=\left(R+j\omega L-j\frac{1}{\omega C}\right)\dot{I}=(R+jX)\dot{I}$$

根据阻抗的定义，有

$$Z=\frac{\dot{U}}{\dot{I}}=R+\mathrm{j}\omega L+\frac{1}{\mathrm{j}\omega C}=R+\mathrm{j}\left(\omega L-\frac{1}{\omega C}\right)$$
$$=R+\mathrm{j}(X_{\mathrm{L}}-X_{\mathrm{C}})=R+\mathrm{j}X=|Z|\mathrm{e}^{\mathrm{j}\varphi_{\mathrm{Z}}} \tag{4-18}$$

式中：$X_{\mathrm{L}}=\omega L$ 为感抗；$X_{\mathrm{C}}=\frac{1}{\omega C}$为容抗；$X=X_{\mathrm{L}}-X_{\mathrm{C}}=\omega L-\frac{1}{\omega C}$为串联电路的电抗。

按阻抗 Z 的代数形式，R、X、$|Z|$之间的关系可以用图4-25所示一个直角三角形表示。该三角形称为阻抗三角形，其模与辐角的关系为

$$|Z|=\sqrt{R^2+X^2},\quad \varphi_{\mathrm{Z}}=\arctan\left(\frac{X}{R}\right)$$

且 $$R=|Z|\cos\varphi_{\mathrm{Z}},\quad X=|Z|\sin\varphi_{\mathrm{Z}}$$

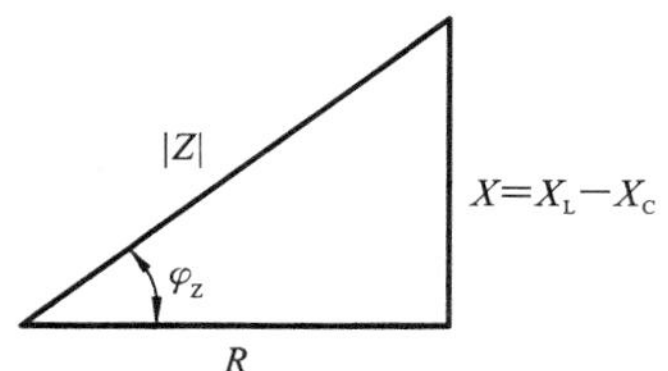

图 4-25　阻抗三角形

若 $\varphi_{\mathrm{Z}}>0$，则电压超前电流，电路呈感性；

若 $\varphi_{\mathrm{Z}}<0$，则电压滞后电流，电路呈容性；

若 $\varphi_{\mathrm{Z}}=0$，则电压与电流同相，电路呈阻性。

阻抗也可以直接引用电阻的串、并联计算方法来计算。

【例 4-7】 电路如图 4-26(a)所示，已知 $R=15\ \Omega$，$L=0.3\ \mathrm{mH}$，$C=0.2\ \mu\mathrm{F}$，$u_{\mathrm{s}}=5\sqrt{2}\sin(\omega t+60°)$，$f=3\times10^4\ \mathrm{Hz}$。求 i，u_{R}，u_{L}，u_{C}。

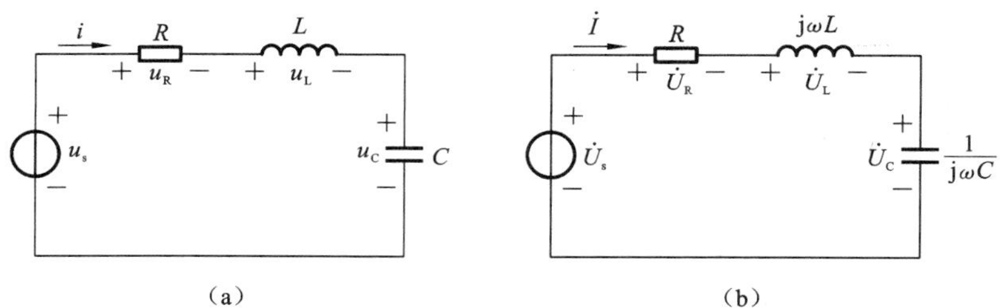

图 4-26　例 4-7 图

解　画出原电路的相量模型如图 4-26(b)所示，根据已知条件，得

$$\dot{U}=5\angle 60°\ \mathrm{V}$$

$$\mathrm{j}\omega L=\mathrm{j}2\pi\times3\times10^4\times0.3\times10^{-3}\ \Omega=\mathrm{j}56.5\ \Omega$$

$$-\mathrm{j}\frac{1}{\omega C}=-\mathrm{j}\frac{1}{2\pi\times3\times10^4\times0.2\times10^{-6}}\ \Omega=-\mathrm{j}26.5\ \Omega$$

$$Z=R+\mathrm{j}\omega L-\mathrm{j}\frac{1}{\omega C}=(15+\mathrm{j}56.5-\mathrm{j}26.5)\ \Omega=33.54\angle 63.4°\ \Omega$$

$$\dot{I}=\frac{\dot{U}}{Z}=\frac{5\angle 60°}{33.54\angle 63.4°}\ \mathrm{A}=0.149\angle -3.4°\ \mathrm{A}$$

$$\dot{U}_{\mathrm{R}}=R\dot{I}=15\times0.149\angle -3.4°\ \mathrm{V}=2.235\angle -3.4°\ \mathrm{V}$$

$$\dot{U}_{\mathrm{L}}=\mathrm{j}\omega L\dot{I}=56.5\angle 90°\times0.149\angle -3.4°\ \mathrm{V}=8.42\angle 86.6°\ \mathrm{V}$$

$$\dot{U}_{\mathrm{C}}=-\mathrm{j}\frac{1}{\omega C}\dot{I}=26.5\angle -90°\times0.149\angle -3.4°\ \mathrm{V}=3.95\angle -93.4°\ \mathrm{V}$$

则各参数的瞬时值分别为

$$i=0.149\sqrt{2}\sin(\omega t-3.4°)\ \text{A}$$
$$u_R=2.235\sqrt{2}\sin(\omega t-3.4°)\ \text{V}$$
$$u_L=8.42\sqrt{2}\sin(\omega t+86.6°)\ \text{V}$$
$$u_C=3.95\sqrt{2}\sin(\omega t-93.4°)\ \text{V}$$

4.5.3 阻抗的串、并联计算

在分析交流电路时，常会遇到复阻抗(复导纳)的串、并联计算，在计算时可以把它们等效为一个复阻抗(复导纳)，计算方法与电阻的串、并联相似。

1. 阻抗的串联

图 4-27 所示的为 n 个复阻抗的串联电路。

其总复阻抗为

$$Z_{总}=Z_1+Z_2+\cdots+Z_n$$

复阻抗 K 的端电压为

$$\dot{U}_K=\frac{Z_K}{Z_{总}}\dot{U},\quad K=1,2,3,\cdots,n$$

2. 复阻抗的并联

如图 4-28 所示的为 n 个复阻抗并联的电路。

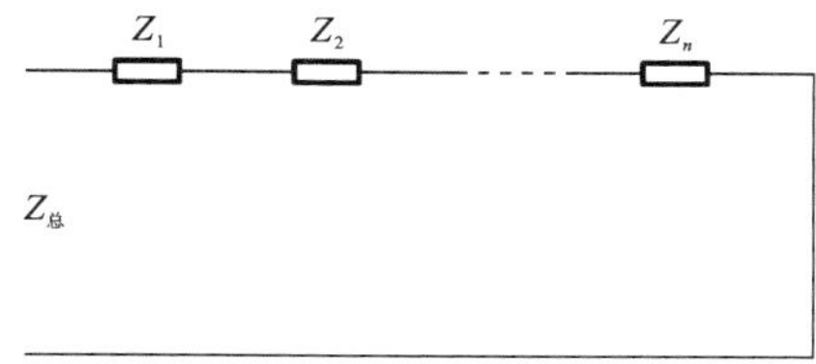

图 4-27 阻抗的串联形式

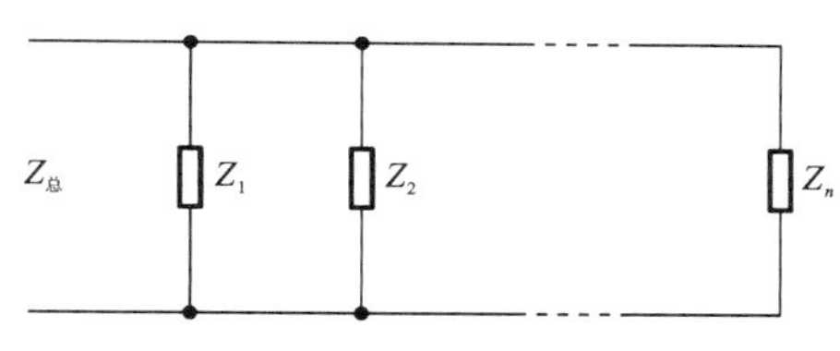

图 4-28 阻抗的并联形式

其总复导纳为

$$\frac{1}{Z_{总}}=\frac{1}{Z_1}+\frac{1}{Z_2}+\cdots+\frac{1}{Z_n}$$

当两个复阻抗并联时，有

$$Z=\frac{Z_1Z_2}{Z_1+Z_2}$$

复阻抗 K 的分电流为

$$\dot{I}_k=\frac{Z_{总}}{Z_k}\dot{I}$$

【例 4-8】 电路如图 4-29 所示，$R_1=20\ \Omega$、$R_2=15\ \Omega$、$X_L=15\ \Omega$、$X_C=15\ \Omega$，电源电压 $\dot{U}=220\angle 0°\ \text{V}$。试求：(1) 电路的等效阻抗 Z；(2) 电流 $\dot{I}_1$、$\dot{I}_2$ 和 $\dot{I}$。

解 (1) $Z=R_1+\dfrac{(R_2+\text{j}X_L)(-\text{j}X_C)}{(R_2+\text{j}X_L)+(-\text{j}X_C)}=\left(20+\dfrac{(15+\text{j}15)(-\text{j}15)}{(15+\text{j}15)+(-\text{j}15)}\right)\ \Omega$

$$=\left(20+\frac{(15\sqrt{2}\angle 45°)(15\angle 90°)}{15}\right)\ \Omega=(20+15\sqrt{2}\angle -45°)\ \Omega$$

$=(35-j15)\ \Omega=38.1\angle-23.2°\ \Omega$

(2) $\dot{I}=\dfrac{\dot{U}}{Z}=\dfrac{220\angle 0°}{38.1\angle-23.2°}\ \text{A}=5.77\angle 23.2°\ \text{A}$

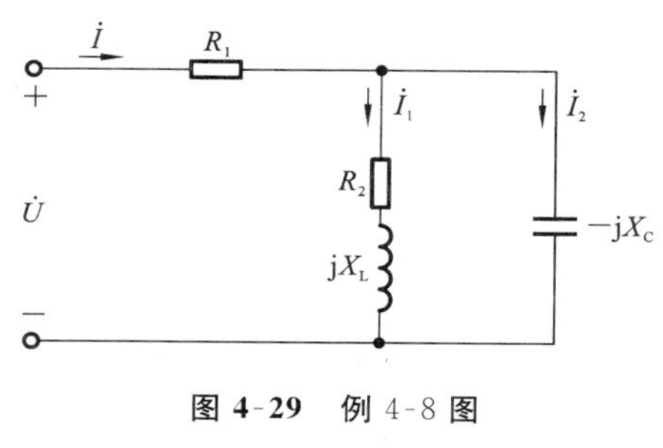

图 4-29　例 4-8 图

由分流公式，得

$$\dot{I}_1=\frac{-jX_C}{(R_2+jX_L)+(-jX_C)}\dot{I}$$

$$=\frac{-j15}{(15+j15)+(-j15)}\times 5.77\angle 23.2°\ \text{A}$$

$$=5.77\angle-66.8°\ \text{A}$$

$$\dot{I}_2=\frac{R_2+jX_L}{(R_2+jX_L)+(-jX_C)}\dot{I}$$

$$=\frac{15+j15}{(15+j15)+(-j15)}\times 5.77\angle 23.2°\ \text{A}$$

$$=8.16\angle 68.2°\ \text{A}$$

4.6　正弦稳态电路分析

用上述讨论方法，将电阻电路和正弦交流电路的 KCL、KVL 及欧姆定律比较如下。

对于电阻电路，由 KCL，有

$$\sum i=0$$

由 KVL，有

$$\sum u=0$$

由欧姆定律，有

$$u=Ri\quad 或\quad i=Gu$$

对于正弦交流电路，由 KCL，有

$$\sum \dot{I}=0$$

由 KVL，有

$$\sum \dot{U}=0$$

由欧姆定律，有

$$\dot{U}=Z\dot{I}\quad 或\quad \dot{I}=Y\dot{U}$$

上述计算公式无论是在直流电路还是交流稳态电路中，其在形式上是完全相同的，区别仅在于在交流稳态电路中电压和电流采用相量表示。因此，分析线性电阻电路的各种定律、定理和分析方法，如 KCL、KVL，电阻串、并联的规则和等效变换方法，支路电流法，节点电压法，网孔电流法、叠加定理及戴维南定理等均可推广应用于正弦交流电路中。应当注意的是，在交流电路中要使用复数进行计算。

用相量法分析正弦稳态电路的步骤如下：

(1) 画出电路的相量模型；

(2) 选择适当的分析方法，列写相量形式的电路方程；

(3) 根据相量形式的电路方程求出未知相量；

(4) 可由相量形式的结果写出电压、电流的瞬时值表达式。

【例 4-9】 如图 4-30(a)所示，$\dot{U}_s=100\angle 45^\circ$ V，$\dot{I}_s=4\angle 0^\circ$ A，$Z_1+Z_2=50\angle -30^\circ$ Ω，$Z_3=50\angle 30^\circ$ Ω，用叠加定理计算电流$\dot{I}_2$。

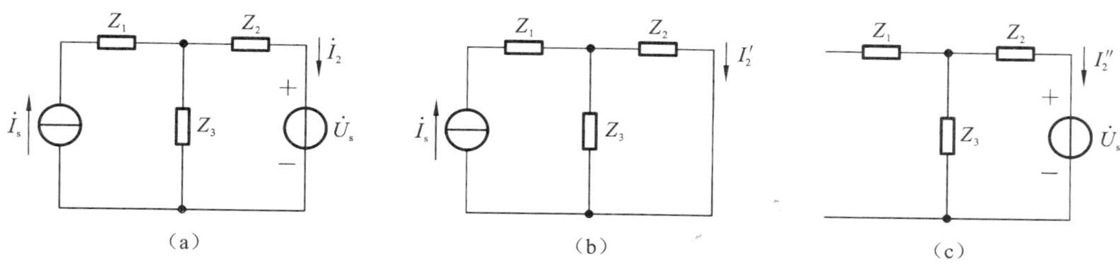

图 4-30 例 4-9 图

解 应用叠加定理，首先将图 4-30(a)所示电路拆分为图 4-30(b)、(c)所示电路分别计算。

(1) 对于图 4-30(b)所示电路，有

$$\dot{I}'_2=\dot{I}_s\frac{Z_3}{Z_2+Z_3}=4\angle 0^\circ\times\frac{50\angle 30^\circ}{50\angle -30^\circ+50\angle 30^\circ}\ \text{A}$$
$$=\frac{200\angle 30^\circ}{50\sqrt{3}}\ \text{A}=2.31\angle 30^\circ\ \text{A}$$

(2) 对于图 4-30(c)所示电路，有

$$\dot{I}''_2=\frac{\dot{U}_s}{Z_2+Z_3}=\frac{-100\angle 45^\circ}{50\sqrt{3}}\ \text{A}=-1.155\angle 45^\circ\ \text{A}$$

(3) 则总电流为

$$\dot{I}_2=\dot{I}'_2+\dot{I}''_2=(2.31\angle 30^\circ+1.155\angle -135^\circ)\ \text{A}$$
$$=1.23\angle 15.9^\circ\ \text{A}$$

【例 4-10】 电路如图 4-31(a)所示，$Z=5+\text{j}5$ Ω，用戴维南定理求$\dot{I}$。

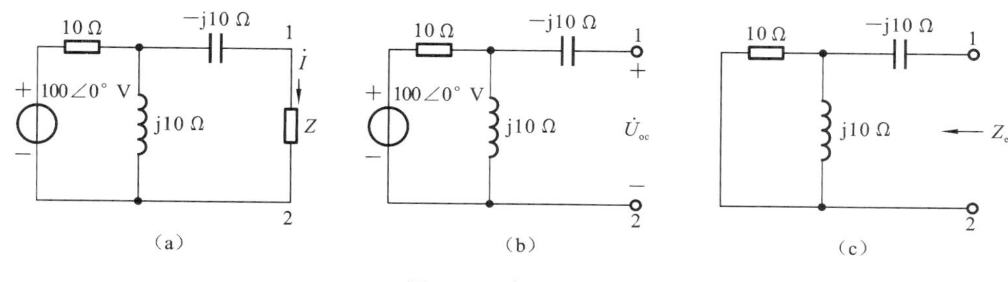

图 4-31 例 4-10 图

解 如图 4-31(b)所示电路，将负载断开求开路电压为

$$\dot{U}_{oc}=\left(\frac{100\angle 0^\circ}{10+\text{j}10}\times\text{j}10\right)\ \text{V}=50\sqrt{2}\angle 45^\circ\ \text{V}$$

如图 4-31(c)所示，求等效阻抗 Z_{eq}，得

$$Z_{eq}=\left(\frac{10\times\text{j}10}{10+\text{j}10}+(-\text{j}10)\right)\ \Omega=5\sqrt{2}\angle -45^\circ\ \Omega$$

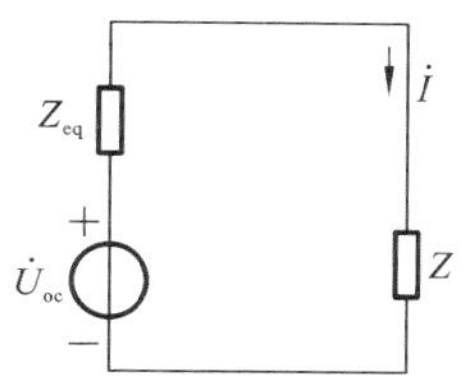

图 4-32 戴维南等效电路

戴维南等效电路如图 4-32 所示，其电流为

$$\dot{I}=\frac{\dot{U}_{oc}}{Z_{eq}+Z}=\frac{50\sqrt{2}\angle 45^\circ}{5\sqrt{2}\angle -45^\circ+5+j5}\ \text{A}=5\sqrt{2}\angle 45^\circ\ \text{A}$$

【例 4-11】 如图 4-33(a)所示电路中，已知 $R_1=48\ \Omega$，$R_2=24\ \Omega$，$R_3=48\ \Omega$，$R_4=2\ \Omega$，$X_L=2.8\ \Omega$，$\dot{U}_1=220\angle 0^\circ\ \text{V}$，$\dot{U}_2=220\angle -120^\circ\ \text{V}$，$\dot{U}_3=220\angle 120^\circ\ \text{V}$。试求感性负载上的电流 $\dot{I}_L$。

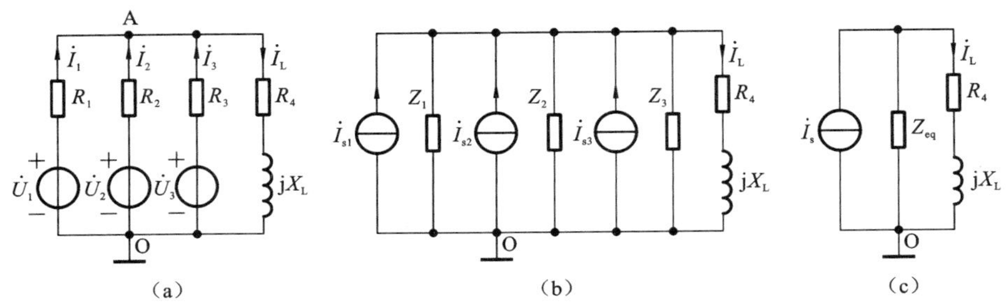

图 4-33　例 4-11 图

解　方法一　节点电压法求解。

图 4-33(a)所示电路，对 A、O 两个节点，应用节点电压法，可得

$$\dot{U}_{AO}=\frac{\frac{\dot{U}_1}{R_1}+\frac{\dot{U}_2}{R_2}+\frac{\dot{U}_3}{R_3}}{\frac{1}{R_1}+\frac{1}{R_2}+\frac{1}{R_3}+\frac{1}{R_4+jX_L}}$$

$$=\left(\frac{\frac{220\angle 0^\circ}{48}+\frac{220\angle -120^\circ}{24}+\frac{220\angle 120^\circ}{48}}{\frac{1}{48}+\frac{1}{24}+\frac{1}{48}+\frac{1}{2+j2.8}}\right)\text{V}$$

$$=13.25\angle -77^\circ\ \text{V}$$

则感性负载上的电流为

$$\dot{I}_L=\frac{\dot{U}_{AO}}{R_4+jX_L}=\frac{13.25\angle -77^\circ}{2+j2.8}\ \text{A}=3.85\angle -131.5^\circ\ \text{A}$$

方法二　电源等效变换法求解。

利用电压源和电流源之间的等效变换，将图 4-33(a)所示电路模型变换成图 4-33(b)所示的电流源模型，然后进一步变换成图 4-33(c)所示的电路模型，负载电流 $\dot{I}_L$ 可由分流公式求得。

图 4-33(b)所示电路的各电流源参数分别为

$$\dot{I}_{s1}=\frac{\dot{U}_1}{R_1}=\frac{220\angle 0^\circ}{48}\ \text{A},\quad Z_1=R_1$$

$$\dot{I}_{s2}=\frac{\dot{U}_2}{R_2}=\frac{220\angle -120^\circ}{48}\text{A},\quad Z_2=R_2$$

$$\dot{I}_{s3}=\frac{\dot{U}_3}{R_3}=\frac{220\angle 120^\circ}{48}\text{A},\quad Z_3=R_3$$

图 4-33(c)所示电路的总电流和等效阻抗分别为

$$\dot{I}_s=\dot{I}_{s1}+\dot{I}_{s2}+\dot{I}_{s3}=\left(\frac{220\angle 0^\circ}{48}+\frac{220\angle -120^\circ}{24}+\frac{220\angle 120^\circ}{48}\right)\text{A}$$

$$=\frac{220}{48}\angle -120^\circ\ \text{A}=4.58\angle -120^\circ\ \text{A}$$

$$Z_{eq}=Z_1//Z_2//Z_3=R_1//R_2//R_3=48//24//48\ \Omega=12\ \Omega$$

由分流公式可得

$$\dot{I}_L=\frac{Z_{eq}}{Z_{eq}+R_4+jX_L}\dot{I}_s=\frac{12}{12+2+j2.8}\times\frac{220}{48}\angle -120^\circ\ \text{A}$$
$$=3.85\angle -131.5^\circ\ \text{A}$$

4.7 正弦稳态电路的功率和功率因数

4.7.1 正弦稳态电路的功率

1. 瞬时功率

如图 4-34(a)所示的无源 RLC 单端口网络，在正弦稳态下，设

$$u(t)=\sqrt{2}U\sin(\omega t+\varphi),\quad i=\sqrt{2}I\sin(\omega t)$$

因此电压与电流的相位差为 $\Delta\varphi=\varphi$。

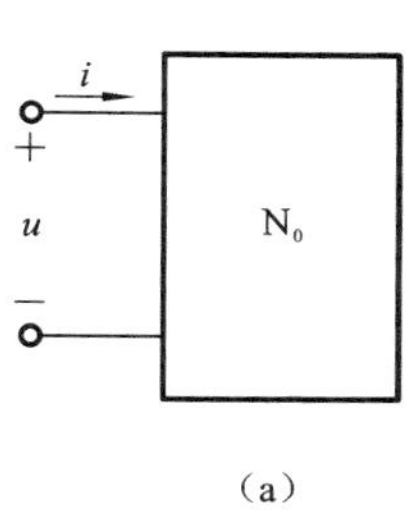

(a)

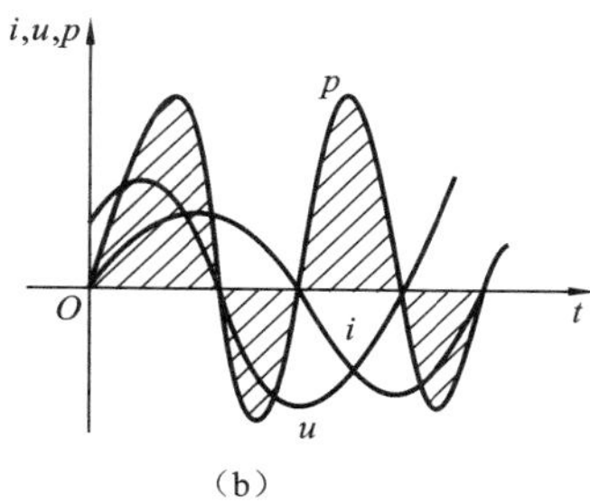

(b)

图 4-34 单端口网络和瞬时功率波形图

该单端口网络所吸收的瞬时功率 p 等于电压 u 与电流 i 的乘积，即

$$p(t)=ui=\sqrt{2}U\sin(\omega t+\varphi)\times\sqrt{2}I\sin(\omega t)$$
$$=UI\cos\varphi-UI\cos(2\omega t+\varphi)\tag{4-19}$$

利用三角恒等式将式(4-19)改写成

$$p(t)=UI\cos\varphi-[UI\cos\varphi\cos(2\omega t)-UI\sin\varphi\sin(2\omega t)]$$
$$=UI\cos\varphi[1-\cos(2\omega t)]+UI\sin\varphi\sin(2\omega t)\tag{4-20}$$

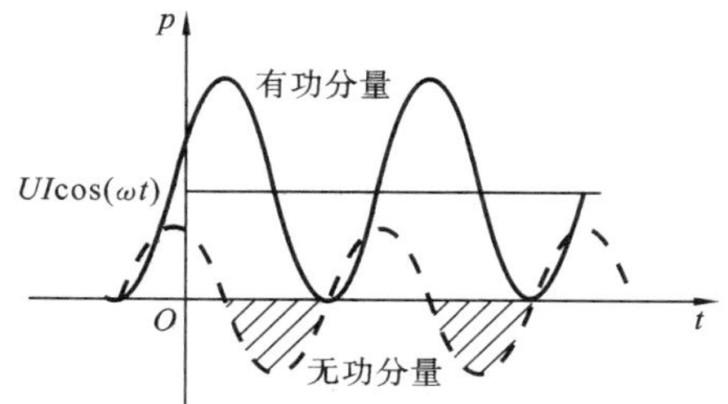

图 4-35 瞬时功率中的有功分量与无功分量

式(4-20)表明，电路的瞬时功率分为两部分，即前一项是非周期量，其波形在横坐标的上方，如图 4-35所示的实线部分。因为 $0<1-\cos(2\omega t)<2$，故第一项的取值将始终大于或等于零。这部分能量表示电路中耗能元件吸收的功率，也是瞬时功率中的不可逆部分，称为有功功率。后一项是二倍频的正弦

量，它的值在一个周期内正负交替变化两次，如图4-35所示的虚线部分。表明电路中的储能元件（电感L和电容C）与电路之间进行周期性的能量交换，是瞬时功率中的可逆部分，称为无功功率。

瞬时功率表示任一瞬间单端口网络使用电源能量的状况，瞬时功率包含有功功率、无功功率、视在功率等3部分。

2. 有功功率

有功功率也称为平均功率，是指瞬时功率在一个周期内的平均值，用大写字母P表示，即

$$P=\frac{1}{T}\int_0^T p(t)\mathrm{d}t$$

将式(4-19)代入上式，得

$$P=\frac{1}{T}\int_0^T[UI\cos\varphi-UI\cos(2\omega t+\varphi)]\mathrm{d}t$$

即

$$P=UI\cos\varphi \tag{4-21}$$

式(4-21)代表正弦稳态电路平均功率的一般形式，表明单端口电路实际消耗的功率不仅与电压、电流的大小有关，而且与电压、电流的相位差有关。

式(4-21)中电压与电流的相位差称为该端口的功率因数角，$\cos\varphi$称为该端口的功率因数，通常用λ表示，即

$$\lambda=\cos\varphi \tag{4-22}$$

对于电阻元件R：$\cos\varphi=1$，$P_R=U_R I_R$，电阻元件的有功功率等于电压、电流有效值的乘积。

对于电抗元件L、C：$\cos\varphi=0$，$P_L=P_C=0$，电感、电容是储能元件，不消耗能量。

3. 无功功率

在电力工程中引入无功功率的概念，用Q表示。无功功率用来衡量一端口网络与电源之间能量交换的规模，其表达式为

$$Q=UI\sin\varphi \tag{4-23}$$

Q是瞬时功率中可逆部分的幅值，相对于有功功率而言。

无功功率是一些电气设备正常工作所必需的指标。无功功率的量纲与有功功率的量纲不相同，为了区别于有功功率，国际单位制中，Q的单位为乏(var)或千乏(kvar)（乏表示无功伏安）。

对于电阻元件R：$\sin\varphi=0$，$Q_R=0$，电阻是耗能元件，不与电源进行能量交换。

对于电感元件L：$\sin\varphi=1$，$Q_L=U_L I_L$。

对于电容元件C：$\sin\varphi=-1$，$Q_C=-U_C I_C$。

无功功率等于电抗元件上电压、电流有效值的乘积。一般而言，对于感性负载，$0<\varphi\leqslant 90°$，有$Q>0$；对于容性负载，$-90°\leqslant\varphi<0°$，有$Q<0$。

4. 视在功率

工程上引用视在功率说明电力设备容量的大小，定义单端口电路的电流有效值与电压有效值的乘积为该端口的视在功率，用S表示，即

$$S=UI \tag{4-24}$$

在使用电气设备时，一般电压、电流都不能超过其额定值。视在功率的量纲与有功功率的影响相同，为了区别于有功功率，在国际单位制中，视在功率的单位用伏安(V·A)或千伏安(kV·A)表示。

5. 功率三角形

有功功率 P、无功功率 Q、视在功率 S 之间存在着以下关系：

$$P=UI\cos\varphi=S\cos\varphi$$

$$Q=UI\sin\varphi=S\sin\varphi$$

$$S^2=P^2+Q^2$$

故

$$\varphi=\arctan\left(\frac{Q}{P}\right) \tag{4-25}$$

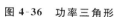

图 4-36 功率三角形

可见 P、Q、S 可以构成一个直角三角形，称为功率三角形，如图 4-36 所示。

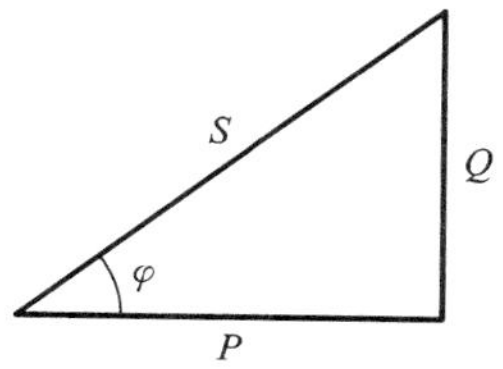

正弦稳态电路所说的功率，如不加特殊说明，均指平均功率，即有功功率。

【例 4-12】 RL 串联电路中，已知 $f=50\ \text{Hz}$，$R=300\ \Omega$，$L=1.65\ \text{H}$，端电压的有效值 $U=220\ \text{V}$。试求电路的功率因数、有功功率、无功功率。

解 电路的阻抗为

$$Z=R+\text{j}\omega L=(300+\text{j}2\pi\times50\times1.65)\ \Omega$$
$$=(300+\text{j}518.1)\ \Omega=598.7\angle60^\circ\ \Omega$$

由阻抗角 $\varphi=60^\circ$，得功率因数为 $\cos\varphi=\cos60^\circ=0.5$。

电路电流的有效值为

$$I=\frac{U}{|Z|}=\frac{220}{598.7}\ \text{A}=0.367\ \text{A}$$

$$P=UI\cos\varphi=220\times0.367\times0.5\ \text{W}=40.4\ \text{W}$$

$$Q=UI\sin\varphi=220\times0.367\times0.866\ \text{var}=69.9\ \text{var}$$

4.7.2 提高功率因数的方法

1. 提高功率因数的意义

由输出的有功功率计算公式 $P=UI\cos\varphi$ 可知，电气设备输出的有功功率与负载的功率因数有关，如果 $\cos\varphi$ 的值越大，则输出的有功功率越多，设备的利用率越高。反之，设备的利用率越低。如一台 1000 kV·A 的变压器，当负载的功率因数 $\cos\varphi=0.9$ 时，变压器提供的有功功率为 900 kW；当负载的功率因数 $\cos\varphi=0.5$ 时，变压器提供的有功功率仅为 500 kW。可见，若要充分利用设备的容量，就应提高负载的功率因数。

负载电路的功率因数还影响着输电线路的电能损耗和电压损耗，根据公式 $I=\frac{P}{U\cos\varphi}$，功率因数越小，则 I 越大，线路的功率损耗 $\Delta P=I^2r$ 升高；而且输电线路上的压降 $\Delta U=Ir$ 增加，导致负载上的电压降低，影响负载的正常工作。

要提高功率因数，就要充分利用电网资源，提高供电质量。可见，提高功率因数是十分有必要的。

2. 提高功率因数的方法

可采用在感性负载两端并联电容的方法来提高电路的功率因数。如图 4-37 所示，一感性负载 Z 接在电压为$\dot{U}$的电源上，其有功功率为 P，功率因数为 $\cos\varphi_1$，如要将电路的功率因数提高到 $\cos\varphi_2$，可采用在负载 Z 的两端并联电容 C 的方法实现。

设并联电容 C 之前电路的无功功率为 $Q_1=P\tan\varphi_1$，电路的有功功率为 P，功率因数角为 φ_1；并联电容 C 之后，功率因数角为 φ_2，电路的无功功率为 $Q_2=P\tan\varphi_2$，则电路吸收的无功功率的减少量为

$$\Delta Q=Q_1-Q_2=P(\tan\varphi_1-\tan\varphi_2)$$

即电源发出的无功功率减少，如图 4-38 所示。

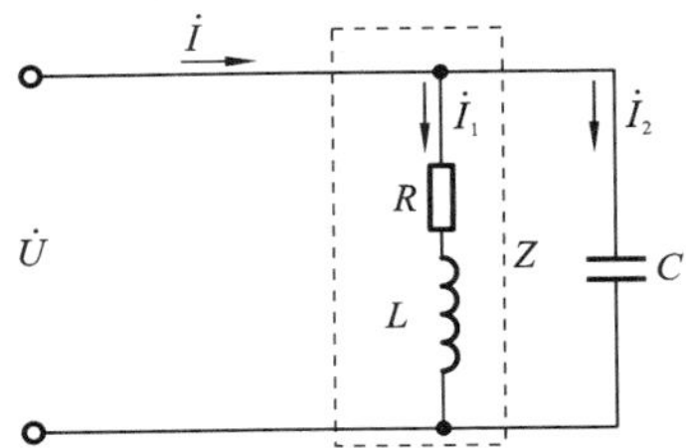

图 4-37 感性负载并联电容提高功率因数

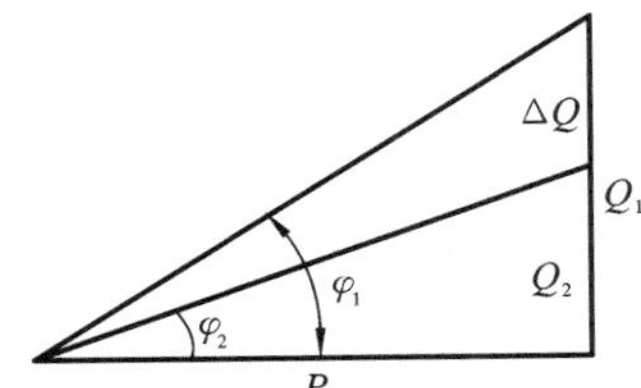

图 4-38 无功功率关系

并联电容提供的无功功率为 $Q_C=I^2X_C=U^2\omega C$，但由于负载电流$\dot{I}$与电压$\dot{U}$均未变，因此负载 Z 吸收的无功功率 $Q_1=Q_2+\Delta Q$ 不变。由于无功功率守恒，故电路的无功功率为

$$Q=P\tan\varphi$$

$$Q_C=\Delta Q$$

即

$$U^2\omega C=P(\tan\varphi_1-\tan\varphi_2)$$

电容 C 为

$$C=\frac{P(\tan\varphi_1-\tan\varphi_2)}{\omega U^2} \tag{4-26}$$

式(4-26)为单相正弦交流电路提高功率因数计算所需并联电容 C 的表达式，可在相应计算中灵活应用。

【例 4-13】 有一台 220 V、50 Hz、100 kW 的电动机，功率因数为 0.8。(1) 在电动机正常运转时，电源提供的电流是多少？无功功率是多少？(2) 要使功率因数达到 0.85，需要并联的电容器电容量是多少？此时电源提供的电流是多少？无功功率是多少？

解 (1) 由于

$$P=UI\cos\varphi$$

所以电源提供的电流为

$$I_L=\frac{P}{U\cos\varphi}=\frac{100\times10^3}{220\times0.8}\ \text{A}=568.18\ \text{A}$$

无功功率为

$$Q_L=UI_L\sin\varphi=220\times568.18\sqrt{1-0.8^2}\ \text{var}=74.99\ \text{kvar}$$

(2) 若使功率因数提高到 0.85，所需电容的电容量为

$$C=\frac{P}{\omega U^2}(\tan\varphi_1-\tan\varphi_2)=\frac{100\times10^3}{314\times220^2}(0.75-0.62)\ \text{F}=855.4\ \mu\text{F}$$

此时电源提供的电流为

$$I=\frac{P}{U\cos\varphi}=\frac{100\times10^3}{220\times0.85}\ \mathrm{A}=534.76\ \mathrm{A}$$

$$Q=UI\sin\varphi=220\times534.76\sqrt{1-0.85^2}\ \mathrm{var}=61.98\ \mathrm{kvar}$$

可见，使用电容进行无功补偿，可以减小输电线路的电流，从而提高供电质量。

4.7.3 最大功率传输

如图 4-39 所示电路，有源单端口网络 N_S 向负载 Z 传输功率，在不考虑传输效率时，研究负载获得最大功率(有功功率)的条件。利用戴维南定理将电路简化为图 4-40 所示电路。

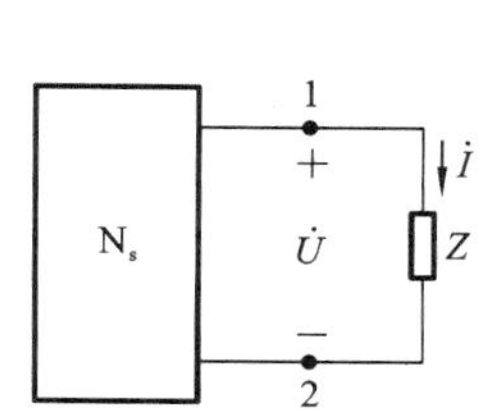

图 4-39 最大功率传输

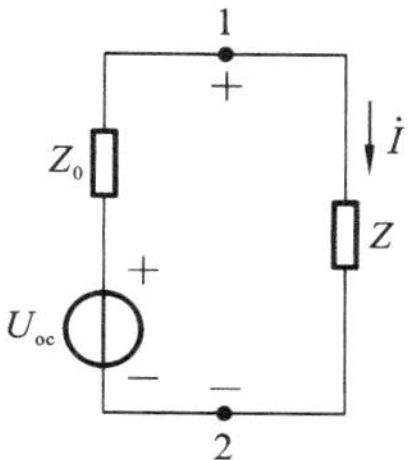

图 4-40 最大功率传输等效电路

设 $Z_{eq}=R_{eq}+\mathrm{j}X_{eq}$，$Z=R+\mathrm{j}X$，因为

$$I=\frac{U}{\sqrt{(R_{eq}+R)^2+(X_{eq}+X)^2}}$$

所以负载 Z 获得的有功功率为

$$P=I^2R=\frac{U^2R}{(R_{eq}+R)^2+(X_{eq}+X)^2}$$

可见，当 $X=-X_{eq}$ 时，对于任意 R，负载获得的功率最大，其表达式为

$$P=\frac{U^2R}{(R_{eq}+R)^2}$$

此时，功率将随 R 值的改变而改变，同时可以证明 $R=R_{eq}$ 时，负载将获得最大功率，综上分析可得

$$P_{\max}=\frac{U^2}{4R_{eq}} \tag{4-27}$$

因此负载获得最大功率的条件为 $X=-X_0$，$R=R_0$，即 $Z=Z_0^*$。

还可证明，当电路用诺顿等效电路表示时，获得最大功率的条件可表示为 $Y=Y_0^*$。上述获取最大功率的条件称为最佳匹配，此时电路的传输效率为 50%。

【例 4-14】 某电路如图 4-41(a)所示，已知电源电压 $\dot{U}_s=10\angle-45°\ \mathrm{V}$，负载可任意变动。试求负载在什么情况下可获得最大功率？其值为多少？

解 求图 4-41(a)所示电路端口 1-1′的戴维南等效电路。

利用两节点电压公式，求出 $\dot{U}_{ao}$，有

$$\left(\frac{1}{1-\mathrm{j}1}+\frac{1}{\mathrm{j}}\right)\dot{U}_{ao}=\frac{\dot{U}_S}{1-\mathrm{j}1}+0.5\,\dot{U}_{ao}$$

解得

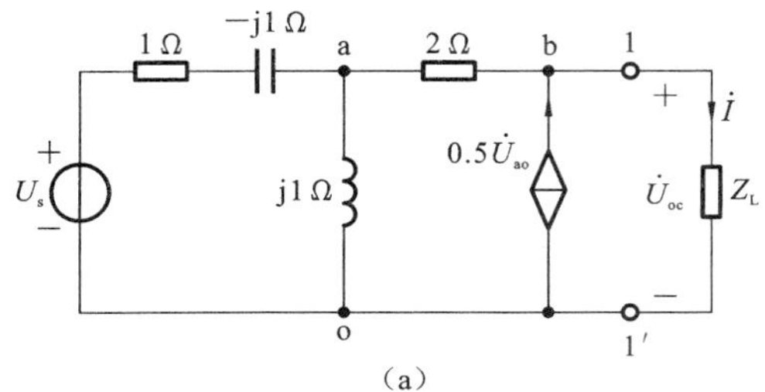

(a)

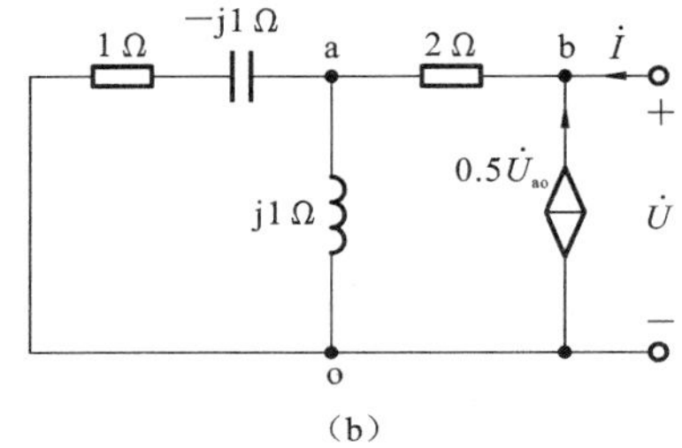

(b)

图 4-41　例 4-14 图

$$\dot{U}_{ao}=\mathrm{j}10\sqrt{2}\ \mathrm{V}$$

故
$$\dot{U}_{oc}=2\times0.5\,\dot{U}_{ao}+\dot{U}_{ao}=2\,\dot{U}_{ao}=\mathrm{j}20\sqrt{2}\ \mathrm{V}$$

电路的等效电阻 Z_{eq} 则利用外加电压法进行计算，如图 4-41(b)所示，即

$$\begin{cases}\dot{U}=2(\dot{I}+0.5\,\dot{U}_{ao})+\dot{U}_{ao}\\ \dot{U}_{ao}=[\mathrm{j}1//(1-\mathrm{j}1)]\times(\dot{I}+0.5\,\dot{U}_{ao})\end{cases}$$

由阻抗定义式，联立求解得

$$Z_{eq}=\frac{\dot{U}}{\dot{I}}=(2+\mathrm{j}4)\Omega$$

当负载 $Z_L=Z_{eq}^*=(2-\mathrm{j}4)\ \Omega$ 时，负载 Z_L 上可以得到的最大功率为

$$P_{max}=\frac{U_{oc}^2}{4R_{eq}}=\frac{(20\sqrt{2})^2}{4\times2}\ \mathrm{W}=100\ \mathrm{W}$$

本章小结

本章讨论了电路在正弦信号激励下的稳态响应。主要介绍了正弦稳态电路分析的复数表示和相量运算方法。主要内容如下。

1．正弦量的三要素

正弦电流信号的表达式为

$$i(t)=I_m\sin(\omega t+\varphi)=\sqrt{2}I\sin(\omega t+\varphi)$$

式中：I 为电流有效值；ω 为角频率，ω 与周期 T 和频率 f 的关系为

$$\omega=\frac{2\pi}{T}=2\pi f$$

2．正弦量的相量表示

正弦量由最大值(有效值)、角频率和相位三个要素确定。在实际电路的分析计算中，同一个电路一般只用一个频率(或角频率)。因此，在分析计算电路各处的电压、电流时，只要确定最大值(有效值)和初相位就可以表示该正弦量。表示正弦量的复数 $\dot{A}=r\mathrm{e}^{\mathrm{j}\varphi}$ 称为相量，其中，r 表示正弦量的大小；φ 表示正弦量的初始相位。对应复数的四种表示形式，相量也有相同的四种表示形式。例如，对应 $i=\sqrt{2}I\sin(\omega t+\varphi)$ 有

$$\begin{cases}\dot{I}=I_a+\mathrm{j}I_b\\ \dot{I}=I(\cos\varphi+\mathrm{j}\sin\varphi)\\ \dot{I}=I\mathrm{e}^{\mathrm{j}\varphi}\\ \dot{I}=I\angle\varphi\end{cases}$$

同频率正弦量之间的运算可以按照复数的运算法则进行计算。

3. 单一参数的正弦交流电路

R、L、C 三个元件的电压与电流关系如表 4-1 所示。

表 4-1

元件名称	相量关系	有效值关系	相位关系
R	$\dot{U}_R = R\dot{I}$	$U_R = RI$	$\varphi_u = \varphi_i$
L	$\dot{U}_L = jX_L\dot{I}$	$U_L = X_L I$	$\varphi_u = \varphi_i + 90°$
C	$\dot{U}_C = -jX_C\dot{I}$	$U_C = X_C I$	$\varphi_u = \varphi_i - 90°$

R、L、C 三个元件的阻抗特性：电阻元件上的电阻与频率无关，由电阻参数唯一确定，电感元件上的感抗与频率成正比，电容元件上的容抗与频率成反比。

R、L、C 三个元件的功率特性：电阻元件是耗能元件，电阻元件消耗的功率称为有功功率；电感元件和电容元件是储能元件，不消耗能量。为了衡量电感、电容与电源进行能量交换的规模，取瞬时功率的最大值，即电压有效值和电流有效值的乘积，称为无功功率，用大写字母 Q 表示。

4. 多参数正弦交流电路

伏安特性为

$$\dot{U} = \dot{I}R + j\dot{I}X_L - j\dot{I}X_C = \dot{I}(R + jX_L - jX_C)$$

阻抗特性为

$$|Z| = \frac{U}{I} = \sqrt{R^2 + (X_L - X_C)^2}$$

$$\varphi = \arctan\frac{U_L - U_C}{U_R} = \arctan\frac{\omega L - \frac{1}{\omega C}}{R} = \arctan\frac{X_L - X_C}{R} = \arctan\frac{X}{R}$$

RLC 串联电路中各电压和电流都是同频率的正弦量。总电压 u 的有效值(或最大值)，与电流 i 的有效值(或最大值)成正比，比例系数就是复阻抗的模 $|Z|$，即 $|Z| = \frac{U_m}{I_m} = \frac{U}{I} \neq \frac{u}{i}$，总电压 u 与电流 i 之间的相位差就是电路的阻抗角 φ，其与电源频率和电路参数 R、L、C 有关。当 $X_L > X_C$ 时，u 超前 i 一个角度 φ；$X_L < X_C$ 时，u 落后 i 一个角度 φ；$X_L = X_C$ 时，u 与 i 同相，呈纯电阻性。

功率特性：在正弦稳态电路中，电容和电感不消耗有功功率，阻抗消耗的有功功率为电阻分量消耗的功率，即

$$P = UI\cos\varphi$$

5. 最大传输功率的计算

在多参数交流电路的最大传输功率计算中，传输功率不仅与电阻元件有关，而且还是电抗元件的函数，当 $Z_L = Z_{eq}^* = R_L - jX_L$ 时，负载将获得最大传输功率 P_{max}。

习　题　4

1. 已知某电压正弦量为 $u(t)=100\sin\left(314t+\frac{\pi}{6}\right)$ V，试求该电压的有效值、频率、初始值，并画出其波形图。

2. 已知正弦电流 $i(t)=20\cos(314t+60^\circ)$ A，电压 $u(t)=10\sqrt{2}\sin(314t-30^\circ)$ V。试分别画出其波形图，并求出它们的有效值、频率及相位差。

3. 将下列复数化为极坐标形式。

(1) $F_1=-1-\mathrm{j}1$；　　　　(2) $F_2=-4+\mathrm{j}3$

4. 将下列极坐标形式化为复数形式。

(1) $F_1=10\angle-90^\circ$；　　　　(2) $F_2=44\angle135^\circ$

5. 在图题 5 所示相量图中，已知 $I_1=10$ A，$I_2=5$ A，$U=110$ V，$f=50$ Hz，试分别写出它们的相量表达式和瞬时值表达式。

6. 已知 $i_1(t)=10\cos(314t+60^\circ)$ A，$i_2(t)=5\sin(314t+60^\circ)$ A，$i_3(t)=-4\cos(314t+60^\circ)$ A。

(1) 分别写出上述电流的相量表达式，并绘出它们的相量图。

(2) 求 i_1 与 i_2、i_1 与 i_3 的相位差。

(3) 画出 i_1 的波形图。

(4) 求 i_1 的周期 T 和频率 f。

7. 已知如图题 7 所示电路中，$u_1(t)=3\sqrt{2}\sin(314t)$ V，$u_2(t)=4\sqrt{2}\sin(314t+90^\circ)$ V，求 u。

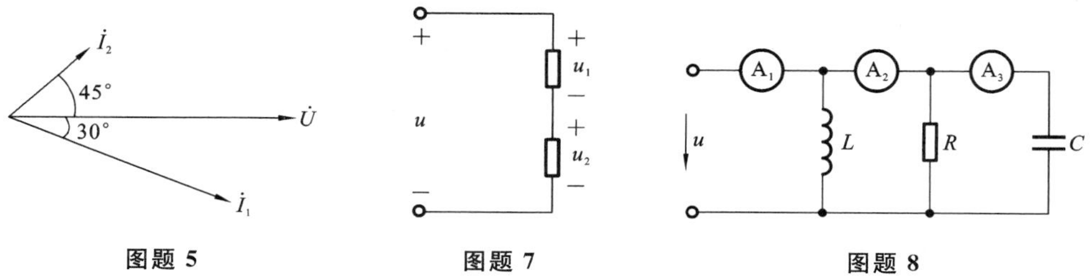

图题 5　　图题 7　　图题 8

8. 在图题 8 所示电路中，$R=X_L=X_C$，已知安培表(A1)的读数为 3 A，则安培表(A2)、(A3)的读数应为多少？

9. 如图题 9(a)所示电路中，已知 u_C 的初相角为 $\frac{\pi}{6}$，试确定 u_L、u_R 和 i 的初相角并画出相量图；在图题 9(b)所示电路中，已知 i_L 的初相角为 $-\frac{\pi}{6}$，试确定 i_C、i_R 和 u 的初相角并画出相量图。

10. 如图题 10 所示正弦电流电路中，已知电流表(A1)的读数为 10 A，(A2)的读数为 20 A，(A3)的读数为 30 A。求：(1) 电流表(A)的读数；(2) 如果维持电流表(A1)的读数不变，而把电源

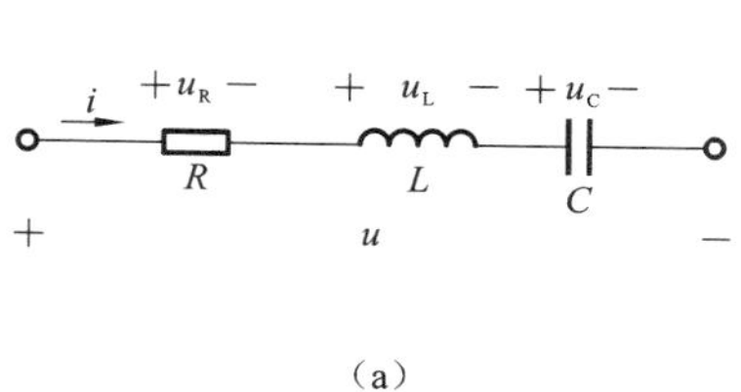

(a)

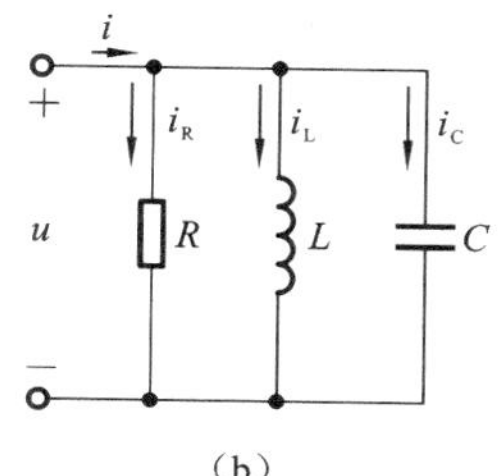

(b)

图题 9

的频率提高到原来的 2 倍，求电流表Ⓐ的读数。

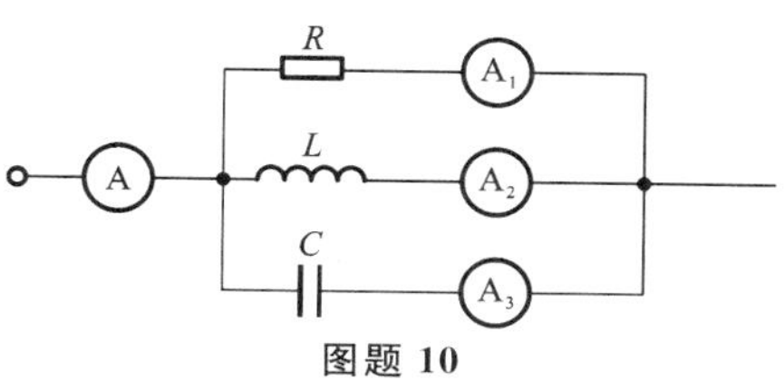

图题 10

11. 试求图题 11 所示各电路的输入阻抗 Z 和导纳 Y。

12. 有一个 JZ7 型中间继电器，其线圈数据为 380 V、50 Hz，线圈电阻为 2 kΩ，线圈电感为 43.3 H，试求线圈电流及功率因数。

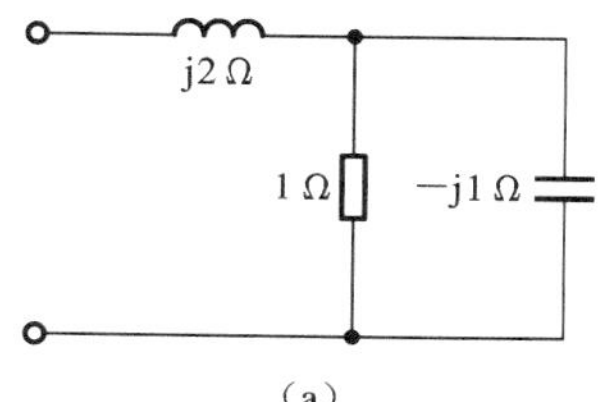

(a)

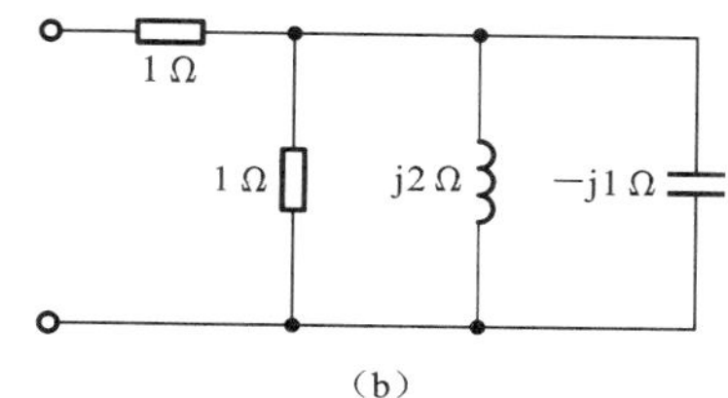

(b)

图题 11

13. 在图题 13 所示电路中，$\dot{U}_s=10\angle 0°$ V，$\dot{I}_s=5\angle 90°$ A，$Z_1=3\angle 90°$ Ω，$Z_2=\mathrm{j}2$ Ω，$Z_3=-\mathrm{j}2$ Ω，$Z_4=1$ Ω。试选用(1) 叠加定理；(2) 电源等效变换；(3) 戴维南定理；(4) 节点电压法；(5) 网孔电流法这五种方法中的任意两种，计算电流 $\dot{I}_2$。

14. 如图题 14 所示电路中，已测得 $U=20$ V，$I=2$ A，且 $\dot{U}$ 与 $\dot{I}$ 同相，电源角频率 $\omega=10$ rad/s，求 R 和 L。

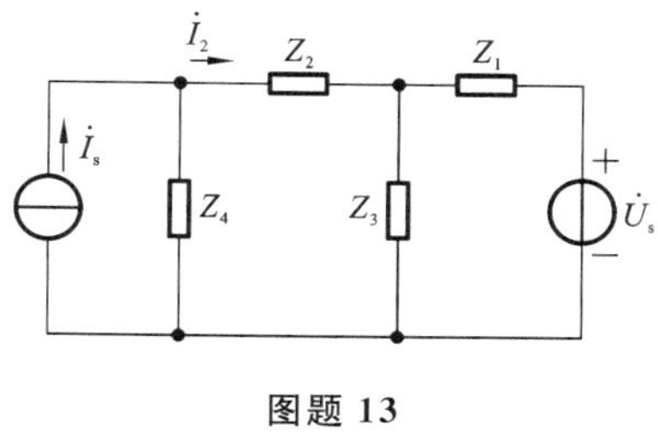

图题 13

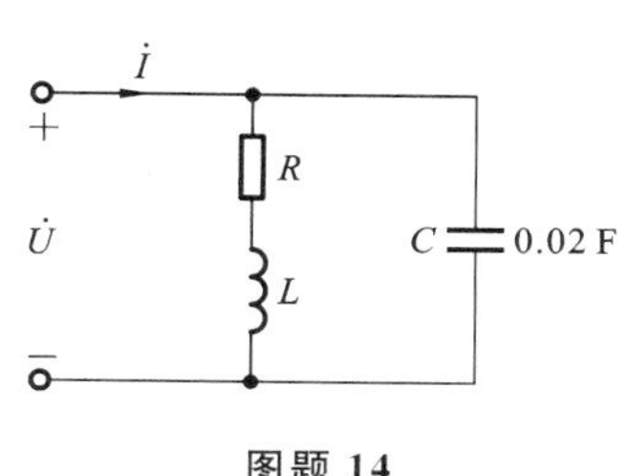

图题 14

15. 如图题 15 所示电路中。设 $U_s=100$ V，$\omega=1000$ rad/s，当负载 Z_L 任意可变但保持电流 $I_L=5$ A，试确定参数 L 和 C。

16. 如图题 16 所示电路中，已知 $u_{s1}=5\cos t$ V，$u_{s2}=3\cos(t+30°)$ V，求电流 i 和电路消耗的功率 P。

17. 日光灯电源电压为 220 V，频率为 50 Hz，灯管相当于 300 Ω 的电阻，与灯管串联的镇流器(电阻忽略不计)的感抗为 500 Ω，试求灯管两端电压与工作电流的有效值。

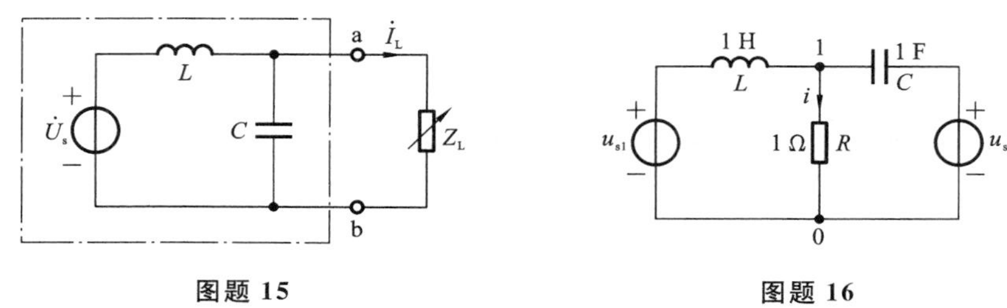

图题 15　　　　图题 16

18. 有一个 40 W 的日光灯，使用时灯管与镇流器(可近似把镇流器看作纯电感)串联，接在电压为 220 V、频率为 50 Hz 的电源上。已知灯管工作时属于纯电阻负载，灯管两端的电压等于 110 V，试求镇流器上的感抗和电感，此时电路的功率因数等于多少？

19. 功率为 60 W、功率因数为 0.5 的日光灯(感性)负载，与功率为 100W 的白炽灯，各 50 只并联在 220 V 的正弦交流电源(f=50 Hz)上。如果要把电路的功率因数提高到 0.92，此时应并联多大的电容？

20. 如图题 20 所示电路中，$Z_1=5\angle 30^\circ\ \Omega$，$Z_2=8\angle -45^\circ\ \Omega$，$Z_3=10\angle 60^\circ\ \Omega$，$\dot{U}_s=100\angle 0^\circ\ \text{V}$。$Z_L$ 取何值时可获得最大功率？并求最大功率。

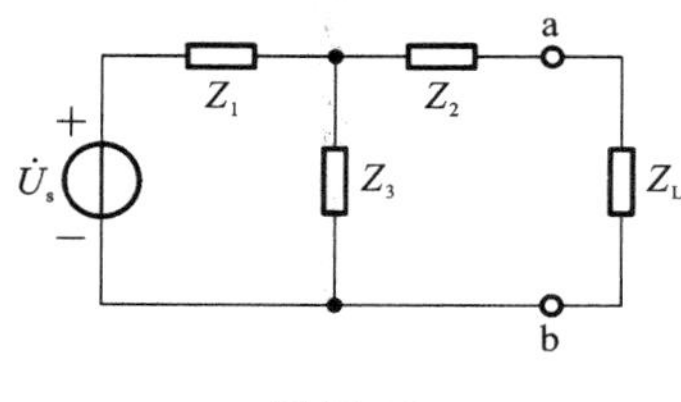

图题 20

第5章　三相交流电路

知识要点

- 熟悉三相交流电源的供电原理和负载的Y形连接和△形连接方式；
- 熟悉和掌握三相电路在不同连接方式下的线电压、相电压、线电流、相电流之间的关系；
- 掌握对称与不对称三相电路的计算方法。

5.1　三相交流电路概述

三相交流电路是由三相交流电源和三相负载构成的复杂正弦交流电路。产生对称三相电压的设备称为三相电源，如三相交流发电机；负载也多为三相负载，如三相交流电动机；输电线路和其他设备，如电力开关、输电变压器等，也制造成了三相控制模式。三相交流电源中的每一相都是正弦交流电，第4章中所讨论的正弦稳态电路可以看作是三相电路中的某一相，也称为单相交流电路。

电力系统采用三相交流电源供电，主要是从运营经济性的角度来考虑的，其具有如下优点。

(1) 发电方面，其功率比单项电源功率可提高50%；

(2) 输电方面，比单项输电节省25%的钢材；

(3) 配电方面，三相变压器比单项变压器经济且便于接入负载；

(4) 用电设备方面，其结构简单、成本低、运行可靠、维护方便等。

研究三相交流电路要注意其特殊性，即特殊的电源、特殊的负载、特殊的连接、特殊的求解方式。

5.1.1　三相交流电源

三相交流发电机产生的对称三相交流电源，由三个频率相等、振幅相等、相位彼此相差120°的正弦电动势(电源)组成，三个电源依次称为A相、B相和C相。若以A相电动势为参考正弦量，其最大值为$\sqrt{2}E$、角频率为ω、初相位角为0°，则三相电动势的瞬时表达式为

$$\left.\begin{aligned} e_A &= \sqrt{2}E\sin(\omega t) \\ e_B &= \sqrt{2}E\sin(\omega t-120^\circ) \\ e_C &= \sqrt{2}E\sin(\omega t-240^\circ)=\sqrt{2}E\sin(\omega t+120^\circ) \end{aligned}\right\} \tag{5-1}$$

e_A、e_B、e_C的波形如图5-1(a)所示。

以A相电动势为参考相量，则相量形式为

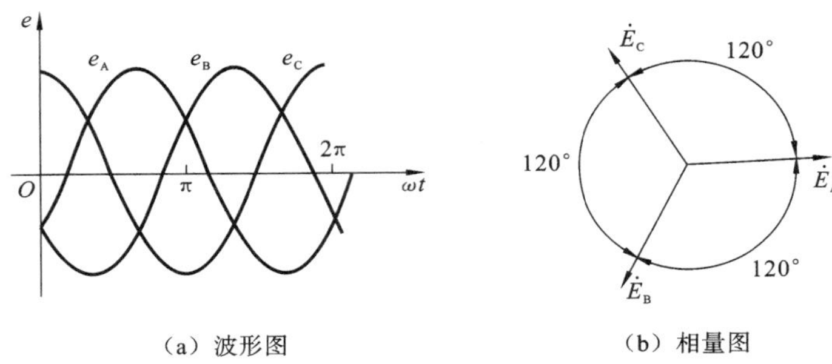

（a）波形图　　　　（b）相量图

图 5-1　三相对称电动势的波形图和相量图

$$\left.\begin{aligned}\dot{E}_A &= E e^{j0^\circ} = E\angle 0^\circ \\ \dot{E}_B &= E e^{-j120^\circ} = E\angle -120^\circ \\ \dot{E}_C &= E e^{j120^\circ} = E\angle 120^\circ\end{aligned}\right\} \tag{5-2}$$

式中：E 为三相电动势的有效值；$\dot{E}_A$、$\dot{E}_B$、$\dot{E}_C$ 为电动势的相量，其相量图如图 5-1(b)所示。

由式(5-1)和式(5-2)可知，三相电动势具有振幅相等、频率相同、相位互差 120°的特点，所以称为对称三相电动势。其瞬时值、相量之和均为零，即

$$\left.\begin{aligned}e_A + e_B + e_C &= 0 \\ \dot{E}_A + \dot{E}_B + \dot{E}_C &= 0\end{aligned}\right\} \tag{5-3}$$

在电工技术理论中，三相发电机向负载供电时的电路模型通常用电压源表示，其激励电压为 u_{AX}、u_{BY}、u_{CZ}。由于在图 5-1 所示相量中已选定发电机各绕组电动势的参考方向由末端指向首端，因而各相绕组端电压的参考方向应由首端指向末端，如图 5-2 所示。其中，A、B、C 为电源的始端，X、Y、Z 为电源的末端。

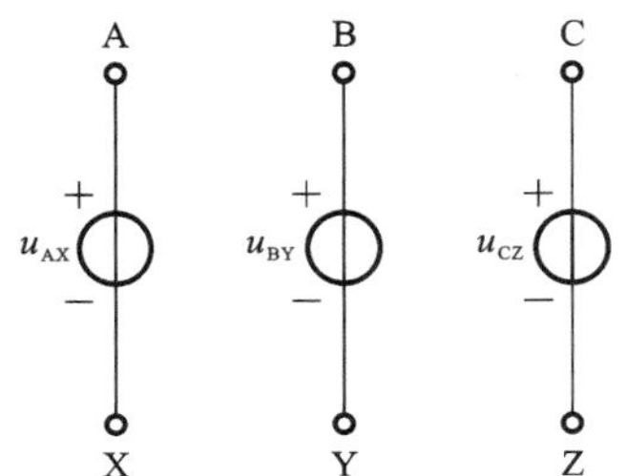

图 5-2　三相电源的电压源模型

对应三相电源的电压源模型，其三相电压的瞬时值分别为

$$\left.\begin{aligned}u_A &= \sqrt{2}U\cos(\omega t) \\ u_B &= \sqrt{2}U\cos(\omega t - 120^\circ) \\ u_C &= \sqrt{2}U\cos(\omega t + 120^\circ)\end{aligned}\right\} \tag{5-4}$$

其相量分别为

$$\left.\begin{aligned}\dot{U}_A &= U e^{j0^\circ} = U\angle 0^\circ \\ \dot{U}_B &= U e^{-j120^\circ} = U\angle -120^\circ \\ \dot{U}_C &= U e^{-j240^\circ} = U\angle 120^\circ\end{aligned}\right\} \tag{5-5}$$

式(5-4)和式(5-5)中，U 为三相电压的有效值。

同样地，三相电路的电压瞬时值、相量之和均为零，即

$$\left.\begin{aligned}u_A + u_B + u_C &= 0 \\ \dot{U}_A + \dot{U}_B + \dot{U}_C &= 0\end{aligned}\right\} \tag{5-6}$$

三相电源中各相电源依次达到同一值(如最大值)的先后顺序称为三相电源的相序，通常有正序和负序之分。正序(顺序)：A→B→C→A；负序(逆序)：A→C→B→A。之所以要规定相序，是因为在实际应用中，三相电动机如果按正序连接，电动机正转；如果按反序连接，电动

机就会反转。

5.1.2 三相电源的连接

三相电源正常工作时，需按一定方式连接后再向负载供电，通常有 Y 形连接和△形连接两种连接方式。

1. Y 形连接

把三个绕组的末端 X、Y、Z 接在一起作为公共点，该点称为三相电源 Y 形连接的中性点，用符号 N 表示。把始端 A、B、C 引出作为三相电源的输出端，称为相线(俗称火线)。

Y 形连接的三相电源有两种方式向负载供电。一种是三相四线制，即除了三条相线外，从中性点引出一条线，称为中性线，也称中线或零线。电路的中性点通常在电源端与大地连接，又称地线。相线与中性线共同向负载供电，可向负载提供两种对称三相电压，如图 5-3(a)所示。另一种为三相三线制，只有三条相线向负载供电，仅提供一种对称三相电压，如图 5-3(b)所示。

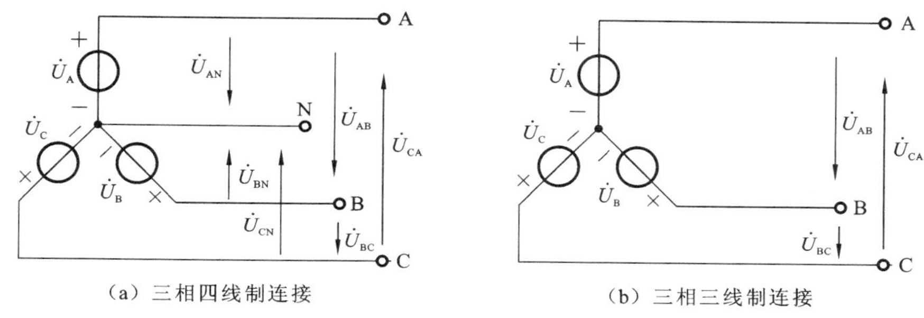

(a) 三相四线制连接　　(b) 三相三线制连接

图 5-3　三相电源的 Y 形连接

三相四线制电源可以获得两种电压，即相电压和线电压。相电压是每相电源两端的电压，也就是每条相线与中性线之间的电压，如图 5-3(a)所示的$\dot{U}_{AN}$、$\dot{U}_{BN}$和$\dot{U}_{CN}$，通常记为$\dot{U}_A$、$\dot{U}_B$、$\dot{U}_C$；相电压的有效值用 U_A、U_B和 U_C表示，因为 $U_A=U_B=U_C$，所以通常用 U_p 表示。线电压即两条相线之间的电压，如图 5-3(a)所示的$\dot{U}_{AB}$、$\dot{U}_{BC}$、$\dot{U}_{CA}$，其有效值用 U_{AB}、U_{BC}、U_{CA}表示，在对称三相交流电路中用 U_L 表示。

根据图 5-3 所示的电压参考方向，由 KVL，可得出 Y 形接法三相四线制电源的线电压和相电压的关系式为

$$\begin{cases} u_{AB}=u_A-u_B \\ u_{BC}=u_B-u_C \\ u_{CA}=u_C-u_A \end{cases}$$

用相量表示为

$$\left.\begin{aligned} \dot{U}_{AB}&=\dot{U}_A-\dot{U}_B=\sqrt{3}\dot{U}_A\angle 30^\circ \\ \dot{U}_{BC}&=\dot{U}_B-\dot{U}_C=\sqrt{3}\dot{U}_B\angle 30^\circ \\ \dot{U}_{CA}&=\dot{U}_C-\dot{U}_A=\sqrt{3}\dot{U}_C\angle 30^\circ \end{aligned}\right\} \tag{5-7}$$

由式(5-7)画出相电压、线电压的相量图如图 5-4 所示。由图 5-4 可知，线电压也是一组

对称三相电压，线电压和相电压有效值的关系可在图中底角为 30°的等腰三角形上找到答案，即 $U_{AB}=\sqrt{3}U_A$、$U_{BC}=\sqrt{3}U_B$、$U_{CA}=\sqrt{3}U_C$，也可写为

$$U_{AB}=\sqrt{3}U_A \tag{5-8}$$

我国现行的低压三相四线制 380 V/220 V 供电系统中，380 V 为线电压，供三相用电设备使用；220 V 则为相电压，供单相用电设备使用。

三相三线制电源只能用三相对称线电压对负载供电，如式(5-7)中的电压相量$\dot{U}_{AB}$、$\dot{U}_{BC}$、$\dot{U}_{CA}$。

2. △形连接

将三个绕组的始末端按顺序相接，在三个连接点上引出三条线，如图 5-5 所示。△形连接的对称三相电源没有中性点，三相电源连接而成的△形中没有环流电流。

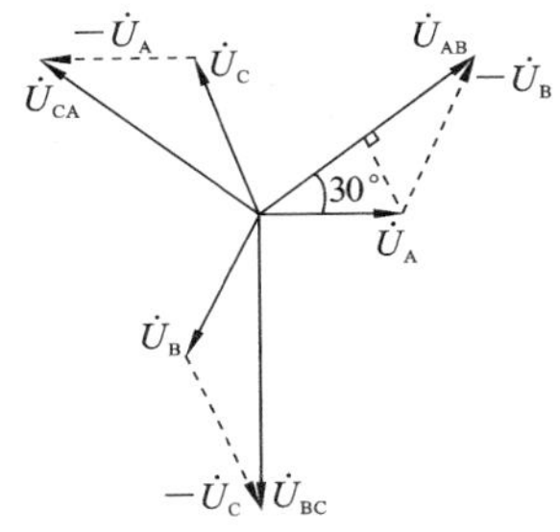

图 5-4 Y 形连接三线电源相电压、线电压相量图

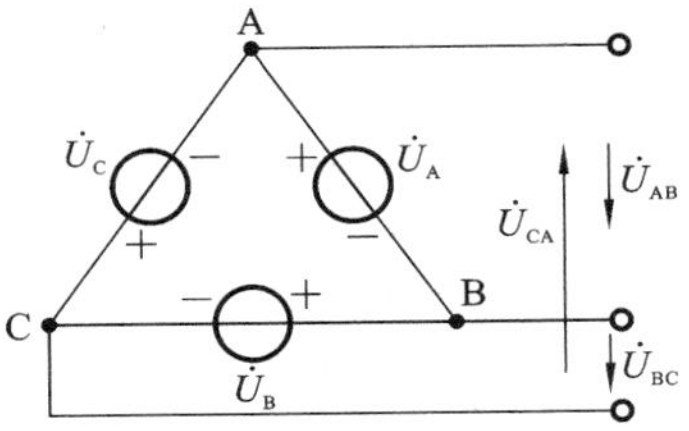

图 5-5 三相电源的△形连接

显然，三相电源采用△形连接为三相三线制的连接，线电压就是相电压，只能向负载提供一种对称三相电压，即

$$\left.\begin{aligned} u_{AB}&=u_A \\ u_{BC}&=u_B \\ u_{CA}&=u_C \end{aligned}\right\}$$

用相量表示为

$$\left.\begin{aligned} \dot{U}_{AB}&=\dot{U}_A \\ \dot{U}_{BC}&=\dot{U}_B \\ \dot{U}_{CA}&=\dot{U}_C \end{aligned}\right\} \tag{5-9}$$

相电压、线电压有效值的关系式为

$$U_l=U_p \tag{5-10}$$

【例 5-1】 验证三相交流电路中的线电压与相电压之间的关系式(5-7)。

证 在式(5-7)中，取第一式$\dot{U}_{AB}=\dot{U}_A-\dot{U}_B$ 进行验证。

因为 $\dot{U}_i=Ue^{j\varphi}$

利用相量的复数表示中的指数、代数、三角函数表达式之间的转换，有

$$\begin{aligned} \dot{U}_{AB}&=\dot{U}_A-\dot{U}_B=Ue^{j0^\circ}-Ue^{-j120^\circ} \\ &=U-[U\cos(-120^\circ)+jU\sin(-120^\circ)] \\ &=U-U\left[\cos\left(\frac{\pi}{2}+30^\circ\right)-j\sin\left(\frac{\pi}{2}+30^\circ\right)\right] \\ &=U-U(-\sin30^\circ-j\cos30^\circ) \end{aligned}$$

$$=U\left(1+\frac{1}{2}+\mathrm{j}\,\frac{\sqrt{3}}{2}\right)$$

所以得

$$\dot{U}_{AB}=\sqrt{3}U\left(\frac{\sqrt{3}}{2}+\mathrm{j}\,\frac{1}{2}\right)$$

即

$$\dot{U}_{AB}=\sqrt{3}U\mathrm{e}^{\mathrm{j}30^{\circ}}=\sqrt{3}U\angle 30^{\circ}$$

三相电源中的一些常用名词如下。

相线(火线):始端 A、B、C 三端的引出线。

中性线:中性点 N 的引出线,△形连接无中性线。

三相三线制:三相电源只有三条相线,无中性线的接线方式。

三相四线制:三相电源三条相线,加一条中性线的接线方式。

线电压:相线与相线之间的电压,如$\dot{U}_{AB}$、$\dot{U}_{BC}$、$\dot{U}_{CA}$。

相电压:相线与中性线之间的电压,如$\dot{U}_{A}$、$\dot{U}_{B}$、$\dot{U}_{C}$。

5.1.3 三相负载

使用三相交流电的电气设备称为三相负载。对于三相电源来说,负载由三部分组成。三相负载的接入方式与供电电路一样,也有 Y 形连接和△形连接两种连接方式,如图 5-6 所示。

当 $Z_A=Z_B=Z_C$ 和 $Z_{AB}=Z_{BC}=Z_{CA}$ 时,称为对称三相负载。每一相负载上的电压称为相电压,如$\dot{U}_{AN}$、$\dot{U}_{BN}$、$\dot{U}_{CN}$;负载相线间的电压称为线电压,如$\dot{U}_{AB}$、$\dot{U}_{BC}$、$\dot{U}_{CA}$。

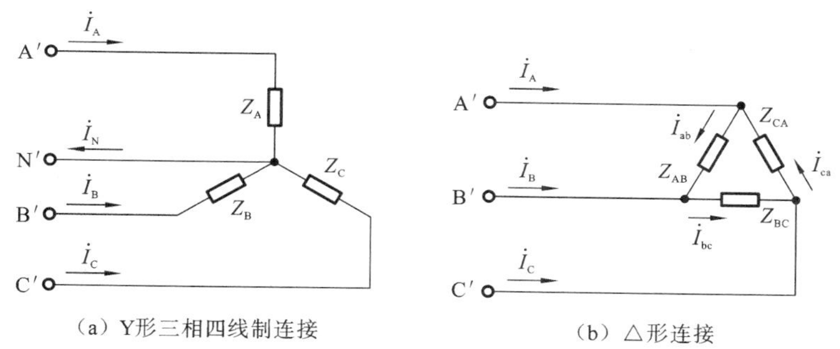

图 5-6 三相负载的连接方式

5.1.4 三相电路

三相电路就是由对称三相电源和三相负载连接组成的电路。工程上根据实际需要可以组成 Y-Y 连接,Y-△连接,△-Y 连接,△-△连接,如图 5-7 所示。

图 5-7 电源与负载连接的工程示意图

图 5-8(a)所示的为三相四线制的 Y-Y 连接三相电路，图 5-8(b)所示的为三线三相制的 Y-△连接三相电路。

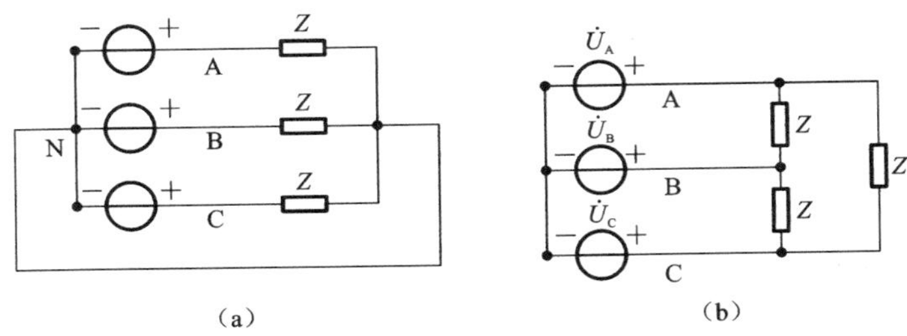

图 5-8　三相电路的连接

图 5-9(a)所示的为△-△连接三相电路，图 5-9(b)所示的为△-Y 连接三相电路。

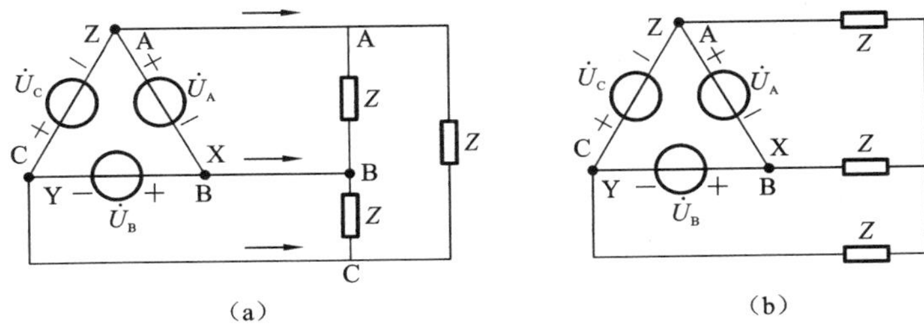

图 5-9　三相电路的连接

5.2　对称三相电路的分析

对称三相电路是指电源对称、负载对称、线路对称的三相电路。电源对称，是指振幅相等、频率相同、相位相差 120°，△形连接或者 Y 形连接的正弦三相电源；负载对称，指三相电路中的各相负载完全相同；线路对称，指所用连接导线的型号相同。

要分析研究对称三相电路，就要根据其特点来总结对称三相电路的分析方法。

5.2.1　Y-Y 连接(三相三线制)

图 5-10 所示的为 Y-Y 连接的三相电路。三相负载(Z)的一端连接在一起，记为点 n；每相负载的另一端分别与电源的三条线 A、B、C 连接。电源上的每相电压用$\dot{U}_A$、$\dot{U}_B$ 和$\dot{U}_C$ 表示，负载上的每相电流用$\dot{I}_A$、$\dot{I}_B$、$\dot{I}_C$ 表示，其电压、电流的参考方向如图 5-10 所示。

在忽略三相输电线路等效阻抗的情况下，三相负载的相电压$\dot{U}_{nA}$、$\dot{U}_{nB}$、$\dot{U}_{nC}$与三相电源的相电压完全相同。

设

$$\dot{U}_A=U\angle\varphi,\quad \dot{U}_B=U\angle\varphi-120°,\quad \dot{U}_C=U\angle\varphi+120°,\quad Z=|Z|\angle\varphi_Z$$

以 N 点作为参考点，对点 n 列写节点方程为

$$\left(\frac{1}{Z}+\frac{1}{Z}+\frac{1}{Z}\right)\dot{U}_{nN}=\frac{1}{Z}\dot{U}_A+\frac{1}{Z}\dot{U}_B+\frac{1}{Z}\dot{U}_C \tag{5-11}$$

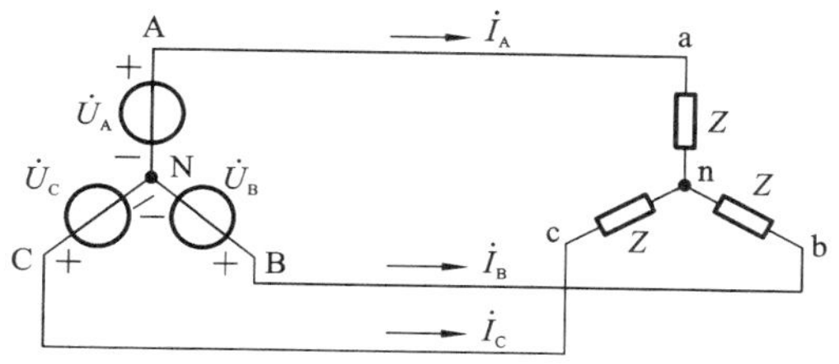

图 5-10 Y-Y 连接的对称三相电路

对于三相对称交流电路，由图 5-4 所示的电压相量图可知，三个互成 120°夹角的等相量之和为零，即

$$\frac{3}{Z}\dot{U}_{nN}=\frac{1}{Z}(\dot{U}_A+\dot{U}_B+\dot{U}_C)=0$$

$$\dot{U}_{nN}=0$$

由于 N、n 两点等电位，可视为短路，且其中的电流为零，如图 5-11 所示。因此可将三相电路的计算简化为三个等同的单相电路来计算。

A 相电路如图 5-12 所示，对于这样的单回路电路，计算十分简单。分别计算 A、B、C 三个单相电路，可得到负载电压为

$$\left.\begin{aligned}\dot{U}_{an}&=\dot{U}_A=U\angle\varphi\\ \dot{U}_{bn}&=\dot{U}_B=U\angle\varphi-120^\circ\\ \dot{U}_{cn}&=\dot{U}_C=U\angle\varphi+120^\circ\end{aligned}\right\}\tag{5-12}$$

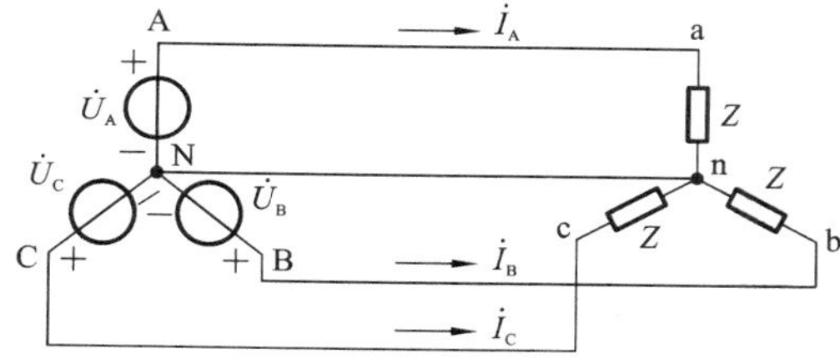

图 5-11 Y-Y 连接的对称三相电路

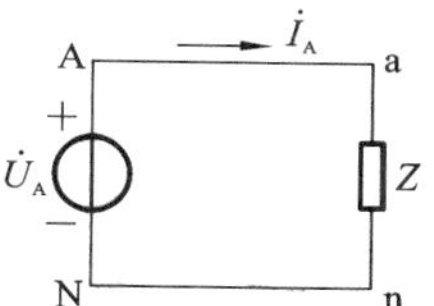

图 5-12 A 相电路

各相负载电流为

$$\left.\begin{aligned}\dot{I}_A&=\frac{\dot{U}_{an}}{Z}=\frac{\dot{U}_A}{Z}=\frac{U}{|Z|}\angle\varphi-\varphi_Z\\ \dot{I}_B&=\frac{\dot{U}_{bn}}{Z}=\frac{\dot{U}_B}{Z}=\frac{U}{|Z|}\angle\varphi-120^\circ-\varphi_Z\\ \dot{I}_C&=\frac{\dot{U}_{cn}}{Z}=\frac{\dot{U}_C}{Z}=\frac{U}{|Z|}\angle\varphi+120^\circ-\varphi_Z\end{aligned}\right\}\tag{5-13}$$

因为负载电压为对称电压，则负载电流也是对称的。

因此，Y-Y 连接的对称三相电路具有如下特征。

(1) $U_{nN}=0$，电源中性点与负载中性点等电位，故有无中性线对电路的正常工作没有影响。

(2) 在对称三相电路中，各相电压、电流也都是对称的，可采用某相(如 A 相)等效电路进行计算。只要计算出该相的电压、电流，则其他两相的电压、电流可按对称关系直接写出。

(3) Y-Y 连接的对称三相负载，其相、线电压、电流的关系为

$$\dot{U}_{ab}=\sqrt{3}\dot{U}_{an}\angle 30^\circ,\quad \dot{I}_A=\dot{I}_{an} \tag{5-14}$$

【例 5-2】 对称三相负载 Y 形连接，每相负载的电阻 $R=30\ \Omega$，$X_L=40\ \Omega$ 接到对称三相电源上，已知线电压 $u_{AB}=380\sqrt{2}\cos(314t+30^\circ)$ V。试求负载的相电流 i_A，i_B，i_C 和 i_N。

解 因为三相负载对称，先计算 A 相电流，B 相、C 相的电流根据其对称性即可推出。

设 A 相电压作为参考相量，有

$$\dot{U}_A=\frac{\dot{U}_{AB}}{\sqrt{3}}\angle -30^\circ=\frac{380}{\sqrt{3}}\angle(30^\circ-30^\circ)\ \text{V}=220\angle 0^\circ\ \text{V}$$

A 相负载阻抗为

$$Z_A=R+\mathrm{j}X_L=(30+\mathrm{j}40)\ \Omega=50\angle 53.1^\circ\ \Omega$$

A 相电流为

$$\dot{I}_A=\frac{\dot{U}_A}{Z}=\frac{220\angle 0^\circ}{30+\mathrm{j}40}\text{A}=\frac{220\angle 0^\circ}{50\angle 53.1^\circ}\ \text{A}=4.4\angle -53.1^\circ\ \text{A}$$

故

$$i_A=4.4\sqrt{2}\cos(314t-53.1^\circ)\ \text{A}$$

根据对称三相电流的关系，可以直接写出

$$i_B=4.4\sqrt{2}\cos(314t-53.1^\circ-120^\circ)\ \text{A}=4.4\sqrt{2}\cos(314t-173.1^\circ)\ \text{A}$$

$$i_C=4.4\sqrt{2}\cos(314t-53.1^\circ+120^\circ)\ \text{A}=4.4\sqrt{2}\cos(314t+66.9^\circ)\ \text{A}$$

由于负载对称，故中性线电流为

$$i_N=i_A+i_B+i_C=0\ \text{A}$$

5.2.2 Y-△连接

图 5-13 所示的为负载△形连接的三相电路，它是将一相负载的末端与另一相负载的首端依次连接而成。每相负载的阻抗为 Z_{AB}、Z_{BC}、Z_{CA}，在讨论三相负载对称电路时，这三个阻抗都用 Z 表示。在图 5-13 所示电路中，负载的相电压 $\dot{U}_{ab}$、$\dot{U}_{bc}$、$\dot{U}_{ca}$ 就是线电压；每相负载流过的电流为相电流，用 $\dot{I}_{ab}$、$\dot{I}_{bc}$、$\dot{I}_{ca}$ 表示；相线上流过的电流为线电流，用 $\dot{I}_A$、$\dot{I}_B$、$\dot{I}_C$ 表示。其电压、电流的参考方向如图 5-13 所示。

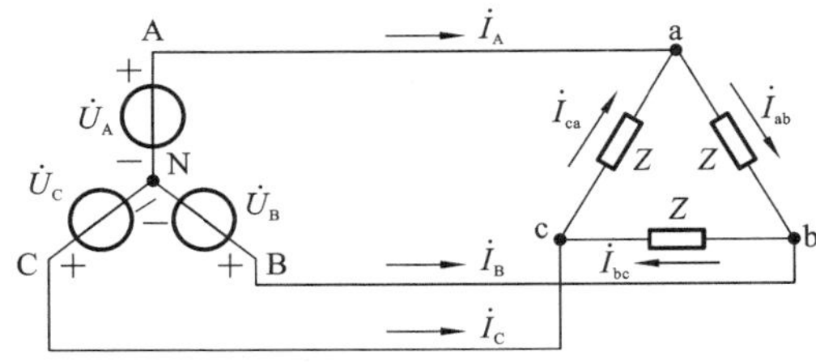

图 5-13 Y-△连接的对称三相电路

设 $\dot{U}_A=U\angle\varphi$，$\dot{U}_B=U\angle\varphi-120^\circ$，$\dot{U}_C=U\angle\varphi+120^\circ$，$Z=|Z|\angle\varphi_Z$

利用负载上相电压与线电压相等的关系求解，可得

$$\left.\begin{aligned}\dot{U}_{ab}&=\dot{U}_{AB}=\sqrt{3}U\angle\varphi+30^\circ\\ \dot{U}_{bc}&=\dot{U}_{BC}=\sqrt{3}U\angle\varphi-90^\circ\\ \dot{U}_{ca}&=\dot{U}_{CA}=\sqrt{3}U\angle\varphi+150^\circ\end{aligned}\right\} \tag{5-15}$$

负载的相电流为

$$\left.\begin{aligned}\dot{I}_{ab}&=\frac{\dot{U}_{ab}}{Z}=\frac{\sqrt{3}U}{|Z|}\angle\varphi+30^\circ-\varphi_Z\\\dot{I}_{bc}&=\frac{\dot{U}_{bc}}{Z}=\frac{\sqrt{3}U}{|Z|}\angle\varphi-90^\circ-\varphi_Z\\\dot{I}_{ca}&=\frac{\dot{U}_{ca}}{Z}=\frac{\sqrt{3}U}{|Z|}\angle\varphi+150^\circ-\varphi_Z\end{aligned}\right\}\tag{5-16}$$

相线的线电流为

$$\left.\begin{aligned}\dot{I}_A&=\dot{I}_{ab}-\dot{I}_{ca}=\sqrt{3}\dot{I}_{ab}\angle-30^\circ\\\dot{I}_B&=\dot{I}_{bc}-\dot{I}_{ab}=\sqrt{3}\dot{I}_{bc}\angle-30^\circ\\\dot{I}_C&=\dot{I}_{ca}-\dot{I}_{bc}=\sqrt{3}\dot{I}_{ca}\angle-30^\circ\end{aligned}\right\}\tag{5-17}$$

在式(5-17)中，若相电流的有效值用 I_p 表示，线电流的有效值用 I_l 表示，则

$$I_l=\sqrt{3}I_p\tag{5-18}$$

也就是说，三相对称负载△形连接时，线电流的大小为相电流的$\sqrt{3}$倍。

由以上分析计算可知 Y-△连接的三相对称电路特征如下。

(1) 负载上的相电压与线电压相等，且对称。

(2) 线电流与相电流也是对称的，但线电流的大小是相电流的$\sqrt{3}$倍，其相位落后相电流相位 30°。

因此，Y-△连接的对称三相电路也可只计算其中的一相，根据对称性即可得到其余两相的结果。

5.2.3 电源为△形连接时的对称三相电路

当三相对称电源为△形连接时，根据线电压与相电压的等效关系，可以用等效 Y 形连接的电源替代△形连接的电源进行分析。如图 5-14 所示，图 5-14(a)所示的为△形电源，可用图 5-14(b)所示的 Y 形电源替代，即可按照 Y 形电源对称三相电路的分析方法来分析。其中，对应各相电源的电压关系式为

$$\left.\begin{aligned}\dot{U}_{AN}&=\frac{1}{\sqrt{3}}\dot{U}_{AB}\angle-30^\circ\\\dot{U}_{BN}&=\frac{1}{\sqrt{3}}\dot{U}_{BC}\angle-30^\circ\\\dot{U}_{CN}&=\frac{1}{\sqrt{3}}\dot{U}_{CA}\angle-30^\circ\end{aligned}\right\}\tag{5-19}$$

由以上分析可得到对称三相电路的计算步骤如下。

(1) 将所有三相电源、负载都转换为等值 Y-Y 连接的电路。

(2) 连接各负载和电源的中性点，中性线上若有阻抗可忽略不计。

(3) 画出单相计算电路，求出某相的电压、电流。该相电路的电压为 Y 形连接时的相电压，该相电路的电流为线电流。

(4) 根据△形连接、Y 形连接时，线量、相量之间的关系，求出原电路的电流和电压。

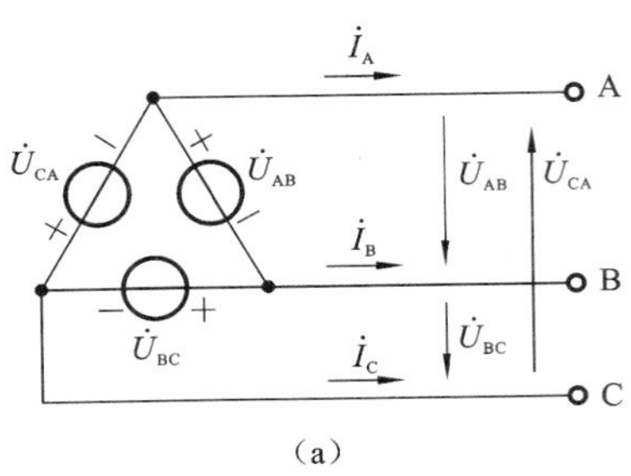

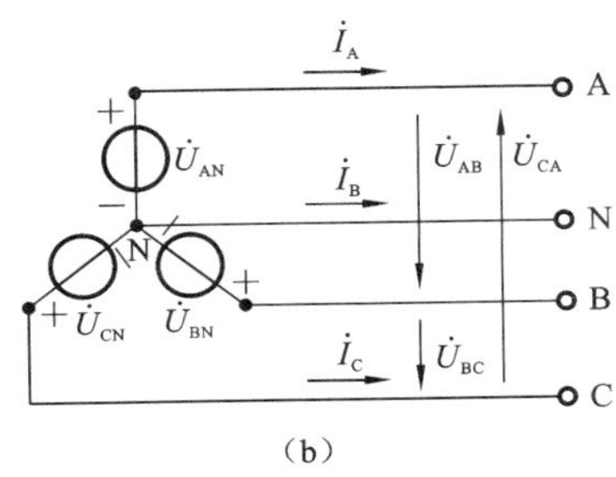

图 5-14　△形连接对称三相电源

(5) 根据对称性，求出其他两相的电压、电流。

【例 5-3】 如图 5-15 所示，已知对称三相电源线电压为 380 V，负载阻抗为 $Z=(6.4+\mathrm{j}4.8)\ \Omega$，输电线的等效阻抗为 $Z_1=(3+\mathrm{j}4)\ \Omega$。求负载 Z 的相电压、线电压和电流，以及输电线上的电压降。

解 (1) 画出对称三相电路的电路图，图 5-15(a)所示的为对称三相负载，图 5-15(b)为 Y-Y 连接的对称三相电路。由已知条件三相电源线电压为 380 V，设 $\dot{U}_{AB}=380\angle 0^\circ\ \mathrm{V}$，则 $\dot{U}_{AN}=220\angle -30^\circ\ \mathrm{V}$。

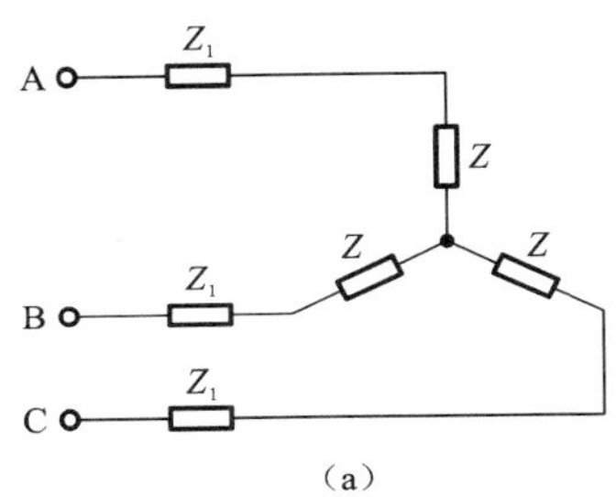

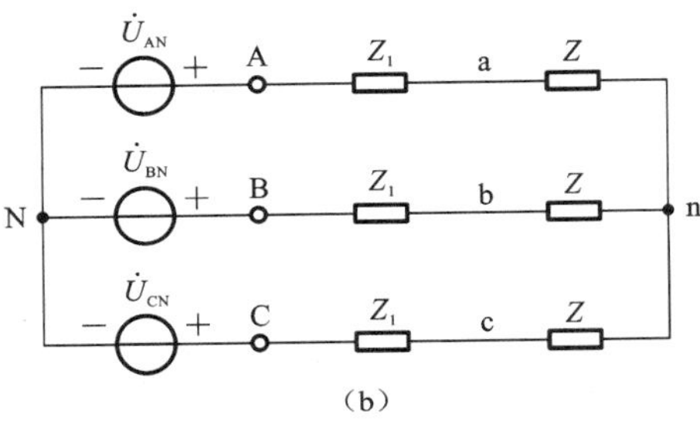

图 5-15　例 5-3 对称三相电路

(2) 画出对应单相电路如图 5-16 所示，计算单相电压、电流。

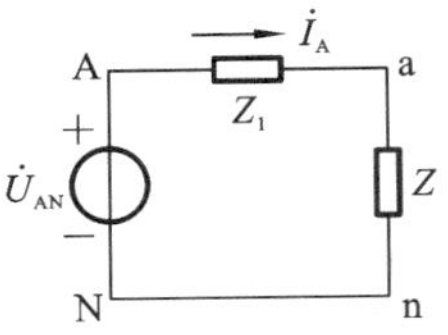

图 5-16　对应的 A 相电路

其中，

$$Z=(6.4+\mathrm{j}4.8)\ \Omega=8\angle 36.9^\circ\ \Omega,\quad Z_1=(3+\mathrm{j}4)\ \Omega=5\angle 53.1^\circ\ \Omega$$

A 相电流为

$$\dot{I}_A=\frac{\dot{U}_{AN}}{Z+Z_1}=\frac{220\angle -30^\circ}{9.4+\mathrm{j}8.8}\ \mathrm{A}=\frac{220\angle -30^\circ}{12.88\angle 43.1^\circ}\ \mathrm{A}=17.1\angle -73.1^\circ\ \mathrm{A}$$

A 相负载上的相电压为

$$\begin{aligned}\dot{U}_{an}&=\dot{I}_A\times Z=(17.1\angle -73.1^\circ\times 8\angle 36.9^\circ)\ \mathrm{V}\\&=136.8\angle -36.2^\circ\ \mathrm{V}\end{aligned}$$

A 相输电线上的电压为

$$\begin{aligned}\dot{U}_{a1}&=\dot{I}_A\times Z_1=(17.1\angle -73.1^\circ\times 5\angle 53.1^\circ)\ \mathrm{V}\\&=85.5\angle -20^\circ\ \mathrm{V}\end{aligned}$$

Y 形负载 ab 间(除去输电线的电压降)的线电压为

$$\dot{U}_{ab}=\sqrt{3}\dot{U}_{an}\angle 30^\circ=136.8\sqrt{3}\angle -6.2^\circ\ \mathrm{V}=236.9\angle -6.2^\circ\ \mathrm{V}$$

(3) 根据对称电路的特点，可得其他两相的电流、电压分别为

$$\dot{I}_B = 17.1\angle(-73.1° - 120°)\ A = 17.1\angle -193.1°\ A$$
$$\dot{I}_C = 17.1\angle(-73.1° + 120°)\ A = 17.1\angle 46.9°\ A$$
$$\dot{U}_{bn} = \dot{U}_{ab}\angle -120° = 136.8\angle -156.2°\ V$$
$$\dot{U}_{cn} = \dot{U}_{an}\angle 120°\ V = 136.8\angle 83.8°\ V$$

【例 5-4】 如图 5-17(a)所示的对称三相电路，电源线电压为 380 V，$|Z_1| = 10\ \Omega$、$\cos\varphi_1 = 0.6$(感性)，$Z_2 = -j50\ \Omega$，$Z_N = (1+j2)\ \Omega$。试求该电路的线电流、相电流，并定性画出相量图(以 A 相为例)。

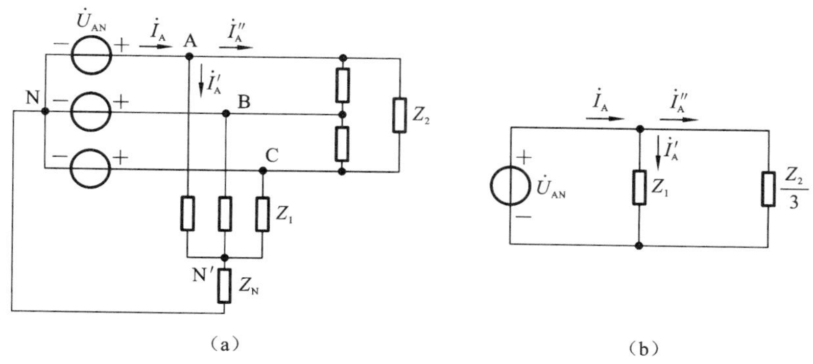

图 5-17 例 5-4 图

解 (1) 经过△-Y 的变换后，画出 A 相电路如图 5-17(b)所示，设

$$\dot{U}_{AN} = 220\angle 0°\ V,\quad \dot{U}_{AB} = 380\angle 30°\ V,\quad \cos\varphi_1 = 0.6,\quad \varphi_1 = 53.1°,$$
$$Z_1 = 10\angle 53.1°\ \Omega = (6+j8)\ \Omega,\quad Z'_2 = \frac{1}{3}Z_2 = -j\frac{50}{3}\ \Omega = \frac{50}{3}\angle -90°\ \Omega$$

则

$$\dot{I}'_A = \frac{\dot{U}_{AN}}{Z_1} = \frac{220\angle 0°}{10\angle 53.13°}\ A = 22\angle -53.13°\ A = (13.2 - j17.6)\ A$$
$$\dot{I}''_A = \frac{\dot{U}_{AN}}{Z'_2} = \frac{220\angle 0°}{-j50/3}\ A = j13.2\ A$$
$$\dot{I}_A = \dot{I}'_A + \dot{I}''_A = 13.9\angle -18.4°\ A$$

根据对称性可得

$$\dot{I}_B = 13.9\angle -138.4°\ A$$
$$\dot{I}_C = 13.9\angle 101.6°\ A$$

第一组负载的三相电流为

$$\dot{I}'_A = 22\angle -53.1°\ A$$
$$\dot{I}'_B = 22\angle -173.1°\ A$$
$$\dot{I}'_C = 22\angle 66.9°\ A$$

第二组负载的三相电流为

$$\dot{I}_{AB2} = \frac{1}{\sqrt{3}}\dot{I}'_A\angle 30° = 7.62\angle 120°\ A$$
$$\dot{I}_{BC2} = 7.62\angle 0°\ A$$
$$\dot{I}_{CA2} = 7.62\angle -120°\ A$$

由此可以画出相量图如图 5-18 所示。

由上述内容可知，对于 Y-Y 连接的三相电路具有以下结论。

(1) 在不考虑输电线路的阻抗时，电源的线电压必定等于负载相电压的$\sqrt{3}$倍。

(2) 线电流必定等于相电流。

(3) 负载是单相负载时，必须有中性线；负载是三相对称时，可以不接中性线；三相负载越接近对称，中性线上的电流越小。

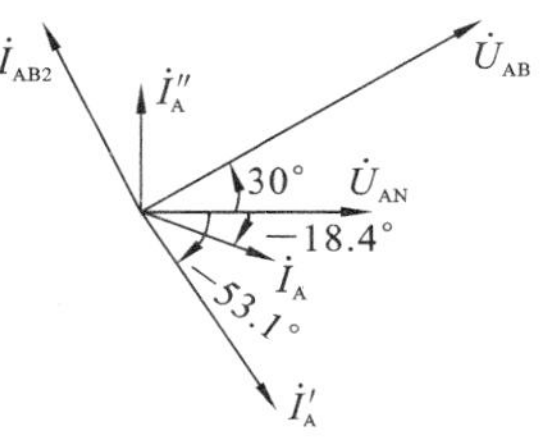

图 5-18　例 5-4 电路相量图

5.3　不对称三相电路的分析

不对称三相电路有两种可能：一是电源不对称，这种情况只有在出现电力事故时才会发生。因为发电系统及输变电系统的监控调整设备确保了电源的对称性，即使存在不对称，其程度也微乎其微；二是负载不对称，这种情况普遍存在，因为用电部门的多样性及所用负载的多样性决定了负载的不对称性。下面所讨论的是电源对称、负载不对称的电路情况。

如图 5-19 所示的电路中，其阻抗 Z_a、Z_b、Z_c 不相同，则 N 点与 N′点电位也不相等，计算得 $U_{NN'}$ 为

$$\dot{U}_{NN'}=\frac{\dot{U}_{AN}/Z_a+\dot{U}_{BN}/Z_b+\dot{U}_{CN}/Z_c}{1/Z_a+1/Z_b+1/Z_c+1/Z_N}\neq 0 \tag{5-20}$$

各负载相电压为

$$\left.\begin{aligned}\dot{U}_{AN'}&=\dot{U}_{AN}-\dot{U}_{N'N}\\\dot{U}_{BN'}&=\dot{U}_{BN}-\dot{U}_{N'N}\\\dot{U}_{CN'}&=\dot{U}_{CN}-\dot{U}_{N'N}\end{aligned}\right\} \tag{5-21}$$

画出各相相电压相量图，如图 5-20 所示。

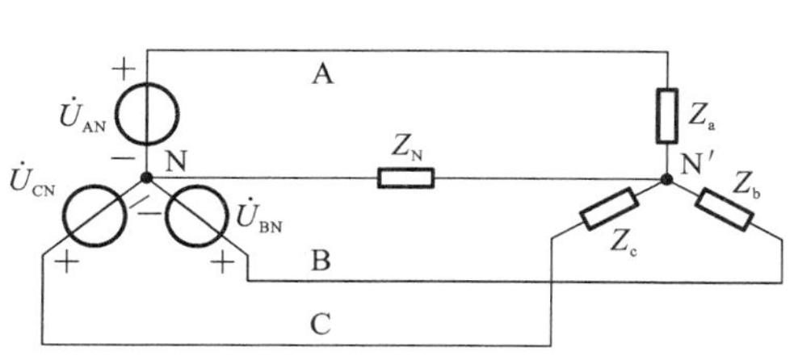

图 5-19　三相不对称电路

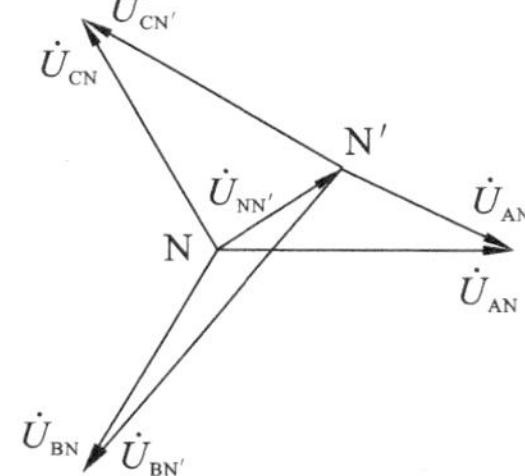

图 5-20　三相不对称电路各相负载相电压相量图

从相量图可以看到，负载中性点 N′与电源中性点 N 不再重合，这是交流电路三相负载不对称产生的结果，这种现象称为中性点位移。在电源对称的情况下，可以根据中性点位移的情况来判断负载不对称的程度。中性点位移较大，会造成负载相电压严重不对称，使负载的工作状态不正常，甚至损坏电气设备。

照明电路显而易见，下面以其为例进行分析。

(1) 正常情况下，三相四线制的中性线电流约为零，如图 5-21(a)所示，每相负载的工作相对独立。

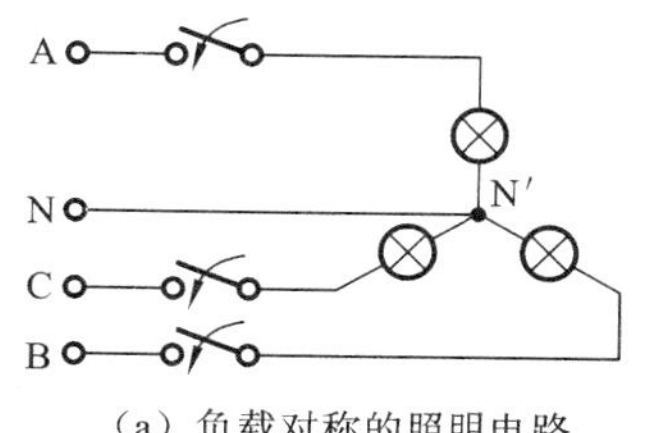

(a) 负载对称的照明电路

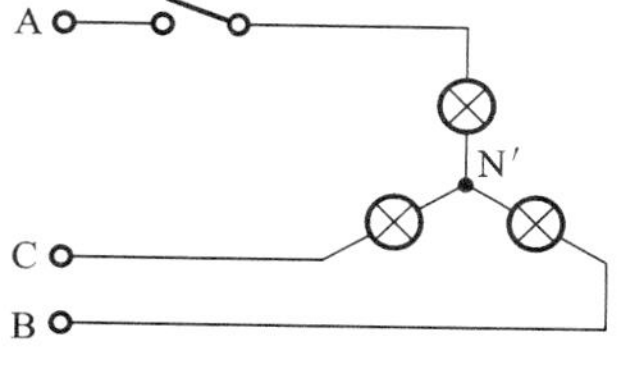

(b) 负载不对称的照明电路

图 5-21

(2) 若在三相三线制中，设 A 相开路，则形成三相不对称负载，$U_{CN'}=U_{BN'}=U_{BC}/2$，B 相和 C 相的灯泡在低于额定电压下工作，灯光昏暗。

(3) 若 A 相短路，如图 5-22 所示，则 $U_{CN'}=U_{BN'}=U_{AB}=U_{AC}$，B 相和 C 相负载上的电压将超过额定电压，灯泡的灯丝可能会烧断。

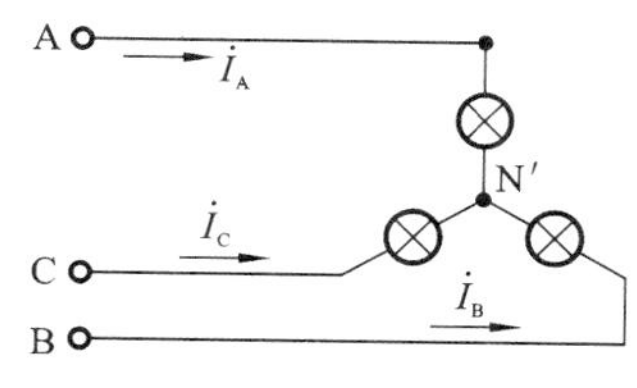

图 5-22　负载不对称的照明电路

短路时各相电流分别为

$$\dot{I}_B=\frac{\dot{U}_{BA}}{R}=-\frac{\sqrt{3}\dot{U}_A\angle 30^\circ}{R},\quad \dot{I}_C=\frac{\dot{U}_{CA}}{R}=\frac{\sqrt{3}\dot{U}_A\angle 150^\circ}{R}$$

$$\begin{aligned}\dot{I}_A&=-(\dot{I}_B+\dot{I}_C)=-\frac{\sqrt{3}\dot{U}_A}{R}(\angle -30^\circ+\angle 150^\circ)\\&=-\frac{\sqrt{3}\dot{U}_A}{R}\left(-\frac{\sqrt{3}}{2}-\mathrm{j}\,\frac{1}{2}-\frac{\sqrt{3}}{2}+\mathrm{j}\,\frac{1}{2}\right)=\frac{3\,\dot{U}_A}{R}\end{aligned}$$

由计算结果可知，短路电流是正常电流的 3 倍，很显然会烧坏负载。

经上述分析可得到以下结论。

(1) 负载不对称，电源中性点和负载中性点的电位不相等，中性线中有电流，各相电压、电流不再是对称关系。

(2) 中性线不准加装保险设施，并且线材较粗。一是减少损耗，二是增加强度，中性线一旦断了，负载便不能正常工作。

(3) 要消除或减小中性点的位移，要尽量减小中性线阻抗，然而从经济的观点来看，中性线不可能做得很粗，因此应适当调整负载，使其接近对称情况。

【例 5-5】 在三相四线制 380V/220V 的供电线路上，接入 Y 形连接的白炽灯，A 相接 1 盏灯，B 相接 3 盏灯，C 相接 10 盏灯，每盏灯的额定电压为 $U_N=220$ V，额定功率为 $P_N=100$ W。若 B 相白炽灯全部断开，此时中性线恰好也断开，如图 5-23(a)所示，试求各相负载的相电流和相电压。

解　B 相断开，中性线也断开时，A、C 相白炽灯串联接在 A、C 相线间，如图 5-23(b)所示。此时，电路已不是三相电路，而是由线电压$\dot{U}_{AC}$供电的单相电路了，故

A 相灯的总电阻为

$$R_A=484\ \Omega$$

C 相灯的总电阻为

$$R_C=484/10\ \Omega=48.4\ \Omega$$

串联后的总电阻为

$$R=(484+48.4)\ \Omega=532.4\ \Omega$$

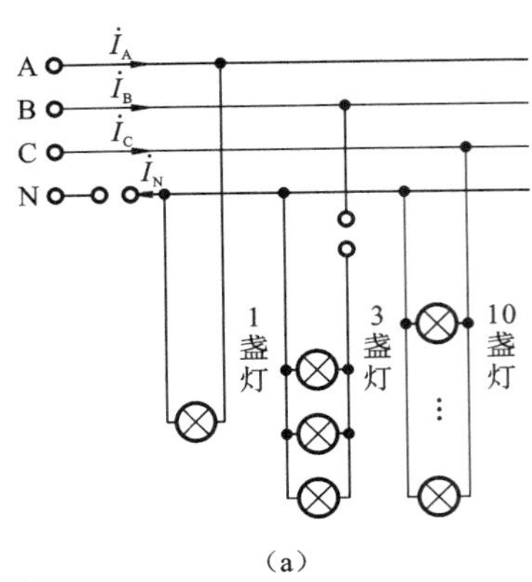

(a)

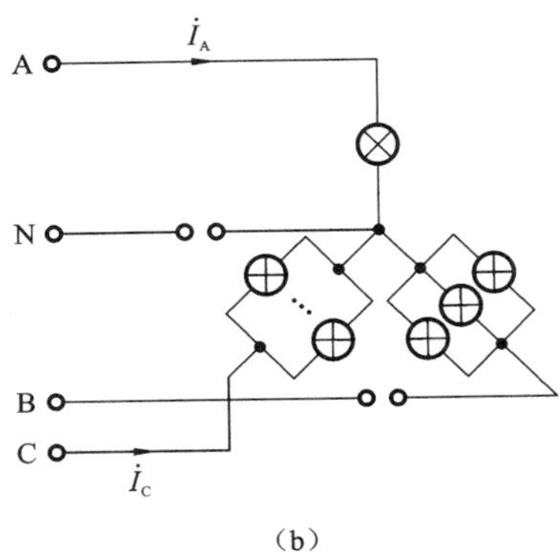

(b)

图 5-23　例 5-5 电路分析图

以$\dot{U}_A$为参考相量，由三相对称电源的线电压和相电压的相量图，可得

$$\dot{U}_{AC}=-\dot{U}_{CA}=-380\angle 150^\circ\ \text{V}=380\angle -30^\circ\ \text{V}$$

串联负载电流为

$$\dot{I}_A=-\dot{I}_C=\frac{\dot{U}_{AC}}{R}=\frac{380\angle -30^\circ}{532.4}\ \text{A}=0.714\angle -30^\circ\ \text{A}$$

B 相电流为

$$\dot{I}_B=0\ \text{A}$$

负载 A、C 相电压的有效值、相量分别为

$$U_A=(0.714\times 484)\ \text{V}=345.58\ \text{V},\quad U_C=(0.714\times 48.4)\ \text{V}=34.56\ \text{V}$$

$$\dot{U}_A=345.58\angle -30^\circ\ \text{V},\quad \dot{U}_C=34.56\angle -30^\circ\ \text{V}$$

由此可见，A 相白炽灯的端电压比额定电压高出 125.68 V，有损坏的危险；C 相白炽灯的端电压比额定电压低 185.44 V，故不能正常发光。

【例 5-6】　在电气工程或自动控制三相电动机调速系统中，需要知道电源的相序。如图 5-24(a)所示，由一个电容和两个等值电阻连接而成的 Y 形负载，此电路称为相序指示器。试说明此电路测量相序的方法。

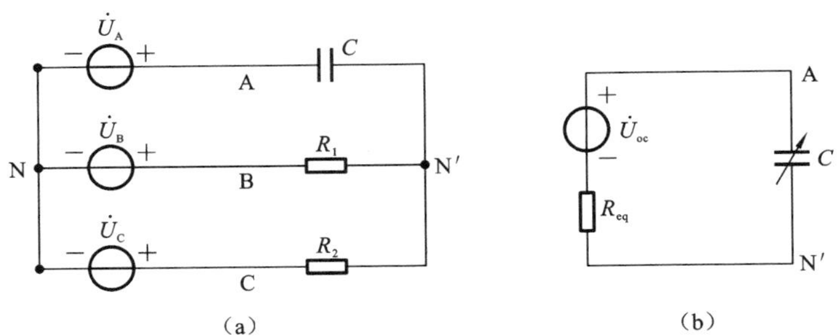

图 5-24　例 5-6 相序测量电路图

解　从电路上看，$R_1=R_2=R$，只有电容 C 通路产生相位差。所以先求以电容 C 为开路端的戴维南等效电路。

等效电阻为

$$R_{eq}=R/2$$

开路电压为

$$\dot{U}_{oc}=\dot{U}_A-\dot{U}_B+\frac{\dot{U}_B-\dot{U}_C}{2}=\dot{U}_A-\frac{1}{2}(\dot{U}_B+\dot{U}_C)=\frac{3}{2}\dot{U}_A$$

等效电路如图 5-24(b)所示，由此电路画出的电压相量关系如图 5-25(a)所示。观察其相位关系，当电容 C 变化时，N′ 点在以$\dot{U}_{oc}$为直径的半圆上移动。画出三相电源的相量图如图 5-25(b)所示，当电容 C 断开时，N′ 在 BC 中点上，$N'A \Rightarrow \dot{U}_{oc} = 3\dot{U}_A/2$；电容变化时，N′ 在半圆上运动，因此总满足$\dot{U}_{BN'} \geqslant \dot{U}_{CN'}$。

设接有负载电容的一相为 A 相，则 B 相电压比 C 相电压高。B 相的白炽灯较亮，C 相的较暗(正序)。根据此电路特征，可测定三相电源的相序。

试问，通常为什么不采用电感元件作为负载来测量三相交流电的相序。

【例 5-7】 如图 5-26 所示电路中，电源三相对称。当开关 S 闭合时，电流表的读数均为 5 A。试问，开关 S 打开后各电流表的读数。

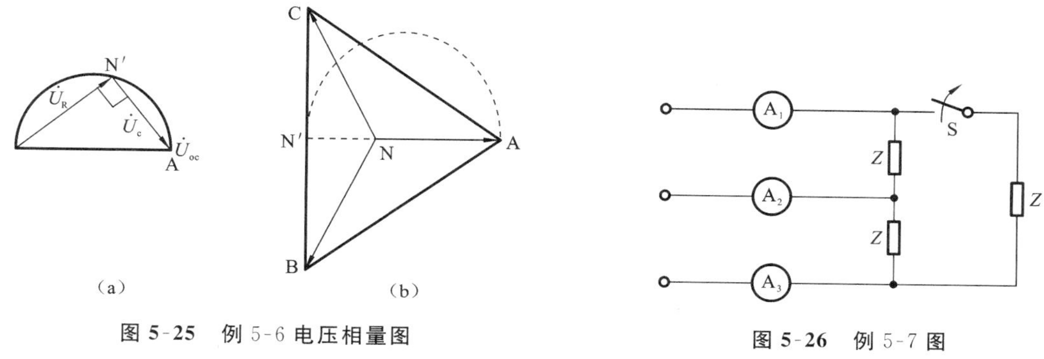

图 5-25 例 5-6 电压相量图

图 5-26 例 5-7 图

解 开关 S 打开后，电流表(A_2)中的电流与负载对称时的电流相同。而电流表(A_1)、(A_3)中的电流相当于负载对称时的相电流。电流表(A_2)的读数为 5 A，电流表(A_1)、(A_3)的读数为$\frac{5}{\sqrt{3}}$ A $=2.89$ A。

5.4 三相交流电路的功率

单相电路的功率计量通常是针对家庭或个体用户的，三相电路的功率计量则是针对工矿企业或团体单位的。与单相电路相同，对于三相电路功率的分析计算也有瞬时功率、视在功率、有功功率和无功功率，以及功率因数的计算和提高问题。

三相交流电路的设计与施工，通常是严格按照电路各相对称分布要求进行的，故以下的分析计算都是按对称三相电路功率来进行的。

5.4.1 三相瞬时功率

在三相交流电路中，若三相负载的各相电压分别为 u_A、u_B、u_C，各相电流为 i_A、i_B、i_C，则由能量守恒定律，三相负载的瞬时功率为

$$p = p_A + p_B + p_C \tag{5-22}$$

若负载为对称三相感性负载，设

$$u_A = U_m\cos(\omega t), \quad i_A = I_m\cos(\omega t - \varphi)$$

$$u_B=U_m\cos\left(\omega t-\frac{2}{3}\pi\right),\quad i_B=I_m\cos\left(\omega t-\frac{2}{3}\pi-\varphi\right)$$

$$u_C=U_m\cos\left(\omega t+\frac{2}{3}\pi\right),\quad i_C=I_m\cos\left(\omega t+\frac{2}{3}\pi-\varphi\right)$$

则式(5-22)可写为

$$\begin{aligned}P&=u_Ai_A+u_Bi_B+u_Ci_C\\&=U_mI_m\cos(\omega t)\cos(\omega t-\varphi)+U_mI_m\cos\left(\omega t-\frac{2}{3}\pi\right)\cos\left(\omega t-\frac{2}{3}\pi-\varphi\right)\\&\quad+U_mI_m\cos\left(\omega t+\frac{2}{3}\pi\right)\cos\left(\omega t+\frac{2}{3}\pi-\varphi\right)\\&=\frac{1}{2}U_mI_m\cos\varphi-\frac{1}{2}U_mI_m\cos(2\omega t-\varphi)+\frac{1}{2}U_mI_m\cos\varphi-\frac{1}{2}U_mI_m\cos\left(2\omega t-\varphi-\frac{4}{3}\pi\right)\\&\quad+\frac{1}{2}U_mI_m\cos\varphi-\frac{1}{2}U_mI_m\cos\left(2\omega t-\varphi-\frac{8}{3}\pi\right)\end{aligned}$$

整理可得

$$P=\frac{3}{2}U_mI_m\cos\varphi \tag{5-23}$$

代入幅值和有效值的关系式 $U_m=\sqrt{2}U$、$I_m=\sqrt{2}I$，有

$$P=3UI\cos\varphi \tag{5-24}$$

对于正弦交流电路而言，单相瞬时功率为正弦脉动功率，而对称三相正弦电路的瞬时功率则为一恒定值。正弦交流电路的功率波形如图5-27所示，图5-27(a)所示的为单相瞬时功率的脉动波形，图5-27(b)所示的为三相瞬时功率恒定的图形。

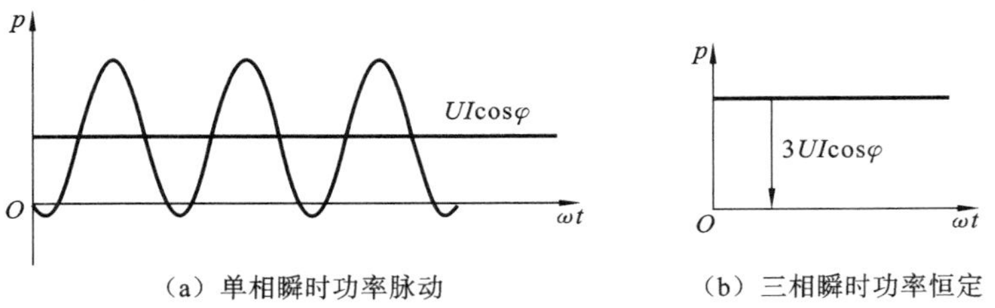

(a) 单相瞬时功率脉动　　(b) 三相瞬时功率恒定

图5-27　正弦电路功率波形

由上述分析可知，三相 2ω 分量相位互差$\frac{4\pi}{3}$，所以相位总和为零。瞬时功率的这种性质称为瞬时功率平衡，瞬时功率平衡也是三相供电制的优点。当使用三相交流电动机时，电动机的机械转矩与功率成正比，功率恒定，可以得到均衡的机械力矩，从而避免机械振动。

5.4.2　有功功率、无功功率、视在功率

1. 有功功率

有功功率也称为平均功率。三相电路负载上的有功功率等于每相负载的有功功率之和。用 U_p、I_p 表示相电压和相电流，用 U_l、I_l 表示线电压和线电流，则式(5-24)表示的三相总功率可改写为

$$P=3P_p=3U_pI_p\cos\varphi \tag{5-25}$$

若负载为 Y 形连接，则有 $U_l=\sqrt{3}U_p$、$I_l=I_p$，即有功功率为

$$P=3\times\frac{1}{\sqrt{3}}U_lI_l\cos\varphi=\sqrt{3}U_lI_l\cos\varphi \tag{5-26}$$

若负载为△形连接，则有 $U_l=U_p$、$I_l=\sqrt{3}I_p$，即有功功率为

$$P=3\times\frac{1}{\sqrt{3}}U_lI_l\cos\varphi=\sqrt{3}U_lI_l\cos\varphi \tag{5-27}$$

式(5-26)和式(5-27)表明，三相对称负载无论是 Y 形连接，还是△形连接，有功功率的计算公式都是一样的。

在计算三相电路的功率时，应注意如下事项。

(1) φ 为相电压与相电流的相位差角(阻抗角)，而不是线电压与线电流的相位差。

(2) $\cos\varphi$ 为每相的功率因数，在对称三相制中功率因数为

$$\cos\varphi_A=\cos\varphi_B=\cos\varphi_C=\cos\varphi$$

(3) 公式计算的是电源发出的功率(或负载吸收的功率)。

2. *无功功率*

三相负载无功功率，同样也等于各相负载的无功功率之和，即

$$Q=Q_A+Q_B+Q_C=U_AI_A\sin\varphi_A+U_BI_B\sin\varphi_B+U_CI_C\sin\varphi_C \tag{5-28}$$

若负载对称，无论是 Y 形连接，还是△形连接，无功功率的计算如下。

$$Q=3U_pI_p\sin\varphi=\sqrt{3}U_lI_l\sin\varphi \tag{5-29}$$

3. *视在功率*

三相负载总的视在功率一般不等于各相负载视在功率之和，即

$$S\neq U_AI_A+U_BI_B+U_CI_C$$

当负载对称时，总的视在功率等于各相负载视在功率之和，有式(5-30)，即

$$S=\sqrt{P^2+Q^2}=3U_pI_p=\sqrt{3}U_lI_l \tag{5-30}$$

其功率因数定义为

$$\cos\varphi=\frac{P}{S}\quad(\text{负载不对称时 }\varphi\text{ 无意义})$$

4. *三相功率的测量*

1) 三表法测量

测量三相电路的功率，最直接的方法是在每一相上接一个功率表(瓦特计)，然后将测量的结果相加，接线方式如图 5-28 所示。

设负载为 Y 形连接，则负载消耗的总功率为三相瞬时功率之和，即

$$p=u_{AN}i_A+u_{BN}i_B+u_{CN}i_C \tag{5-31}$$

测量结果为

$$P=P_A+P_B+P_C \tag{5-32}$$

如果电路严格对称，则只需用一个功率表，将得到的结果乘以 3，即可得到总功率。

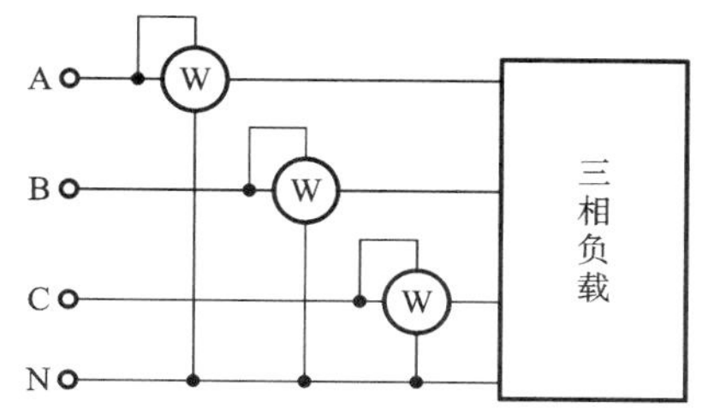

图 5-28 三相四线制三相电路的功率测量

2）二表法测量

设三相负载为Y形连接，由节点电流定律，可得

$$i_A+i_B+i_C=0 \Rightarrow i_C=-(i_A+i_B)$$

将 i_C 的关系式代入式(5-31)，并整理得

$$p=(u_{AN}-u_{CN})i_A+(u_{BN}-u_{CN})i_B=u_{AC}i_A+u_{BC}i_B$$

即总功率可由两项关联的相电压和相电流乘积之和计算得到，即

$$P=U_{AC}I_A\cos\varphi_1+U_{BC}I_B\cos\varphi_2 \tag{5-33}$$

式中：φ_1 是 u_{AC} 与 i_A 的相位差；φ_2 是 u_{BC} 与 i_B 的相位差。所以，可以使用两个功率表测量瞬时功率的方法来计量三相负载总功率，但功率表需按图5-29所示连接。

二表法测量线路的接法是将两个功率表的电流线圈串联接到任意两相中，电压线圈的同名端接到其电流线圈所串接的线上，电压线圈的非同名端接到另一相没有串接功率表的相线上。若 W_1 的读数为 P_1，W_2 的读数为 P_2，则三相总功率为

$$P=P_1+P_2 \tag{5-34}$$

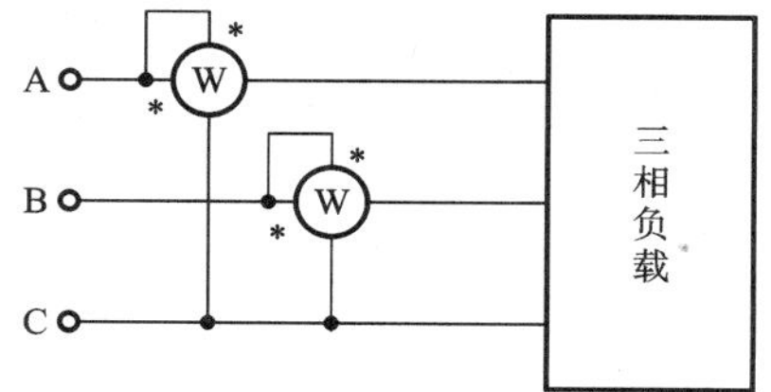

图5-29 三相电路二表法测量功率

采用二表法测量功率应注意如下事项。

(1) 只有在三相三线制条件下，才能用二表法，且不论负载对称与否。

(2) 两块表读数的代数和为三相总功率，每块表单独的读数无意义。

(3) 按正确极性接线时，二表中可能有一个表的读数为负，此时功率表指针反转，将其电流线圈极性反接后，指针指向正数，但此时的读数应记为负值。

(4) 二表法测三相功率的接线方式有三种，接线时注意功率表的同名端。

(5)三相负载对称的情况下，有

$$P_1=U_lI_l\cos(\varphi-30°),\quad P_2=U_lI_l\cos(\varphi+30°)$$

将其代入式(5-34)得

$$\begin{aligned}P&=U_lI_l\cos(\varphi-30°)+U_lI_l\cos(\varphi+30°)\\&=U_lI_l[\cos(\varphi-30°)+\cos(\varphi+30°)]\\&=\sqrt{3}U_lI_l\cos\varphi\end{aligned} \tag{5-35}$$

式中：φ 为负载的阻抗角。上述二表法、三表法测量三相功率时不限制负载的对称性。

【例5-8】 有一组对称三相负载，每相负载的 $R=4\ \Omega$，$X=3\ \Omega$，$U_N=380$ V，若分别连接成Y形和△形接到线电压为380 V的三相电源上。试求电路的有功功率、无功功率和视在功率。

解 (1) 负载Y形连接时，因为电源的线电压为 $U_l=380$ V，所以电源相电压为 $U_p=220$ V，负载上的相电压也为220 V。

负载的功率因数为

$$\cos\varphi=\frac{R}{\sqrt{R^2+X^2}}=\frac{4}{\sqrt{4^2+3^2}}=0.8$$

求出线电压与线电流之间的相位角为

$$\varphi=36.8°$$

可得 Y 形连接的参数为

$$I_l=I_p=\frac{U_p}{\sqrt{R^2+X^2}}=\frac{220}{\sqrt{4^2+3^2}}\text{ A}=44\text{ A}$$

$$P=\sqrt{3}U_lI_l\cos\varphi=\sqrt{3}\times380\times44\times0.8\text{ W}=23.1\text{ kW}$$

$$Q=\sqrt{3}U_lI_l\sin\varphi=\sqrt{3}\times380\times44\times0.6\text{ var}=17.4\text{ kvar}$$

$$S=\sqrt{3}U_lI_l=28.9\text{ kV}\cdot\text{A}$$

(2) 负载△形连接时，因为电源线电压为 $U_l=380$ V，负载△形连接时，负载上的相电压等于电源的线电压，即

$$U_p=U_l=380\text{ V}$$

可得△连接的参数为

$$I_l=\sqrt{3}I_p=\sqrt{3}\times\frac{U_p}{\sqrt{R^2+X^2}}=\sqrt{3}\times\frac{380}{\sqrt{4^2+3^2}}\text{ A}=132\text{ A}$$

$$P=\sqrt{3}U_lI_l\cos\varphi=\sqrt{3}\times380\times132\times0.8\text{ W}=69.5\text{ kW}$$

$$Q=\sqrt{3}U_lI_l\sin\varphi=\sqrt{3}\times380\times132\times0.6\text{ var}=52.1\text{ kvar}$$

$$S=\sqrt{3}U_lI_l=86.9\text{ kV}\cdot\text{A}$$

从以上计算可以看出，当三相电源电压一定，负载 Y 形连接时，工作在欠压状态，并且得到的功率是△形接法的$\frac{1}{3}$。

【例 5-9】 已知 $U_l=380$ V，$Z_1=(30+\text{j}40)\ \Omega$，电动机功率为 $P=1700$ W，$\cos\varphi=0.8$(感性)。求：(1) 线电流及电源发出的总功率；(2) 用二表法测量电动机负载的功率，并画出接线图，写出两表读数。

解 (1)

$$\dot{U}_{\text{AN}}=220\angle0°\text{ V}$$

$$\dot{I}_{\text{A1}}=\frac{\dot{U}_{\text{AN}}}{Z_1}=\frac{220\angle0°}{30+\text{j}40}\text{ A}=4.41\angle-53.1°\text{ A}$$

电动机功率为

$$P=\sqrt{3}U_lI_{\text{A2}}\cos\varphi=1700\text{ W}$$

可解出 I_{A2} 及相量值为

$$I_{\text{A2}}=\frac{P}{\sqrt{3}U_l\cos\varphi}=\frac{P}{\sqrt{3}\times380\times0.8}=3.23\text{ A}$$

$$\cos\varphi=0.8,\quad \varphi=36.9°$$

$$\dot{I}_{\text{A2}}=3.23\angle-36.9°\text{ A}$$

总电流及功率值为

$$\dot{I}_{\text{A}}=\dot{I}_{\text{A1}}+\dot{I}_{\text{A2}}=(4.41\angle-53.1°+3.23\angle-36.9°)\text{ A}=7.56\angle-46.2°\text{ A}$$

$$P_{总}=\sqrt{3}U_lI_{\text{A}}\cos\varphi_{总}=\sqrt{3}\times380\times7.56\cos46.2°\text{ W}=3.44\text{ kW}$$

$$P_{Z1}=3\times I_{\text{A1}}^2\times R_1=3\times4.41^2\times30\text{ W}=1.74\text{ kW}$$

(2) 两表的接法如图 5-31 所示。

W_1的读数为

$$P_1=U_{\text{AC}}\times I_{\text{A2}}\cos\varphi_1=U_lI_l\cos(\varphi-30°)=380\times3.23\cos(36.9°-30°)\text{ W}=1218.5\text{ W}$$

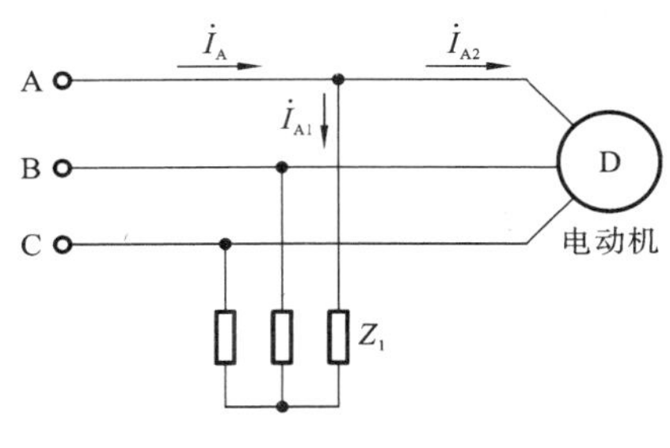

图 5-30 例 5-9 图

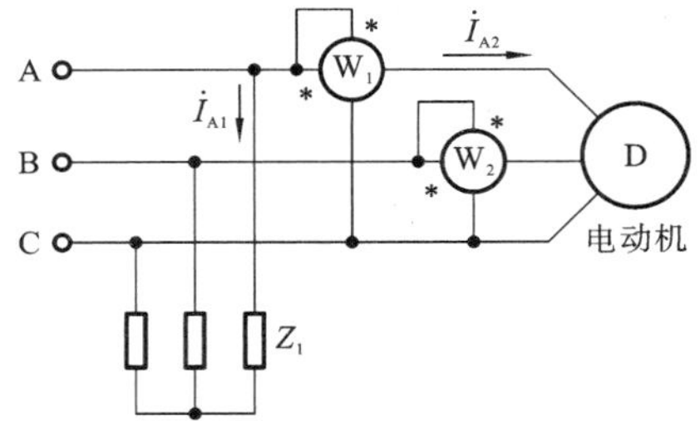

图 5-31 二表法测量接线电路图

W_2的读数为

$$P_2=U_{BC}\times I_{B2}\cos\varphi_2=U_lI_l\cos(\varphi+30°)=380\times3.23\cos(36.9°+30°)\ \text{W}=481.6\ \text{W}$$

本章小结

1. 三相电源

对称三相电源由三个振幅相等、频率相同、相位差为 120°的正弦电压源组成，如果电源相序为正序，设 A 相电压初相位为 0，则各相电压的相量表达式为

$$\dot{U}_A=U_p\angle0°,\quad \dot{U}_B=U_p\angle-120°,\quad \dot{U}_C=U_p\angle120°$$

三相电源有两种连接方式，Y 形连接的特点是 $U_l=\sqrt{3}U_p$，△形连接的特点是 $U_l=U_p$。

2. 对称三相负载

凡是对称三相电路都可用一相法计算，然后再推知其他两相。负载 Y 形连接时的特点是 $I_l=I_p$，$U_l=\sqrt{3}U_p$，而相位超前 30°。负载△形连接的特点是 $U_l=U_p$，$I_l=\sqrt{3}I_p$，而相位滞后 30°。

3. 三相不对称负载

不对称负载一般为 Y 形连接，而且必须有中性线，中性线的作用就在于能够使不对称的负载上的电压相互独立，因此中性线上不能接保险丝和开关。

4. 三相对称电路的功率

平均功率为

$$P=3U_pI_p\cos\varphi=\sqrt{3}U_lI_l\cos\varphi$$

无功功率为

$$Q=3U_pI_p\sin\varphi=\sqrt{3}U_lI_l\sin\varphi$$

视在功率为

$$S=3U_pI_p=\sqrt{3}U_lI_l$$

习 题 5

1. 已知 Y 形连接的对称三相负载，每相阻抗为 40∠25° Ω，三相电源的线电压为 380 V。求负载的相电流，并绘出电压、电流的相量图。

2. 某一对称三相负载，每相的阻抗为 $R=8\ \Omega$、$X_L=6\ \Omega$，△形连接于线电压为 380 V 的电源上，试求其相电流和线电流的大小。

3. 制作一个 15 kW 的电阻加热炉，用△形连接法，电源线电压为 380 V，求每相的电阻值；如果改用 Y 形连接法，每相电阻值又为多少？

4. 某人采用铬铝电阻丝三根，制成三相加热器。每根电阻丝的电阻为 40 Ω，最大允许电流为 6 A。试根据电阻丝的最大允许电流决定三相加热器的接法（电源电压为 380 V）。

5. Y 形连接的对称三相电路中，负载每相阻抗 $Z=(6+j8)\Omega$，电源线电压有效值为 380 V，求三相负载的有功功率。

6. Y 形连接的对称三相电路，已知 $\dot{I}_A=5\angle 10°$ A，$\dot{U}_{AB}=380\angle 85°$ V，求负载的三相总功率 P。

7. 三相交流电动机定子绕组为△形连接，线电压 $U_l=380$ V，线电流 $I_l=17.3$ A，总功率 $P=4.5$ kW。试求三相交流电动机每相的等效电阻和感抗。

8. 三相对称负载△形连接，其线电流为 $I_l=5.5$ A，有功功率为 $P=7760$ W，功率因数为 $\cos\varphi=0.8$，求电源的线电压 U_l、电路的无功功率 Q 和每相阻抗 Z。

9. 对称三相电路如图题 9 所示，已知：$\dot{I}_A=5\angle 30°$ A，$\dot{U}_{AB}=380\angle 90°$ V。试求：(1) 相电压 $\dot{U}_B$；(2) 每相阻抗 Z；(3) 每相功率因数；(4) 三相总功率 P。

10. 在图题 10 所示电路中，对称负载为△形连接，已知电源电压 $U_L=380$ V，安培计读数为 $I_L=17.3$ A，三相功率 $P=4.5$ kW，试求每相负载的电阻和感抗。

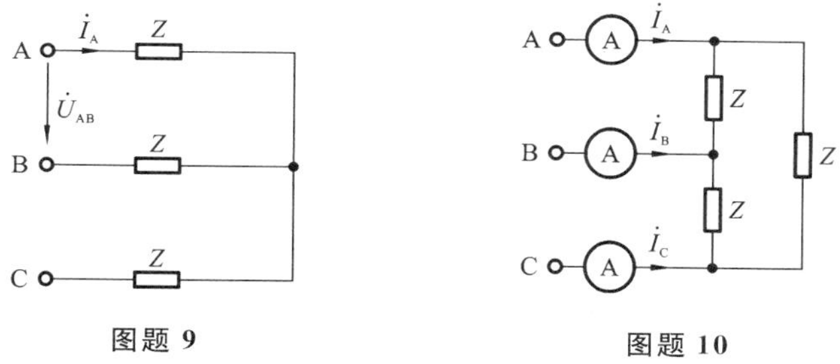

图题 9　　图题 10

11. 一对称的三相负载，每相为 4 Ω 电阻和 3 Ω 感抗串联，电路为 Y 形连接，三相电源电压为 380 V，求相电流和线电流的大小及三相有功功率 P。

12. 如图题 12 所示的三相四线制电路，三相负载连接成 Y 形，已知电源线电压为 380 V，负载电阻 $R_a=11\ \Omega$，$R_b=R_c=22\ \Omega$，试求：负载的各相电压、相电流、线电流和中线电流。

13. 电路如图题 13 所示，电源电压为 $U_L=380$ V，每相负载的阻抗为 $R=X_L=X_C=10\ \Omega$。试问：(1) 该三相负载能否称为对称负载？为什么？(2) 计算中线电流和各相电流。

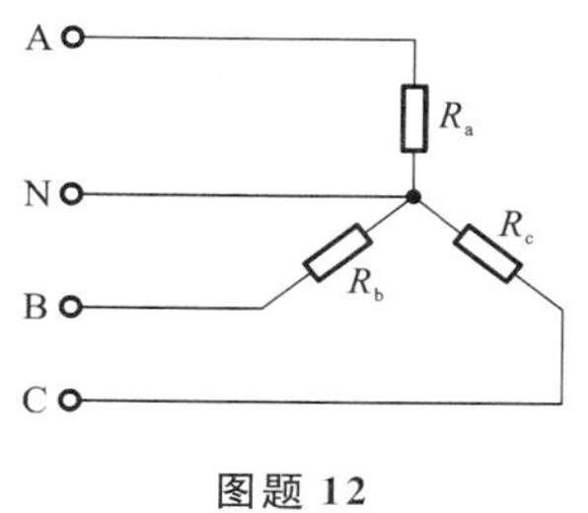

图题 12

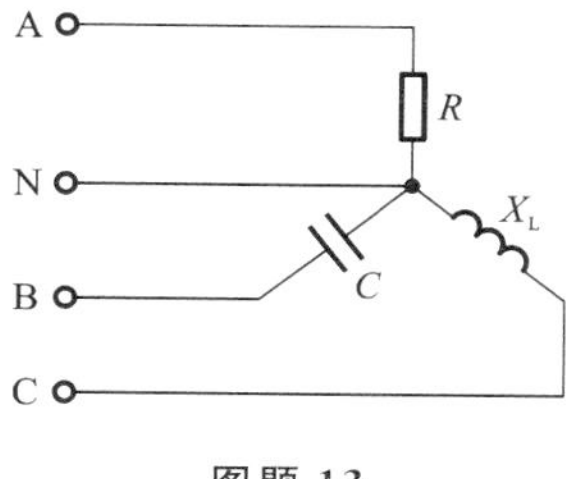

图题 13

14. 三相对称感性负载接到三相对称电源上，在两线间接一功率表如图题 14 所示，电压 $U_{AB}=380$ V，负载功率因数 $\cos\varphi=0.6$，功率表 W_1 读数 $P=275$ W，求线电流 I_A，及三相负载的总功率。

15. 图题 15 所示的对称三相电路，电源频率为 50 Hz，$Z=(6+j8)\ \Omega$。在负载端接入三相电容器组后，功率因数提高到 0.9，试求每组电容器的电容值。

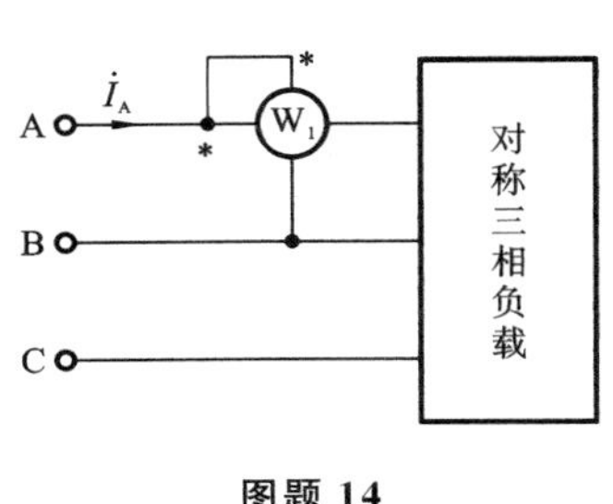

图题 14

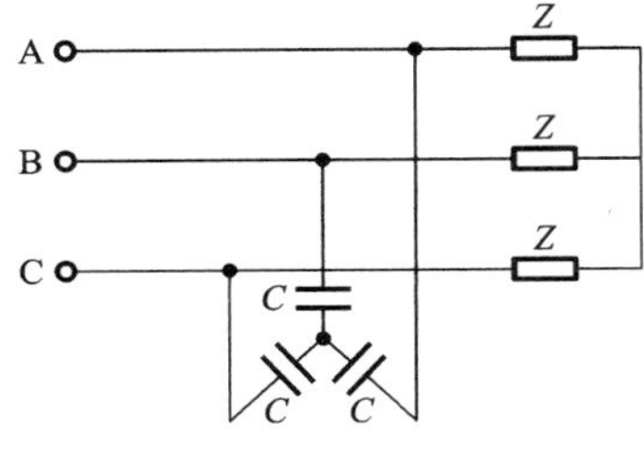

图题 15

第6章　耦合电感与理想变压器

知识要点

- 理解互感线圈、互感系数、耦合系数和理想变压器的含义；
- 理解互感电压和互感线圈的同名端概念；
- 掌握互感线圈串联、并联去耦等效及T形去耦等效的方法；
- 掌握空芯变压器电路在正弦稳态下的分析方法；
- 熟练掌握理想变压器变换电压、电流及阻抗的关系式。

6.1　耦合电感的伏安关系

当线圈有变化的电流通过时，其周围将产生磁场。如果两个线圈的磁场存在相互作用，则称这两个线圈具有磁耦合性。具有磁耦合的两个或两个以上的线圈，称为耦合线圈。耦合线圈的理想化模型称为耦合电感。

6.1.1　耦合电感的概念

如图6-1所示，电流 i_1 流入一个孤立的线圈，线圈的匝数为 N，i_1 产生的磁通设为 Φ，则该线圈的磁通链 Ψ 应为

$$\Psi = N\Phi$$

当线圈周围的媒质为非铁磁物质时，磁通链 Ψ 与产生它的电流 i 成正比，当 Ψ 与 i 的参考方向符合右手螺旋法则，则有

$$\Psi = Li$$

图6-1　电感线圈

式中：L 是常量，为线圈的电感，也称自感。

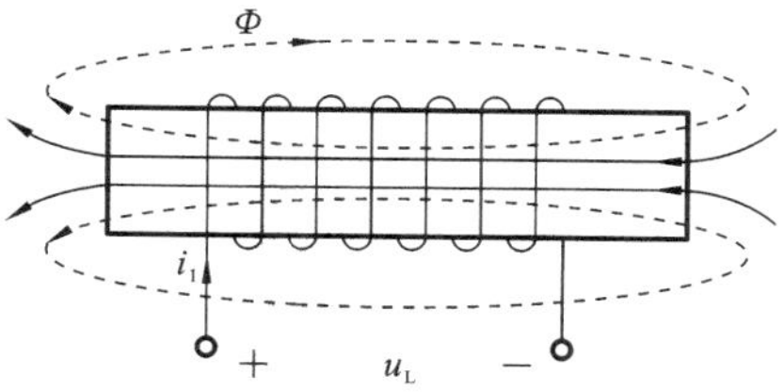

当电流 i_1 变化时，磁通 Φ 和磁通链 Ψ 也随之变化，于是在线圈的两端出现感应电压，即自感电压 u_L。如果端口电压 u_L 的参考方向与电流 i 的参考方向为关联参考方向，且电流 i 与磁通的参考方向符合右手螺旋法则，可得电感的伏安关系为

$$u_L = L\frac{\mathrm{d}i}{\mathrm{d}t}$$

两个或两个以上彼此靠近的线圈，它们的磁场相互联系的物理现象称为磁耦合。图6-2所示的为两个耦合的线圈1、2，线圈匝数分别为 N_1 和 N_2，电感分别为 L_1 和 L_2。其中的电流 i_1 和 i_2 又称为施感电流。图6-2(a)所示电感中，当电流 i_1 通过线圈1时，线圈1将产生自感磁

通 Φ_{11}，方向如图 6-2(a)所示，Φ_{11} 在穿越自身线圈时，所产生的磁通链为 Ψ_{11}，Ψ_{11} 称为自感磁通链，$\Psi_{11}=N_1\Phi_{11}$。Φ_{11} 的一部分或全部交链线圈 2 时，线圈 1 对线圈 2 的互感磁通为 Φ_{21}，Φ_{21} 在线圈 2 中产生的磁通链为 Ψ_{21}，Ψ_{21} 称为互感磁通链，$\Psi_{21}=N_2\Phi_{21}$。同样地，图 6-2(b)所示线圈 2 中的电流 i_2 也在线圈 2 中产生了自感磁通 Φ_{22} 和自感磁通链 Ψ_{22}。在线圈 1 中产生互感磁通 Φ_{12} 和互感磁通链 Ψ_{12}。每个耦合线圈中的磁通链等于自感磁通链和互感磁通链两部分的代数和，设线圈 1、2 的磁通链分别为 Ψ_1 和 Ψ_2，则

$$
\begin{aligned}
\Psi_1 &= \Psi_{11} \pm \Psi_{12} \\
\Psi_2 &= \Psi_{22} \pm \Psi_{21}
\end{aligned}
\tag{6-1}
$$

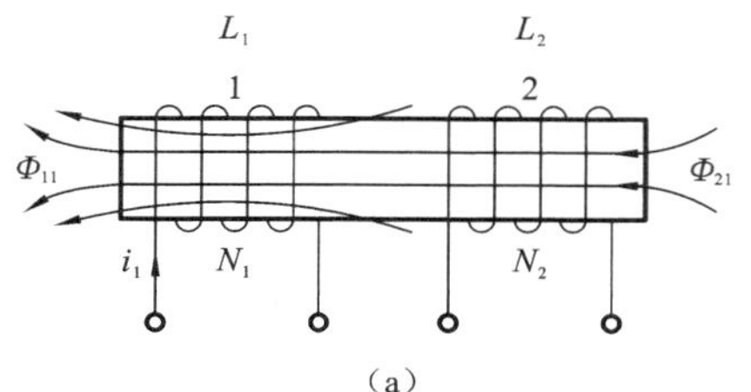

(a)

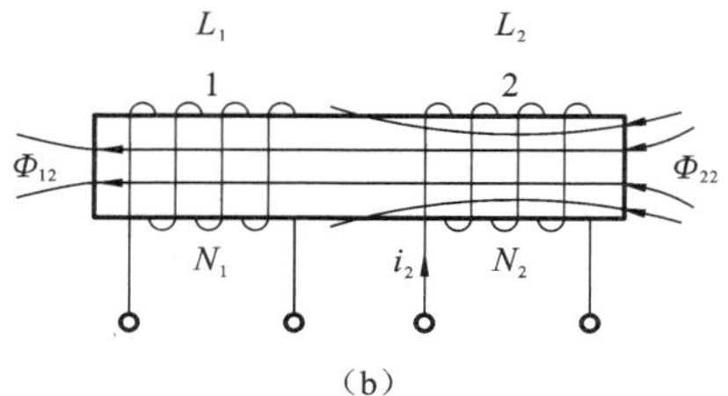

(b)

图 6-2　两个耦合的电感线圈

当周围空间为线性磁介质时，自感磁通链为

$$\Psi_{11}=L_1 i_1,\quad \Psi_{22}=L_2 i_2$$

互感磁通链为

$$\Psi_{12}=M_{12} i_2,\quad \Psi_{21}=M_{21} i_1$$

式中：L_1 和 L_2 称为自感系数，简称自感；M_{12} 和 M_{21} 称为互感系数，简称互感，单位均为亨利(H)。可以证明 $M_{12}=M_{21}$，所以在只有两个线圈耦合时可以忽略不计，都用 M 表示。于是两个耦合线圈的磁通链可表示为

$$
\begin{aligned}
\Psi_1 &= L_1 i_1 \pm M i_2 \\
\Psi_2 &= L_2 i_2 \pm M i_1
\end{aligned}
\tag{6-2}
$$

自感磁通链总为正，互感磁通链可正可负。当互感磁通链的参考方向与自感磁通链的参考方向一致时，彼此相互加强，互感磁通链取正；反之，互感磁通链取负。互感磁通链的方向由其电流方向、线圈绕向及相对位置决定。

6.1.2　耦合电感的伏安关系

当图 6-2 所示的两个耦合的电感 L_1 和 L_2 中有变化的电流时，各电感中的磁通链将随电流的变化而变化。设 L_1 和 L_2 中的电压、电流的参考方向均为关联参考方向，且电流与磁通符合右手螺旋法则，依据法拉第电磁感应定律，由式(6-1)和式(6-2)可得

$$
\begin{cases}
u_1=\dfrac{\mathrm{d}\Psi_1}{\mathrm{d}t}=u_{11}\pm u_{12}=L_1\dfrac{\mathrm{d}i_1}{\mathrm{d}t}\pm M\dfrac{\mathrm{d}i_2}{\mathrm{d}t} \\[2ex]
u_2=\dfrac{\mathrm{d}\Psi_2}{\mathrm{d}t}=u_{22}\pm u_{21}=L_2\dfrac{\mathrm{d}i_2}{\mathrm{d}t}\pm M\dfrac{\mathrm{d}i_1}{\mathrm{d}t}
\end{cases}
\tag{6-3}
$$

自感电压为

$$u_{11}=L_1\frac{\mathrm{d}i_1}{\mathrm{d}t},\quad u_{22}=L_2\frac{\mathrm{d}i_2}{\mathrm{d}t}$$

互感电压为

$$u_{12}=M\frac{\mathrm{d}i_2}{\mathrm{d}t},\quad u_{21}=M\frac{\mathrm{d}i_1}{\mathrm{d}t}$$

式(6-3)表示两个耦合电感的电压、电流关系，即伏安关系；该式表明耦合电感上的电压是自感电压和互感电压的代数和。u_1 不仅与 i_1 有关，也与 i_2 有关，u_2 也是如此。u_{12} 是变化的电流 i_2 在 L_1 中产生的互感电压，u_{21} 是变化的电流 i_1 在 L_2 中产生的互感电压。自感电压总为正，互感电压可正可负。当互感磁通链与自感磁通链相互加强时，互感电压为正；反之，互感电压为负。

在正弦稳态电流的激励下，耦合电感伏安关系为

$$\left.\begin{aligned}\dot{U}_1 &= \mathrm{j}\omega L_1 \dot{I}_1 \pm \mathrm{j}\omega M \dot{I}_2 \\ \dot{U}_2 &= \mathrm{j}\omega L_2 \dot{I}_2 \pm \mathrm{j}\omega M \dot{I}_1\end{aligned}\right\} \tag{6-4}$$

式中：$\mathrm{j}\omega L_1$ 和 $\mathrm{j}\omega L_2$ 分别为两线圈的自阻抗；$\mathrm{j}\omega M$ 为互阻抗；ωM 为互感抗。

6.1.3 耦合电感的同名端

1. 同名端的定义

上述关于互感电压符号的讨论，与按右手螺旋法则所规定互感电压的正极性参考方向、产生它的电流的参考方向和两个线圈的绕向三者有关。但实际的线圈往往是密封的，无法看到具体绕向；并且要在电路图中绘出线圈的绕向也很不方便。为此引入同名端的概念，对两个有耦合的线圈各取一个端子，并用相同的符号标记，如“•”或“*”加以区别线圈的绕向。

当两个电流分别从两个线圈的对应端子同时流入时，如果产生的磁通相互增强，则这两个对应端子称为两互感线圈的同名端。如图 6-3 所示，当 i_1 和 i_2 分别从 a、d 端流入时，所产生的磁通相互增强，a 与 d 是一对同名端(b 与 c 也是一对同名端)；a 与 c 是一对异名端(b 与 d 也是一对异名端)。有了同名端的规定，图 6-3 所示的耦合线圈在电路中可用图 6-4 所示的有同名端标记的电路模型表示。

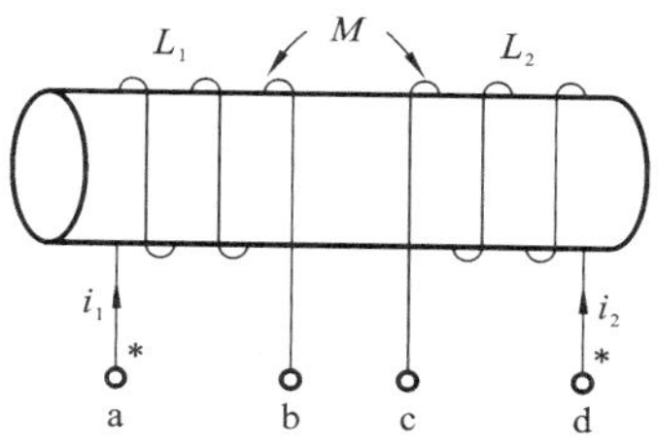

图 6-3 线圈的同名端标示

耦合电感标注同名端后，可按下列规则确定互感电压的参考方向：如果电流的参考方向由线圈的同名端指向另一端，那么由这一电流在另一线圈内产生的互感电压的参考方向也应由该线圈的同名端指向另一端，如图 6-5 所示。

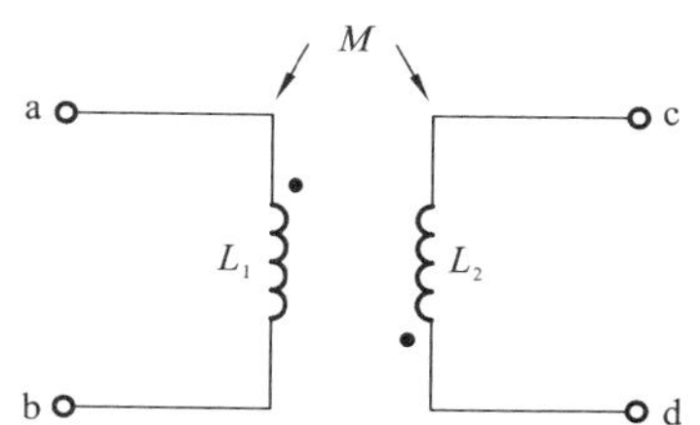

图 6-4 耦合线圈的同名端标记电路模型图

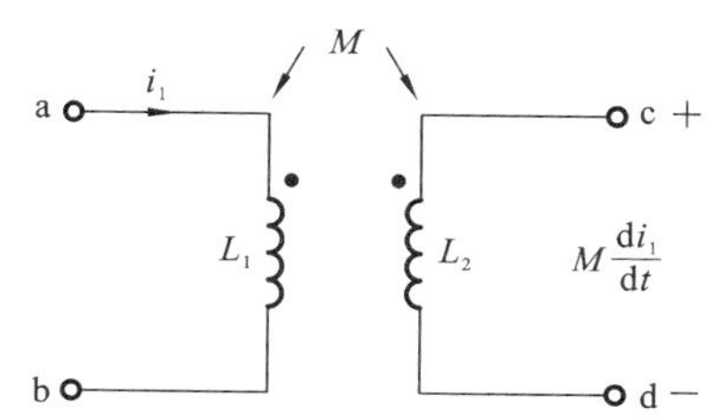

图 6-5 利用同名端判定互感电压的参考方向

因此，如果知道了耦合电感的同名端，则不必知道线圈的具体绕向也能正确列出耦合电感的伏安关系式。如图 6-6 所示，根据标定的同名端和电流的参考方向，可求得互感电压。

图 6-6(a)所示互感电压为 $u_{21} = M\dfrac{\mathrm{d}i_1}{\mathrm{d}t}$

图 6-6(b)所示互感电压为 $u_{21} = -M\dfrac{\mathrm{d}i_1}{\mathrm{d}t}$

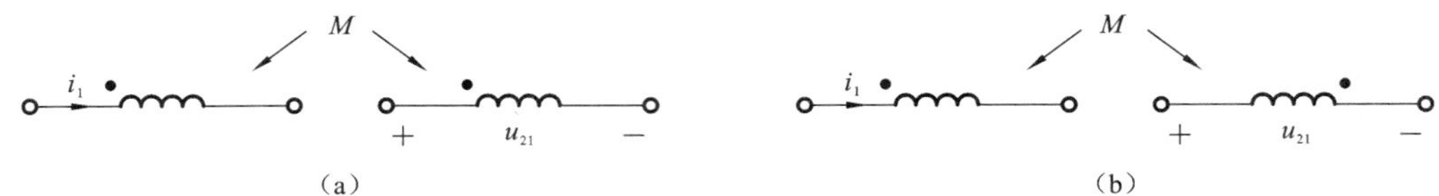

图 6-6 同名端标记与互感电压的正负号

图 6-6(a)与图 6-6(b)比较，其互感电压的参考方向和电流的参考方向相同，但同名端的方向不同，于是互感电压的伏安关系表达式符号不同。

【例 6-1】 电路如图 6-7 所示，(a)、(b)、(c)、(d)四个互感线圈，已知同名端和各线圈上电压、电流的参考方向，试写出每一个互感线圈上的电压电流关系。

解 (a) $u_1=L_1\dfrac{di_1}{dt}+M\dfrac{di_2}{dt}$, $u_2=M\dfrac{di_1}{dt}+L_2\dfrac{di_2}{dt}$

(b) $u_1=L_1\dfrac{di_1}{dt}-M\dfrac{di_2}{dt}$, $u_2=L_2\dfrac{di_2}{dt}-M\dfrac{di_1}{dt}$

(c) $u_1=L_1\dfrac{di_1}{dt}+M\dfrac{di_2}{dt}$, $u_2=-L_2\dfrac{di_2}{dt}-M\dfrac{di_1}{dt}$

(d) $u_1=-L_1\dfrac{di_1}{dt}-M\dfrac{di_2}{dt}$, $u_2=-L_2\dfrac{di_2}{dt}-M\dfrac{di_1}{dt}$

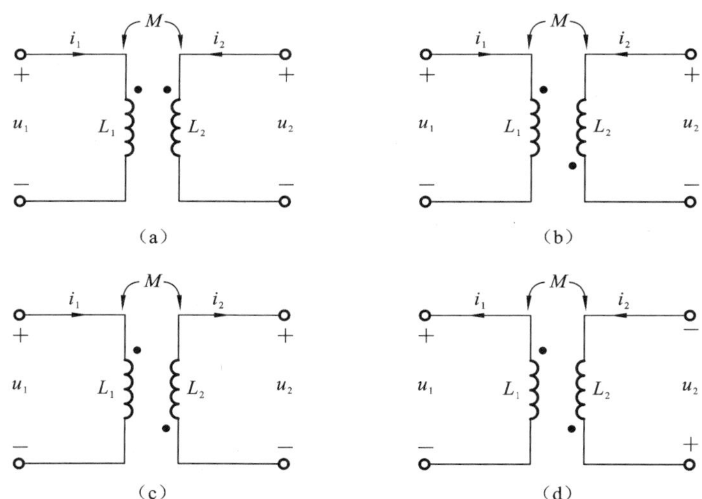

图 6-7 例 6-1 图

注意：耦合电感上的伏安关系，不仅与耦合电感的同名端位置有关，也与两线圈上电流的参考方向及电压的参考方向有关，则其电感电压是由这三个参量共同决定的。

【例 6-2】 在图 6-8(a)所示电路中，已知两线圈的互感 $M=1H$，电流源 $i_1(t)$的波形如图 6-8(b)所示，试求开路电压 u_{CD}的波形。

解 由于线圈 L_2 开路，其电流为零，因而 L_2 上的自感电压为零，L_2 上仅有电流 i_1产生的互感电压。根据 i_1的参考方向和同名端位置，有

$$u_{CD}=M\frac{di_1}{dt}$$

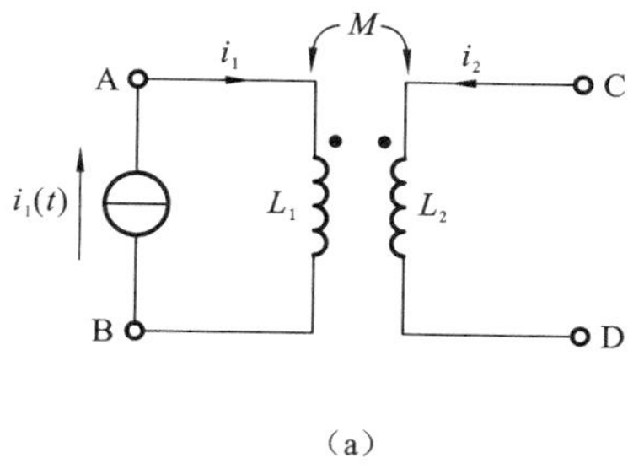

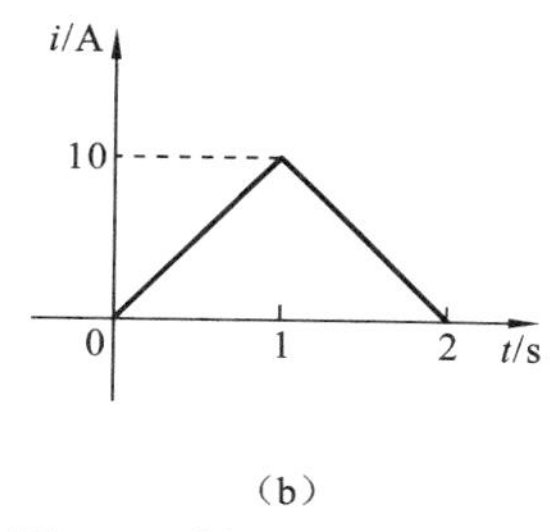

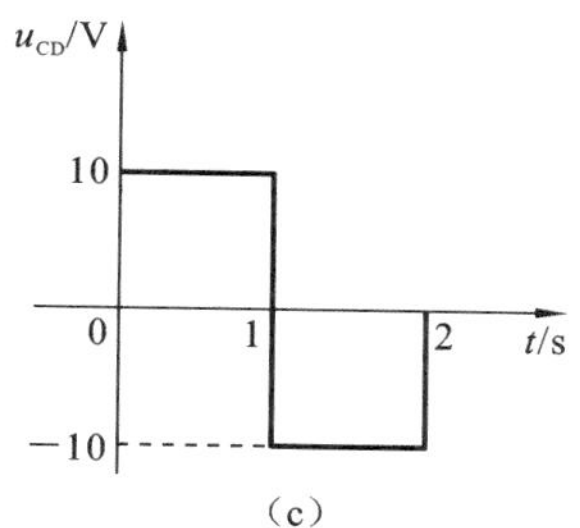

图 6-8 例 6-2 图

由图 6-8(b)可知

$0\leqslant t\leqslant 1$s 时，$i_1=(10t)$ A，则

$$u_{CD}=M\frac{d(10t)}{dt}=10\ V$$

$1\leqslant t\leqslant 2$s 时，$i_1=(-10t+20)$ A，则

$$u_{CD}=M\frac{d(-10t+20)}{dt}=-10\ V$$

$t\geqslant 2$s 时，$i_1=0$ A，则

$$u_{CD}=0\ V$$

开路电压 u_{CD}的波形如图 6-8(c)所示。

图 6-9 所示的是标出了相对位置和绕向的互感线圈同名端。同名端只取决于两个线圈的实际绕向和相对位置。

同名端总是成对出现的，如果有两个以上的线圈彼此间都存在磁耦合，则同名端应一对一对地加以标记，每一对需用不同的符号标出。例如图 6-10 所示线圈中，线圈 1 和线圈 2 用小圆点标示的端子为同名端，当电流从这两端子同时流入或流出时，互感起增强作用。同理，线圈 1 和线圈 3 用星号标示的端子为同名端。线圈 2 和线圈 3 用三角标示的端子为同名端。

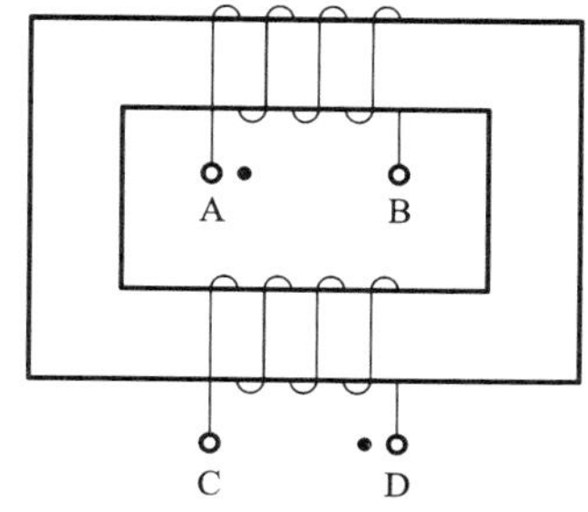

图 6-9 互感线圈的同名端

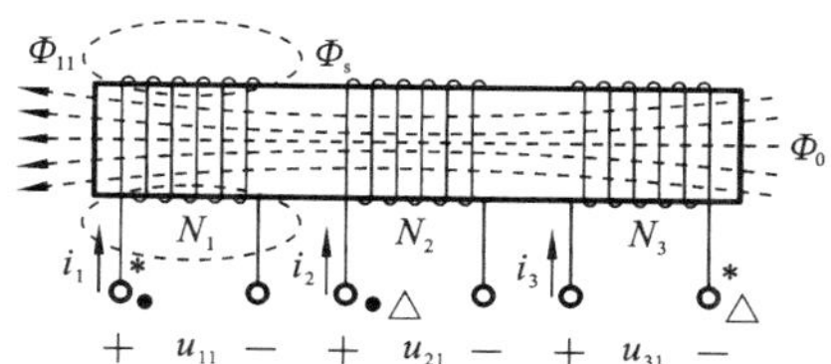

图 6-10 互感线圈同名端的标示方法

2. 耦合系数

工程上用耦合系数 k 来定量描述两个耦合线圈的耦合紧密程度，定义为

$$k=\frac{M}{\sqrt{L_1L_2}}\leqslant 1 \tag{6-5}$$

若用磁通链表示，一般有

$$k=\frac{M}{\sqrt{L_1L_2}}=\sqrt{\frac{M^2}{L_1L_2}}=\sqrt{\frac{(Mi_1)(Mi_2)}{L_1i_1L_2i_2}}=\sqrt{\frac{\Psi_{12}\Psi_{21}}{\Psi_{11}\Psi_{22}}}\leqslant 1$$

由此可知，$0 \leqslant k \leqslant 1$，$k$ 值越大，两个线圈之间耦合越紧密，当 $k=1$ 时，称为全耦合；当 $k=0$ 时，两线圈没有耦合。

耦合系数 k 的大小与两线圈的结构、相互位置，以及周围的磁介质有关。如图 6-11(a)所示的两线圈绕在一起，其 k 值可能接近 1。相反地，如图 6-11(b)所示，两线圈相互垂直，其 k 值可能近似于零。由此可见，改变或调整两线圈的相互位置，可以改变耦合系数 k 的大小；当 L_1、L_2 一定时，也就相应地改变了互感 M 的大小。

在电子电路和电力系统中，为了更有效地传输信号或功率，总是尽可能紧密地耦合，使 k 尽可能地接近 1。

在工程上有时需尽量减小互感的作用，以避免线圈之间的相互干扰。要减小互感的影响除了采用屏蔽手段外，另一个有效的方法就是合理布置线圈的相互位置，这样可以大大地减小它们之间的耦合作用，使电气设备或系统少受或不受干扰的影响，从而可以正常运行工作。

3. 同名端的测定

对于未标明同名端的一对耦合线圈，可以采用实验的方法加以判断其同名端。实验电路如图 6-12 所示，把一个线圈通过开关 S 接到一个直流电源上，一个直流电压表接到另一个线圈上。当开关 S 迅速闭合时，就有随时间增大的电流 i 从电源正极流入线圈 A 端，如果电压表指针正向偏转，就说明 C 端为高电位端，由此判断，A 端和 C 端为同名端；如果电压表指针反向偏转，就说明 C 端为低电位端，由此判断，A 端和 D 端为同名端。

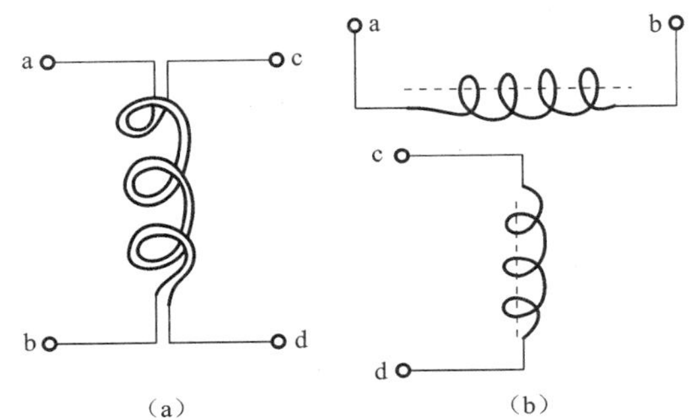

图 6-11　耦合线圈的结构及相互位置

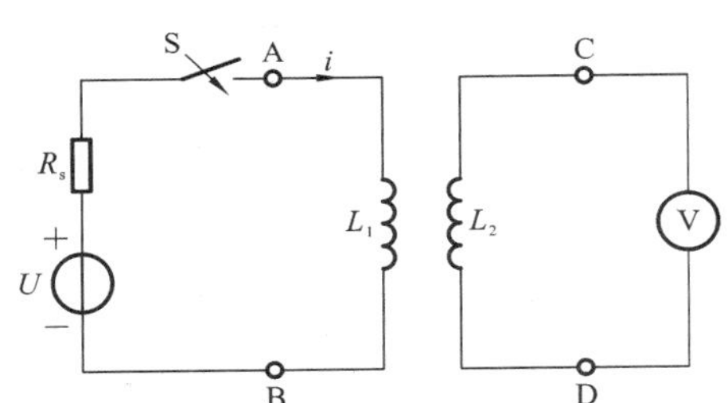

图 6-12　测定同名端的实验电路

6.2　含有互感电路的计算

含有耦合电感的正弦稳态电路，仍然可采用相量法计算，KCL 的形式不变，但在 KVL 表达式中，应计入由于互感的作用而引起的互感电压。

如果对含有耦合电感的电路进行等效变换，消去互感，求出它们的去耦等效电路，就可不必计入由于互感的作用而引起的互感电压，最终可达到简化这类电路分析计算的目的。

6.2.1　耦合电感的串、并联等效

含耦合电感的电路有多种形式，下面对具有不同特点的含有耦合电感的电路进行分析，消

去互感标示，得到便于计算的消去互感等效电路。

1. 耦合电感的串联等效

耦合电感的串联方式有两种：顺接串联和反接串联，电流从两个电感的同名端流入（或流出）称为顺接。如图 6-13(a)所示，应用 KVL，有

$$u_1=L_1\frac{\mathrm{d}i}{\mathrm{d}t}+M\frac{\mathrm{d}i}{\mathrm{d}t}$$

$$u_2=L_2\frac{\mathrm{d}i}{\mathrm{d}t}+M\frac{\mathrm{d}i}{\mathrm{d}t}$$

$$u=u_1+u_2=(L_1+L_2+2M)\frac{\mathrm{d}i}{\mathrm{d}t}=L\frac{\mathrm{d}i}{\mathrm{d}t} \tag{6-6}$$

式中：$L=L_1+L_2+2M$。由此方程可以得到图 6-13(a)所示电路的无互感等效电路，如图6-13(c)所示，所以顺接时耦合电感可用一个等效电感 L 替代。由式(6-6)可见，顺接时电感增大。

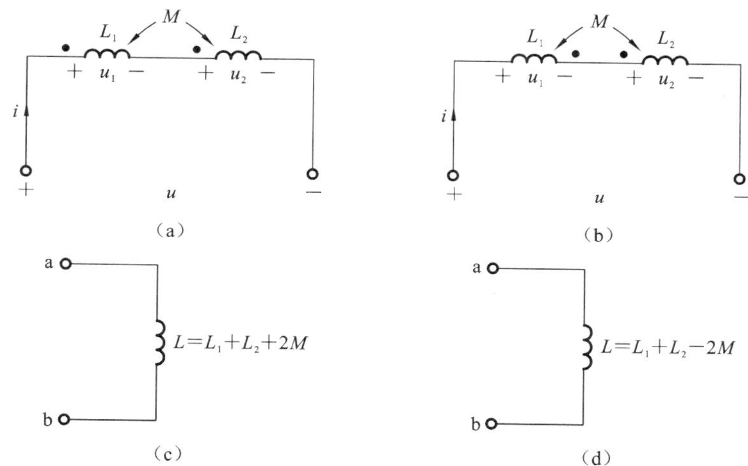

图 6-13　互感线圈的串联

上述对于正弦稳态电路，应用相量分析法，图 6-13(a)所示电路的相量模型如图 6-14(a)所示。

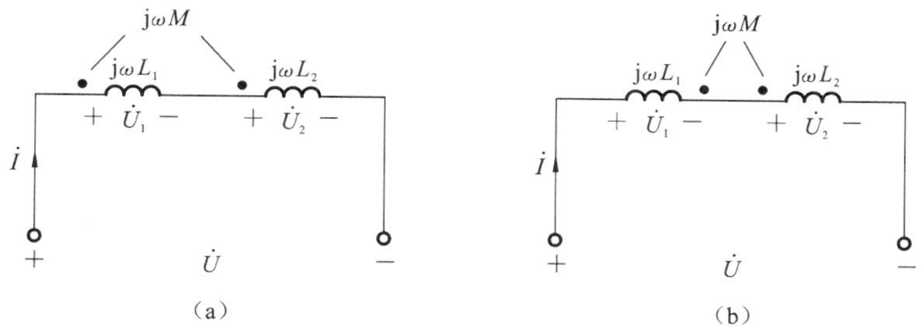

图 6-14　互感线圈的串联相量图

$$\dot{U}_1=\mathrm{j}\omega(L_1+M)\dot{I}$$

$$\dot{U}_2=\mathrm{j}\omega(L_2+M)\dot{I}$$

$$\dot{U}=\mathrm{j}\omega(L_1+L_2+2M)\dot{I}$$

每一条耦合电感支路阻抗和输入阻抗分别为

$$Z_1 = j\omega(L_1 + M)$$
$$Z_2 = j\omega(L_2 + M)$$
$$Z = j\omega(L_1 + L_2 + 2M)$$

显然顺接时，每一条耦合电感支路阻抗和输入阻抗都比无互感时的大，这是由于互感的增强作用引起的。

图 6-13(b)所示电路为串联反接，反接就是同名端相接，应用 KVL，有

$$u_1 = L_1 \frac{di}{dt} - M\frac{di}{dt}$$
$$u_2 = L_2 \frac{di}{dt} - M\frac{di}{dt}$$
$$u = L_1 \frac{di}{dt} - M\frac{di}{dt} + L_2 \frac{di}{dt} - M\frac{di}{dt} = (L_1 + L_2 - 2M)\frac{di}{dt} = L\frac{di}{dt} \tag{6-7}$$

式中：$L = L_1 + L_2 - 2M$。由此方程可以得到图 6-13(b)所示电路的无互感等效电路，如图6-13(d)所示，反接时耦合电感可用一个等效电感 L 替代，可见反接时电感减小。

对于正弦稳态电路，应用相量分析法，图 6-13(b)所示电路的相量模型如图 6-14(d)所示，其相量形式的 KVL 方程为

$$\dot{U}_1 = j\omega(L_1 - M)\dot{I}$$
$$\dot{U}_2 = j\omega(L_2 - M)\dot{I}$$
$$\dot{U} = j\omega(L_1 + L_2 - 2M)\dot{I}$$

每一条耦合电感支路阻抗和输入阻抗分别为

$$Z_1 = j\omega(L_1 - M)$$
$$Z_2 = j\omega(L_2 - M)$$
$$Z = j\omega(L_1 + L_2 - 2M)$$

显然反接时，每条耦合电感支路阻抗和输入阻抗都比无互感时的小，这是由于反接互感相互削弱的作用引起的。

【例 6-3】 电路如图 6-15 所示，已知 $L_1 = 1$ H、$L_2 = 2$ H、$M = 0.5$ H、$R_1 = R_2 = 1$ kΩ，正弦电压 $u_s = 100\sin(200\pi t)$ V，试求电流 i 及耦合系数 k。

解 电压 u_s 的相量为

$$\dot{U}_s = 100\angle 0° \text{ V}$$

因为两线圈为反向串联，所以

$$\begin{aligned} Z_i &= R_1 + R_2 + j\omega(L_1 + L_2 - 2M) \\ &= (2000 + j200\pi(3-1))\ \Omega \\ &= (2000 + j400\pi) = 2360\angle 32.1°\ \Omega \end{aligned}$$

$$\dot{I} = \frac{\dot{U}_s}{Z_i} = 42.3\angle -32.1° \text{ mA}$$

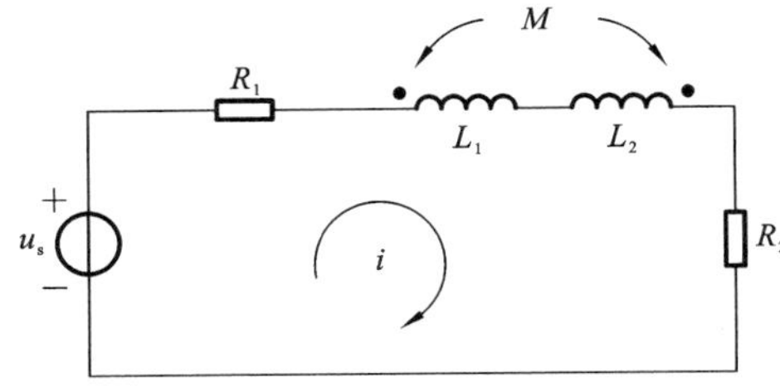

图 6-15 例 6-3 图

可得

$$i = 42.3\sin(200\pi t - 32.1°) \text{ mA}$$

$$k = \frac{M}{\sqrt{L_1 L_2}} = \frac{0.5}{\sqrt{2\times 1}} = \frac{0.5}{1.41} = 0.355 = 35.5\%$$

2. 耦合电感的并联等效

互感线圈的并联也有两种形式，一种是两个线圈的同名端相连，称为同侧并联，如图 6-16

(a)所示；另一种是两个线圈的异名端相连，称为异侧并联，如图 6-16(b)所示。在正弦稳态情况下对同侧并联线圈，可列电路方程为

$$\left.\begin{aligned}\dot{U}&=\mathrm{j}\omega L_1\dot{I}_1+\mathrm{j}\omega M\dot{I}_2\\\dot{U}&=\mathrm{j}\omega L_2\dot{I}_2+\mathrm{j}\omega M\dot{I}_1\\\dot{I}&=\dot{I}_1+\dot{I}_2\end{aligned}\right\}\tag{6-8}$$

由$\dot{I}=\dot{I}_1+\dot{I}_2$可得$\dot{I}_2=\dot{I}-\dot{I}_1$、$\dot{I}_1=\dot{I}-\dot{I}_2$，将其代入式(6-8)，有

$$\left.\begin{aligned}\dot{U}&=\mathrm{j}\omega L_1\dot{I}_1+\mathrm{j}\omega M(\dot{I}-\dot{I}_1)=\mathrm{j}\omega(L_1-M)\dot{I}_1+\mathrm{j}\omega M\dot{I}\\\dot{U}&=\mathrm{j}\omega L_2\dot{I}_2+\mathrm{j}\omega M(\dot{I}-\dot{I}_2)=\mathrm{j}\omega(L_2-M)\dot{I}_2+\mathrm{j}\omega M\dot{I}\end{aligned}\right\}\tag{6-9}$$

根据式(6-9)的伏安关系及等效的概念，图 6-16(a)所示的具有互感的电路就可以用图 6-16(c)所示无互感的电路来等效表示。

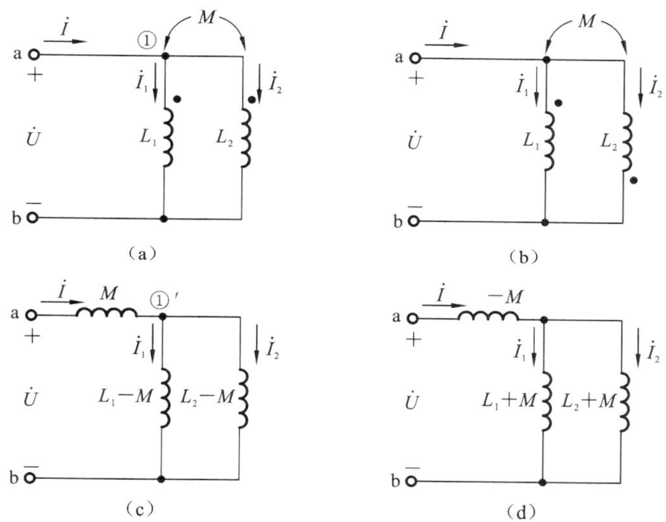

图 6-16　互感线圈的并联及去耦等效电路

同理，由如图 6-16(b)所示异侧并联线圈，也可以得到如图 6-16(d)所示无互感的等效电路。像这样把具有互感的电路简化为等效的无互感电路的处理方法，称为去耦法，把得到的等效无互感电路称为去耦等效电路。等效电感与电流的参考方向无关。去耦等效电路中的节点，如图 6-16(c)所示的①′，不是图 6-16(a)所示原电路中的节点①，原节点移至 M 前面的 a 点。由图 6-16(c)所示电路可直接求出两个互感线圈同侧并联的等效电感为

$$L=\frac{L_1L_2-M^2}{L_1+L_2-2M}$$

由图 6-16(d)所示电路可直接求出两互感线圈异侧并联的等效电感为

$$L=\frac{L_1L_2-M^2}{L_1+L_2+2M}$$

6.2.2　耦合电感的 T 形等效

如果耦合电感的两条支路各有一端与第三条支路形成一个仅含三条支路的共同节点，称为耦合电感的 T 形连接。显然耦合电感的并联也属于 T 形连接。T 形连接有两种方式，同名

端为共同端的 T 形连接和异名端为共同端的 T 形连接。

一种是同名端连在一起，如图 6-17(a)所示，称为同名端为共同端的 T 形连接；另一种是异名端连在一起，如图 6-17(b)所示，称为异名端为共同端的 T 形连接。

对于图 6-17(a)所示，同名端为共同端相连的电路，其电压方程为

$$\begin{aligned}\dot{U}_{13}&=\mathrm{j}\omega L_1\dot{I}_1+\mathrm{j}\omega M\dot{I}_2\\ \dot{U}_{23}&=\mathrm{j}\omega L_2\dot{I}_2+\mathrm{j}\omega M\dot{I}_1\end{aligned}\tag{6-10}$$

由 $I=\dot{I}_1+\dot{I}_2$ 得 $I_2=I-\dot{I}_1$、$\dot{I}_1=I-I_2$，将其代入式(6-10)，得

$$\begin{aligned}\dot{U}_{13}&=\mathrm{j}\omega(L_1-M)\dot{I}_1+\mathrm{j}\omega M\dot{I}\\ \dot{U}_{23}&=\mathrm{j}\omega(L_2-M)\dot{I}_2+\mathrm{j}\omega M\dot{I}\end{aligned}\tag{6-11}$$

由式(6-11)可得图 6-17(a)所示电路的去耦等效电路，如图 6-17(c)所示。

同理，图 6-17(b)所示两互感线圈异名端为共同端的电路的去耦等效电路如图 6-17(d)所示。

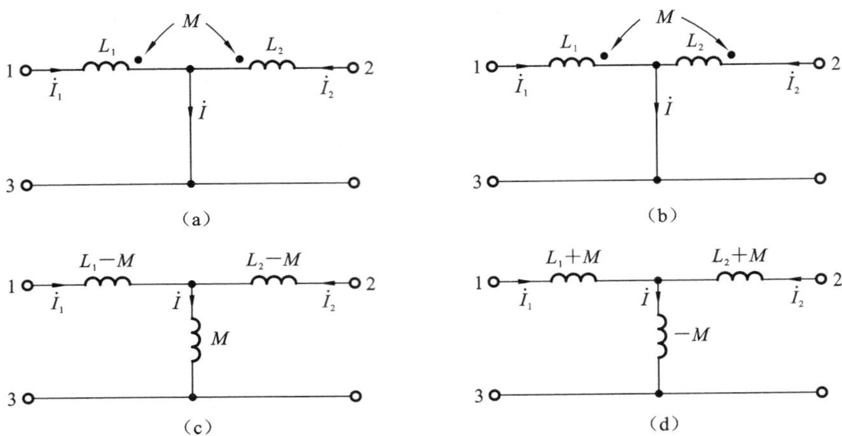

图 6-17　互感线圈的 T 形连接及去耦等效电路

上述分别对具有耦合电感的串、并联及 T 形电路进行分析，并得到相应的去耦等效电路。在去耦等效电路中采用无互感电路进行分析和计算，但要注意等效的含义。

【例 6-4】 在图 6-18 所示的互感电路中，ab 端加 10 V 的正弦电压，已知电路的参数为 $R_1=R_2=3\ \Omega$，$\omega L_1=\omega L_2=4\ \Omega$，$\omega M=2\ \Omega$。求 cd 端的开路电压。

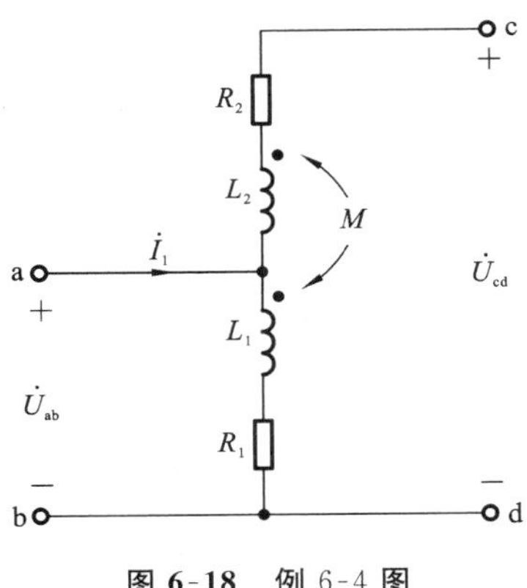

图 6-18　例 6-4 图

解　当 cd 端开路时，线圈 L_2 无电流，因此，线圈 L_1 没有互感电压。以 ab 端电压为参考电压，电压为

$$\dot{U}_{ab}=10\angle 0^\circ\ \mathrm{V}$$

电流为

$$\dot{I}_1=\frac{\dot{U}_{ab}}{R_1+\mathrm{j}\omega L_1}=\frac{10\angle 0^\circ}{3+\mathrm{j}4}\ \mathrm{A}=2\angle -53.1^\circ\ \mathrm{A}$$

由于线圈 L_2 没有电流，因而线圈 L_2 无自感电压。但线圈 L_1 有电流，因此线圈 L_2 有互感电压，根据电流及同名端的方向可知，cd 端的电压为

$$\dot{U}_{ab}=j\omega M\dot{I}_1+\dot{U}_{ab}=(2\angle 90°\times 2\angle 53.1°+10)\ \text{V}=13.4\angle 10.3°\ \text{V}$$

【例 6-5】 图 6-19(a)所示具有互感的正弦电路中，已知 $u_s(t)=2\sin(2t+45°)$ V，$L_1=L_2=1.5$ H，$M=0.5$ H，$C=0.25$ F，$R_L=1\ \Omega$，求 R_L 吸收的平均功率。

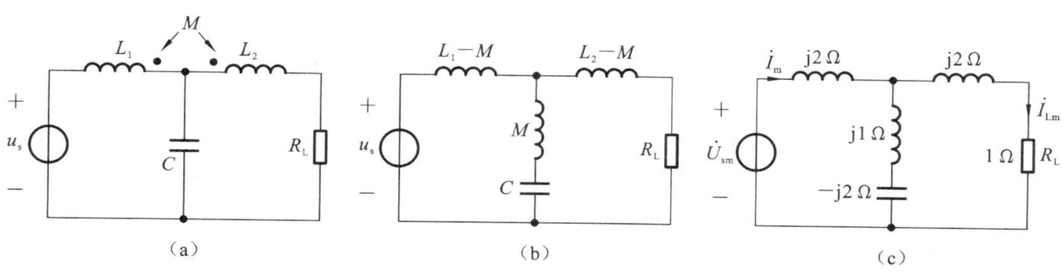

图 6-19 例 6-5 图

解 利用互感消去法，可得去耦等效电路如图 6-19(b)所示，其相量模型如图 6-19(c)所示。利用阻抗串、并联等效变换，求得电流为

$$\dot{I}_m=\frac{\dot{U}_{sm}}{\dfrac{(1+j2)(j-j2)}{(1+j2)+(j-j2)}+j2}=2\sqrt{2}\angle 0°\ \text{A}$$

由分流公式，得

$$\dot{I}_{Lm}=\frac{j-j2}{1+j2+j-j2}\dot{I}_m=2\angle -135°\ \text{A}$$

R_L 吸收的平均功率为

$$P_L=\frac{1}{2}I_{Lm}^2R_L=\frac{1}{2}\times 2^2\times 1\ \text{W}=2\ \text{W}$$

图 6-19(c)所示电路也可应用戴维南定理求解。

【例 6-6】 电路如图 6-20(a)所示，试写出回路方程。

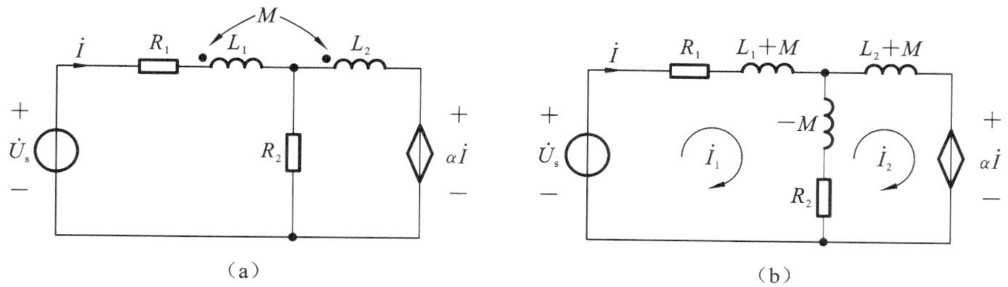

图 6-20 例 6-6 图

解 画出去耦等效电路如图 6-20(b)所示，列写回路方程为

$$\begin{cases}[R_1+R_2+j\omega(L_1+M-M)]\dot{I}_1-(R_2-j\omega M)\dot{I}_2=\dot{U}_s\\-(R_2-j\omega M)\dot{I}_1+[R_2+j\omega(L_2+M-M)]\dot{I}_2=-\alpha\dot{I}\\\dot{I}=\dot{I}_1\end{cases}$$

整理上式得

$$[R_1+R_2+j\omega L_1]\dot{I}_1-(R_2-j\omega M)\dot{I}_2=\dot{U}_s$$
$$-(-\alpha+R_2-j\omega M)\dot{I}_1+(R_2+j\omega L_2)\dot{I}_2=0$$

6.3 空芯变压器的分析

变压器是利用电磁感应原理传输电能或电信号的器件，常应用在电工、电子技术中。变压器由两个耦合线圈绕在一个共同的芯子上制成，其中一个线圈与电源相连称为一次线圈，其形成的回路称为一次回路；另一线圈与负载相连称为二次线圈，所形成的回路称为二次回路。

芯子的材料有非铁磁体、铁磁体和铁氧体三种。变压器根据芯子的材料不同，分为空芯变压器、铁芯变压器和铁氧体磁芯变压器。空芯变压器和铁氧体磁芯变压器主要应用于通信电路系统和高频开关电源技术中，铁芯变压器主要应用于音频和电力系统中。图 6-21 所示的是几种常见的变压器。

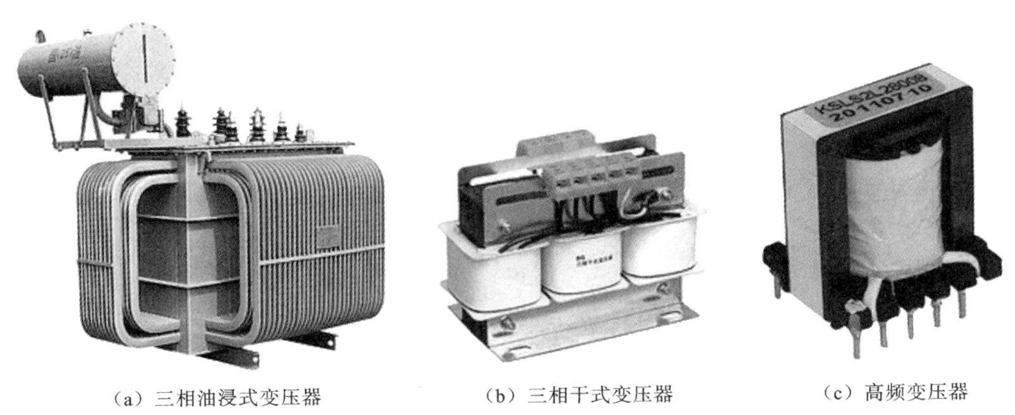

(a) 三相油浸式变压器　　(b) 三相干式变压器　　(c) 高频变压器

图 6-21　耦合电感的应用实例

变压器可以用铁芯也可以不用铁芯。空芯变压器的芯子是非铁磁材料制成的，其耦合系数较小，属于松耦合。含空芯变压器的电路，一般利用其反映阻抗进行分析计算，下面分析空芯变压器的反映阻抗。

6.3.1 反映阻抗

变压器是利用电磁感应原理制成的，可以用耦合电感构成，其电路模型如图 6-22 所示，图中的负载设为电阻和电感串联。变压器通过耦合作用，将一次侧的输入传递到二次侧的输出。

在正弦稳态下，对图 6-22 所示电路列出回路方程为

$$\left.\begin{aligned}(R_1+\mathrm{j}\omega L_1)\dot{I}_1+\mathrm{j}\omega M\dot{I}_2&=\dot{U}_1\\ \mathrm{j}\omega M\dot{I}_1+(R_2+\mathrm{j}\omega L_2+R_L+\mathrm{j}X_L)\dot{I}_2&=0\end{aligned}\right\}\tag{6-12}$$

令 $Z_{11}=R_1+\mathrm{j}\omega L_1$，$Z_{11}$ 称为一次回路阻抗；令 $Z_{22}=R_2+\mathrm{j}\omega L_2+R_L+\mathrm{j}X_L$，$Z_{22}$ 称为二次回路阻抗；令 $Z_M=\mathrm{j}\omega M$，Z_M 称为互阻抗。则式(6-12)可简写为

$$\left.\begin{aligned}Z_{11}\dot{I}_1+Z_M\dot{I}_2&=\dot{U}_1\\ Z_M\dot{I}_1+Z_{22}\dot{I}_2&=0\end{aligned}\right\}\tag{6-13}$$

由式(6-13)可求得一次电流和二次电流分别为

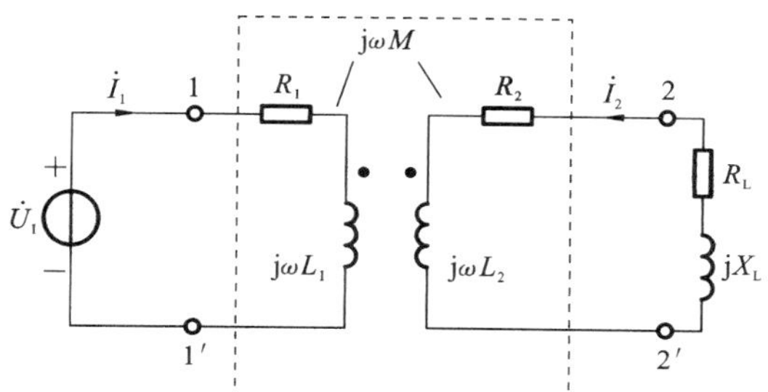

图 6-22 空芯变压器的电路模型

$$\dot{I}_1=\frac{\dot{U}_1}{Z_{11}-Z_M^2Y_{22}}=\frac{\dot{U}_1}{Z_{11}+(\omega M)^2Y_{22}} \tag{6-14a}$$

$$\dot{I}_2=\frac{-Z_MY_{11}\dot{U}_1}{Z_{22}-Z_M^2Y_{11}}=\frac{-j\omega MY_{11}\dot{U}_1}{R_2+j\omega L_2+R_L+jX_L+(\omega M)^2Y_{11}} \tag{6-14b}$$

显然，如果同名端的位置不同，对于一次电流$\dot{I}_1$，由于式(6-14a)中的 $j\omega M$ 以平方形式出现，不管 $j\omega M$ 的符号为正还是为负，算得的$\dot{I}_1$ 都是一样的。但对于二次电流$\dot{I}_2$，当同名端位置变化时，$j\omega M$ 前的符号也会变化，$\dot{I}_2$ 的符号也随着变化。也就是说，如果把变压器二次线圈接负载的两个端对调一下，或是改变两线圈的相对绕向，流过负载的电流将反相 180°。在电子电路中，如果对变压器耦合电路的输出电流相位有要求，就应注意线圈的相对绕向和负载的接法。

式(6-14)中，

$$Y_{11}=\frac{1}{Z_{11}},\quad Y_{22}=\frac{1}{Z_{22}}$$

式(6-14a)中的分母 $Z_{11}+(\omega M)^2Y_{22}$ 是一次侧的输入阻抗，其中，$(\omega M)^2Y_{22}$ 称为反映阻抗，或引入阻抗，它是二次回路阻抗通过互感反映到一次侧的等效阻抗。这也就是说，一次回路对一次回路的影响可以用反映阻抗来表示。反映阻抗的性质与 Z_{22} 相反，即二次回路的阻抗为感性时，反映阻抗变为容性；二次回路的阻抗为容性时，反映阻抗变为感性。

式(6-14a)可以用图 6-23(a)所示的等效电路表示，它是从电源端看进去的等效电路，称为一次侧等效电路。

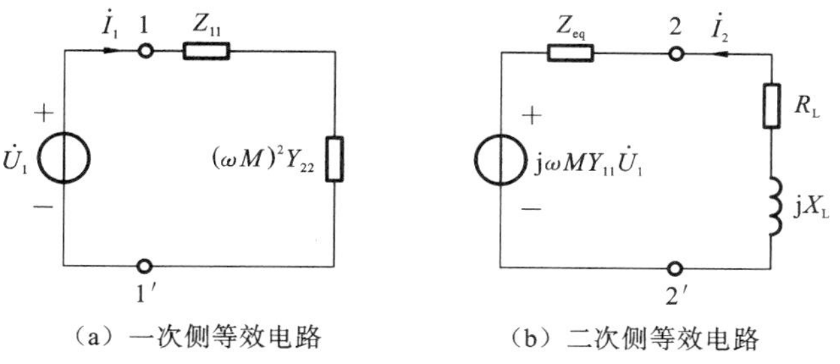

(a) 一次侧等效电路　　(b) 二次侧等效电路

图 6-23 空芯变压器的等效电路

应用同样的分析方法分析式(6-14b)，可以得出图 6-23(b)所示等效电路；它是从二次侧看进去的含源单端口的一种等效电路，称为二次侧等效电路。其中，$j\omega MY_{11}\dot{U}_1$ 是当$\dot{I}_2=0$ 时，2、2′端的开路电压$\dot{U}_{oc}$，称为等效电源电压，它是一次电流$\dot{I}_1$ 通过互感在二次线圈中产生的感应电压。

$$\dot{U}_{oc}=j\omega M\dot{I}_1=\frac{j\omega M\dot{U}_1}{Z_{11}} \tag{6-15}$$

$j\omega M\dot{I}_1$ 是一次电流$\dot{I}_1$ 通过互感在二次线圈中产生的感应电压，二次电流就是 $j\omega M\dot{I}_1$ 作用的结果。Z_{eq}是从 2、2′端看进去的等效阻抗，令$\dot{U}_1=0$，得到

$$Z_{eq}=R_2+j\omega L_2+Y_{11}(\omega M)^2 \tag{6-16}$$

变压器还有其他形式的等效电路，读者可自行研究，这里不再赘述。

6.3.2 含空芯变压器的电路分析

当电路中含有空芯变压器时，由于含有互感元件，所以与一般的正弦稳态电路分析不同，下面在正弦稳态情况下，介绍一些此类电路的分析方法。

1. 直接列方程法

当电路中含有空芯变压器时，由于含有互感电压，一般对原电路采用回路电流法来分析比较合适。

【例 6-7】 电路如图 6-24 所示，已知 $L_1=5$ H，$L_2=1.2$ H，$M=1$ H，$R=10$ Ω，$u_s=10\sin(10t)$ V，求稳态电流 i_2。

解 考虑到互感电压，对电路列回路方程为

$$j\omega L_1\dot{I}_1-j\omega M\dot{I}_2=\dot{U}_s$$

$$-j\omega M\dot{I}_1+(R+j\omega L_2)\dot{I}_2=0$$

解方程，得

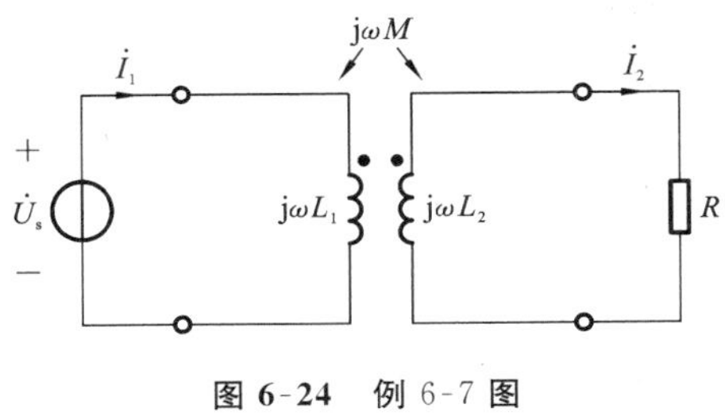

图 6-24 例 6-7 图

$$\dot{I}_2=\frac{j\omega M\dot{U}_s}{j\omega L_1(R+j\omega L_2)+\omega^2M^2}=\frac{\dot{U}_s\dfrac{M}{L_1}}{R+j\omega\left[\dfrac{L_1L_2-M^2}{L_1}\right]}$$

$$=\frac{10\times\dfrac{1}{5}}{10+j\omega\times\dfrac{6-1}{5}}=\frac{2}{10+j10}\text{ A}=\frac{2}{10\sqrt{2}\angle 45^\circ}\text{ A}$$

即

$$\dot{I}_2=0.141\angle-45^\circ\text{ A}$$

$$i_2(t)=0.141\sin(10t-45^\circ)\text{ A}$$

必须注意的是，按 KVL 列回路方程时，应计入由于互感作用而存在的互感电压$\pm j\omega M$，正确选定互感电压的正负号。

2. 等效电路分析法

这种分析方法就是采用第 6.3.1 小节中反映阻抗的方法，将含有空芯变压器的电路变换成一次侧等效电路或二次侧等效电路，在等效电路中列电路方程，然后再进一步求解。

【例 6-8】 电路如图 6-25(a)所示，已知 $L_1=3.6$ H，$L_2=0.06$ H，$M=0.465$ H，$R_1=20$ Ω，$R_2=0.08$ Ω，$R_L=42$ Ω，$\omega=314$ rad/s，$\dot{U}_s=115\angle0^\circ$ V。求：$\dot{I}_1$、$\dot{I}_2$。

解 图 6-25(a)所示的空芯变压器一次侧等效电路如图 6-25(b)所示，对此可写出相应阻抗为

$$Z_{11}=R_1+j\omega L_1=(20+j1131)\ \Omega,\quad Z_{22}=R_2+R_L+j\omega L_2=(42.08+j18.85)\ \Omega$$

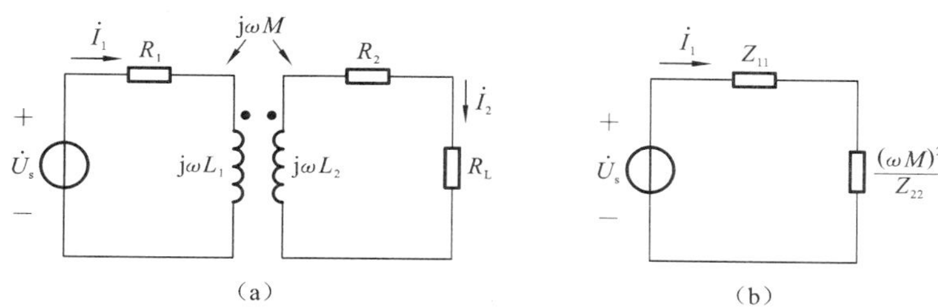

图 6-25　例 6-8 图

折合阻抗为　　$Z_l=\dfrac{X_M^2}{Z_{22}}=462.4\angle(-24.1^\circ)\ \Omega$

可得　　$\dot I_1=\dfrac{\dot U_s}{Z_{11}+Z_l}=110.5\angle(-64.9^\circ)\ \text{mA}$

$$\dot I_2=\frac{j\omega M\dot I_1}{Z_{22}}=0.35\angle 1^\circ\ \text{A}$$

【例 6-9】 已知图 6-26(a)所示电路中，$L_1=L_2=0.1\ \text{mH}$，$M=0.02\ \text{mH}$，$R_1=10\ \Omega$，$C_1=C_2=0.01\ \mu\text{F}$，$\omega=10^6\ \text{rad/s}$，$\dot U_s=10\angle 0^\circ\ \text{V}$。问 R_2 为何值时能吸收到最大功率，并求最大功率。

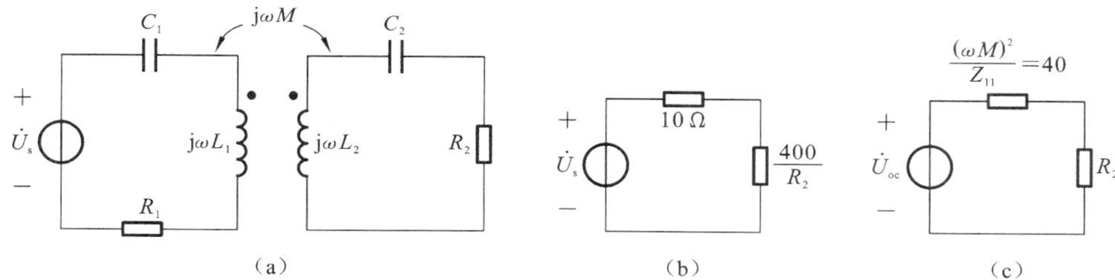

图 6-26　例 6-9 图

解　方法 1

因为　　$\omega L_1=\omega L_2=100\ \Omega$、$\dfrac{1}{\omega C_1}=\dfrac{1}{\omega C_2}=100\ \Omega$、$\omega M=20\ \Omega$

所以一次自阻抗为　　$Z_{11}=R_1+j\left(\omega L_1-\dfrac{1}{\omega C_1}\right)=10\ \Omega$

二次自阻抗为　　$Z_{22}=R_2+j\left(\omega L_2-\dfrac{1}{\omega C_2}\right)=R_2$

一次侧等效电路如图 6-26(b)所示，反映阻抗为

$$Z_l=\frac{(\omega M)^2}{Z_{22}}=\frac{400}{R_2}$$

因此，当 $Z_l=Z_{11}=10\ \Omega=\dfrac{400}{R_2}$，即 $R_2=40\ \Omega$ 时，吸收到最大功率，最大功率为

$$P_{max}=[10^2/(4\times 10)]\ \text{W}=2.5\ \text{W}$$

方法 2

应用图 6-26(c)所示的二次侧等效电路，得

$$Z_l=\frac{(\omega M)^2}{Z_{11}}=\frac{400}{10}\ \Omega=40\ \Omega$$

$$\dot{U}_{oc}=j\omega M\frac{\dot{U}_s}{Z_{11}}=\frac{j20\times 10}{10}\ V=j20\ V$$

因此当 $Z_l=R_2=40\ \Omega$ 时吸收到最大功率，最大功率为

$$P_{max}=\frac{U^2}{R_1}=\frac{10^2}{40}\ W=2.5\ W$$

3. 去耦等效分析法

解题时可对空芯变压器进行去耦等效变换，其方法与前面第 6.2.2 小节介绍的耦合电感的 T 形去耦等效变换方法相同，将含互感的空芯变压器电路变换为无互感的等效电路，在无互感的等效电路中进行分析计算。

【例 6-10】 耦合电路如图 6-27(a)所示，求电路一次端 ab 间的等效电感 L_{ab}。

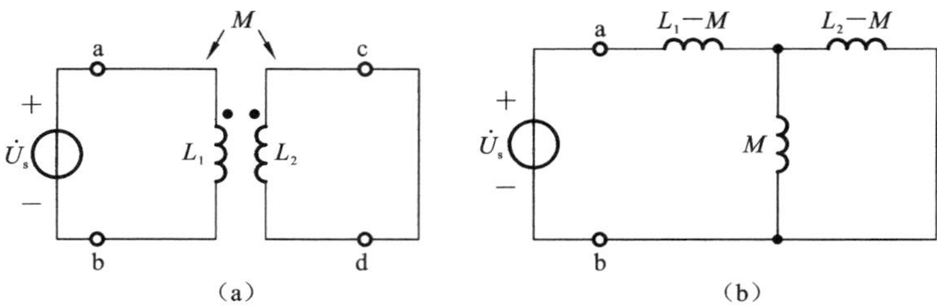

图 6-27 例 6-10 图

解 将图 6-27(a)所示电路的 b、d 两点连接，并不会改变耦合电感的的伏安关系，此时公共端为同名端，得到其等效电路如图 6-27(b)所示，则等效电感为

$$L_{ab}=(L_1-M)+M//(L_2-M)=L_1-M+\frac{M(L_2-M)}{L_2}$$

$$=\frac{L_1L_2-M^2}{L_2}=L_1\left(1-\frac{M^2}{L_1L_2}\right)=L_1(1-k^2)$$

【例 6-11】 耦合电路如图 6-28(a)所示，已知耦合系数 $k=0.41$，求等效阻抗 Z_{ab}。

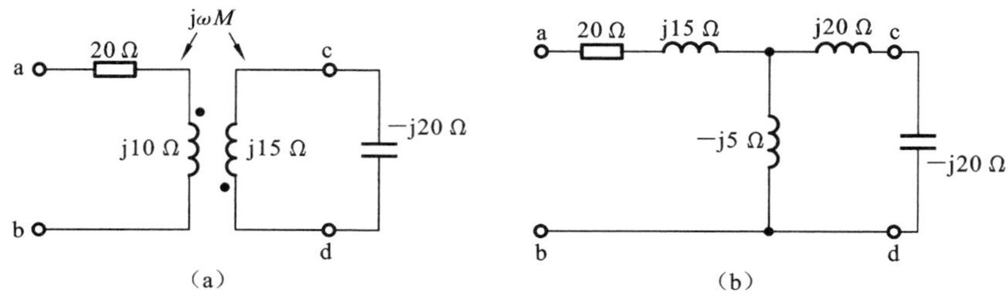

图 6-28 例 6-11 图

解 应用 T 形去耦等效，得到等效电路如图 6-28(b)所示，其中，

$$-j\omega M=-jk\omega\sqrt{L_1L_2}=-jk\sqrt{\omega L_1\omega L_2}=-j0.41\sqrt{10\times 15}\ \Omega=-j5\ \Omega$$

$$j\omega(L_1+M)=j(\omega L_1+\omega M)=j(10+5)\ \Omega=j15\ \Omega$$

$$j\omega(L_2+M)=j(\omega L_2+\omega M)=j(15+5)\Omega=j20\ \Omega$$

于是求得等效阻抗 Z_{ab} 为

$$Z_{ab}=20+j15+\frac{-j5\times(j20-j20)}{-j5+(j20-j20)}=20+j15=25\angle 36.9°\ \Omega$$

6.4 理想变压器

理想变压器也是一种耦合元件，它是从实际变压器中抽象出来的理想化模型，主要用于分析变压器电路，尤其是铁芯变压器电路。理想变压器的电路图形符号如图6-29所示，与耦合电感元件的符号相同，但二者有本质上的不同，理想变压器只有一个参数，称为变比，记为 n。在图6-29所示同名端和电压、电流的参考方向下，理想变压器定义为

$$u_1=nu_2,\quad i_1=-\frac{1}{n}i_2$$

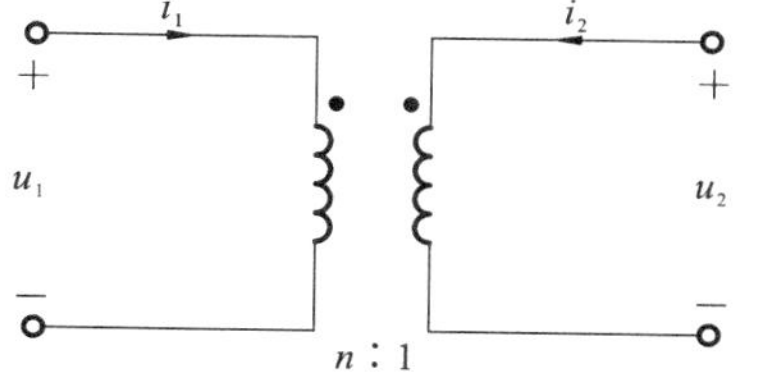

图6-29 理想变压器

6.4.1 理想变压器的伏安关系

理想变压器可看成是耦合电感的极限情况，需同时满足以下三个理想化条件。

(1) 变压器本身无损耗。这意味着绕制线圈的金属导线无电阻，或者说，绕制线圈的金属导线的导电率为无穷大，其铁芯的导磁率也为无穷大。

(2) 耦合系数 $k=1$，即全耦合。

(3) L_1、L_2 和 M 均为无限大，但 $\sqrt{L_1/L_2}=n$ 保持不变，n 为匝数比。

理想变压器由于满足上述三个理想化条件，所以它与互感线圈在性质上有着本质上的不同。下面重点讨论理想变压器的主要性能。

1. 电压关系

图6-30所示的为满足上述三个理想条件的耦合线圈，由于 $k=1$ 所以流过变压器一次线圈的电流 i_1 所产生的磁通 Φ_{11} 将全部与二次线圈相交链，即 $\Phi_{21}=\Phi_{11}$；同理，i_2 产生的磁通 Φ_{22} 也将全部与一次、二次线圈相交链，所以 $\Phi_{12}=\Phi_{22}$。此时，穿过两线圈的总磁通相等，其关系式为

$$\Phi=\Phi_{11}+\Phi_{12}=\Phi_{22}+\Phi_{21}=\Phi_{11}+\Phi_{22}$$

总磁通在两线圈中分别产生互感电压 u_1 和 u_2，即

$$u_1=N_1\frac{\mathrm{d}\Phi}{\mathrm{d}t},\quad u_2=N_2\frac{\mathrm{d}\Phi}{\mathrm{d}t}$$

由此可得理想变压器的电压关系为

$$\frac{u_1}{u_2}=\frac{N_1}{N_2}=n \tag{6-17}$$

式中：N_1 与 N_2 分别为一次线圈和二次线圈的匝数；n 称为匝数比或变比。

图6-30所示线圈的理想变压器模型如图6-29所示，可见 u_1、u_2 参考方向的"+"极性端设在同名端，则 u_1 与 u_2 之比等于 N_1 与 N_2 之比。如果 u_1、u_2 参考方向的"+"极性端设在异名端，如图6-31所示，则 u_1 与 u_2 之比为

$$\frac{u_1}{u_2}=-\frac{N_1}{N_2}=-n$$

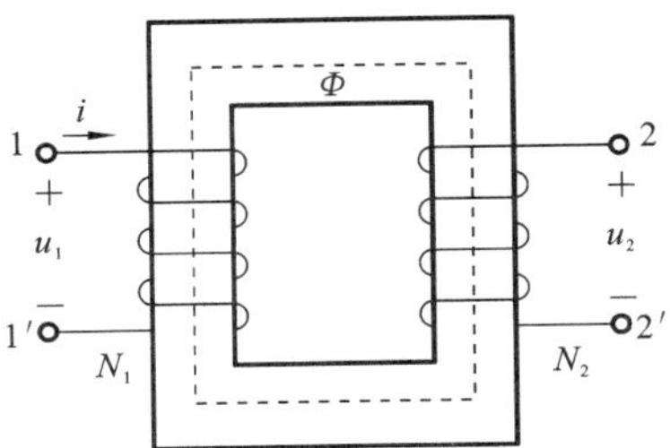

图 6-30 满足三个理想化条件的耦合线圈

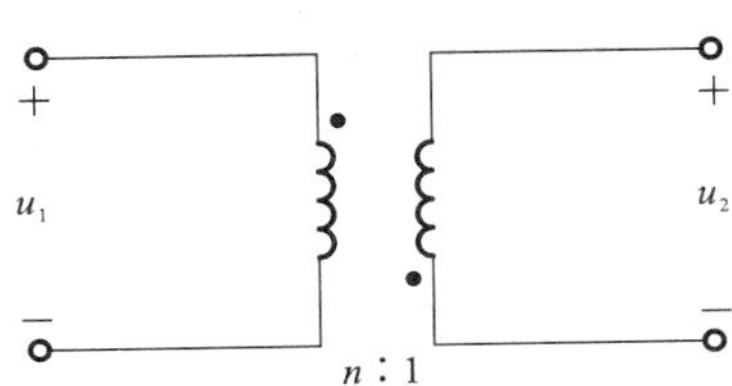

图 6-31 电压参考方向的"+"端设在变压器的异名端

注意:在进行理想变压器的电压关系分析计算时,电压关系式的正负号取决于两电压的参考方向的极性与同名端的位置,与两线圈中电流的参考方向无关。

2. 电流关系

理想变压器不仅可以进行变压,而且也可以变流。如图 6-30 所示,其耦合电感的伏安关系为

$$u_1=L_1\frac{\mathrm{d}i_1}{\mathrm{d}t}+M\frac{\mathrm{d}i_2}{\mathrm{d}t}$$

其相量形式为

$$\dot{U}_1=\mathrm{j}\omega L_1\dot{I}_1+\mathrm{j}\omega M\dot{I}_2$$

可得

$$\dot{I}_1=\frac{\dot{U}_1}{\mathrm{j}\omega L_1}-\frac{M}{L_1}\dot{I}_2=\frac{\dot{U}_1}{\mathrm{j}\omega L_1}-\sqrt{\frac{L_2}{L_1}}\dot{I}_2$$

根据理想化条件(3),$L_1\to+\infty$,但$\sqrt{\frac{L_1}{L_2}}=n$,所以上式可整理为

$$\dot{I}_1=-\sqrt{\frac{L_2}{L_1}}\dot{I}_2,\quad \frac{\dot{I}_1}{\dot{I}_2}=-\frac{1}{n}$$

即

$$\frac{i_1}{i_2}=-\frac{1}{n}=-\frac{N_2}{N_1}\tag{6-18}$$

式(6-18)表示,当一次电流 i_1、二次电流 i_2 分别从同名端流入(或流出)时,i_1 与 i_2 之比等于负的 N_2 与 N_1 之比。如果 i_1、i_2 的参考方向从异名端流入,如图 6-32 所示,则 i_1 与 i_2 之比等于 N_2 与 N_1 之比,即

$$\frac{i_1}{i_2}=\frac{1}{n}=\frac{N_2}{N_1}$$

图 6-30 所示理想变压器用受控源表示的电路模型如图 6-33 所示。

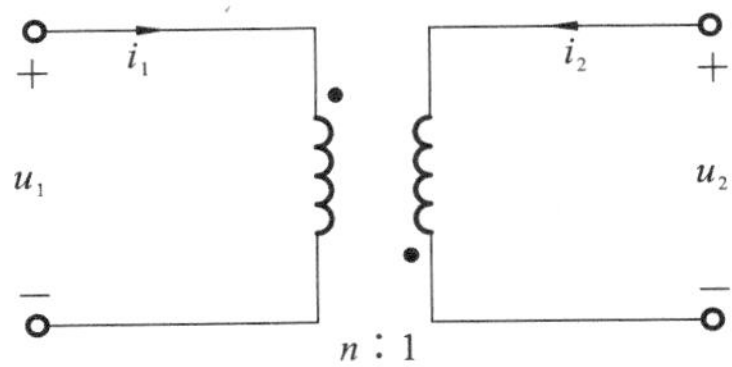

图 6-32 电流的参考方向从变压器异名端流入

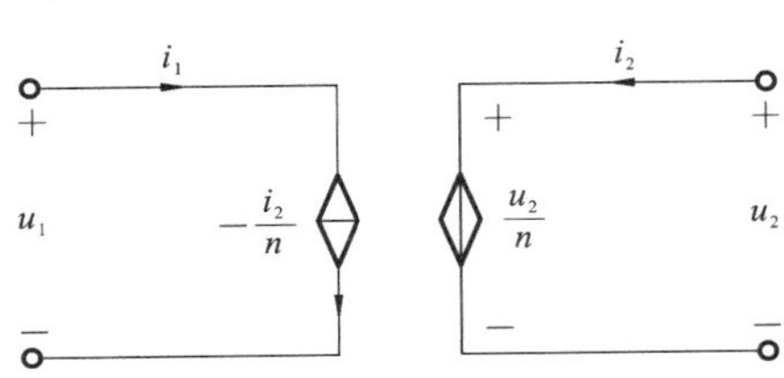

图 6-33 理想变压器模型

3. 功率

由以上分析可知，不论理想变压器的同名端如何，由理想变压器的伏安关系，总有

$$u_1 i_1 + u_2 i_2 = 0$$

这表明理想变压器所吸收的瞬时功率恒等于零，它是一个既不耗能、也不储能的无记忆多端元件。在电路图中，理想变压器虽然也用线圈作为电路图形符号，但这个图形符号并不意味着其起电感作用，其图形符号仅代表式(6-17)和式(6-18)所示的电压之间及电流之间的约束关系。

在实际工程中，理想变压器的三个理想化条件是不可能满足的，故实际使用的变压器都不是理想变压器。为了使实际变压器的性能接近理想变压器的性能，一方面尽量采用具有高导磁率的铁磁性材料做芯子；另一方面尽量紧密耦合，使 k 接近于 1，并在保持变比不变的前提下，尽量增加一次线圈、二次线圈的匝数。在实际工程计算中，在误差允许的情况下，把实际变压器看作理想变压器，可简化计算过程。

4. 阻抗变换性质

理想变压器不仅可以起到改变电压及改变电流大小的作用，同时还具有改变阻抗大小的作用。图 6-34(a)所示电路在正弦稳态下，理想变压器二次侧所接的负载阻抗为 $Z_L(j\omega)$，则从一次侧看进去的输入阻抗应为

$$Z_{in}(j\omega) = \frac{\dot{U}_1}{\dot{I}_1} = \frac{n\dot{U}_2}{-\frac{1}{n}\dot{I}_2} = n^2\left(-\frac{\dot{U}_2}{\dot{I}_2}\right) = n^2 Z_L(j\omega) \qquad (6\text{-}19)$$

式(6-19)表明，当二次侧接阻抗 Z_L 时，对一次侧来说，相当于接一个 $n^2 Z_L$ 的阻抗，如图 6-34(b)所示，Z_{in}称为二次侧对一次侧的折合阻抗。可以证明，折合阻抗的计算与同名端无关。可见理想变压器具有变换阻抗的作用。

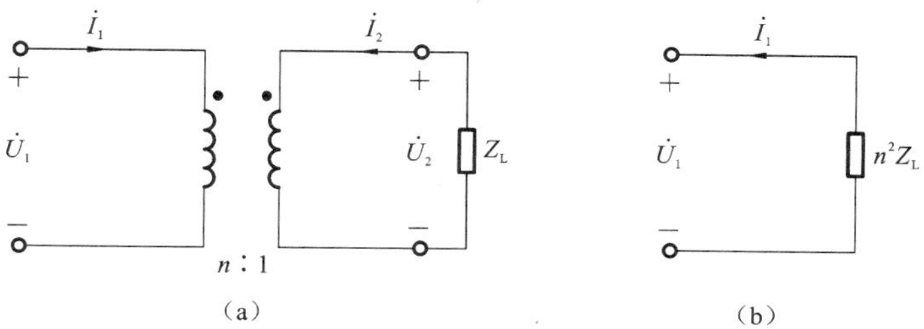

图 6-34 理想变压器变换阻抗的作用

理想变压器的折合阻抗与空芯变压器的反映阻抗是有区别的，理想变压器的阻抗变换作用只改变原阻抗的大小，而不会改变原阻抗的性质。也就是说，负载阻抗为感性时折合到一次侧的阻抗也为感性，负载阻抗为容性时折合到一次侧的阻抗也为容性。

利用阻抗变换性质，可以简化理想变压器电路的分析计算过程。也可以利用改变匝数比的方法来改变输入阻抗，实现最大功率匹配，收音机的输出变压器就是为此目的而设计的。

【例 6-12】 电路如图 6-35(a)所示。如果要使 100 Ω 电阻能获得最大功率，试确定理想变压器的变比 n。

解 已知负载 $R=100\ \Omega$，故二次侧对一次侧的折合阻抗为

$$Z'_L = n^2 \times 100\ \Omega$$

电路可等效为图 6-35(b)所示电路。

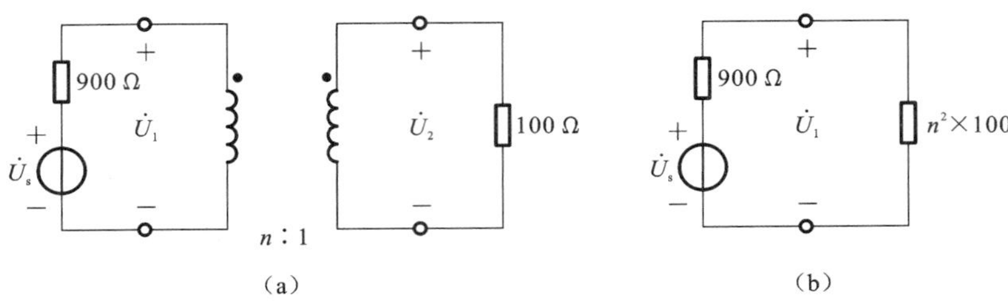

图 6-35　例 6-12 图

由最大功率传输条件，当 $n^2\times100\ \Omega$ 等于电压源的串联电阻(或电源内阻)时，负载可获得最大功率，即

$$n^2\times100\ \Omega=900\ \Omega$$

则变比 n 为

$$n=3$$

6.4.2　含理想变压器的电路分析

上述分析说明，理想变压器具有三个主要作用，即变换电压、电流和阻抗。在对含有理想变压器的电路进行分析时，还要注意同名端及电流、电压的参考方向，因为当同名端及电流、电压的参考方向变化时，伏安关系的表达式的符号也要随之变换。下面举例说明含理想变压器的电路分析。

【例 6-13】　电路如图 6-36 所示，已知 $\dfrac{1}{\omega C}=3\ \Omega$，$\dot{U}_s=12\angle0^\circ\ \text{V}$。求电流相量 $\dot{I}$。

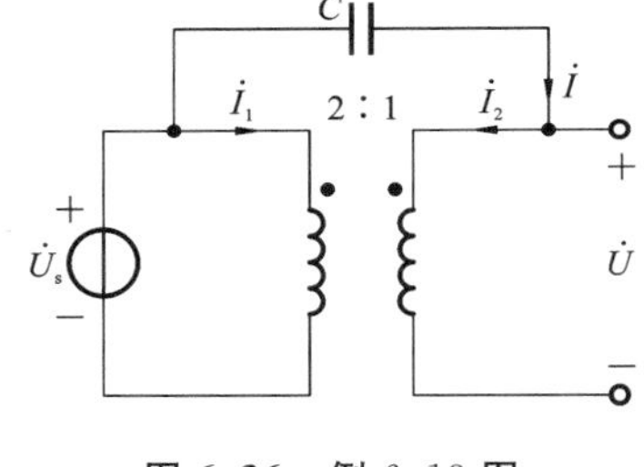

图 6-36　例 6-13 图

解　由图 6-36 可得

$$n=2$$

应用理想变压器的伏安关系，有

$$\dot{U}_s=n\dot{U}$$

对电容回路列 KVL 方程，有

$$\dot{U}_s-\dot{U}=\dot{I}X_C$$

整理上式，得

$$\dot{I}=\frac{\dot{U}_s-\dot{U}}{-\text{j}\dfrac{1}{\omega C}}=\frac{\dot{U}_s-\dfrac{1}{n}\dot{U}_s}{-\text{j}\dfrac{1}{\omega C}}=\frac{0.5\times12\angle0^\circ}{-\text{j}3}\ \text{A}$$

$$=2\angle90^\circ\ \text{A}$$

【例 6-14】　电路如图 6-37(a)所示，已知 $R_L=\sqrt{2}\ \Omega$，$Z_s=100+\text{j}100\Omega$，为使 R_L 上获得最大功率，求理想变压器的变比 n。

解　画出原电路的一次侧等效电路如图 6-37(b)所示，由阻抗变换关系得

$$R'_L=n^2R_L=n^2\sqrt{2}\ \Omega$$

由负载获得最大功率应满足阻抗模匹配的条件，可得

$$R'_L=\sqrt{100^2+100^2}\ \Omega=100\sqrt{2}\ \Omega$$

由上式解得

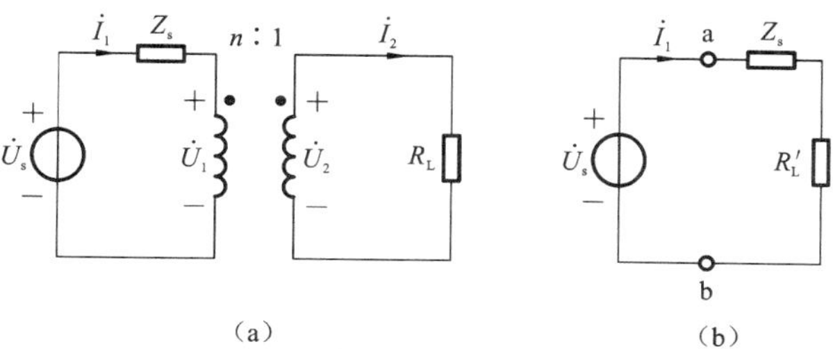

图 6-37　例 6-14 图

$$n^2\sqrt{2}=100\sqrt{2}$$

$$n=10$$

【例 6-15】 求图 6-38(a)所示电路负载电阻上的电压$\dot{U}_2$。

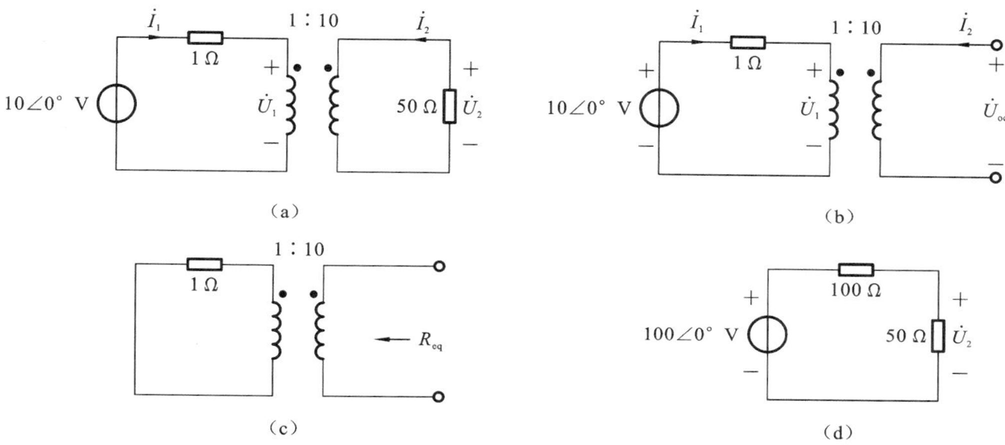

图 6-38　例 6-15 图

解　应用戴维南定理求解。首先，根据图 6-38(b)所示电路，求$\dot{U}_{oc}$。

由$\dot{I}_2=0$可得$\dot{I}_1=0$

则

$$\dot{U}_{oc}=10\dot{U}_1=10\dot{U}_s=100\angle 0°\ \text{V}$$

由图 6-38(c)所示电路，求得一次回路的电阻在二次回路中的等效电阻 R_{eq} 为

$$R_{eq}=\frac{1}{n^2}\times R_1=10^2\times 1\ \Omega=100\ \Omega$$

由此画出的戴维南等效电路如图(d)所示，则

$$\dot{U}_2=\frac{50}{100+50}\times 100\angle 0°\ \text{V}=33.33\angle 0°\ \text{V}$$

6.4.3　变压器的应用

变压器在电子电路和电气工程中的应用十分广泛，是一种常见的电子元件或电气设备。变压器的种类很多，根据线圈之间使用的耦合材料不同，可分为空芯变压器、磁芯变压器和铁芯变压器等三大类；根据工作频率的不同又可分为高频变压器、中频变压器、低频变压器和脉冲变压器等四类。收音机中的磁性天线就是一种高频变压器，用在收音机的中频放大级的为

中频变压器，俗称“中周”。低频变压器的种类较多，有电源变压器、输出变压器、输入变压器、线间变压器等。下面仅作简单介绍，深入分析研究将在各学科的相关课程中再研讨。

1. 电源变压器

电源变压器最为常见，凡是需要电压变换的地方都会出现，常用于各种电子设备和仪器中。电源变压器的常规使用是一次侧接入电源，二次侧可有多个输出不同电压的绕组。

2. 音频变压器

音频变压器主要用于级间耦合、阻抗匹配和功率传输等。音频变压器包括传声器变压器、输入及输出变压器、级间变压器、隔离变压器等。这种变压器的频率响应较好，比工作在音频低端的主电感量要大；比工作在音频高端的漏感量和分布电容要小。通常选择导磁率较高的磁芯和采用分段交叉绕法等措施来实现。

3. 中频变压器

中频变压器(中周)的外观如图 6-39(a)所示。虽然称为中频变压器，其实工作频率已经在几十万赫兹以上了，属于高频范围。中周是超外差式收音机中特有的一种具有固定谐振回路的变压器，但谐振回路可在一定范围内微调。微调可借助磁芯相对位置的变化来实现，以使接入电路后能达到准确、稳定的谐振频率(465 kHz)。

收音机的中频变压器大多是单调谐式的，结构较简单，占用空间较小。由于晶体管的输入、输出阻抗低，为了使中频变压器能与晶体管的输入、输出阻抗匹配，一次线圈设有抽头，且具有圈数很少的二次耦合线圈。双调谐式的优点是选择性较好，并且通频带较宽，多用在高性能收音机中。

同时，现代通信设备亦广泛使用超外差技术，以提高和改善性能和技术参数。

4. 脉冲变压器

脉冲变压器常用于计算机、雷达、电视等的脉冲电路中，其典型外观如图 6-39(b)、(c)所示，主要用于脉冲电压幅度变换、阻抗匹配、脉冲功率输出等。当输入为矩形脉冲时，漏感和分布电容将影响脉冲前沿抖动，而分布电容和一次电感量有可能在后沿引起振荡；如脉冲宽度较大，则主电感量的大小将是主要的影响因素。为此，要想从二次侧获得小失真和最低功耗的脉冲输出，对“铁芯”的选择和绕组结构的要求都应比音频变压器严格，脉冲重复频率越高，要求也就越严格。

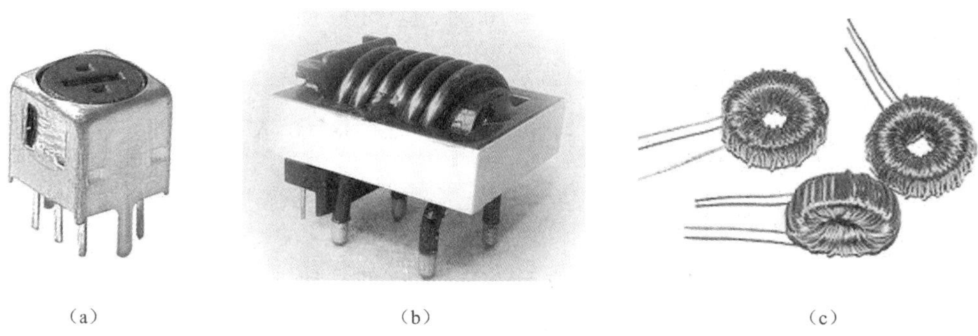

(a) (b) (c)

图 6-39 变压器实例

5. 超薄压电变压器

超薄压电变压器是一种新型的表面安装电子元件，具有超薄、功率密度高、无电磁干扰、高效率、高可靠、自保护等特点。以压电陶瓷材料、多层复合、独石化技术制成，是继铁芯变压器、脉冲变压器之后的第三代电子变压器，是表面贴芯(SMD)元件。

采用超薄压电变压器制成的逆变电源，具有体积小、超薄、转换效率高、温升小、无电磁干扰(EMI)等杰出优点。主要应用于便携式 VCD、DVD、手机、数码影视设备等彩屏背光电源，各种广告屏、指示屏、工业液晶显示器、车载显示屏、笔记本电脑、台式液晶显示屏的背光电源，以及光电倍增管、盖革计数管、负氧离子发生器、高压静电器、臭氧发生器、空调机、消毒柜、冰箱等家用电器及仪器仪表。

6. 电力变压器

在电力系统的输变电网络中，变压器的应用更为广泛，其典型外观如图 6-21(a)、(b)所示。按用途可分为升压变压器、降压变压器、配电变压器、厂用变压器、矿用变压器、联络变压器等；按相数可分为单相变压器、三相变压器等两种；按绕组数可分为双绕组变压器、三绕组变压器、自耦变压器等；按冷却方式可分为油浸自冷式变压器、油浸风冷式变压器、油浸水冷式变压器、强迫油循环风冷式变压器、强迫油循环水冷式变压器等；按绝缘介质可分为油浸式变压器、合成非燃性油浸式变压器、SF_6气体绝缘式变压器、蒸发冷却气体绝缘式变压器，以及浇铸干式变压器等；按调压方式可分为无励磁调压式变压器和有载调压式变压器等两种。

特种变压器主要有整流变压器、电炉变压器、电气化铁路专用变压器、电焊变压器、高压直流输电换流阀用变压器、中频变压器、工频高压试验变压器、大电流冲击变压器、仪用互感器(变换电压用的电压互感器和变换电流用的电流互感器)，以及隔离变压器等。

注：盖革计数器是一种专门探测电离辐射(α粒子、β粒子、γ射线和 X 射线)强度的记数仪器。由充气的管或小室作探头，当向探头施加的电压达到一定范围时，射线在管内每电离产生一对离子，就能放大产生一个相同大小的电脉冲并被相连的电子装置所记录，由此就可测得单位时间内的射线数。

本章小结

(1) 耦合电感是研究两个相邻线圈之间的电磁感应现象的，它用三个参数表征：自感系数 L_1、L_2 和互感系数 M。带“•”号端为同名端。同名端是指如果电流从一个线圈的“•”端流入，则在另一个线圈中，感应电压在“•”端为正极性。也就是说，流入的电流和互感电压的参考方向对同名端一致。

(2) 耦合电感电压与电流的关系式如下。

在时域电路中，有

$$u_1 = L_1 \frac{\mathrm{d}i_1}{\mathrm{d}t} \pm M \frac{\mathrm{d}i_2}{\mathrm{d}t}$$

$$u_2 = L_2 \frac{\mathrm{d}i_2}{\mathrm{d}t} \pm M \frac{\mathrm{d}i_1}{\mathrm{d}t}$$

列写耦合电感的伏安关系式时，自感电压的极性由同侧的电压、电流的参考方向确定，与同名端无关。若同侧电压、电流的参考方向为关联参考方向，则自感电压为正值，反之为负值。

互感电压前的正、负号要由两层关系决定，首先要根据一侧电流的方向以及同名端来确定另一侧同名端的互感电压极性，再与端钮所设的电压参考方向相比较，如果互感电压极性与端钮所设电压极性一致，互感电压取正号，反之取负号。

(3) 含耦合电感电路的计算。

含耦合电感电路的计算方法有两种：一是直接列写方程法；二是去耦等效法。

直接列写方程法是列写独立回路的 KVL 方程组联立求解的方法。列写方程时，要注意互感电压项"+"或"−"的选取。

当有耦合电感的两线圈具有一个公共节点时，可应用去耦等效法将含耦合电感的电路变换为无耦合的等效电路。去耦等效电路有两种基本形式。应注意去耦等效电路只对端口外部电路等效，而对内部不等效。因此它只能用来分析计算耦合电感元件端口的电压、电流。

分析在正弦交流下耦合电感的电路与分析复杂正弦电路相同，只是在列写方程时，要考虑互感电压。具有互感线圈的串、并联等效电感的推导，就是一个实际举例。

(4) 空芯变压器是以耦合电感作为电路模型的器件，为了简化分析计算，引入反映阻抗，将一次回路、二次回路变换为两个单回路电路，可简化计算。

(5) 理想变压器的三个重要特征是变压、变流、变阻抗。理想变压器两线圈的电压 u_1、u_2 的参考方向为从同名端指向非同名端，电流 i_1、i_2 的参考方向为各自从两同名端流入时的方向，有定义式

$$u_1 = nu_2, \quad i_1 = -\frac{1}{n}i_2$$

当电压、电流的参考方向或同名端位置与上述规定不同时，以上两式的符号应做相应调整。

分析计算含理想变压器电路时，应将其定义式直接列入电路方程中，联立求解。对于实际变压器的分析与研究，应根据不同学科的设置而侧重安排学习内容，本章从略。

习　题　6

1. 试确定图题 1 所示耦合线圈的同名端(试设各种不同情况的电流参考方向进行分析，看结果是否相同)。

2. 试确定图题 2 所示电路中耦合线圈的同名端表示是否正确。

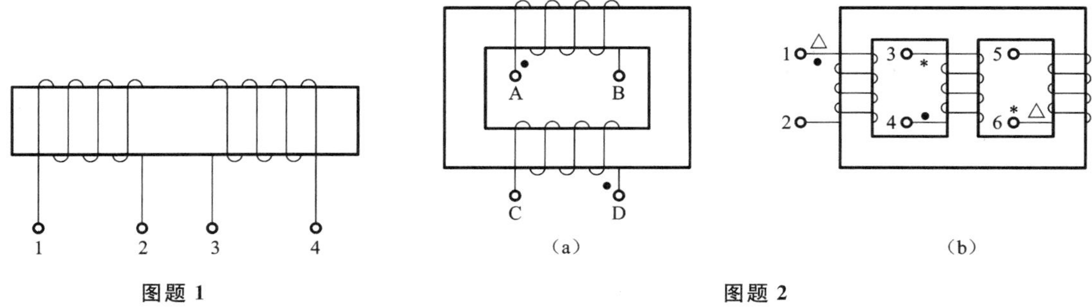

图题 1　　　　图题 2

3. 能否使两个耦合线圈之间的耦合系数 $k=0$? 说明其理由。

4. 用互感消去法，求图题 4 所示电路的等效电感。

5. 试求图题 5 所示电路的等效阻抗，设信号源频率为 $\{\omega\}$rad/s。

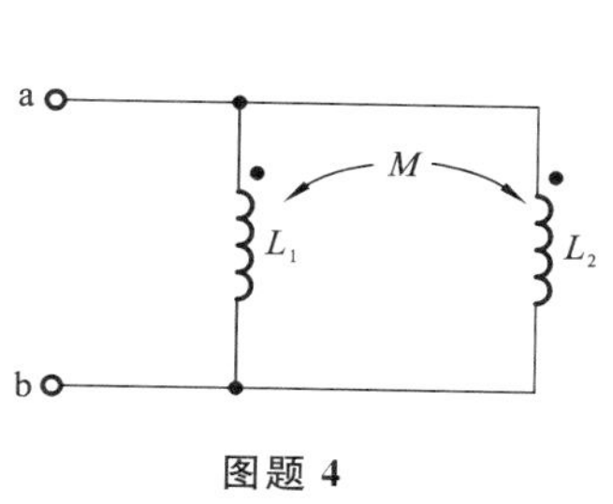

图题 4

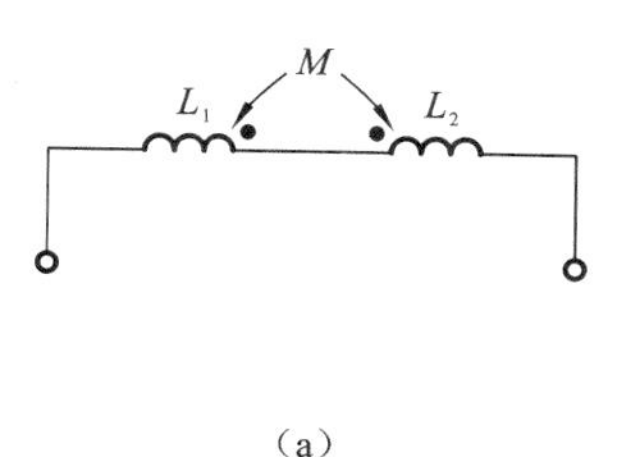

(a)

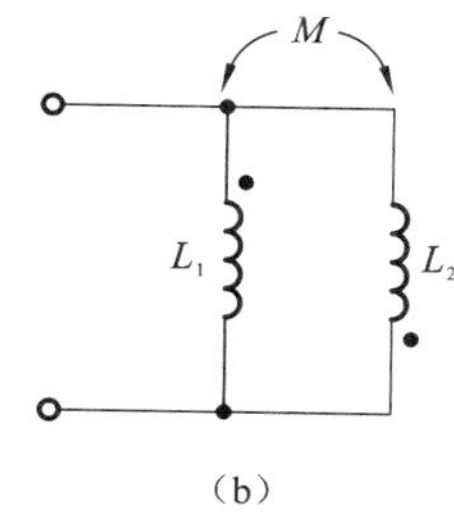

(b)

图题 5

6. 如果在图题 6 所示线圈的 1 端输入正弦电流 $i=10\sin t$ A，方向如图题 6 所示。已知互感 $M=0.01$ H，求 u_{34}。

7. 电路如图题 7 所示，为理想变压器，已知 $\dot{U}_s=10\angle 0°$ V，求 $\dot{U}_2$。

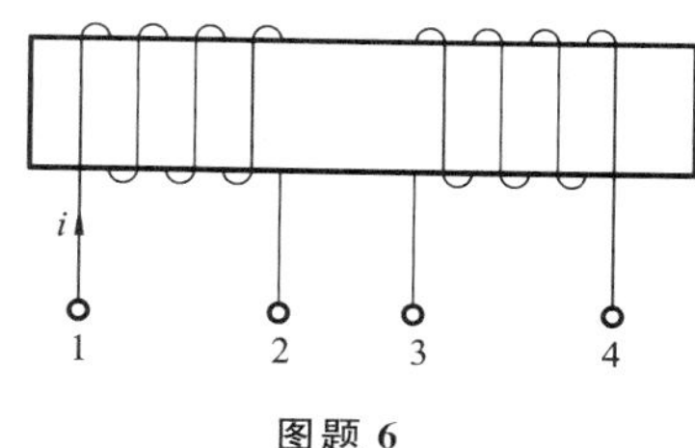

图题 6

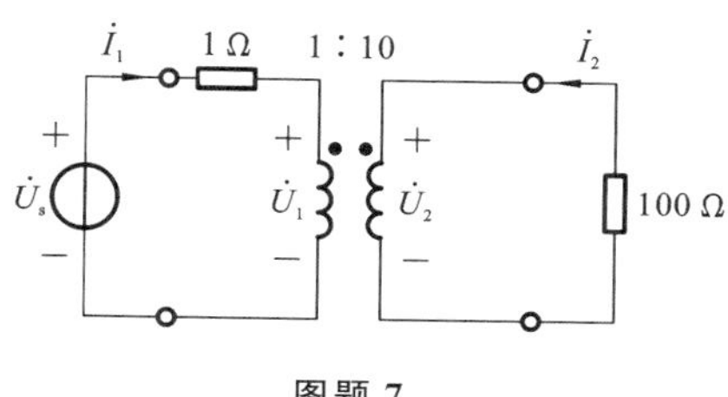

图题 7

8. 电路如图题 8 所示，为理想变压器，$\dot{U}_s=100\angle 0°$ V，求 n 为何值时负载可获得最大功率。

9. 电路如图题 9 所示，已知 $\dot{U}_s=10\angle 0°$ V，$\omega=5000$ rad/s，$R_1=5$ Ω，$L_1=L_2=1$ mH，$M=0.4$ mH，求负载获得最大功率时 Z_L 的值。

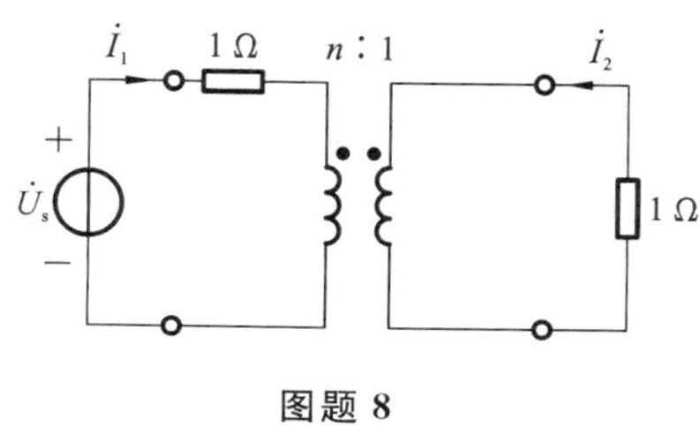

图题 8

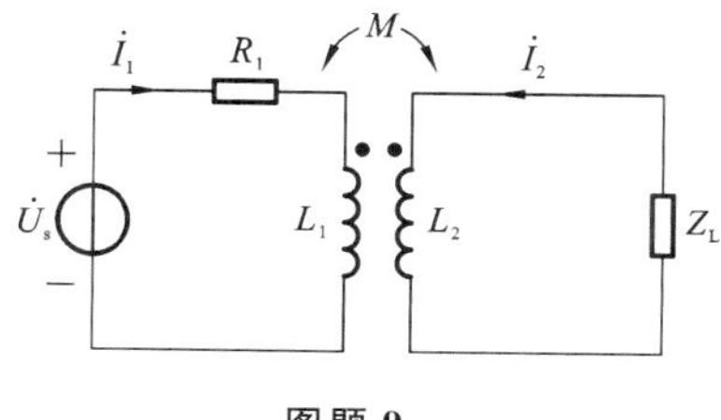

图题 9

10. 含空芯变压器正弦交流电路的分析计算，如图题 10 所示电路，$u_s=30\sin(5t)$ V，$R_1=3$ Ω，$L_1=1$ H，$L_2=2$ H，$M_1=0.8$ H，$R_2=3$ Ω，$C=0.05$ F，$Z_L=(3+j2)$ Ω，求电流 i_1，i_2。

11. 把两个线圈串联起来接到 50 Hz、220 V 的正弦交流电源上，顺接时得电流 $I=2.7$ A，吸收的功率为 218.7 W；反接时电流为 7 A。求互感 M。

12. 求图题 12 所示一端口电路的戴维南等效电路。已知 $\omega L_1=\omega L_2=10$ Ω，$\omega M=5$ Ω，$R_1=R_2=6$ Ω，$U_1=60$ V(正弦)。

13. 已知空芯变压器如图题 13(a)所示，一次侧的周期性电流源波形如图(b)所示(一个周期)，二次侧的电压表读数(有效值)为 25 V。

(1) 画出二次侧端电压的波形，并计算互感 M。

(2) 给出其等效受控源(CCVS)电路。

(3) 如果同名端弄错，对(1)、(2)的结果有无影响？

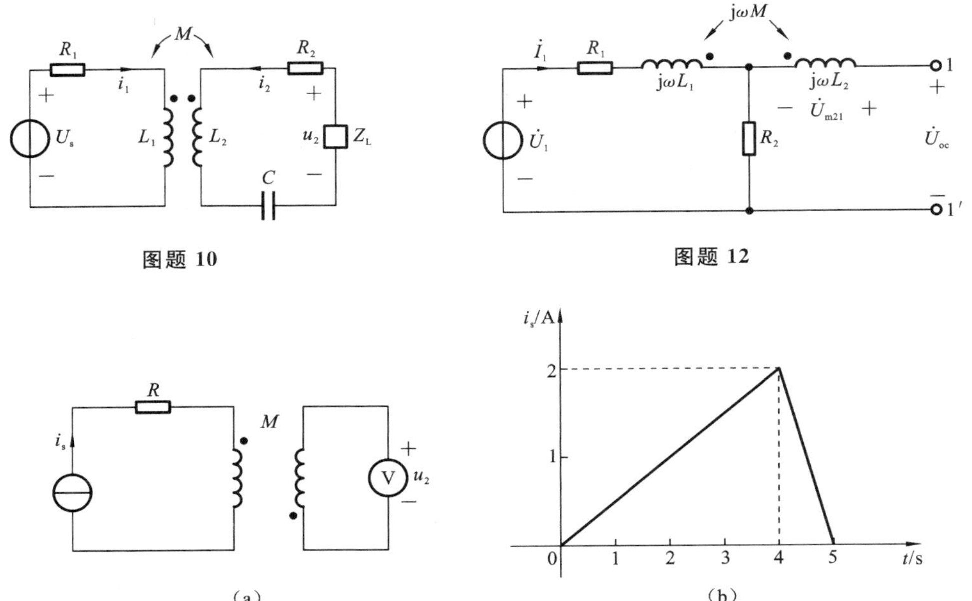

图题 10

图题 12

(a)

(b)

图题 13

14. 图题 14 所示电路中 $R_1=50\ \Omega$，$L_1=70$ mH，$L_2=25$ mH，$M=25$ mH，$C=1\ \mu$F，正弦电源的电压$\dot{U}=500\angle 0^\circ$ V，$\omega=10^4$ rad/s。求各支路电流。

15. 求图题 15 所示电路中的阻抗 Z。已知电流表的读数为 10 A，正弦电压为 $U=10$ V。

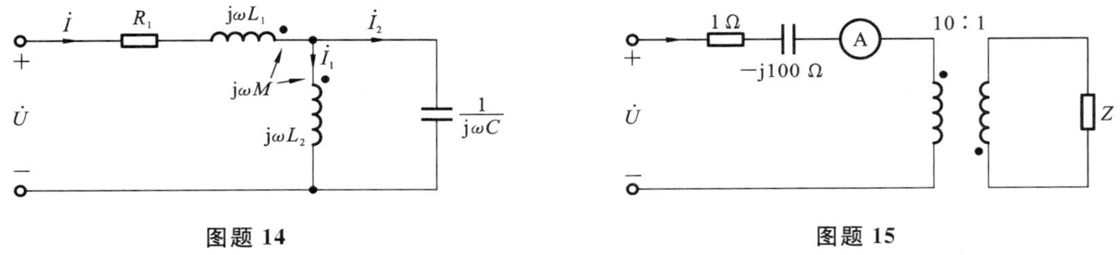

图题 14

图题 15

16. 电路如图题 16 所示，变压器为理想变压器。(1) 求传输到负载上的功率达到最大时的匝数比；(2) 求 1 Ω 负载上获得的最大功率。

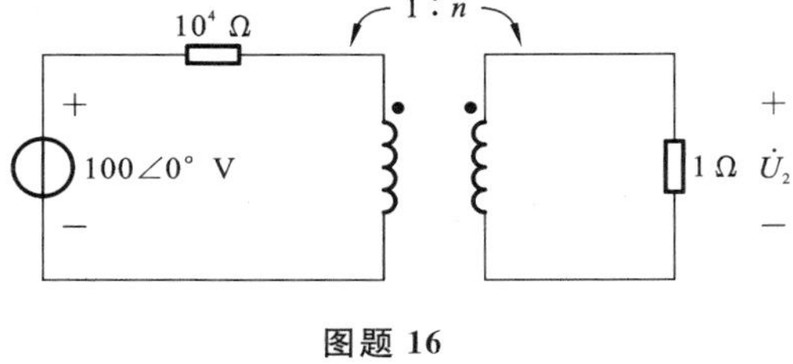

图题 16

第 7 章　电路的频率特性

知识要点

- 理解和掌握网络函数的定义、频率特性、谐振、特性阻抗、品质因数、选择性和通频带等有关概念；
- 熟练掌握串、并联电路的谐振条件、工作特点和分析计算方法；
- 理解耦合谐振电路的组成和特点；
- 掌握滤波器的原理及其应用。

7.1　RLC 串联谐振电路

谐振是正弦电路在特定条件下产生的一种特殊物理现象，谐振现象在无线电和电工技术中得到了广泛应用。但在某些方面，电路产生谐振又可能会破坏系统的正常工作，故对谐振现象的研究具有重要的实际意义。

谐振的定义：含有 R、L、C 的无源单端口网络，外施正弦激励，在特定条件下出现端口电压、电流同相位的现象，称为电路谐振。此时电路的端口电压、电流满足

$$\frac{\dot{U}}{\dot{I}}=Z=R$$

即电路呈电阻性的现象称为谐振现象。

7.1.1　谐振频率

如图 7-1(a)所示的电路为 RLC 串联电路。其输入阻抗为

$$\begin{aligned}Z(\mathrm{j}\omega)&=\frac{\dot{U}}{\dot{I}}=R+\mathrm{j}\omega L+\frac{1}{\mathrm{j}\omega C}=R+\mathrm{j}\left(\omega L-\frac{1}{\omega C}\right)\\&=R+\mathrm{j}(X_{\mathrm{L}}-X_{\mathrm{C}})=R+\mathrm{j}X\end{aligned}\tag{7-1}$$

当式(7-1)的虚部 $X=X_{\mathrm{L}}-X_{\mathrm{C}}=0$ 时，$Z(\mathrm{j}\omega_0)=R$，电路呈电阻性。此时，电压$\dot{U}$和电流$\dot{I}$同相，即电路发生谐振，可得

$$\omega_0 L=\frac{1}{\omega_0 C}\tag{7-2}$$

式(7-2)为 RLC 串联电路的谐振条件。图 7-1(b)所示的给出了感抗、容抗和谐振频率 ω_0 三者之间的关系。

由式(7-2)解得

$$\omega_0=\frac{1}{\sqrt{LC}}\tag{7-3}$$

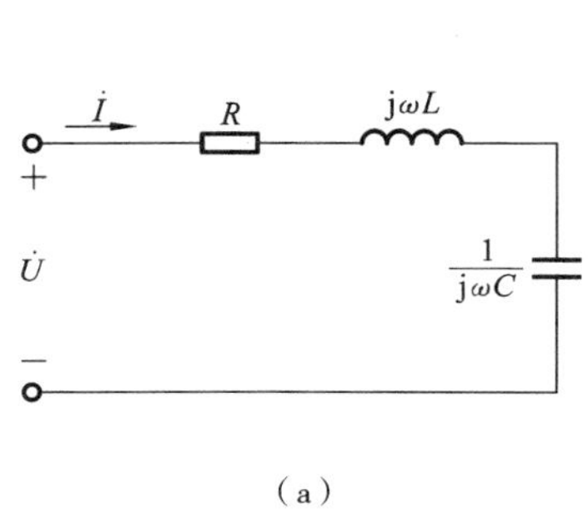

(a)

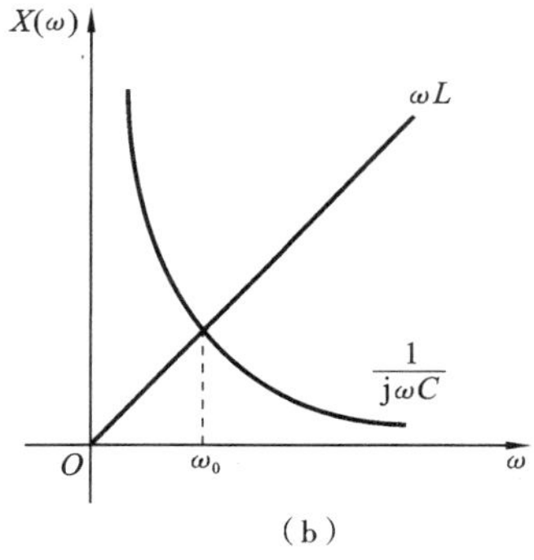

(b)

图 7-1　RLC 串联谐振电路

式中：ω_0 为电路谐振角频率。

由于 $\omega=2\pi f$，所以电路的谐振频率 f_0 为

$$f_0=\frac{1}{2\pi\sqrt{LC}} \tag{7-4}$$

可见，串联电路的谐振频率由 L 和 C 两个参数决定。为了实现谐振或消除谐振，在激励频率确定时，可改变 L 或 C；在 L 和 C 固定时，可改变激励频率。

由式(7-4)可知，电路的谐振频率与电阻和外施电源无关，其反映了串联谐振电路的一种固有性质。只有当外施电源的频率与电路本身的谐振频率相等时，电路才能产生谐振。此时电源的频率 f_0 称为谐振频率。

7.1.2　串联谐振的特征

1. 谐振阻抗、谐振电流、谐振电压、品质因数

当串联电路发生谐振时，电路的电抗为零，故电路发生谐振时的阻抗 $Z_0=R+\mathrm{j}X=R$ 为一纯电阻。此时，电路复阻抗的模为最小值，阻抗角 $\varphi_Z=0$。

电路发生谐振时的电流 $\dot{I}_0=\frac{\dot{U}}{Z(\mathrm{j}\omega_0)}=\frac{\dot{U}}{R}$ 称为谐振电流。由于电路发生串联谐振时阻抗最小，则此时的电流最大，即

$$\dot{I}_0=\frac{\dot{U}}{R} \tag{7-5}$$

虽然谐振时 $X=0$，但是其串联电路中的容抗和感抗并不等于零，即 $\omega L=\frac{1}{\omega C}\neq 0$。此时，在 RLC 串联电路中各元件上的电压分量分别为

$$\dot{U}_R=R\dot{I}=R\frac{\dot{U}}{R}=\dot{U}$$

$$\dot{U}_L=Z_L\dot{I}=\mathrm{j}\omega_0 L\frac{\dot{U}}{R}=\mathrm{j}Q\dot{U} \tag{7-6}$$

$$\dot{U}_C=Z_C\dot{I}=-\mathrm{j}\frac{1}{\omega_0 C}\frac{\dot{U}}{R}=-\mathrm{j}Q\dot{U} \tag{7-7}$$

式中：Q 是串联谐振电路发生谐振时容抗或感抗与回路电阻的比值，称为串联谐振电路的品质

因数。Q 值是一个无量纲的比例系数。由式(7-6)、式(7-7)可见，在发生串联谐振时，电容和电感上的电压相等，相位相反，并且电压值是外施电压的 Q 倍。

如果 $Q>1$，则 $U_L=U_C>U$；尤其当 $Q\gg 1$ 时，L、C 两端出现远远高于外施电压 $\dot{U}$ 的高电压，这种现象称为谐振过电压现象。谐振电压太高，可能会损坏电子元件。在无线电接收设备中，常利用串联谐振的这一特性，提高微弱信号的幅值。

为便于分析计算，定义谐振时的容抗或感抗为串联谐振电路的特性阻抗，用 ρ 表示，有

$$\rho=\omega_0 L=\frac{1}{\omega_0 C} \tag{7-8}$$

因此

$$Q=\frac{\rho}{R}=\frac{\omega_0 L}{R}=\frac{1}{\omega_0 CR}=\frac{1}{R}\sqrt{\frac{L}{C}} \tag{7-9}$$

可见

$$\rho=\sqrt{\frac{L}{C}} \tag{7-10}$$

Q 和 ρ 只有在谐振时才有意义。

串联谐振时，电阻两端的电压等于外施的电源电压，即电源电压全加在电阻 R 上；L、C 上电压的大小为电源电压 U 的 Q 倍，但 $\dot{U}_L$ 与 $\dot{U}_C$ 大小相等、相位相反，相互抵消，故串联谐振也称为电压谐振。

2. 谐振时的功耗

由于谐振时 $\varphi=0$，则谐振时的功率因数 $\cos\varphi=1$，所以电路的有功功率为

$$P=UI_0\cos\varphi=UI_0=U^2/R \tag{7-11}$$

无功功率为

$$Q=UI_0\sin\varphi=0$$

故有

$$Q_L=-Q_C$$

可见谐振时，电路中仅有电阻消耗有功功率，电路不消耗无功功率，仅在 L、C 之间进行磁场能与电场能的交换。

【例 7-1】 已知 RLC 串联电路的端口电源电压为 $U=10$ mV，当电路元件的参数为 $R=5\ \Omega$，$L=20\ \mu$H，$C=200$ pF 时，若电路产生串联谐振，求电源频率 f_0、回路的特性阻抗 ρ、品质因数 Q 和 U_C。

解

$$f_0=\frac{1}{2\pi\sqrt{LC}}=\frac{1}{2\times 3.14\times\sqrt{20\times 10^{-6}\times 200\times 10^{-12}}}\ \text{Hz}$$
$$=2.52\times 10^6\ \text{Hz}$$

$$\rho=\sqrt{\frac{L}{C}}=\sqrt{\frac{20\times 10^{-6}}{200\times 10^{-12}}}\ \Omega=316.23\ \Omega$$

$$Q=\frac{\rho}{R}=\frac{316.23}{5}=63.25$$

$$U_C=QU=63.25\times 10\times 10^{-3}\ \text{V}=0.63\ \text{V}$$

7.2 RLC 串联电路的频率响应

在 RLC 串联电路中，当外加正弦交流电压的频率改变时，电路中的阻抗、导纳、电压、电流

随频率的变化而变化，这种随频率变化而变化的特性，称为频率特性，或称为频率响应，包括幅频特性和相频特性。随频率变化而变化的曲线称为谐振曲线。

7.2.1 阻抗的频率特性

各量的模（大小）随频率变化而变化的关系称为该量的幅频特性；各量的辐角（方向）随频率变化而变化的关系称为该量的相频特性。如 $|Z(j\omega)|$ 称为阻抗的幅频特性；$\varphi(\omega)$ 称为阻抗的相频特性。

由式(7-1)可得电路总阻抗的频率特性为

$$\left.\begin{aligned}|Z(j\omega)|&=\sqrt{R^2+\left(\omega L-\frac{1}{\omega C}\right)^2}\\ \varphi(\omega)&=\arctan\frac{X(\omega)}{R}=\arctan\frac{\omega L-\dfrac{1}{\omega C}}{R}\end{aligned}\right\} \tag{7-12}$$

由式(7-12)画出阻抗的幅频特性曲线及相频特性曲线如图 7-2 所示。

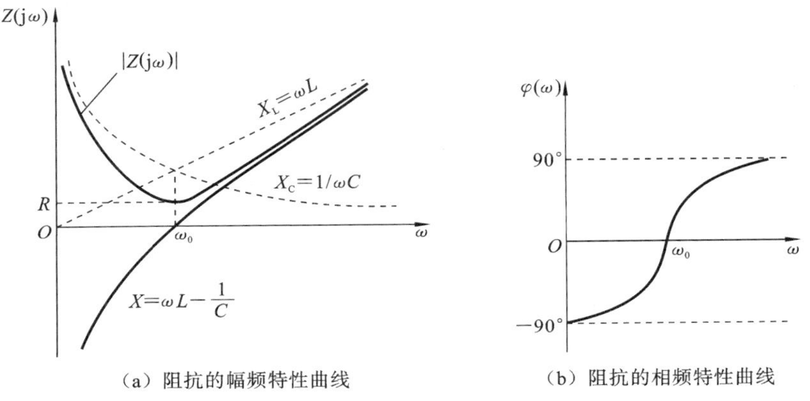

(a) 阻抗的幅频特性曲线　　(b) 阻抗的相频特性曲线

图 7-2 阻抗的频率特性曲线

由图 7-2(a)可知，当 $0<\omega<\omega_0$ 时，$X<0$，电路呈电容性；当 $\omega=\omega_0$ 时，$X=0$，电路呈纯电阻性，$|Z|=R$，电路处于谐振状态；当 $\omega_0<\omega<+\infty$ 时，$X>0$，电路呈电感性；阻抗 $|Z|$ 随频率 ω 变化而变化的曲线呈 V 字形。

由图 7-2(b)可以看出，当 $\omega\to0$ 时，$|Z|\to+\infty$，$\varphi\to-90°$；当 $\omega\to+\infty$ 时，$|Z|\to+\infty$，$\varphi\to 90°$。阻抗角随频率 ω 变化而变化的曲线呈 S 字形。

7.2.2 $U_L(\omega)$ 与 $U_C(\omega)$ 的频率特性

为比较不同谐振回路，引入相对频率 η，则阻抗表达式可改写为

$$Z(j\omega)=R+j\left(\omega L-\frac{1}{\omega C}\right)=R\left[1+j\left(\frac{\omega L}{R}-\frac{1}{\omega CR}\right)\right]=R\left[1+jQ\left(\eta-\frac{1}{\eta}\right)\right] \tag{7-13}$$

式中：$\eta=\dfrac{\omega}{\omega_0}$。

电感元件电压的频率特性为

$$U'_{L}(\omega)=\omega LI=\omega L\cdot\frac{U}{|Z|}=\frac{\omega LU}{\sqrt{R^2+\left(\omega L-\frac{1}{\omega C}\right)^2}}=\frac{QU}{\sqrt{\frac{1}{\eta^2}+Q^2\left(1-\frac{1}{\eta^2}\right)^2}} \tag{7-14}$$

电容元件电压的频率特性为

$$U_{C}(\omega)=\frac{I}{\omega C}=\frac{U}{\omega C\sqrt{R^2+\left(\omega L-\frac{1}{\omega C}\right)^2}}=\frac{QU}{\sqrt{\eta^2+Q^2(\eta^2-1)^2}} \tag{7-15}$$

由式(7-14)、式(7-15)画出电压的频率特性曲线如图 7-3 所示。可见这两个频率曲线明显不同，对称谐振频率点各有一个峰值。

可以证明当 $Q>\frac{\sqrt{2}}{2}$ 时，$U_{L}(\omega)$ 与 $U_{C}(\omega)$ 获最大值，峰值的频率为

$$\omega_{Cm}=\omega_0\sqrt{1-\frac{1}{2Q^2}}<\omega_0$$

$$\omega_{Lm}=\omega_0\sqrt{\frac{2Q^2}{2Q^2-1}}>\omega_0$$

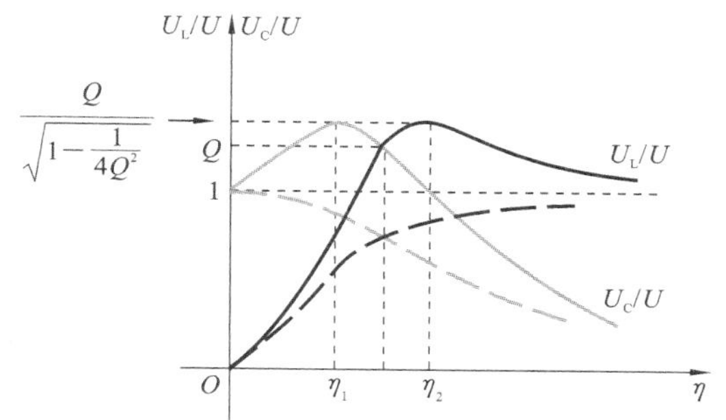

图 7-3 U_L 与 U_C 的频率特性曲线

峰值的电压为

$$U_{C}(\omega_{Cm})=U_{L}(\omega_{Lm})=\frac{QU}{\sqrt{1-\frac{1}{4Q^2}}}>QU \tag{7-16}$$

且 Q 值越大，峰值频率越接近谐振频率。由式(7-16)可见，电抗元件的电压峰值高于谐振频率时的电压值为 QU。

7.2.3 串联谐振电路的选择性与通频带

串联谐振电路的选择性就是选择有用信号的能力。为了清楚地比较电路参数对电路频率特性曲线的影响，在电路分析中常用相对电压的频率特性来研究电路参数对电路选择性的影响。

RLC 串联电路的电压为

$$U_{R}(\eta)=\frac{U}{|Z(j\omega)|}R=\frac{U}{\sqrt{1+Q^2\left(\eta-\frac{1}{\eta}\right)^2}} \tag{7-17}$$

由此可得相对电压频率特性的表达式为

$$\frac{U_{R}(\eta)}{U}=\frac{1}{\sqrt{1+Q^2\left(\eta-\frac{1}{\eta}\right)^2}} \tag{7-18}$$

式(7-18)可用于不同参数的 RLC 串联谐振电路。在同一个坐标下，根据不同的 Q 值，其曲线有不同的形状，而且可以明显看出，Q 值对谐振曲线形状的影响。

图 7-4 所示的是不同 Q 值($Q_1<Q_2<Q_3$)下的谐振曲线，对图形分析可有如下结论。(1) 在 $\eta=1$ 处出现峰值；(2) 在 $\eta\neq1$ 时输出信号幅度下降；(3) 在谐振点及邻域内信号输出

幅度较大。

可见，串联谐振电路对不同频率的信号具有不同的响应，能使谐振频率 ω_0 附近的一部分频率分量通过，而对其他的频率分量呈抑制作用，电路的这种特性称为选择性。由图 7-4 可知，品质因数 Q 决定电路的选择特性：Q 值越大，谐振曲线越尖锐，选择性能越好，抑非能力强。反之，选择性就越差。

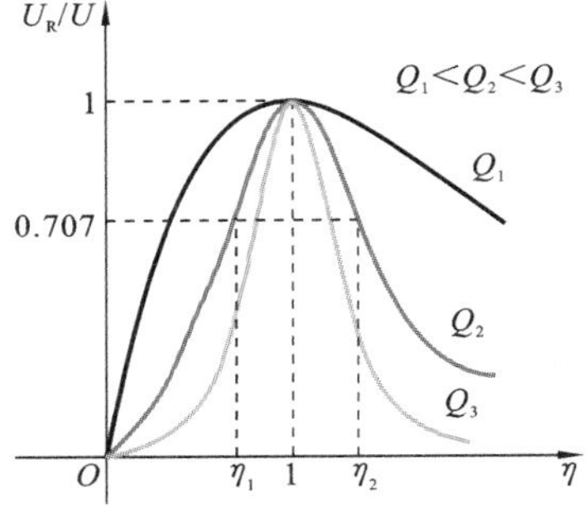

图 7-4　不同 Q 值下的谐振曲线

实际电路传输的信号往往不是单一频率的，而是由多个频率组成的，占用一定的频率范围，这个频率范围称为通频带。在实际工程中，将发生在$\dfrac{U_R(\eta)}{U}=\dfrac{1}{\sqrt{2}}$时对应的两个角频率 ω_2 与 ω_1 的差定义为通频带，即

$$\mathrm{BW}=\Delta\omega=\omega_2-\omega_1$$

可以证明

$$\frac{\omega_1}{\omega_0}-\frac{\omega_2}{\omega_0}=\frac{1}{Q}$$

即

$$\mathrm{BW}=\frac{\omega_0}{Q} \tag{7-19}$$

式(7-19)说明，单元网络电路的 Q 值越高，通频带 BW 越窄，Q 与 BW 二者相互矛盾。通频带与频带是容易混淆的两个概念，频带是信号传输所需要的带宽，通频带是电路传输的归一化电压$\dfrac{U_R(\eta)}{U}$下降到 0.707 时的带宽。例如，语音的频带可以达到 64 Hz～5000 Hz，但信息工程将语音频带设定为 250 Hz～3400 Hz，其目的是，消除鼻音哼声和刺耳高音的影响。

【例 7-2】　一信号源与 RLC 串联电路串联，要求 $f_0=10^4$ Hz，$\Delta f=100$ Hz，$R=15\ \Omega$，请设计一个线性电路。

解

$$Q=\frac{\omega_0}{\Delta\omega}=\frac{f_0}{\Delta f}=\frac{10^4}{100}=100$$

$$L=\frac{RQ}{\omega_0}=\frac{100\times 15}{2\pi\times 10^4}\ \mathrm{H}=39.8\ \mathrm{mH}$$

$$C=\frac{1}{\omega_0^2 L}=6360\ \mathrm{pF}$$

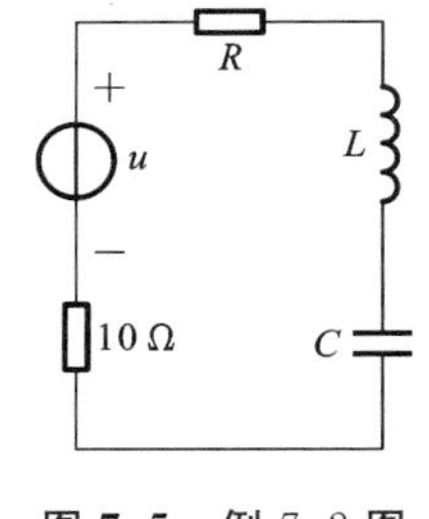

图 7-5　例 7-2 图

7.2.4　串联谐振的应用※

串联谐振在无线电工程中应用较多。典型应用如图 7-6(a)所示的收音机接收电路（调谐），图 7-6(b)所示的为其等效电路，其中，R_L 为电感线圈的绕线电阻。

调节可变电容 C 使收音机接收回路的谐振频率与接收电台信号的载波频率相等，使之发生串联谐振（RLC 电路相对于信号源是串联形式的），从而实现“选台”作用。

在选台过程中，慢慢增大或减小电容量的值，会发现收音机在接收信号的过程中出现信号音质从差到好，再由好到差的变化过程，这就是电路通频带频率响应的作用。

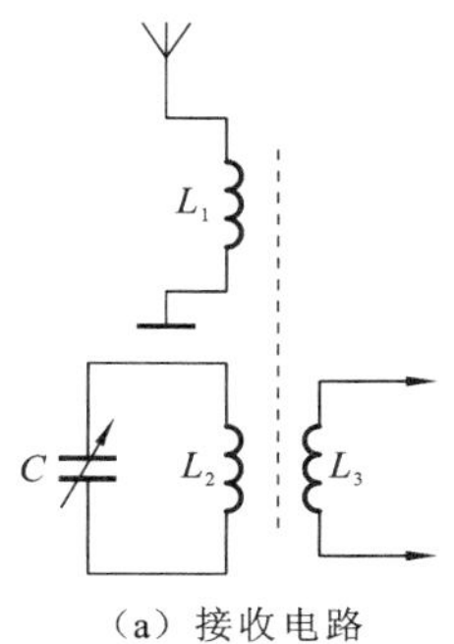

(a) 接收电路

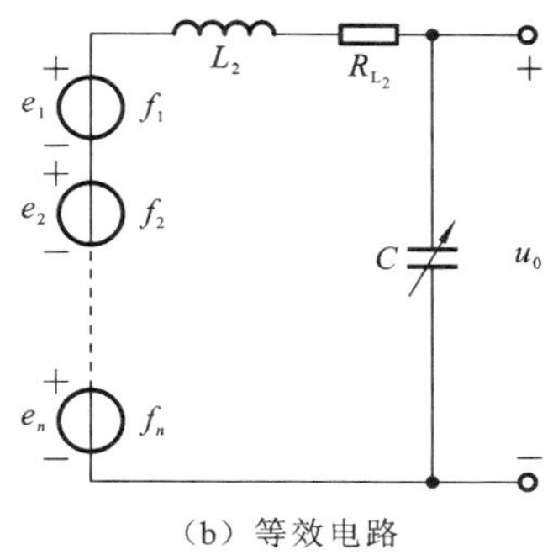

(b) 等效电路

图 7-6 收音机接收电路

【例 7-3】 已知某晶体管收音机输入回路的等效电感 $L=310\ \mu\text{H}$，电感绕线电阻 $R_L=3.35\ \Omega$。今欲收听载波频率为 540 kH，电压有效值为 1 mV 的信号。试求：

(1) 此时调谐电容 C 的数值和品质因数 Q；

(2) 谐振电流的有效值和电容两端电压的有效值。

解 (1) 由条件可知，谐振频率为 $f_0=540$ kHz，由谐振频率公式

$$f_0=\frac{1}{2\pi\sqrt{LC}}$$

得
$$C=\frac{1}{(2\pi f_0)^2L}=\frac{1}{(2\pi\times540\times10^3)^2\times310\times10^{-6}}\ \text{F}=280\ \text{pF}$$

回路的品质因数为

$$Q=\frac{2\pi f_0L}{R_L}=\frac{2\pi\times540\times10^3\times310\times10^{-6}}{3.35}=313.8$$

(2) 谐振电流为

$$I_0=\frac{U}{R_L}=\frac{1}{3.35}\ \text{A}=298\ \mu\text{A}$$

谐振时电容上的电压为

$$U_C=QU=313.8\times1\ \text{mV}=313.8\ \text{mV}$$

可见，电容上的电压是输入信号电压的 313 倍，电路具有优良的选择性。

【例 7-4】 如图 7-7 所示电路为一测量电感线圈参数的电路。电源电压 $U_s=10$ V，$\omega=1000$ rad/s，$R_s=20\ \Omega$。当调节电容 $C=16\ \mu$F 时，电容电压 U_C 达到最大值，且 $U_{C\max}=\frac{50}{3}$ V。试求电感线圈的 L 和 r_L 的值。

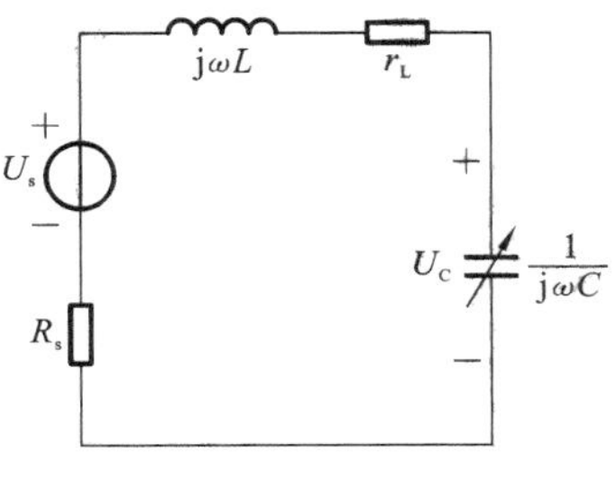

图 7-7 例 7-4 图

解 设 $\dot{U}_s=10\angle0°$ V，电容两端的电压 $\dot{U}_C$ 为

$$\dot{U}_C=\frac{-\text{j}\frac{1}{\omega C}}{R_s+r_L+\text{j}\left(\omega L-\frac{1}{\omega C}\right)}\dot{U}_s$$

电容电压的有效值为

$$U_C=\frac{U_s/\omega C}{\sqrt{(R_s+r_L)^2+\left(\omega L-\frac{1}{\omega C}\right)^2}}=\frac{U_s}{\sqrt{(\omega C)^2(R_s+r_L)^2+(\omega^2LC-1)^2}} \quad ①$$

欲使 U_C 达到最大值 U_{Cmax}，则式①的分母 $\sqrt{(\omega C)^2\ (R_s+r_L)^2+(\omega^2 LC-1)^2}$ 要为最小。则有

$$\frac{d}{dC}[(\omega C)^2\ (R_s+r_L)^2+(\omega^2 LC-1)^2]=0$$

得到

$$(R_s+r_L)^2=\frac{L}{C}(1-\omega^2 LC) \qquad ②$$

将式②代入式①则得 U_{Cmax}（其中运用规则：$(A-B)^2=(B-A)^2$）

$$U_{Cmax}=\frac{U_s}{\sqrt{(\omega C)^2\ \frac{L}{C}(1-\omega^2 LC)+(\omega^2 LC-1)^2}}=\frac{U_s}{\sqrt{1-\omega^2 LC}} \qquad ③$$

将本题所给参数代入式③，得

$$\frac{50}{3}\ \text{V}=\frac{10\ \text{V}}{\sqrt{1-1000^2\times 16\times 10^{-6}L}} \qquad ④$$

由式④解得

$$L=0.04\ \text{H}$$

将参数代入式②，解得

$$r_L=10\ \Omega$$

关于 R、L、C 发生串联谐振时的电流谐振特性，读者可自行分析。

7.3 RLC 并联谐振电路

7.3.1 原理分析

串联谐振电路仅适用于信号源内阻小的情况，信号源内阻较大，会使回路 Q 值降低，以至电路的选择性变差。当信号源内阻较大时，为了获得较好的选择性，一般选用并联谐振电路。

图 7-8 所示的 RLC 并联电路是另外一种典型的谐振电路。当端口电压 $\dot{U}$ 与端口电流 $\dot{I}_s$ 同相位时的电路工作状况称为并联谐振。

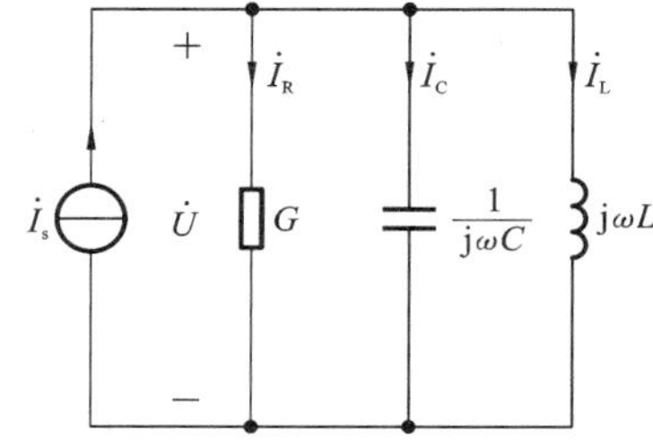

图 7-8 RLC 并联谐振电路

图 7-8 所示电路的导纳为

$$Y(j\omega)=\frac{\dot{I}_s}{\dot{U}}=G+j\left(\omega C-\frac{1}{\omega L}\right)$$

根据定义，当电路发生谐振时，$Y(j\omega)$ 的虚部为 0，即

$$\omega C-\frac{1}{\omega L}=0$$

解得

$$\omega_0=\frac{1}{\sqrt{LC}} \qquad (7\text{-}20)$$

称为电路谐振角频率，而

$$f_0=\frac{1}{2\pi\sqrt{LC}} \qquad (7\text{-}21)$$

称为电路谐振频率。可见,串联谐振和并联谐振的频率相同。

7.3.2 并联谐振的状态特征及其描述

理想情况下,电路并联谐振时的输入导纳最小,且 $Y(j\omega_0)=\dot{I}_s/\dot{U}=G$,或者说输入阻抗最大,$Z(j\omega_0)=R$,电路呈纯电阻性。

并联谐振时,在电流有效值 I 不变的情况下,电压 U 为最大,且

$$U(j\omega_0)=|Z(j\omega)|I_s=RI_s$$

电路的品质因数为

$$Q=\frac{\omega_0 C}{G}=\frac{1}{\omega_0 LG}=\frac{1}{G}\sqrt{\frac{C}{L}} \tag{7-22}$$

并联谐振时各元件上的电流为

$$\dot{I}_G=G\dot{U}=GR\dot{I}_s=\dot{I}_s$$

$$\dot{I}_L=-j\frac{1}{\omega_0 L}\dot{U}=-j\frac{1}{\omega_0 L}R\dot{I}_s=-jQ\dot{I}_s \tag{7-23}$$

$$\dot{I}_C=j\omega_0 C\dot{U}=j\omega_0 CR\dot{I}_s=jQ\dot{I}_s \tag{7-24}$$

$$\dot{I}_L+\dot{I}_C=0$$

电流$\dot{I}_G$ 等于电源电流$\dot{I}_s$,电感 L 中电流$\dot{I}_L$ 与电容 C 中电流$\dot{I}_C$ 大小相等、方向相反,相互抵消,其大小为电路总电流$\dot{I}_G$ 的 Q 倍,因而并联谐振也称为电流谐振。

如果 $Q>1$,则 $I_L=I_C>I_s$;当 $Q\gg1$,则 L、C 两端会出现远远高于外施电流 I_s 的大电流,称为过电流现象。在电工电路中,电路出现并联谐振很可能会损坏相关的电气设备。

与串联谐振类似,并联谐振电路的通频带与电路谐振角频率、品质因数之间的关系为

$$\mathrm{BW}=\frac{\omega_0}{Q}$$

可见,在电路元件的参数相同时,串联谐振电路和并联谐振电路具有相同的通频带。

谐振时的功率分别为有功功率和无功功率,即

有功功率 $$P=GU^2$$

无功功率 $$Q=Q_L+Q_C=0$$

且 $$Q_L=\frac{1}{\omega_0 L}U^2,\quad Q_C=-\omega_0 CU^2$$

表明电感储存的磁场能量与电容储存的电场能量相互交换。

7.3.3 并联谐振电路的特性分析

工程上经常采用电感线圈和电容器组成并联谐振电路,如图 7-9(a)所示,其中 R(代表线圈损耗电阻)和 L 的串联支路表示实际的电感线圈。该电路导纳为

$$Y(j\omega)=j\omega C+\frac{1}{R+j\omega L}=\frac{R}{R^2+\omega^2L^2}+j\left(\omega C-\frac{\omega L}{R^2+\omega^2L^2}\right)$$

谐振时,有 $$\omega_0 C-\frac{\omega_0 L}{R^2+\omega_0{}^2L^2}=0$$

故谐振角频率为 $$\omega_0=\frac{1}{\sqrt{LC}}\sqrt{1-\frac{CR^2}{L}} \tag{7-25}$$

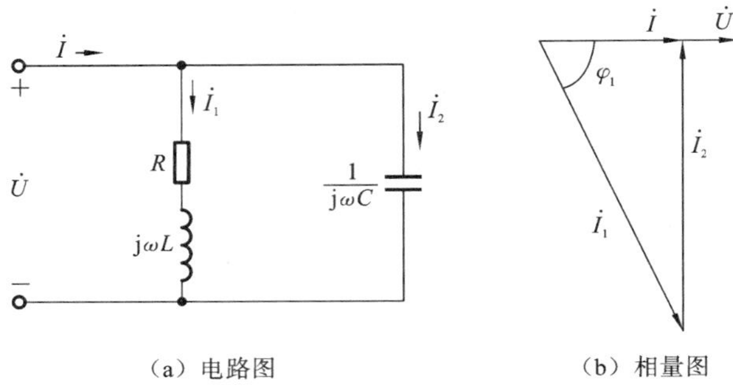

(a) 电路图　　　　(b) 相量图

图 7-9　电感线圈与电容器并联谐振

谐振频率为

$$f_0=\frac{1}{2\pi\sqrt{LC}}\sqrt{1-\frac{CR^2}{L}} \tag{7-26}$$

显然 $1-\frac{CR^2}{L}=1-\left(\frac{R}{\rho}\right)^2>0$，即 $R<\sqrt{\frac{L}{C}}$ 时，ω_0 为实数，电路发生谐振；$R>\sqrt{\frac{L}{C}}$ 时，ω_0 为虚数，电路不发生谐振。发生谐振时的电流相量如图 7-9(b)所示。

并联谐振时的输入导纳为

$$Y(j\omega_0)=\frac{R}{R^2+\omega_0^2L^2}\approx\frac{CR}{L}$$

品质因数为

$$Q=\frac{\dfrac{\omega_0 L}{R^2+\omega_0^2L^2}}{\dfrac{R}{R^2+\omega_0^2L^2}}=\frac{\omega_0 L}{R} \tag{7-27}$$

在 $R\ll\sqrt{\frac{L}{C}}$ 时，谐振点接近理想情况(并联谐振的频率响应分析从略)。

7.3.4　并联谐振的应用※

并联谐振与串联谐振一样，在无线电工程技术中应用较多。主要应用于无线电技术的选频电路中，如晶体管放大器中集电极采用 LC 并联电路进行选频；在正弦波发生器中采用 LC 并联电路进行选频；手机、电视机的伴音通道中谐振放大器也采用 LC 并联电路等。

【例 7-5】　在图 7-10 所示电路中，已知电流源 $\dot{I}_s=3\angle 0^\circ$ mA，$L=586\ \mu$H，$C=200$ pF，电源内阻 $R_s=180$ kΩ，电阻 $R_L=180$ kΩ。试求电路的谐振频率、发生谐振时阻抗上的端电压 U_0 及电路的品质因数。

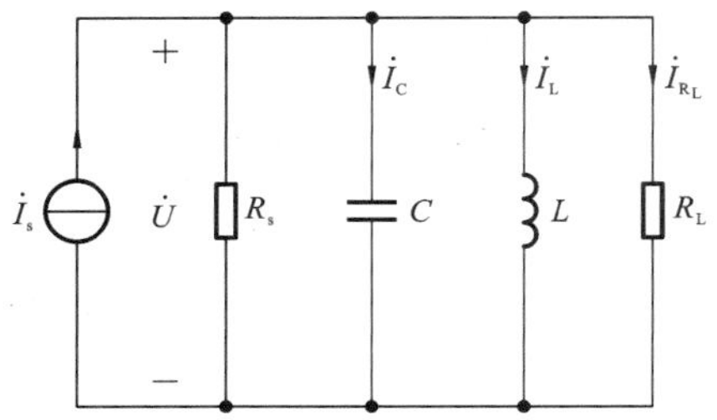

图 7-10　例 7-5 图

解　电路的谐振频率为

$$f_0=\frac{1}{2\pi\sqrt{LC}}$$

$$=\frac{1}{2\times 3.14\times\sqrt{586\times 10^{-6}\times 200\times 10^{-12}}}\ \text{Hz}$$

$$=465\ \text{kHz}$$

电路的阻抗为

$$Z_0=R_s//R_L=180//180\ \text{k}\Omega=90\ \text{k}\Omega$$

阻抗上的端电压为

$$U_0=I_sZ_0=3\times10^{-3}\times90\times10^3\ \text{V}=270\ \text{V}$$

电路的品质因数为

$$Q=\frac{1}{G}\sqrt{\frac{C}{L}}=90\times10^3\times\sqrt{\frac{200\times10^{-12}}{586\times10^{-6}}}=52.58$$

虽然电路的输出电压计算值为 270 V,但电流很小,能量微弱。

7.4 网络函数与频率特性

当电路激励源的频率变化时,电路中的感抗、容抗将随频率变化而变化,从而导致电路的工作状态亦跟随频率变化而变化。激励源频率的变化超出一定范围,会使电路偏离正常的工作范围,并可能导致电路失效,甚至使电路遭到破坏。因此,分析研究电路和系统的频率特性就显得格外重要。

7.4.1 网络函数

为使电路系统的分析研究具有普遍意义,特定义一个网络函数来加以探讨。

1. 网络函数 $H(\text{j}\omega)$的定义

在线性正弦稳态网络中,当只有一个独立激励源作用时,网络中某一处的响应相量$\dot{R}(\text{j}\omega)$与网络激励相量$\dot{E}(\text{j}\omega)$之比,称为该电路的网络函数 $H(\text{j}\omega)$,即

$$H(\text{j}\omega)\xlongequal{\text{def}}\frac{\dot{R}_q(\text{j}\omega)}{\dot{E}_{sp}(\text{j}\omega)} \tag{7-28}$$

如图 7-11 所示,式(7-28)中,$\dot{R}_q(\text{j}\omega)$为输出端口 q 的响应,可以是电压相量$\dot{U}_q(\text{j}\omega)$或电流相量$\dot{I}_q(\text{j}\omega)$;而$\dot{E}_{sp}(\text{j}\omega)$为输入端口 p 的输入相量(正弦激励信号),也可以是电压相量$\dot{U}_{sp}(\text{j}\omega)$或电流相量$\dot{I}_{sp}(\text{j}\omega)$。显然,网络函数可有多种形式。

2. 网络函数的形式

网络函数分为两大类:一类为驱动点函数;另一类为转移函数(或传递函数)。对于如图 7-12 所示四端网络的各点参数,网络函数可有以下不同形式。

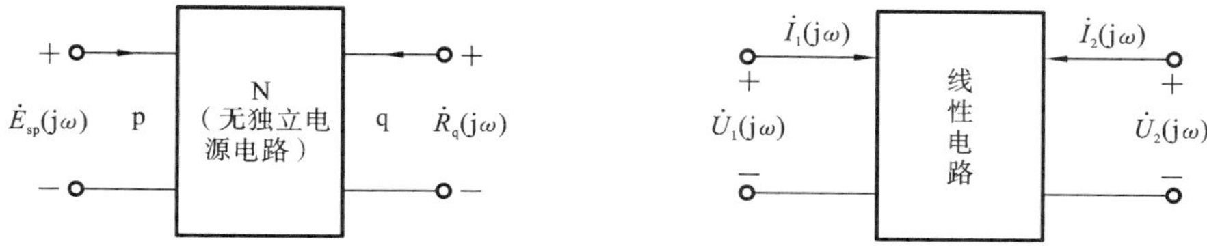

图 7-11 网络函数定义　　图 7-12 四端网络与参数

(1) 驱动点函数。

与网络在一对端子处的电压和电流有关,分为驱动点阻抗函数 $Z(s)$和驱动点导纳函数 $Y(s)$,定义为

$$H(\mathrm{j}\omega)=Z(\mathrm{j}\omega)=\frac{\dot{U}(\mathrm{j}\omega)}{\dot{I}(\mathrm{j}\omega)}=\frac{1}{Y(\mathrm{j}\omega)} \tag{7-29}$$

“驱动点”指的是若激励在某一端口，则响应也应从此端口观察。

(2) 转移函数。

转移函数的输入和输出在电路的不同端口，其函数形式有以下几种。

转移阻抗函数 $$H(\mathrm{j}\omega)=\frac{\dot{U}_2(\mathrm{j}\omega)}{\dot{I}_1(\mathrm{j}\omega)}=Z_{21}(\mathrm{j}\omega) \tag{7-30}$$

转移导纳函数 $$H(\mathrm{j}\omega)=\frac{\dot{I}_2(\mathrm{j}\omega)}{\dot{U}_1(\mathrm{j}\omega)}=Y_{21}(\mathrm{j}\omega) \tag{7-31}$$

电压比函数 $$H(\mathrm{j}\omega)=\frac{\dot{U}_2(\mathrm{j}\omega)}{\dot{U}_1(\mathrm{j}\omega)} \tag{7-32}$$

电流比函数 $$H(\mathrm{j}\omega)=\frac{\dot{I}_2(\mathrm{j}\omega)}{\dot{I}_1(\mathrm{j}\omega)} \tag{7-33}$$

由上式可见，$H(\mathrm{j}\omega)$与网络的结构、参数有关，也与输入、输出变量的类型以及端口的相互位置有关，与输入、输出幅值无关。因此网络函数是网络性质的一种体现。

3. 网络函数的零点和极点

网络函数 $H(\mathrm{j}\omega)$的零点是使 $H(\mathrm{j}\omega)=H(s)=0$ 时，$s=\mathrm{j}\omega$ 的值；网络函数 $H(\mathrm{j}\omega)$的极点是使 $H(\mathrm{j}\omega)=H(s)=+\infty$时的 s 值。零点和极点是两个极限参数，但仅是理想值而已。

7.4.2 网络函数的频率特性

根据线性电路的齐次性，对于只有一个输入的电路，在特定的频率下，输出与输入之间成比例关系，即

$$\text{输出相量}=H(\mathrm{j}\omega)\times\text{输入相量}$$

式中：$H(\mathrm{j}\omega)$为电路的网络函数，可以表示为

$$H(\mathrm{j}\omega)=|H(\mathrm{j}\omega)|\mathrm{e}^{\mathrm{j}\varphi(\omega)} \tag{7-34}$$

式中：$|H(\mathrm{j}\omega)|$为增益函数；$\varphi(\omega)$为相位函数。则

$$\text{输出幅值}=|H(\mathrm{j}\omega)|\times\text{输入幅值}$$

$$\text{输出相位}=\varphi(\omega)+\text{输入相位}$$

可见，增益函数$|H(\mathrm{j}\omega)|$和相位函数 $\varphi(\omega)$反映了电路如何改变输出的幅值和相角的，且它们与输入信号的频率有关，二者描述了电路的频率响应，即频率特性包括幅频特性和相频特性。

幅频特性：网络函数的模与频率的关系，即$|H(\mathrm{j}\omega)|\leftrightarrow\omega$。

相频特性：网络函数的辐角与频率的关系，即 $\varphi(\omega)\leftrightarrow\omega$。

【例 7-6】 求图 7-13 所示电路的驱动点阻抗$\dfrac{\dot{U}_1}{\dot{I}_1}$、转移电流比$\dfrac{\dot{I}_C}{\dot{I}_1}$和转移阻抗$\dfrac{\dot{U}_2}{\dot{I}_1}$。

解 先求出电路中各点的响应相量，即对应点的电流和电压。由电路的串、并联关系，可以列出

$$\dot{I}=\frac{\dot{U}}{2+\dfrac{\dfrac{1}{\mathrm{j}\omega}(1+\mathrm{j}2\omega)}{\dfrac{1}{\mathrm{j}\omega}+(1+\mathrm{j}2\omega)}}=\frac{\dot{U}_1}{\dfrac{3-4\omega^2+\mathrm{j}4\omega}{1-2\omega^2+\mathrm{j}\omega}}$$

$$\dot{I}_C=\frac{1+\mathrm{j}2\omega}{\frac{1}{\mathrm{j}\omega}+1+\mathrm{j}2\omega}\dot{I}_1=\frac{-2\omega^2+\mathrm{j}\omega}{1-2\omega^2+\mathrm{j}\omega}\dot{I}_1$$

$$\dot{U}_2=\frac{\frac{1}{\mathrm{j}\omega}}{\frac{1}{\mathrm{j}\omega}+1+\mathrm{j}2\omega}\times\dot{I}_1\times\mathrm{j}2\omega=\frac{\mathrm{j}2\omega}{1-2\omega^2+\mathrm{j}\omega}\dot{I}_1$$

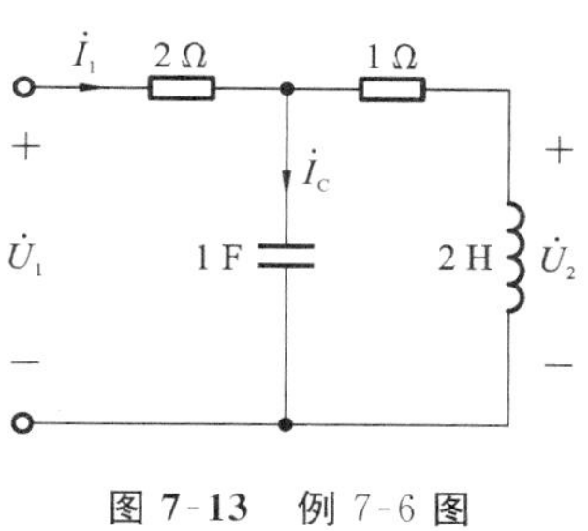

图 7-13　例 7-6 图

则所求各网络函数为

$$\frac{\dot{U}_1}{\dot{I}_1}=\frac{3-4\omega^2+\mathrm{j}4\omega}{1-2\omega^2+\mathrm{j}\omega},\quad \frac{\dot{I}_C}{\dot{I}_1}=\frac{-2\omega^2+\mathrm{j}\omega}{1-2\omega^2+\mathrm{j}\omega},\quad \frac{\dot{U}_2}{\dot{I}_1}=\frac{\mathrm{j}2\omega}{1-2\omega^2+\mathrm{j}\omega}$$

7.5 滤波器电路

工程中根据输出端口对信号频率范围的要求，设计了专门的电路，置于输入/输出端口之间，使得输出端口所需要的频率分量能够通过，从而抑制不需要的频率分量，这种具有选频功能的电路称为滤波器。

滤波器根据电路结构不同，分为有源滤波器和无源滤波器等两类。无源滤波器由电阻、电容和电感等器件构成。有源滤波器由电阻、电容和有源器件等构成，一般有源器件为运算放大器。常用的滤波器有四种，分别为低通滤波器、高通滤波器、带通滤波器和带阻滤波器。

在工程应用和测试领域中经常用到是 RC 滤波器。因为在这一领域中，信号频率相对来说不高。而 RC 滤波器电路简单，抗干扰性强，有较好的低频性能。

7.5.1 一阶 RC 低通滤波器

一阶 RC 低通滤波器的电路如图 7-14 所示，设滤波器的输入电压为$\dot{U}_s$，输出电压为$\dot{U}_o$，则电路的积分方程为

$$U_o=\frac{1}{RC}\int u_s\mathrm{d}t \tag{7-35}$$

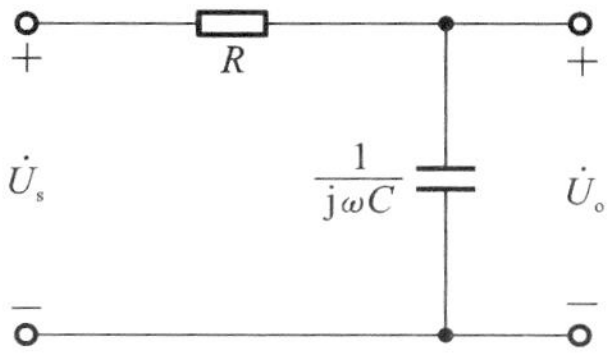

图 7-14　一阶 RC 低通滤波器（积分电路）

这是一个典型的一阶系统，称为一阶 RC 低通滤波器。$\dot{U}_s$ 即激励相量，$\dot{U}_o$ 即响应相量，则电路的转移电压比为

$$H(\mathrm{j}\omega)=\frac{\dot{U}_o}{\dot{U}_s}=\frac{\frac{1}{\mathrm{j}\omega C}}{R+\frac{1}{\mathrm{j}\omega C}}=\frac{1}{1+\mathrm{j}\omega RC}=|H(\mathrm{j}\omega)|\angle\varphi(\omega) \tag{7-36}$$

式中：

$$|H(\mathrm{j}\omega)|=\frac{1}{\sqrt{1+(\omega RC)^2}} \tag{7-37}$$

$$\varphi(\omega)=-\arctan(\omega RC) \tag{7-38}$$

式(7-37)、式(7-38)分别称为 $H(\mathrm{j}\omega)$的幅频特性和相频特性。由两式可画出网络函数的幅频特性曲线和相频特性曲线，如图 7-15 所示。

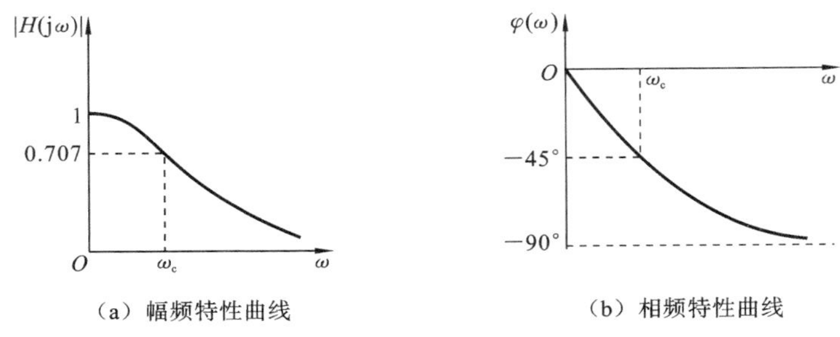

(a) 幅频特性曲线　　　(b) 相频特性曲线

图 7-15　一阶 RC 低通滤波器的频率特性曲线

由图 7-15 可知，当 $\omega=0$ 时，$|H(\mathrm{j}\omega)|=1$，此时 $\varphi(\omega)=0°$，说明传递网络对输出信号没有衰减，且输出信号相位不变；当 $\omega=\dfrac{1}{RC}$ 时，$|H(\mathrm{j}\omega)|=\dfrac{\sqrt{2}}{2}$，$\varphi(\omega)=-45°$；当 $\omega\to+\infty$ 时，$|H(\mathrm{j}\omega)|=0$，$\varphi(\omega)=-90°$，说明信号完全被网络阻挡，不能通过。这种“通低阻高”的电路称为低通滤波器。

令 $\omega_c=\dfrac{1}{RC}$，则式(7-37)可表示为

$$|H(\mathrm{j}\omega)|=\frac{1}{\sqrt{1+\left(\dfrac{\omega}{\omega_c}\right)^2}} \tag{7-39}$$

当 $\omega=\omega_c$ 时，$|H(\mathrm{j}\omega)|=\dfrac{\sqrt{2}}{2}$。

在实际工程中，将幅频特性 $|H(\mathrm{j}\omega)|$ 降低到最大值的 $1/\sqrt{2}$ 时，对应的频率称为转折频率或截止频率，以 ω_c 或 f_c 表示。引入截止频率后，一阶低通网络的传递函数可表示为

$$H(\mathrm{j}\omega)=\frac{1}{1+\mathrm{j}\dfrac{\omega}{\omega_c}}=\frac{1}{1+\mathrm{j}\dfrac{f}{f_c}} \tag{7-40}$$

7.5.2　一阶 RC 高通滤波器

一阶 RC 高通滤波器的电路如图 7-16 所示。同样设滤波器的输入电压为 $\dot{U}_s$，输出电压为 $\dot{U}_o$，则电路的微分方程为

$$u_o=RC\frac{\mathrm{d}u_s}{\mathrm{d}t} \tag{7-41}$$

RC 高通滤波器也是一阶系统。以 $\dot{U}_s$ 为激励相量，$\dot{U}_o$ 为响应相量，则电路的转移电压比为

$$H(\mathrm{j}\omega)=\frac{\dot{U}_o}{\dot{U}_s}=\frac{R}{R+\dfrac{1}{\mathrm{j}\omega C}}=\frac{\mathrm{j}\omega RC}{\mathrm{j}\omega RC+1}=|H(\mathrm{j}\omega)|\angle\varphi(\omega) \tag{7-42}$$

$$|H(\mathrm{j}\omega)|=\frac{\omega RC}{\sqrt{1+(\omega RC)^2}} \tag{7-43}$$

$$\varphi(\omega)=\arctan\frac{1}{\omega RC} \tag{7-44}$$

图 7-16　一阶 RC 高通滤波器（微分电路）

由式(7-43)、式(7-44)画出网络的幅频特性曲线和相频特性曲线，如图7-17所示。由图可知，当$\omega=0$时，$|H(\mathrm{j}\omega)|=0$，此时$\varphi(\omega)=90^\circ$，说明信号通过时有衰减，相位超前90°；当$\omega=\frac{1}{RC}$时，$|H(\mathrm{j}\omega)|=\frac{\sqrt{2}}{2}$，$\varphi(\omega)=45^\circ$；当$\omega\to+\infty$时，$|H(\mathrm{j}\omega)|=1$，$\varphi(\omega)=0^\circ$，说明输出电压总是超前输入电压，超前角度介于$0^\circ\sim90^\circ$。可见，高通滤波器具有保留高频信号、抑制低频信号的特点。

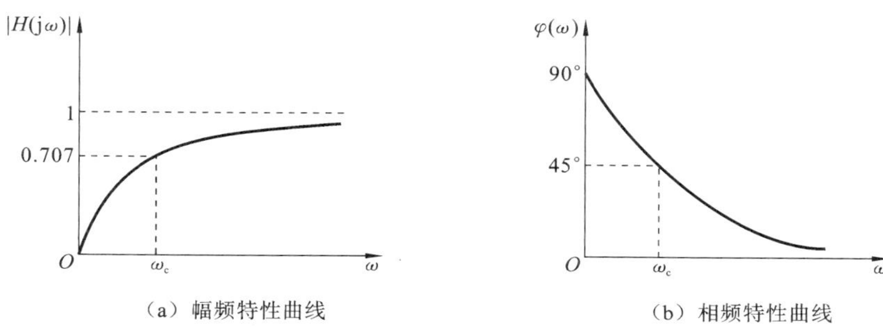

(a) 幅频特性曲线　　(b) 相频特性曲线

图7-17　一阶RC高通滤波器的频率特性曲线

与低通滤波器类似，引入截止频率后，一阶高通网络的传递函数可表示为

$$H(\mathrm{j}\omega)=\frac{1}{1-\mathrm{j}\frac{\omega_c}{\omega}}=\frac{1}{1-\mathrm{j}\frac{f_c}{f}} \tag{7-45}$$

7.5.3 RC带通滤波器

RC带通滤波器如图7-18(a)所示，其中，$C_1\gg C_2$。可以简单理解为，对于频率很低的信号来说，C_2容抗很大，可以视为开路；对于频率很高的信号来说，C_1容抗很小，可以视为短路。严格地讲，C_1、C_2对电路的高低频特性都有影响。为方便电路的分析研究，下面将激励信号的频率划分为高、中、低三个频段加以讨论。

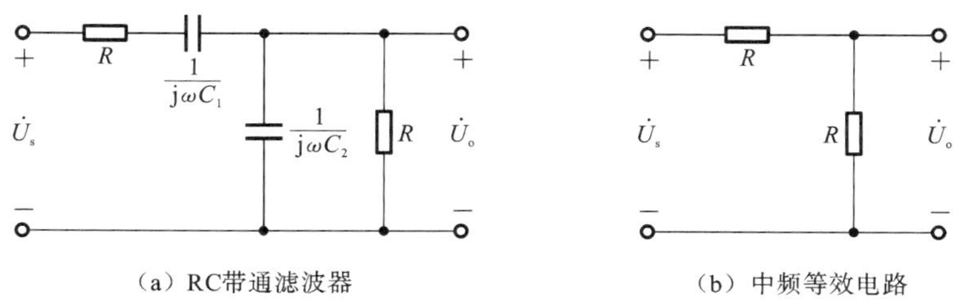

(a) RC带通滤波器　　(b) 中频等效电路

图7-18　RC带通滤波器及中频等效电路

(1) 网络的中频响应。

C_1、C_2均可以忽略，可得中频时的等效电路如图7-18(b)所示。此时电路的网络函数为

$$H(\mathrm{j}\omega)=\frac{\dot{U}_o}{\dot{U}_s}=\frac{R}{R+R}=\frac{1}{2} \tag{7-46}$$

式(7-46)为传递函数中的电压比函数，通常用$A_u(f)$表示网络的电压增益函数，则对应于中频信号的电压增益$A_{um}(f)$为

$$A_{um}(f)=H(\mathrm{j}\omega)=\frac{1}{2} \tag{7-47}$$

可见，RC 带通滤波器对于中频信号的输出响应仅是输入激励的一半，且相移为零。

(2) 网络的低频响应。

当激励信号的频率相对较低时，C_1 保留、C_2 相当于开路而可忽略不计，可得低频时的等效电路如图 7-19(a)所示。

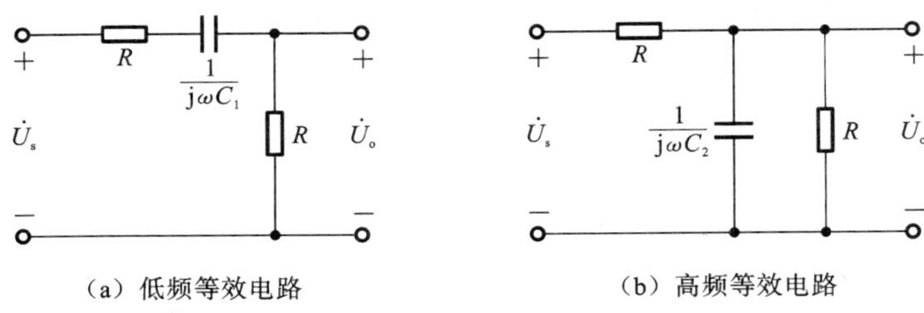

(a) 低频等效电路　　(b) 高频等效电路

图 7-19 RC 带通网络的低、高频等效电路

对应低频电路的电压增益函数为

$$A_{ul}(j\omega)=\frac{\dot{U}_o}{\dot{U}_s}=\frac{R}{2R+\frac{1}{j\omega C_1}}=\frac{j\omega RC_1}{1+j\omega 2RC_1}$$

在电学理论中，$\omega=\frac{1}{RC}$表示 RC 振荡器的谐振角频率。令 $\omega_L=\frac{1}{2RC_1}$，则上式可改写为

$$A_{ul}(j\omega)=\frac{j\omega RC_1}{1+j\omega 2RC_1}=\frac{1}{\frac{1}{j2\omega RC_1}+1}=\frac{\frac{1}{2}}{\frac{\omega_L}{j\omega}+1}=\frac{A_{um}}{1-j\frac{\omega_L}{\omega}} \tag{7-48}$$

当 $\omega\gg\omega_L$ 时，$A_{ul}(j\omega)\approx A_{um}$，可见该电路具有高通滤波器特性。

(3) 网络的高频响应。

当激励信号的频率相对较高时，C_2 保留、C_1 相当于断路而可忽略不计，可得高频时的等效电路如图 7-19(b)所示。则电路的高频增益函数为

$$A_{uh}(j\omega)=\frac{\dot{U}_o}{\dot{U}_s}=\frac{R//\frac{1}{j\omega C_2}}{R+R//\frac{1}{j\omega C_2}}=\frac{1}{2+j\omega RC_2}$$

$$=\frac{\frac{1}{2}}{1+j\frac{\omega}{\omega_H}}=\frac{A_{um}}{1+j\frac{\omega}{\omega_H}} \tag{7-49}$$

式中：$\omega_H=\frac{2}{RC_2}$。当 $\omega\gg\omega_H$ 时，$A_{uh}(j\omega)\to 0$，可见其高频等效电路具有低通特性。

将式(7-47)、式(7-48)、式(7-49)联乘，可得完整的频率特性为

$$A_u(f)=\frac{A_{um}}{\left(1-j\frac{\omega_L}{\omega}\right)\left(1+j\frac{\omega}{\omega_H}\right)}=\frac{A_{um}}{\left(1-j\frac{f_L}{f}\right)\left(1+j\frac{f}{f_H}\right)} \tag{7-50}$$

根据式(7-50)画出 RC 带通滤波器的频率特性曲线如图 7-20 所示。

由图 7-20 可以看出，只有介于 f_L 和 f_H 之间的信号才能顺利通过该电路，所以称其为带通电路。f_L 称为下限截止频率，f_H 称为上限截止频率，$BW=f_H-f_L$，称为通频带。

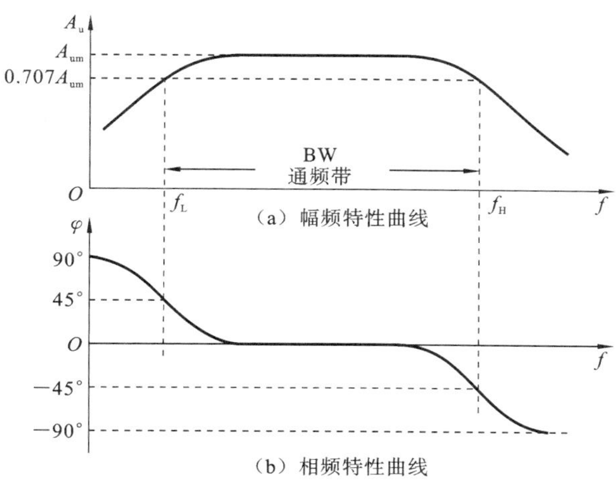

图 7-20 RC 带通滤波器的频率特性曲线

需要注意的是，当高、低通两级串联时，应消除两级耦合时的相互影响，因为后一级会成为前一级的“负载”，而前一级又是后一级的信号源内阻。实际上两级间常用射极输出器或者运算放大器进行隔离，所以实际的带通滤波器常常是有源的。有源滤波器通常由 RC 调谐网络和运算放大器组成，运算放大器既有级间隔离作用，又可起信号幅值的放大作用。

7.5.4 RLC 带阻滤波器

RLC 带阻滤波器如图 7-21 所示。对于频率很低的信号而言，L 的感抗很小，可以看作短路，而 C 的容抗很大，可以看作开路，故此时的输出为$\dot{U}_o \approx \dot{U}_s$，说明低频信号能顺利通过电路；而对于频率很高的信号而言，L 的感抗很大，可以看作开路，而 C 的容抗很小，可以看作短路，此时同样输出是$\dot{U}_o \approx \dot{U}_s$，说明高频信号也能顺利通过。

由图 7-21 可得该电路的网络函数为

$$H(j\omega)=\frac{\dot{U}_o}{\dot{U}_s}=\frac{\dot{U}_L+\dot{U}_C}{\dot{U}_s}=\frac{j\omega L+1/j\omega C}{R+j\omega L+1/j\omega C}$$

$$=\frac{\omega_0^2-\omega^2}{(\omega_0^2-\omega^2)+j\omega_0\omega/Q} \tag{7-51}$$

式中：$\omega_0=\frac{1}{\sqrt{LC}}$；$Q=\frac{1}{R}\sqrt{\frac{L}{C}}$。由式(7-51)可得幅频特性和相频特性分别为

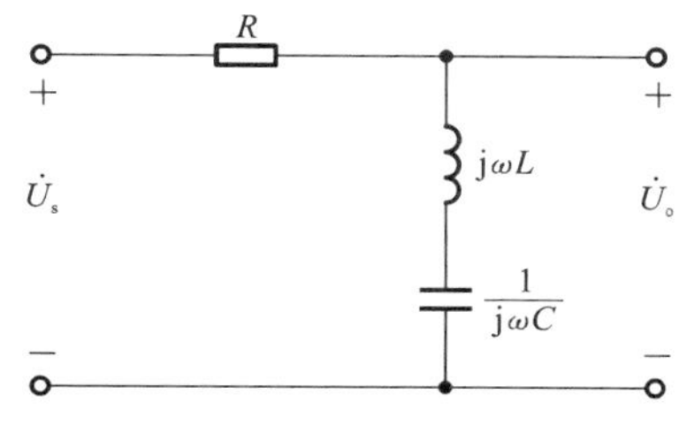

图 7-21 RLC 带阻滤波器

$$\left.\begin{aligned}|H(j\omega)|&=\frac{|\omega_0^2-\omega^2|}{\sqrt{(\omega_0^2-\omega^2)^2+\omega_0^2\omega^2/Q^2}}\\ \varphi(\omega)&=-\arctan\frac{\omega_0\omega}{Q(\omega_0^2-\omega^2)}\end{aligned}\right\} \tag{7-52}$$

由式(7-52)画出该电路的频率特性曲线，如图 7-22 所示，ω_0 为中心频率。从图 7-22(a)可以看出，该电路使角频率在 $0<\omega<\omega_{C1}$ 及 $\omega>\omega_{C2}$ 区间的信号能通过，而角频率在 $\omega_{C1}<\omega<\omega_{C2}$ 之间的信号则被阻挡，故称为带阻滤波器。ω_{C1}、ω_{C2} 称为截止角频率。

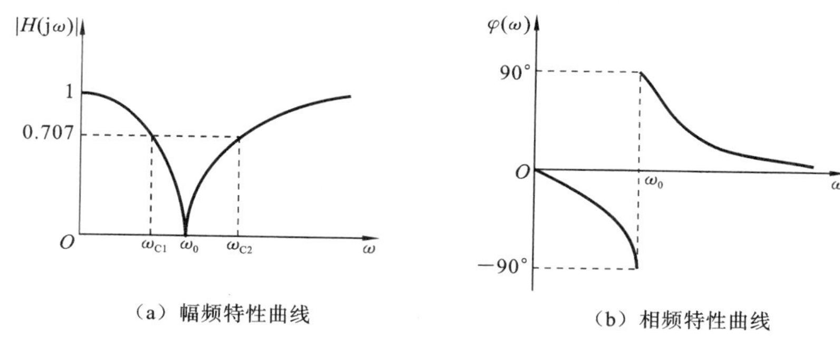

(a) 幅频特性曲线　　(b) 相频特性曲线

图 7-22　RLC 带阻滤波器的频率特性曲线

本章小结

本章重点介绍了 RLC 谐振电路，即含有电感和电容的一端口电路，如果在一定条件下，端口电压和端口电流同相位，则称此一端口电路发生了谐振。因此，发生谐振的条件是一端口的输入阻抗为实数(R)。

典型的谐振电路是 RLC 串联电路，其谐振条件为

$$\omega L=\frac{1}{\omega C}$$

可以通过改变 ω、L 和 C 来满足谐振条件。

RLC 串联电路谐振的主要特点如下。

(1) 阻抗模达到最小值，即 $|Z|=|Z|_{\min}=R$，因而电路中电流达到最大值，即 $I=\frac{U}{R}$。

(2) 电感电压和电容电压的有效值相等，相位相反，相量之和为零，它们的有效值为总电压有效值的 Q 倍。

RLC 并联电路的谐振特点与 RLC 串联电路的谐振特点存在如下对偶关系。

(1) 导纳模达到最小值，即 $|Y|=|Y|_{\min}=G$，因而电路中电压达到最大，即 $U=\frac{I}{G}$。

(2) 电感电流和电容电流的有效值相等，相位相反，相量之和为零，它们的有效值为总电流有效值的 Q 倍。

对于谐振电路，要在理解概念的基础上，重点掌握两种电路的谐振特性。为便于比较串联谐振电路和并联谐振电路的特性，特绘制表 7-1，供读者查阅。

表 7-1　串联谐振电路和并联谐振电路的特性

谐 振 形 式	串 联 谐 振	并 联 谐 振
别名	电压谐振	电流谐振
谐振条件	$X=\omega_0 L-\frac{1}{\omega_0 C}=0$	$B=\omega_0 C-\frac{1}{\omega_0 L}=0$
谐振频率	$\omega_0=\frac{1}{\sqrt{LC}}$	$\omega_0=\frac{1}{\sqrt{LC}}$
特性阻抗	$\rho=\sqrt{\frac{L}{C}}$	$\rho=\sqrt{\frac{L}{C}}$

续表

谐振形式	串联谐振	并联谐振
品质因数	$Q=\frac{\omega_0 L}{R}=\frac{1}{\omega_0 CR}=\frac{\rho}{R}$	$Q=\frac{\omega_0 C}{G}=\frac{1}{\omega_0 LG}=\frac{1}{\rho G}$
谐振时电路相量图	$\dot{U}_L$，$\dot{I}$，$\dot{U}_C$，$\dot{U}=\dot{U}_R$	$\dot{I}_C$，$\dot{I}_L$，$\dot{I}=\dot{I}_G$，$\dot{U}$
谐振时的阻抗或导纳	$\lvert Z\rvert=\lvert Z\rvert_{min}=R$，为最小	$\lvert Y\rvert=\lvert Y\rvert_{min}=G$，为最小
谐振时的电压或电流	$\dot{I}_0=\frac{\dot{U}}{R}$，$U$一定，$I$取最大值	$\dot{U}_0=\frac{\dot{I}}{G}$，$I$一定，$U$取最大值
储能元件的电压或电流	$\dot{U}_L=\mathrm{j}Q\dot{U}_s$，$\dot{U}_C=-\mathrm{j}Q\dot{U}_s$	$\dot{I}_L=-\mathrm{j}Q\dot{I}_s$，$\dot{I}_C=\mathrm{j}Q\dot{I}_s$
电磁总能量	$W(t)=CQ^2U^2$	$W(t)=LQ^2I^2$
通用曲线表达式	$\frac{I}{I_0}=\frac{1}{\sqrt{1+Q^2\left(\frac{\omega}{\omega_0}-\frac{\omega_0}{\omega}\right)^2}}$	$\frac{U}{U_0}=\frac{1}{\sqrt{1+Q^2\left(\frac{\omega}{\omega_0}-\frac{\omega_0}{\omega}\right)^2}}$
通频带	$\mathrm{BW}=\frac{\omega_0}{Q}=\omega_2-\omega_1$	$\mathrm{BW}=\frac{\omega_0}{Q}=\omega_2-\omega_1$

网络函数是为了讨论问题的普遍性而定义的表达式，其表达式为

$$H(\mathrm{j}\omega)=\frac{\text{响应相量}}{\text{输入相量}}$$

若响应相量和输入相量均为电压，则可得电压比的网络函数。

若响应相量和输入相量均为电流，则可得电流比的网络函数。

若响应相量为电压，输入相量为电流，则可得阻抗的网络函数。

若响应相量为电流，输入相量为电压，则可得导纳的网络函数。

以上四种表达式在实际工程中都有应用。通常将激励相量称为输入相量，响应相量称为输出相量，但各书用词不尽相同。

滤波器电路是网络函数的频率响应分析实例。综上所述，低通滤波器只通过频率低于截止频率 ω_c 的信号，高通滤波器只通过频率高于截止频率 ω_c 的信号，带通滤波器只通过规定频率范围 $\omega_1<\omega<\omega_2$ 以内的信号，带阻滤波器只通过规定频率范围 $\omega_1<\omega<\omega_2$ 以外的信号。

习 题 7

1. 图题1所示电路，已知，$\omega=10^4$ rad/s 时电流 i 的有效值为最大，量值是 1 A，此时 $U_L=10$ V。(1) 求 R、L、C 及品质因数 Q；(2) 求电压 u_C（其中 $u=0.1\sqrt{2}\cos\omega t$）。

2. 图题2所示RLC串联电路，已知 $R=50\ \Omega$，$L=400$ mH，谐振角频率 $\omega_0=5000$ rad/s，$U=1$ V。求电容 C 及各元件电压的瞬时表达式。

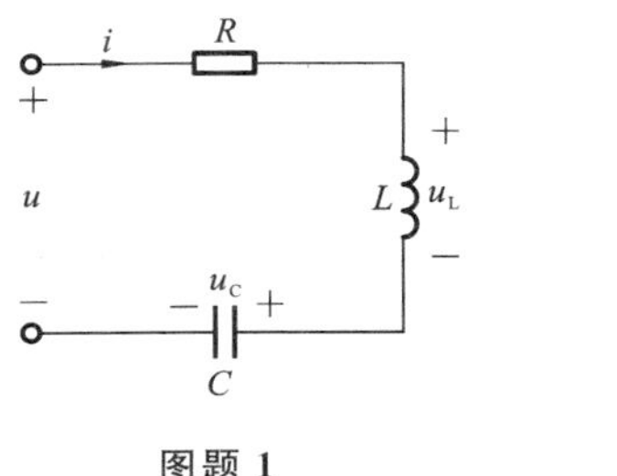

图题 1

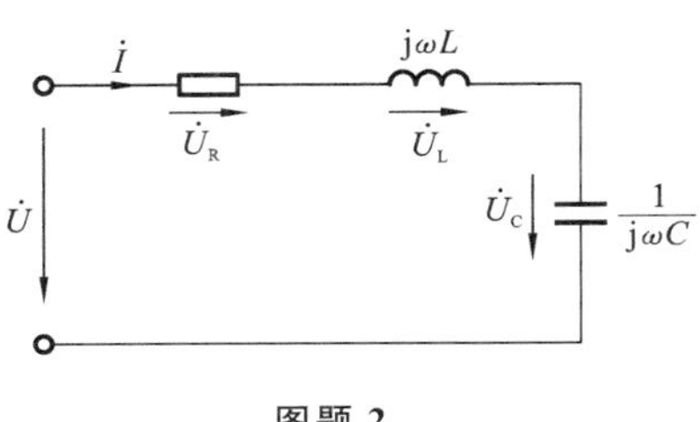

图题 2

3. 图题 3 所示电路中，要使 a、b 两端电压输出为零，则 ω 应为多少？

4. 求图题 4 所示电路在下列两种条件下电路谐振的谐振频率 ω_0：(1) $R_1=R_2\neq\sqrt{\frac{L_1}{C_2}}$；(2) $R_1=R_2=\sqrt{\frac{L_1}{C_2}}$。

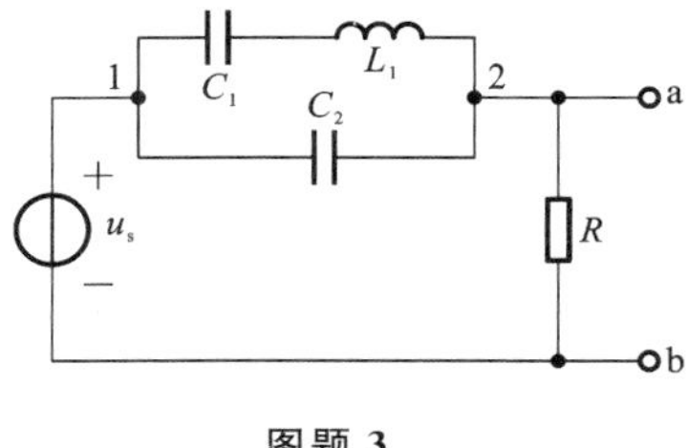

图题 3

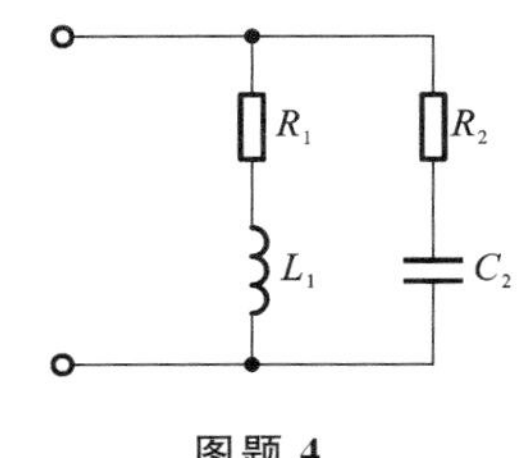

图题 4

5. RLC 串联电路中，已知电源电压 $U_s=1$ mV，$f=1.59$ MHz，调整电容 C 使电路达到谐振，此时测得电路电流 $I_0=0.1$ mA，电容电压为 $U_C=50$ mV。求电路元件参数 R、L、C 及电路品质因数 Q 和通频带 BW。

6. 图题 6 所示电路中，$u_s=10\sin(10^4 t)$ V. 若改变 R 值，电流 i 不变，求电容 C 的值。

7. 试求图题 7 所示电路的谐振角频率表达式。

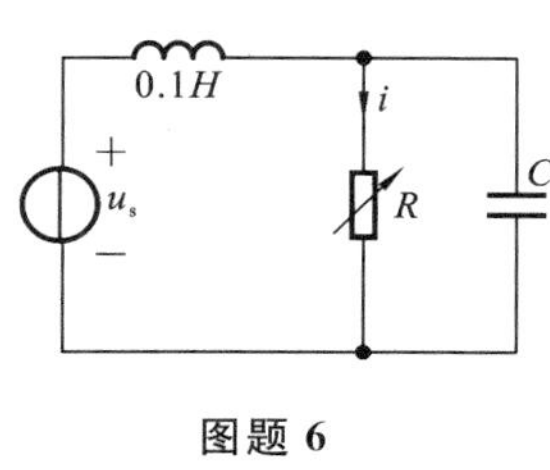

图题 6

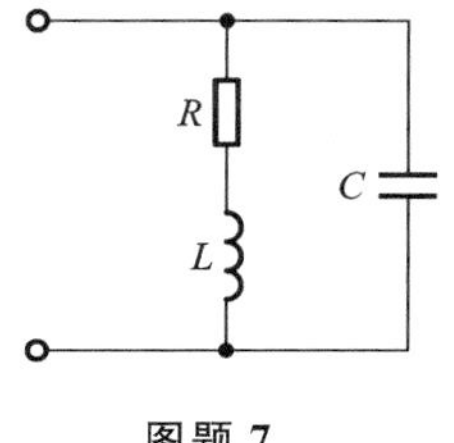

图题 7

8. RLC 串联电路中，已知端电压 $u=10\sqrt{2}\sin(2500t+15°)$ V，当电容 $C=8\ \mu$F 时，电路吸收的平均功率 P 达到最大值 $P_{max}=100$ W。求电感 L 和电阻 R 的值，以及电路的 Q 值。

9. RLC 并联电路谐振时，$f_0=1$ kHz，$Z(j\omega_0)=100$ kΩ，BW=100 Hz。求 R、L 和 C。

10. 求图题 10 所示电路的网络函数 $H(j\omega)=\frac{\dot{U}_2}{\dot{U}_1}$。

11. 求图题 11 所示电路的转移电压比 $\frac{\dot{U}_2}{\dot{U}_1}$ 和驱动点导纳 $\frac{\dot{I}_1}{\dot{U}_1}$。

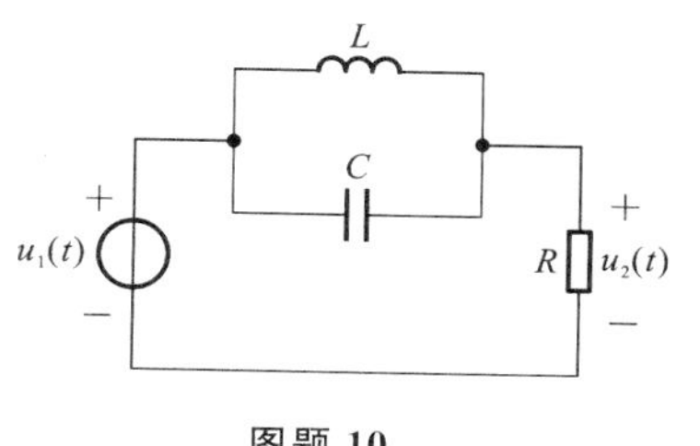

图题 10

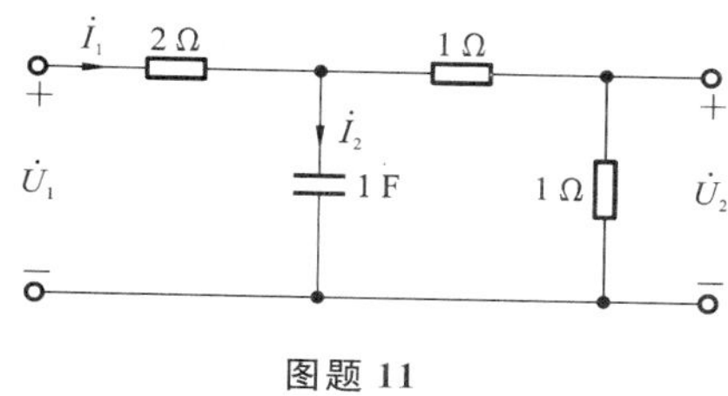

图题 11

12. 求图题 12 所示电路的网络函数，说明它具有高通特性还是低通特性。

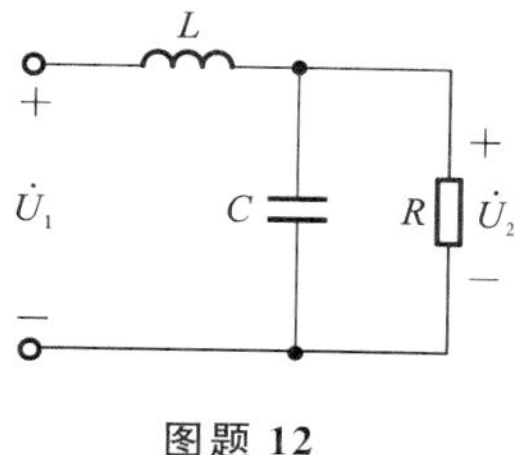

图题 12

第 8 章　非正弦周期电流电路

知识要点

- 了解非正弦周期电流电路的概念，熟悉信号的频谱及其分析方法；
- 掌握周期函数分解为傅里叶级数的条件及傅里叶系数的计算方法；
- 掌握非正弦周期函数的有效值、平均值、平均功率的计算公式。

【引例】 实际应用中存在很多非正弦周期电源和信号。例如，通信工程中传输的各种信号，如收音机、电视机收到的信号电压和电流，其波形都是非正弦波。又如在自动控制、电子计算机中使用的矩形波、三角波、锯齿波，以及全波整流电路输出的电压波形也都是非正弦波。

图 8-1(a)所示电路为实际的半导体二极管整流电路，当输入为图 8-1(b)所示的正弦波信号时，输出图 8-1(c)所示的非正弦周期半波信号。对于正弦量，可以用有效值来描述信号的大小。但非正弦周期信号作用在电路时，又该如何计算负载上的电压、电流的大小？如何计算其电功率？本章教学内容可以给出其答案。

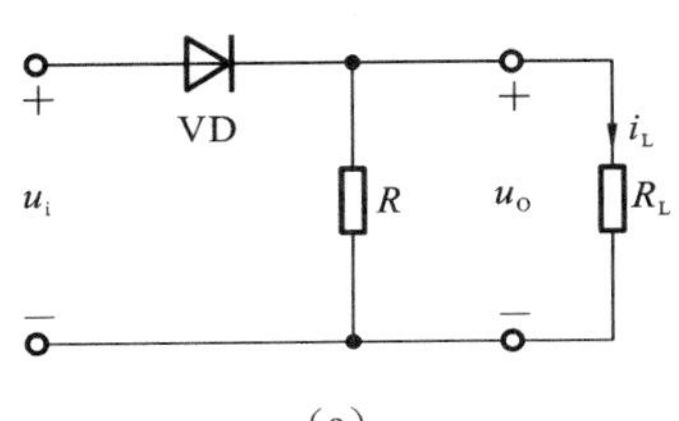

(a)

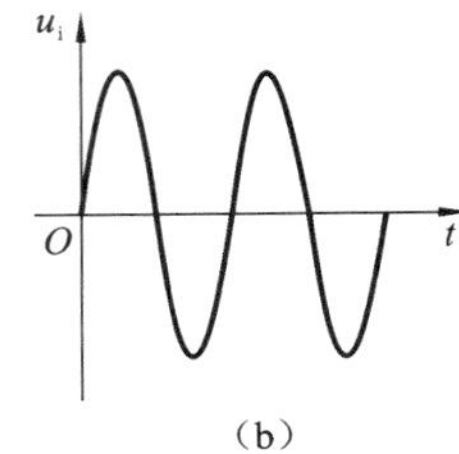

(b)

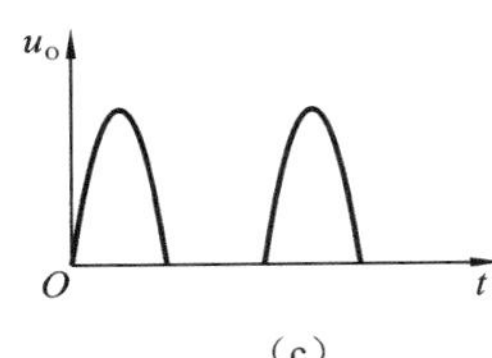

(c)

图 8-1　半导体二极管整流电路

8.1　非正弦周期信号

在电力系统和电子电路中，正弦交流电路是周期电流电路的基本形式。但是在实际应用中还有激励和响应不按正弦规律变化的周期电流电路，称为非正弦周期电流电路。形成非正弦周期电流电路的原因主要有以下几种情况。

(1) 发电机产生的电压波形并不是标准的正弦电压。

(2) 电路中有多个不同频率的电源同时作用引起的电流便是非正弦周期电流。

(3) 非正弦周期电压源或电流源(如方波、锯齿波)引起的响应也是非正弦周期量。

(4) 非线性元件引起非正弦周期电流或电压。例如半波整流、全波整流得到的电压和电流响应就是非正弦周期量。

非正弦量可分为周期的和非周期的等两类，本章主要讨论的是在非正弦周期信号的作用下，线性电路的稳态分析和计算方法。典型的非正弦周期信号有方波、三角波、锯齿波等，其波形如图 8-2 所示。

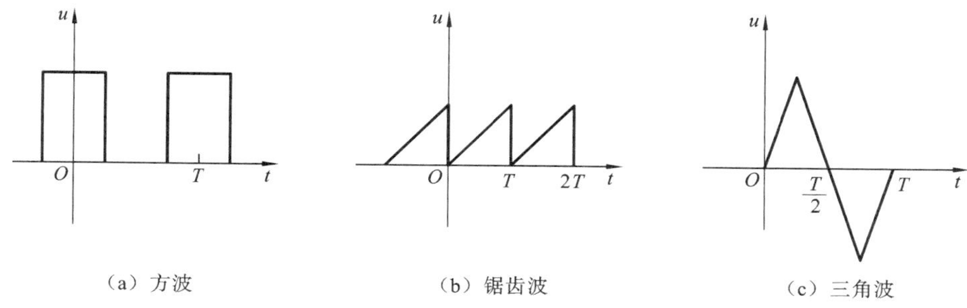

图 8-2 非正弦周期信号

非正弦周期电流电路一般采用谐波分析法来计算。谐波分析法的实质就是将非正弦周期电流电路的计算转化为一系列不同频率的正弦电流电路的计算。谐波分析法的步骤如下。

(1) 应用数学中的傅里叶级数展开方法,将非正弦周期激励电压、电流或信号分解为一系列不同频率的正弦量之和。

(2) 根据线性电路的叠加定理,分别计算在各个正弦量单独作用下电路产生的同频正弦电流分量和电压分量。

(3) 将所得分量按时域形式叠加,得到电路在非正弦周期激励下的稳态电流、电压。

8.2 非正弦周期信号的分解

非线性周期电流、电压信号都可以用一个周期函数来表示,即

$$f(t)=f(t+nT)$$

式中:T 为周期函数的周期;$n=0,1,2,\cdots$。

如果给定的周期函数满足狄里赫利条件,则可以展开为收敛的傅里叶级数。周期函数的级数形式为

$$\begin{aligned} f(t) &= a_0+[a_1\cos(\omega t)+b_1\sin(\omega t)]+[a_2\cos(2\omega t)+b_2\sin(2\omega t)]+\cdots \\ &\quad +[a_k\cos(k\omega t)+b_k\sin(k\omega t)]+\cdots \\ &= a_0+\sum_{k=1}^{+\infty}[a_k\cos(k\omega t)+b_k\sin(k\omega t)] \end{aligned} \tag{8-1}$$

式(8-1)还可以表示成

$$\begin{aligned} f(t) &= A_0+A_{1\mathrm{m}}\cos(\omega t+\phi_1)+A_{2\mathrm{m}}\cos(2\omega t+\phi_2)+\cdots+A_{k\mathrm{m}}\cos(k\omega t+\phi_k)+\cdots \\ &= A_0+\sum_{k=1}^{+\infty}A_{k\mathrm{m}}\cos(k\omega t+\phi_k) \end{aligned} \tag{8-2}$$

式(8-1)和式(8-2)各系数之间的关系为

$$A_0=a_0$$

$$A_{k\mathrm{m}}=\sqrt{a_k^2+b_k^2}$$

$$\phi_k=\arctan\left(\frac{-b_k}{a_k}\right)$$

$$a_k=A_{k\mathrm{m}}\cos\phi_k$$

$$b_k = -A_{km}\sin\phi_k$$

傅里叶级数是一个无穷三角级数。式(8-2)中 A_0 项为常数项，是非正弦周期函数一周期内的平均值，与时间无关，称为直流分量，简称直流。第二项 $A_{1m}\cos(\omega t+\phi_1)$，此项的频率与原非正弦周期函数 $f(t)$ 的频率相同，称为原非正弦周期函数 $f(t)$ 的基波分量(即一次谐波分量，简称基波)，A_{1m} 为基波的振幅，ω 为原非正弦周期函数 $f(t)$ 的角频率，ϕ_1 为基波的初相位。其他各项($k>1$)统称为高次谐波分量，并根据谐波的频率是基波频率的 k 倍，称为 k 次谐波。A_{km} 及 ϕ_k 为 k 次谐波的振幅及初相位。将周期函数 $f(t)$ 分解为直流、基波和一系列不同频率的各次谐波之和，称为谐波分析。

式(8-2)各系数可按以下公式计算。

$$\begin{cases} a_0 = \dfrac{1}{T}\displaystyle\int_0^T f(t)\mathrm{d}t = \dfrac{1}{T}\displaystyle\int_{-\frac{T}{2}}^{\frac{T}{2}} f(t)\mathrm{d}t \\ a_k = \dfrac{2}{T}\displaystyle\int_0^T f(t)\cos(k\omega t)\mathrm{d}t = \dfrac{1}{\pi}\displaystyle\int_0^{2\pi} f(t)\cos(k\omega t)\mathrm{d}(\omega t) \\ \quad = \dfrac{1}{\pi}\displaystyle\int_{-\pi}^{\pi} f(t)\cos(k\omega t)\mathrm{d}(\omega t) \\ b_k = \dfrac{2}{T}\displaystyle\int_0^T f(t)\sin(k\omega t)\mathrm{d}t = \dfrac{1}{\pi}\displaystyle\int_0^{2\pi} f(t)\sin(k\omega t)\mathrm{d}(\omega t) \\ \quad = \dfrac{1}{\pi}\displaystyle\int_{-\pi}^{\pi} f(t)\sin(k\omega t)\mathrm{d}(\omega t) \end{cases} \tag{8-3}$$

谐波分析的意义在于：傅里叶级数是一个收敛级数，随着 k 值的增大，A_{km} 的值越小，k 值越大，傅里叶级数就越接近周期函数 $f(t)$。当 $k\to+\infty$ 时，傅里叶级数就能准确地代表原非正弦周期函数 $f(t)$。在工程计算中，一般取前几项就可以满足工程要求，后面的高次谐波可以忽略不计。实际计算依据工程需要的精度决定。

非正弦周期函数可以分解为直流、基波及各次谐波之和，它们都具有一定的幅值和初相位。虽然这些计算公式能准确描述组成非正弦周期函数的各次谐波，但并不直观。为了直观、清晰地看出各谐波幅值 A_{km} 和初相位 ϕ_k 与频率 $k\omega$ 之间的关系，通常以 ω 为横坐标，A_{km} 和 ϕ_k 为纵坐标，对应于 $k\omega$ 的 A_{km} 和 ϕ_k 用竖线表示，这样就可得到一系列离散竖线段所构成的图形，分别称为幅度频谱图和相位频谱图，如图 8-3 所示。一般所指的频谱为幅度频谱。

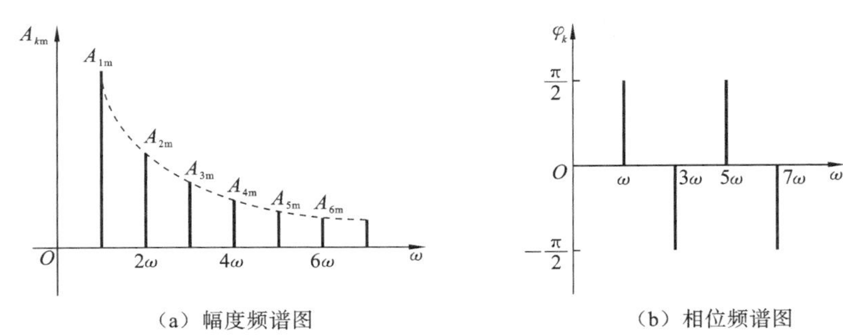

(a) 幅度频谱图　　(b) 相位频谱图

图 8-3　频谱曲线

由于各谐波的角频率是 ω 的整数倍，所以这种频谱是离散的，又称为线频谱。谱线间的间距取决于信号的周期，周期越大，ω 越小，谱线间距越窄，谱线越密。

【例 8-1】　求图 8-4(a)所示矩形波电压的傅里叶级数展开式，并画出其幅度频谱图。

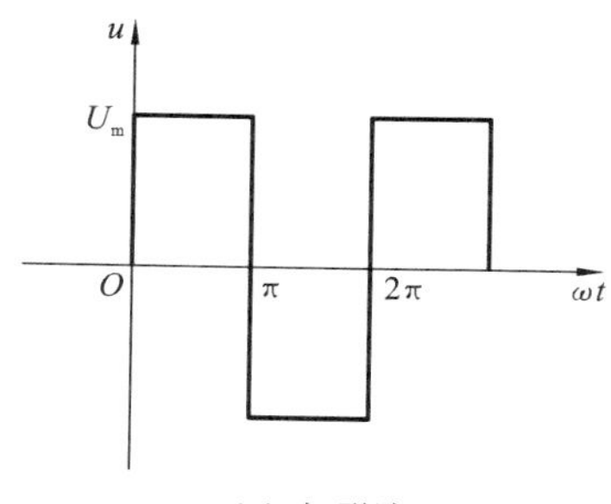

(a) 矩形波

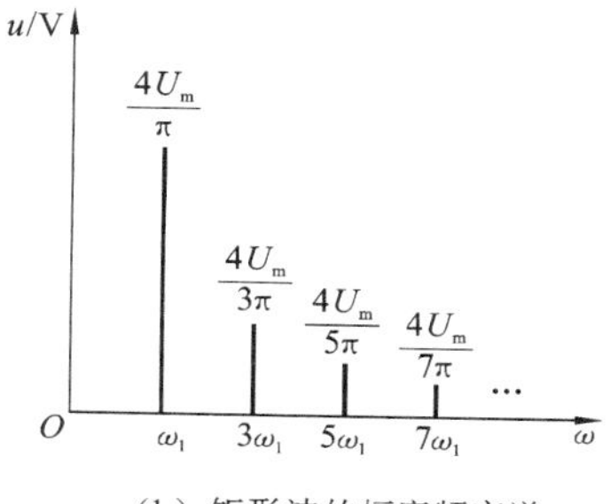

(b) 矩形波的幅度频率谱

图 8-4 矩形波及其频谱图

解 图 8-4(a)所示矩形波电压在一个周期内的表达式为

$$\begin{cases} u=U_m, & 0<\omega t<\pi \\ u=-U_m, & \pi<\omega t<2\pi \end{cases}$$

由式(8-3)求各系数为

$$a_0=\frac{1}{2\pi}\int_0^{2\pi}u\mathrm{d}(\omega t)=\frac{1}{2\pi}\left[\int_0^{\pi}U_m\mathrm{d}(\omega t)+\int_{\pi}^{2\pi}(-U_m)\mathrm{d}(\omega t)\right]=0$$

$$\begin{aligned} a_k&=\frac{1}{\pi}\int_0^{2\pi}u\cos(k\omega t)\mathrm{d}(\omega t)=\frac{1}{\pi}\left[\int_0^{\pi}U_m\cos(k\omega t)\mathrm{d}(\omega t)+\int_{\pi}^{2\pi}(-U_m)\cos(k\omega t)\mathrm{d}(\omega t)\right]\\ &=\frac{2U_m}{\pi}\int_0^{\pi}\cos(k\omega t)\mathrm{d}(\omega t)=\frac{2U_m}{\pi}\left[\frac{1}{k}\sin(k\omega t)\right]\Big|_0^{\pi}=0 \end{aligned}$$

$$\begin{aligned} b_k&=\frac{1}{\pi}\int_0^{2\pi}u\sin(k\omega t)\mathrm{d}(\omega t)=\frac{1}{\pi}\left[\int_0^{\pi}U_m\sin(k\omega t)\mathrm{d}(\omega t)+\int_{\pi}^{2\pi}(-U_m)\sin(k\omega t)\mathrm{d}(\omega t)\right]\\ &=\frac{2U_m}{\pi}\int_0^{\pi}\sin(k\omega t)\mathrm{d}(\omega t)=\frac{2U_m}{k\pi}[-\cos(k\omega t)]\Big|_0^{\pi}=\frac{2U_m}{k\pi}[1-\cos(k\pi)] \end{aligned}$$

即系数 a_0、a_k 皆为 0,只有 b_k 取值如下。

$$b_k=\begin{cases} 0 & (k\text{ 为偶数}) \\ \dfrac{4U_m}{k\pi} & (k\text{ 为奇数}) \end{cases}$$

将所得系数代入式(8-1)可得矩形波电压的傅里叶级数展开式为

$$u(t)=\frac{4U_m}{\pi}\left[\sin(\omega t)+\frac{1}{3}\sin(3\omega t)+\frac{1}{5}\sin(5\omega t)+\cdots\right]$$

其幅度频率谱如图 8-4(b)所示,由基波和 3 次谐波按时域叠加的矩形波如图 8-5 所示。

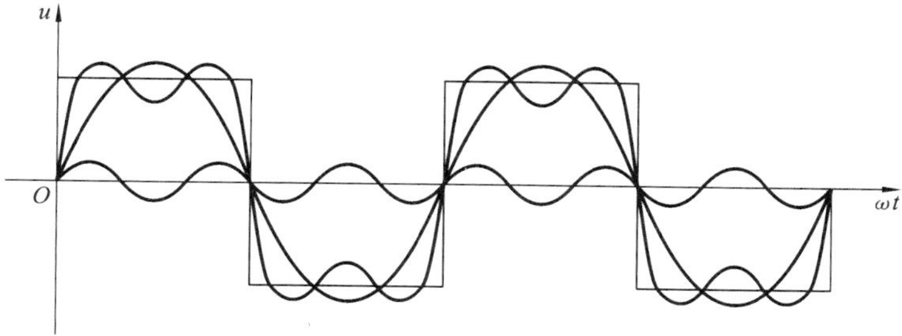

图 8-5 由基波和高次谐波叠加形成的矩形波

8.3 非正弦周期信号的有效值和平均功率

8.3.1 非正弦周期电流的有效值

按照定义，有效值为周期电流的均方根值，即

$$I=\sqrt{\frac{1}{T}\int_0^T i^2\mathrm{d}t}$$

式中：T 为电流的周期。该式对于正弦量和非正弦量均适用。

设一非正弦周期电流 i 的傅里叶级数展开式为

$$i=I_0+\sum_{k=1}^{+\infty}I_{km}\cos(k\omega t+\phi_k)$$

将 i 的傅里叶级数展开式代入有效值计算公式，得到非正弦周期电流的有效值为

$$I=\sqrt{\frac{1}{T}\int_0^T\left[I_0+\sum_{k=1}^{+\infty}I_{km}\cos(k\omega t+\phi_k)\right]^2\mathrm{d}(t)} \tag{8-4}$$

根据正弦函数的正交性，式(8-4)展开后得到下列 4 种积分形式：

(1) 直流量平方的积分为

$$\frac{1}{T}\int_0^T I_0^2\mathrm{d}t=I_0^2$$

(2) 各次谐波分量平方的积分为

$$\frac{1}{T}\int_0^T I_{km}^2\ \cos^2(k\omega t+\phi_k)\mathrm{d}t=I_k^2$$

(3) 直流与各次谐波分量乘积 2 倍的积分为

$$\frac{1}{T}\int_0^T 2I_0\cos(k\omega t+\phi_k)\mathrm{d}t=0$$

(4) 不同频率谐波分量乘积 2 倍的积分为

$$\frac{1}{T}\int_0^T 2I_{km}\cos(k\omega t+\phi_k)\times I_{qm}\cos(q\omega t+\varphi_q)\mathrm{d}t=0$$

式中：$k\neq q$。

将以上结果代入式(8-4)，有

$$I=\sqrt{I_0^2+I_1^2+I_2^2+\cdots}=\sqrt{I_0^2+\sum_{k=1}^{+\infty}I_k^2} \tag{8-5}$$

由此可见，非正弦周期电流的有效值等于直流的平方与各次谐波分量有效值的平方和的平方根。同理，非正弦周期电压 u 的有效值 U 为

$$U=\sqrt{U_0^2+U_1^2+U_2^2+\cdots}=\sqrt{U_0^2+\sum_{k=1}^{+\infty}U_k^2} \tag{8-6}$$

8.3.2 非正弦周期电流的平均值

在实践中还经常用到平均值的概念，周期量在一周期内的平均值为恒定量。以电流为例，

其定义为非正弦周期电流的平均值等于电流绝对值的平均值。其平均值为

$$I_{\mathrm{av}}=\frac{1}{T}\int_0^T|i|\,\mathrm{d}t \tag{8-7}$$

对于正弦周期电流 $i=I_{\mathrm{m}}\cos(\omega t)$来说，其平均值为

$$\begin{aligned}I_{\mathrm{av}}&=\frac{1}{T}\int_0^T|I_{\mathrm{m}}\cos(\omega t)|\,\mathrm{d}t=\frac{4I_{\mathrm{m}}}{T}\int_0^{\frac{T}{4}}\cos(\omega t)\,\mathrm{d}t\\&=\frac{4I_{\mathrm{m}}}{\omega T}\sin(\omega t)\Big|_0^{\frac{T}{4}}=0.637I_{\mathrm{m}}=0.898I\end{aligned}$$

它相当于正弦电流经全波整流后的平均值，因为取电流的绝对值相当于把负半周的值变为正值。

对于同一非正弦周期电流，用不同类型的仪表进行测量，会得到不同的结果。例如：用磁电系仪表（直流仪表）测量，所得结果为电流的恒定分量；用电磁系仪表测得的结果为电流的有效值；用全波整流仪表测量，所得结果为电流的平均值，因为这种仪表的偏转角与电流的平均值成正比。

因此，在测量非正弦周期电流和电压时，要选择合适的仪表，并注意不同类型仪表读数表示的含义。

8.3.3　非正弦周期电流电路的平均功率

设一端口网络的端口电压参考方向、电流参考方向为关联参考方向，作用于图 8-6 所示一端口网络的非正弦周期电压为

$$u=U_0+\sum_{k=1}^{+\infty}U_{k\mathrm{m}}\cos(k\omega t+\phi_{uk})$$

由非正弦周期电压所产生的非正弦周期电流为

$$i=I_0+\sum_{k=1}^{+\infty}I_{k\mathrm{m}}\cos(k\omega t+\phi_{ik})$$

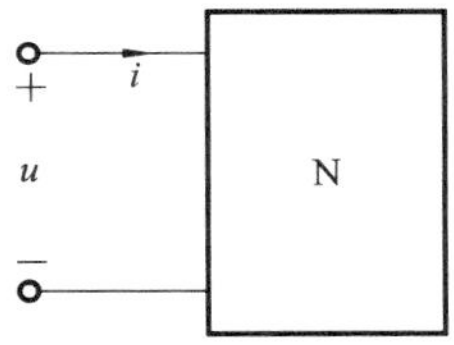

图 8-6　非正弦周期电流的一端口网络

则一端口网络的瞬时功率为

$$p=ui=\left[U_0+\sum_{k=1}^{+\infty}U_{k\mathrm{m}}\cos(k\omega t+\phi_{uk})\right]\left[I_0+\sum_{k=1}^{+\infty}I_{k\mathrm{m}}\cos(k\omega t+\phi_{ik})\right] \tag{8-8}$$

一端口网络的有功功率为

$$P=\frac{1}{T}\int_0^T\left[U_0+\sum_{k=1}^{+\infty}U_{k\mathrm{m}}\cos(k\omega t+\phi_{uk})\right]\left[I_0+\sum_{k=1}^{+\infty}I_{k\mathrm{m}}\cos(k\omega t+\phi_{ik})\right]\mathrm{d}t \tag{8-9}$$

将式(8-9)中两个积数展开，分别计算各乘积项在一个周期内的平均值，有以下四种类型项，其中正弦量在一个周期内的平均值为零，即

$$\frac{1}{T}\int_0^T\left[U_0\sum_{k=1}^{+\infty}I_{k\mathrm{m}}\cos(k\omega t+\phi_{ik})\right]\mathrm{d}t=0,\quad \frac{1}{T}\int_0^T\left[I_0\sum_{k=1}^{+\infty}U_{k\mathrm{m}}\cos(k\omega t+\phi_{uk})\right]\mathrm{d}t=0$$

根据正交函数的性质，不同频率正弦量的乘积在一个周期内的平均值为零，即

$$\frac{1}{T}\int_0^T\left[\sum_{k=1}^{+\infty}U_{k\mathrm{m}}\cos(k\omega t+\phi_{uk})\right]\left[\sum_{\substack{p=1\\p\neq k}}^{+\infty}I_{p\mathrm{m}}\cos(k\omega t+\phi_{ip})\right]\mathrm{d}t=0$$

故式(8-9)可表示为

$$P=\frac{1}{T}\int_0^T\left[U_0+\sum_{k=1}^{+\infty}U_{km}\cos(k\omega t+\phi_{uk})\right]\left[I_0+\sum_{k=1}^{+\infty}I_{km}\cos(k\omega t+\phi_{ik})\right]\mathrm{d}t$$
$$=U_0I_0+U_1I_1\cos\phi_1+U_2I_2\cos\phi_2+\cdots=U_0I_0+\sum_{k=1}^{+\infty}U_kI_k\cos\phi_k \tag{8-10}$$

或

$$P=P_0+P_1+P_2+\cdots+P_k+\cdots=P_0+\sum_{k=1}^{+\infty}P_k \tag{8-11}$$

式中：ϕ_k 为第 k 次谐波电压与电流的相位差，即 $\phi_k=\phi_{uk}-\phi_{ik}$。

式(8-10)表明，非正弦周期电路吸收的平均功率等于直流和各次谐波的平均功率的代数和，而非同频率的电压谐波和电流谐波只形成瞬时功率，并不产生平均功率。

8.4 非正弦周期电流电路的计算

正弦激励作用于线性稳态电路时，电路各支路的响应也是同频率的正弦量，通常正弦交流电路的分析采用的是相量法。非正弦周期信号作用于线性稳态电路时，通过傅里叶级数可以将激励展开成不同频率的正弦周期信号，则同样可以采用相量法进行分析计算。非正弦周期电流电路的分析步骤如下。

(1) 将给定的非正弦周期信号展开成傅里叶级数，得到直流和各次谐波，并根据精度的具体要求取前几项。

(2) 分别求出电源电压或电流的恒定分量及各次谐波单独作用时产生的响应。

对恒定分量($\omega=0$)，求解时把电容 C 看作开路，即 $1/(\omega C)$趋近无穷大；电感 L 看作短路，即 ωL 等于 0。

对各次谐波可以用相量法进行求解，但要注意感抗、容抗与频率之间的关系。其中，电感、电容对 k 次谐波的电抗分别为 $X_{kL}=k\omega L$ 和 $X_{kC}=1/(k\omega C)$。

(3) 应用线性电路的叠加原理，将属于同一支路的直流和谐波产生的响应叠加，即得到非正弦周期电流电路的总响应。

注意：将不同频率的正弦电流相量或电压相量直接相乘、相加是没有意义的。

【例 8-2】 RLC 串联电路如图 8-7 所示，电压为 $u=50+\frac{200}{\pi}\left[\cos(\omega t)-\frac{1}{3}\cos(3\omega t)\right]$，电阻为 $R=10\ \Omega$，电感为 $L=10\ \text{mH}$，电容为 $C=5\ \mu\text{F}$，$f=1000\ \text{Hz}$，求电路中的电流 i 及平均功率。

解 (1) 首先求得各次谐波电流的时域表达式。

① 直流分量。

当 $U_0=50\ \text{V}$ 的直流电压作用于电路时，电感相当于短路，电容相当于开路，故 $I_0=0$。

② 基波分量。

$$u_1=\frac{200}{\pi}\cos(\omega t)$$

$$\dot{U}_{1m}=\frac{200}{\pi}\angle 0°\ \text{V}$$

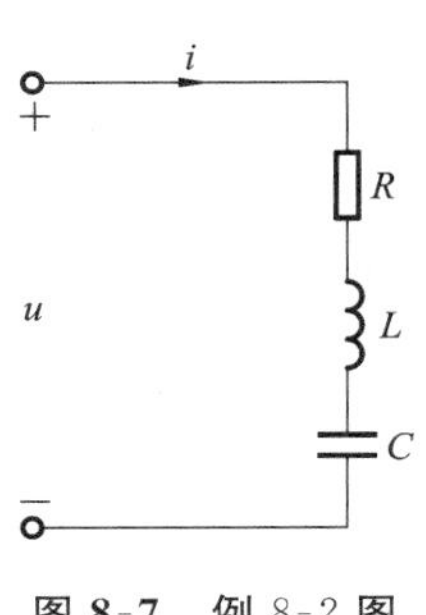

图 8-7 例 8-2 图

$$Z_1=R+\mathrm{j}\left(\omega L-\frac{1}{\omega C}\right)=\left[10+\mathrm{j}\left(2\pi\times10^3\times10\times10^{-3}-\frac{1}{2\pi\times10^3\times5\times10^{-6}}\right)\right]\ \Omega$$
$$=[10+\mathrm{j}(62.8-31.8)]\ \Omega=(10+\mathrm{j}31)\ \Omega=32.6\angle72.1^\circ\ \Omega$$

$$\dot I_{1\mathrm{m}}=\frac{\dot U_{1\mathrm{m}}}{Z_1}=\frac{\frac{200}{\pi}\angle0^\circ}{32.6\angle72.1^\circ}\ \mathrm{A}=1.95\angle-72.1^\circ\ \mathrm{A}$$

$$i_1=1.95\cos(\omega t-72.1^\circ)\ \mathrm{A}$$

③ 三次谐波分量

$$u_3=-\frac{200}{3\pi}\cos(3\omega t)$$

$$\dot U_{3\mathrm{m}}=\frac{200}{3\pi}\angle0^\circ\ \mathrm{V}$$

$$Z_3=R+\mathrm{j}\left(3\omega L-\frac{1}{3\omega C}\right)=\left[10+\mathrm{j}\left(3\times2\pi\times10^3\times10\times10^{-3}-\frac{10^6}{3\times2\pi\times10^3\times5}\right)\right]\ \Omega$$
$$=(10+\mathrm{j}177.8)\ \Omega=178.1\angle86.8^\circ\ \Omega$$

$$\dot I_{3\mathrm{m}}=\frac{\dot U_{3\mathrm{m}}}{Z_3}=\frac{\frac{200}{3\pi}\angle0^\circ}{178.1\angle86.8^\circ}\ \mathrm{A}=0.12\angle-86.8^\circ\ \mathrm{A}$$

$$i_3=0.12\cos(3\omega t-86.8^\circ)\ \mathrm{A}$$

将各次谐波的瞬时值叠加可得电路的电流 i 为

$$i=i_1+i_3=[1.95\cos(\omega t-72.1^\circ)+0.12\cos(3\omega t-86.8^\circ)]\ \mathrm{A}$$

（2）电路的平均功率为

$$P=U_1I_1\cos\varphi_1+U_3I_3\cos\varphi_3=\left[\frac{\frac{200}{\pi}}{\sqrt2}\times\frac{1.95}{\sqrt2}\cos72.1^\circ+\frac{\frac{200}{3\pi}}{\sqrt2}\times\frac{0.12}{\sqrt2}\cos86.8^\circ\right]\ \mathrm{W}=19.2\ \mathrm{W}$$

【例 8-3】 某二端网络的电压和电流分别为

$$u=100\cos(\omega t+30^\circ)+50\cos(3\omega t+60^\circ)+25\cos(5\omega t)$$
$$i=10\cos(\omega t-30^\circ)+5\cos(3\omega t+30^\circ)+2\cos(5\omega t-30^\circ)$$

求一端口网络的有功功率。

解 根据非正弦周期电流电路有功功率的计算公式，可得

$$P_1=U_1I_1\cos\phi_1=\frac{100}{\sqrt2}\times\frac{10}{\sqrt2}\cos60^\circ\ \mathrm{W}=250\ \mathrm{W}$$

$$P_3=U_3I_3\cos\phi_3=\frac{50}{\sqrt2}\times\frac{5}{\sqrt2}\cos30^\circ\ \mathrm{W}=108.25\ \mathrm{W}$$

$$P_5=U_5I_5\cos\phi_5=\frac{25}{\sqrt2}\times\frac{2}{\sqrt2}\cos30^\circ\ \mathrm{W}=21.65\ \mathrm{W}$$

$$P=P_1+P_3+P_5=(250+108.25+21.65)\ \mathrm{W}=379.9\ \mathrm{W}$$

本章小结

本章讨论的非正弦周期电流电路是指非正弦周期信号作用于线性电路的稳定状态，电路中的激励和响应是周期量的电路。

非正弦周期电流电路的分析计算方法是基于傅里叶级数分解和叠加定理的基础上进行计

算分析的方法，称为谐波分析法，可归结为下列三个步骤。

(1) 将给定的非正弦周期信号分解为傅里叶级数，并看作是各次谐波叠加的结果。

(2) 应用相量法分别计算各次谐波单独作用时所产生的响应。

(3) 应用叠加定理将所得各次响应的瞬时值相加，得到的时间函数为总响应。

在分析与计算非正弦周期电流电路时应当注意以下三点。

(1) 电感元件和电容元件对不同频率的谐波表现出不同的感抗和容抗，即

$$X_{kL}=k\omega L,\quad X_{kC}=\frac{1}{k\omega C}$$

(2) 求的最终响应，一定是在时域中叠加各次谐波的响应。把不同次谐波正弦量的相量进行加减等运算是没有意义的。

(3) 不同频率的电压、电流之间不形成平均功率。

习　题　8

1. 求图题 1 所示三角波的傅里叶展开式，并画出信号的幅度频谱图。

2. 在图题 2 所示电路中，已知 $u_{s1}=[12+5\sqrt{2}\cos(\omega t)]$ V，$u_{s2}=5\sqrt{2}\cos(\omega t+240°)$ V。设电压表指示有效值，求电压表的读数。

3. 在图题 3 所示电路中，已知 $u_s=\sqrt{2}\cos(100t)$ V，$i_s=[3+4\sqrt{2}\cos(100t-60°)]$ A，求电压源 u_s 发出的平均功率。

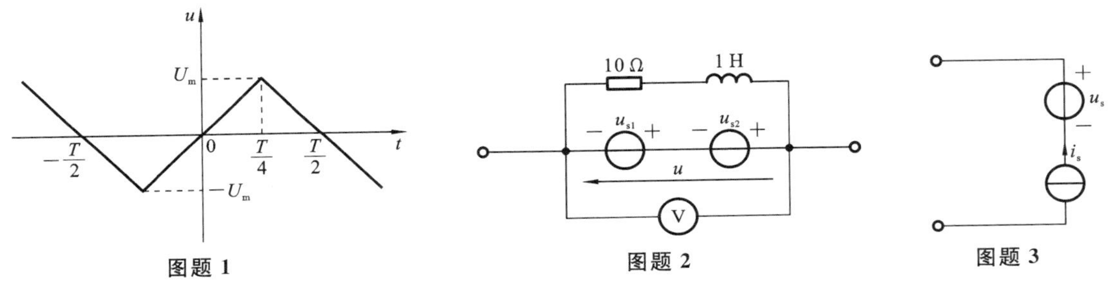

图题 1　　图题 2　　图题 3

4. 在图题 4 所示电路中，$R=20\ \Omega$，$\omega L=5\ \Omega$，$\frac{1}{\omega C}=45\ \Omega$，$u_s=[100+276\cos(\omega t)+100\cos(3\omega t)]$ V，现欲使电流 i 中含有尽可能大的基波分量（一次谐波），元件 Z 应是电阻、电感还是电容元件？

5. 图题 5 所示电路为一滤波器，其输入电压为 $u_s=U_{1m}\cos(\omega t)+U_{3m}\cos(3\omega t)$，$\omega=314$ rad/s。现要使输出电压 $u_2=U_{1m}\cos(\omega t)$，试求 C_1 和 C_2。

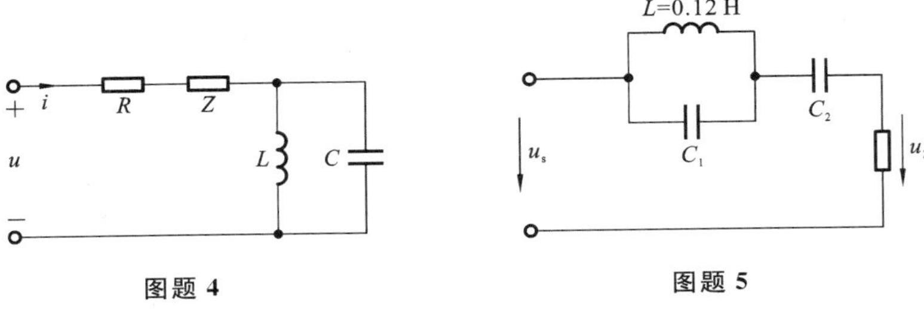

图题 4　　图题 5

6. 图题 6 所示电路中，已知 $u=[20+20\sqrt{2}\cos(\omega t)+15\sqrt{2}\cos(3\omega t+90°)]$ V，$R_1=1\ \Omega$，$R_2=4\ \Omega$，$\omega L_1=5\ \Omega$，$\frac{1}{\omega C_1}=45\ \Omega$，$\omega L_2=40\ \Omega$。试求电流表及电压表的读数(图中仪表均为电磁式仪表)。

7. 图题 7 所示电路中：$u=[4+10\sqrt{2}\cos(\omega t+30°)+10\sqrt{2}\cos(5\omega t)]$ V；$i=[3+2\sqrt{2}\cos(\omega t-30°)+0.5\sqrt{2}\cos(3\omega t-70°)+0.1\sqrt{2}\cos(5\omega t)]$ A。求 U、I 以及此一端口电路吸收的平均功率 P。

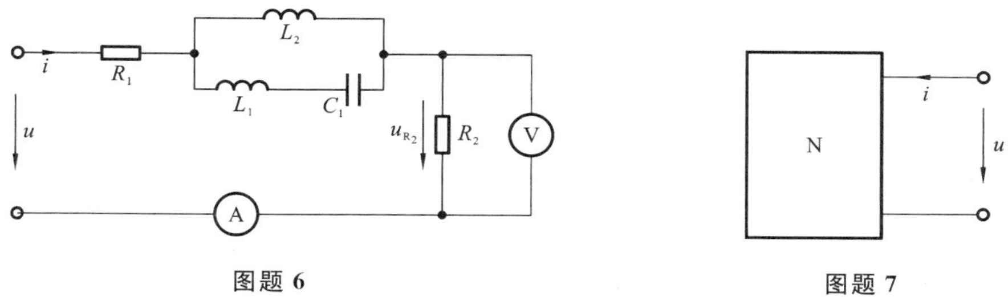

图题 6　　图题 7

8. 图题 8 所示电路中，$u_{s1}=60\sqrt{2}\cos(2\omega t+45°)$ V，$u_{s2}=30\sqrt{2}\cos(\omega t)$ V，$\omega L_1=20\ \Omega$，$\omega L_2=7.5\ \Omega$，$\omega M=5\ \Omega$，$\frac{1}{\omega C}=20\ \Omega$。求 i_1，i_2 及 u。

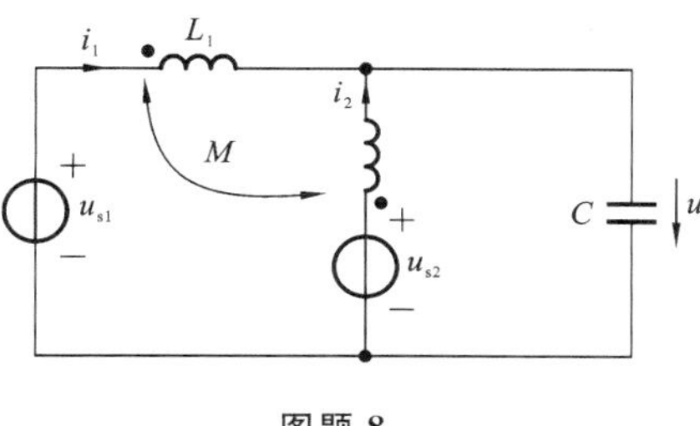

图题 8

9. 为了减小整流器输出电压的纹波，使其更接近直流。常在整流的输出端与负载电阻 R 间接 LC 滤波器，其电路如图题 9(a)所示。若已知 $R=1\ \text{k}\Omega$，$L=5$ H，$C=30\ \mu$F，输入电压 u 的波形如图题 9(b)所示，其中振幅 $U_m=157$ V，基波角频率 $\omega=314$ rad/s，求输出电压 u_R。

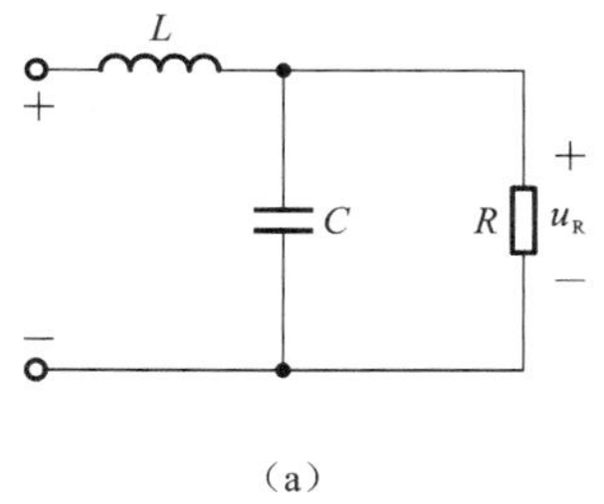

(a)

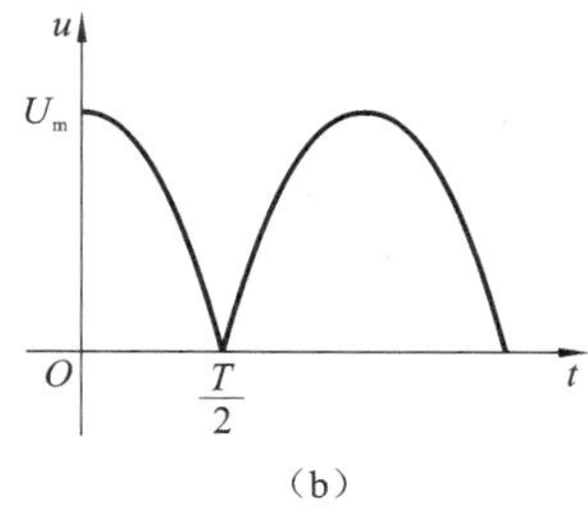

(b)

图题 9

第9章　电路的暂态分析

知识要点

- 理解产生暂态过程的原因及换路定则；
- 理解一阶线性 RC、RL 电路的零输入响应、零状态响应和全响应的概念；
- 掌握三要素法求解一阶电路的方法；理解时间常数、初始值和稳态值的概念；
- 熟悉和掌握积分电路和微分电路；
- 熟悉和掌握一阶电路的阶跃响应和冲激响应，二阶电路的零输入响应的计算方法。

【引例】 在一些电子设备上，有的电路系统需要延时启动，这就需要在电源和电路系统之间接入延时电路。图 9-1 所示的是由 RC 串联电路组成的延时启动电路。在开关 S 闭合后，从输入、输出电压的波形可见，u_i 是从 0 V 瞬间上升到 5 V，而 u_C 则从 0 V 缓慢上升到 5 V，输出电压 u_C 在时间上对输入电压 u_i 产生了延时，从而实现了电路系统的延时启动。那么，为什么输出电压会出现延时？输出电压是按什么规律变化的？延时时间的长短和 R、C 之间是什么关系？这些问题将在本章节得到解答。

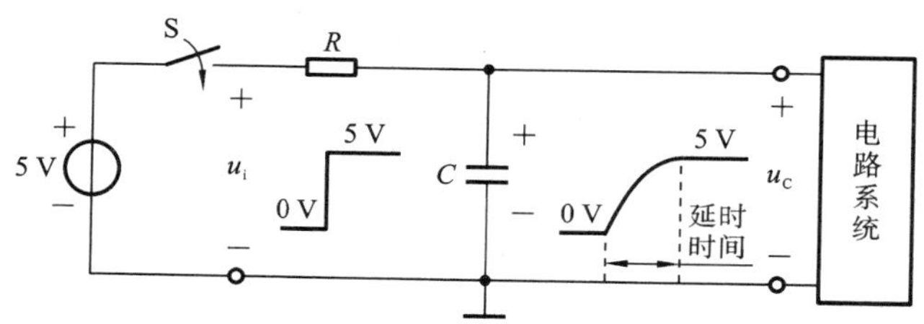

图 9-1　延时启动应用电路

9.1　过渡过程的概念

自然界一切事物的运动，在特定条件下处于一种稳定状态，一旦条件改变，就要过渡到另一种新的稳定状态。在前面直流电路、交流电路的分析中，当电源恒定或做周期性变化时，所产生的响应也是恒定的或按周期性变化的，电路的这种工作状态称为稳定状态，简称稳态。

稳态是一种理想化状态，实际电路的工作状态是经常变化的。例如电路的接通、断开，或电路的参数、结构、电源等发生改变时，电路不能从原来的稳态立即达到新的稳态。这种电路从一个稳态经过一定时间过渡到另一新的稳态的物理过程称为电路的过渡过程。而研究电路的过渡过程中电压或电流随时间变化而变化的规律，即分析在 $0\leqslant t<+\infty$ 内的 $u(t)$、$i(t)$ 称为暂态分析。

9.1.1　过渡过程产生的原因

电路中的过渡过程是由于电路的接通、断开、短路，电源或电路中的参数突然改变等引起的，把电路状态的这些改变统称为换路。然而，并不是所有的电路在换路时都产生过渡过程，换路只是产生过渡过程的外在原因，其内因是电路中具有储能元件电容或电感，并且当电路工作条件改变时，其储能状态也发生了变化。若电容元件中有电能 $Cu^2/2$，在换路时电能不能发生跃变，则在电路中电容两端的电压 u_C 不能发生跃变。若电感元件中有磁能 $Li^2/2$，当换路时磁能不能发生跃变，则在电路中电感线圈中的电流 i_L 不能发生跃变。所以，产生过渡过程的根本原因在于电路中的储能不能跃变，能量的积累或衰减都需要一定的过程，即一定的时间。否则，电路的功率计算将趋于无穷大。

例如，在一个 RC 串联电路中，接入直流电压 U 对电容充电，若电容两端的电压 u_C 跃变，则此时充电电流 $i_C=C\dfrac{du_C}{dt}$将趋于无穷大。但根据基尔霍夫定律，充电电流为 $i=\dfrac{U-u_C}{R}$，受到电阻 R 的限制。除非电阻 R 趋于零，否则充电电流不可能趋于无穷大。因此，电容上的电压 u_C 不能跃变，实质上是电容上的能量不能发生跃变。同理，电感中的电流 i_L 不能发生跃变。

需要指出的是，电阻不是储能元件。因此，任何时刻纯电阻电路的响应只与当前的激励有关，即纯电阻电路不存在过渡过程。

9.1.2 暂态分析的意义和方法

过渡过程又称暂态过程，由电路状态的变化十分短暂而得名，但在电气工程的研究中颇为重要。一方面，在电子技术中常利用 RC 电路的暂态过程来产生振荡信号，或实现信号波形的变换，以及利用电路产生的延时制作成电子继电器等。另一方面，电路在暂态过程中会出现过电压或过电流现象，而过电压或过电流有时会损坏电气设备，造成电路系统的严重事故。因此，分析电路的暂态过程，目的在于掌握其规律，以便在工程实践中用其“利”，克其“弊”。常用的分析方法有以下两种。

1. 经典法

由于电容、电感的伏安关系分别为 $i_C=C\dfrac{du_C}{dt}$ 和 $u_L=L\dfrac{di_L}{dt}$，故含有电容、电感的电路所列出的 KCL 方程和 KVL 方程都是微分方程。所以，经典法又称为微分方程法。

2. 拉普拉斯变换法

当电路含有多个储能元件时，就要建立高阶微分方程。而求解高阶微分方程的积分常数过于烦琐。所以，含有多个储能元件的电路一般都采用拉普拉斯变换法。拉普拉斯变换法就是将线性电路的微分方程转换为代数方程进行求解的方法。

本章主要以直流激励的电路为例，介绍暂态过程的经典分析方法。

9.2 换路定则和初始值

9.2.1 换路定则

如前所述，电容电压 u_C 和电感电流 i_L 只能连续变化，而不能跃变。设 $t=0$ 为换路时刻，t

$=0_-$ 表示换路前的终了瞬间，$t=0_+$ 表示换路后的初始瞬间，$t=0_-$ 到 $t=0_+$ 为换路瞬间。在 $t=0_-$ 到 $t=0_+$ 的换路瞬间，电容元件的电压和电感元件的电流不能跃变，即为换路定则，用公式表示为

$$\begin{aligned} u_C(0_+)&=u_C(0_-) \\ i_L(0_+)&=i_L(0_-) \end{aligned} \tag{9-1}$$

应用换路定则应注意以下两点。

(1) 换路定则成立的条件是电容电流和电感电压为有限值。

(2) 除了电容电压 u_C 和电感电流 i_L 具有连续性外，其他元件上的电压和电流并无连续性，包括电容电流和电感电压(即电阻两端的电压 u_R 和电流 i_R 可以跃变，电容中的电流 i_C 和电感两端电压 u_L 也都可以跃变)。

9.2.2 初始值计算

换路定则描述了换路瞬间前后电路的储能情况，电路换路后瞬间的工作状态完全可由换路后的激励条件与储能状态确定。以下讨论的是如何确定 $t=0_+$ 时电路各部分的电压与电流的值，即暂态过程的初始值。

1. 独立初始值

由于电容电压 u_C 和电感电流 i_L 换路后的初始值与换路前的储能状态密切相关，因此 $u_C(0_+)$ 和 $i_L(0_+)$ 称为独立初始值。根据换路定则，$t=0_-$ 时的电路为原稳态电路，则电容相当于开路，电容位置的开路电压即 $u_C(0_-)$；电感相当于短路，电感位置的短路电流即 $i_L(0_-)$。

2. 非独立初始值

其他电压和电流(如电阻的电压或电流、电容电流、电感电压等)的初始值称为非独立初始值。非独立初始值由独立初始值 $u_C(0_+)$ 和 $i_L(0_+)$ 结合电路中的电源并运用 KCL、KVL 等进一步确定。具体步骤如下。

(1) 画出 $t=0_+$ 时的等效电路图，根据 $u_C(0_+)$ 和 $i_L(0_+)$ 的数值将电容和电感进行等效替代，即

对于电容：当 $u_C(0_+)=0$，电容相当于短路。

$u_C(0_+)=U_0$，电容相当于是一个电压值为 U_0 的电压源。

对于电感：当 $i_L(0_+)=0$，电感相当于开路。

$i_L(0_+)=I_0$，电感相当于是一个电流值为 I_0 的电流源。

(2) 应用电路的基本定律和基本分析方法，在 $t=0_+$ 时计算电路中其他各电压和电流的初始值。

【例 9-1】 在图 9-2(a)所示电路中，已知 $U_s=10\ \text{V}$，$R_1=3\ \Omega$，$R_2=2\ \Omega$，换路前电感和电容均未储能，在 $t=0$ 时开关 S 关闭。试求：电路的初始值 $u_C(0_+)$、$i_L(0_+)$、$i_C(0_+)$、$u_L(0_+)$、$u_{R_1}(0_+)$、$u_{R_2}(0_+)$、$i(0_+)$。

解 (1) 求独立初始值。$t=0_-$ 时，$u_C(0_-)=0$，$i_L(0_-)=0$。根据换路定则，有

$$u_C(0_+)=u_C(0_-)=0，i_L(0_+)=i_L(0_-)=0$$

(2) 求非独立初始值，由于 $u_C(0_+)=0$，$i_L(0_+)=0$，所以在 $t=0_+$ 时，电容相当于短路，电感相当于开路。$t=0_+$ 时的等效电路如图 9-2(b)所示，由此可求得

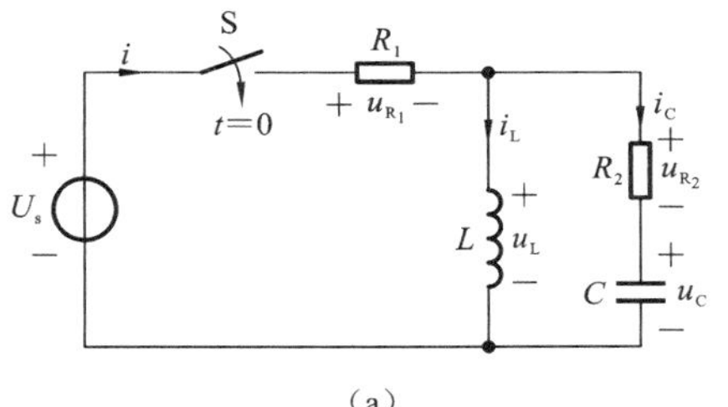

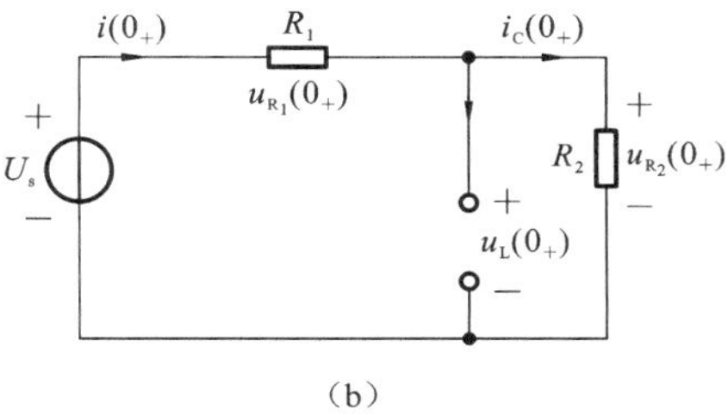

图 9-2 例 9-1 图

$$i(0_+)=i_C(0_+)=\frac{U_s}{R_1+R_2}\ \text{A}=\frac{10}{3+2}\ \text{A}=2\ \text{A}$$

$$u_{R_1}(0_+)=i(0_+)R_1=2\times 3\ \text{V}=6\ \text{V}$$

$$u_L(0_+)=u_{R_2}(0_+)=i_C(0_+)R_2=2\times 2\ \text{V}=4\ \text{V}$$

【例 9-2】 在图 9-3(a)所示电路中，已知 $U_s=10\ \text{V}$，$R_1=3\ \Omega$，$R_2=2\ \Omega$，$R_3=1\ \Omega$，换路前电路已经处于稳态，在 $t=0$ 时开关 S 打开。试求：电路的初始值 $u_C(0_+)$、$i_L(0_+)$、$i_C(0_+)$、$u_L(0_+)$、$u_{R_2}(0_+)$。

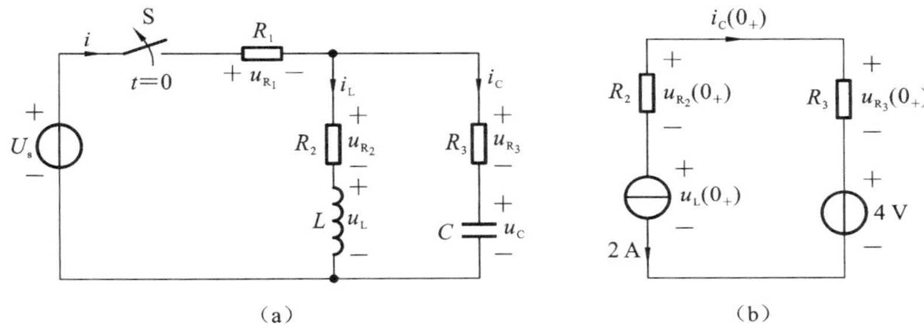

图 9-3 例 9-2 图

解 (1) 求独立初始值。$t=0_-$ 时电感、电容已储能，电路处于稳态。电感相当于短路，电容相当于开路，则有

$$u_C(0_-)=\frac{R_2}{R_1+R_2}U_s=\frac{2}{3+2}\times 10\ \text{V}=4\ \text{V}$$

$$i_L(0_-)=\frac{U_s}{R_1+R_2}=\frac{10}{3+2}\ \text{A}=2\ \text{A}$$

由换路定则，有

$$u_C(0_+)=u_C(0_-)=4\ \text{V},\quad i_L(0_+)=i_L(0_-)=2\ \text{A}$$

(2) 求非独立初始值。由于 $u_C(0_+)=4\ \text{V}$，$i_L(0_+)=2\ \text{A}$，所以在 $t=0_+$ 时，电容用 4 V 的电压源替代，电感用 2 A 的电流源替代。$t=0_+$ 时的等效电路如图 9-3(b)所示，有

$$i_C(0_+)=-i_L(0_+)=-2\ \text{A}$$

$$u_{R_2}(0_+)=i_L(0_+)R_2=2\times 2\ \text{V}=4\ \text{V}$$

$$u_{R_3}(0_+)=i_C(0_+)R_3=-2\times 1\ \text{V}=-2\ \text{V}$$

$$u_L(0_+)=u_C(0_+)+u_{R_3}(0_+)-u_{R_2}(0_+)=(4-2-4)\ \text{V}=-2\ \text{V}$$

9.3　一阶电路的零输入响应

用一阶线性微分方程描述的电路称为一阶电路。电路只含有一个储能元件(电容或电感),或经过变换可等效为一个储能元件,且储能元件以外的线性电阻电路可用戴维南定理等效为电压源和电阻串联的电路,或用诺顿定理等效为电流源和电阻并联的电路,这样的电路,统称为一阶电路,所建立的电路方程为一阶线性微分方程。一阶电路产生的响应有三种情况,即零输入响应、零状态响应和全响应。下面先介绍零输入响应。

所谓零输入响应,是指换路前储能元件已有储能,换路后的电路无独立电源,仅由储能元件释放能量在电路中产生的响应。

9.3.1　RC 电路的零输入响应

图 9-4(a)所示电路中,开关 S 置于位置 1 时,电容已充电到 $u_C=U_0$,电路处于稳态。在 $t=0$ 时,开关 S 置于位置 2,电容脱离直流电源仅与 R 接通,如图 9-4(b)所示。在图 9-4(b)所示电路中,电容通过电阻进行放电,最后将能量全部释放掉,电路达到新的稳态。这种仅由储能元件释放能量在电路中产生的响应就是零输入响应。

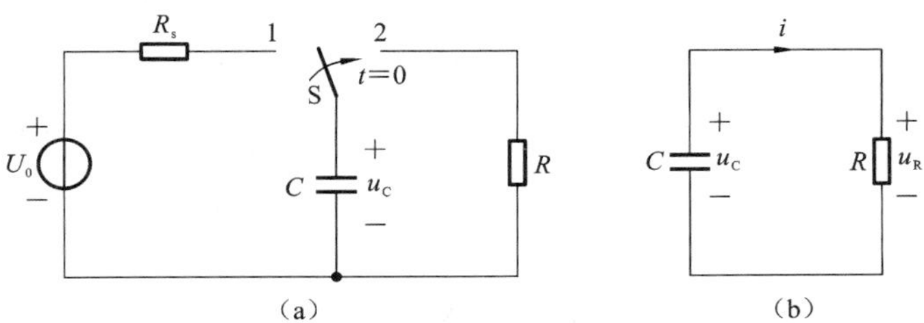

图 9-4　RC 电路的零输入响应

根据图 9-4(b)所示电路所选取的参考方向,由 KVL 列出 $t>0$ 时的电压方程为

$$-u_R+u_C=0,\quad t>0$$

将 $u_R=Ri$ 及 $i=-C\dfrac{du_C}{dt}$ 代入上式,得

$$RC\frac{du_C}{dt}+u_C=0,\quad t>0 \tag{9-2}$$

式(9-2)为一阶常系数线性齐次微分方程,其方程的通解为

$$u_C=Ae^{pt} \tag{9-3}$$

式中:p 为特征方程的根;A 为积分常数。将式(9-3)代入式(9-2),求出特征方程为

$$RCp+1=0$$

特征根为

$$p=-\frac{1}{RC}$$

故微分方程式(9-3)为

$$u_C = Ae^{pt} = Ae^{-\frac{t}{RC}}, \quad t>0 \tag{9-4}$$

下面确定积分常数 A。积分常数 A 由电路的初始条件 $u_C(0_+)$ 确定。在 $t=0_+$ 时，由换路定则可知，$u_C(0_+)=u_C(0_-)=U_0$，将 $u_C(0_+)=U_0$ 代入式(9-4)，可得积分常数为

$$A=u_C(0_+)=U_0$$

所以

$$u_C = U_0 e^{-\frac{t}{RC}} = u_C(0_+)e^{-\frac{t}{RC}}, \quad t>0 \tag{9-5}$$

式(9-5)是电容放电过程中，其电压 u_C 随时间变化而变化的表达式。

放电电流 i 随时间变化而变化的表达式为

$$i=-C\frac{du_C}{dt}=\frac{U_0}{R}e^{-\frac{t}{RC}}=i_C(0_+)e^{-\frac{t}{RC}}, \quad t>0 \tag{9-6}$$

电阻电压 u_R 随时间变化而变化的表达式为

$$u_R = iR = U_0 e^{-\frac{t}{RC}} = u_R(0_+)e^{-\frac{t}{RC}}, \quad t>0 \tag{9-7}$$

可见，u_C、i 和 u_R 随时间 t 的变化而按指数规律变化，其变化曲线如图 9-5 所示。

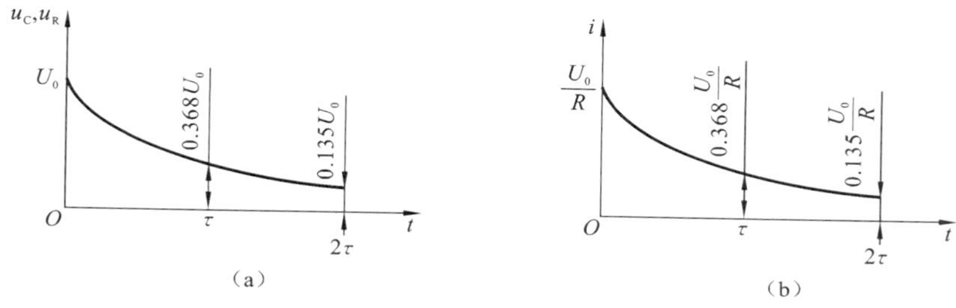

图 9-5 u_C、i 和 u_R 随时间变化而变化的曲线

由图 9-5 可知，在 $t>0$ 后，u_C、i 和 u_R 都是随时间变化而按指数规律衰减的，当时间 $t\to+\infty$ 时，电压、电流都等于零，暂态过程结束，电路达到新的稳态。不同的是，在 $t=0_+$ 时，u_C 的初始值 $u_C(0_+)=u_C(0_-)=U_0$ 没有跃变，而电流 $i_C(0_+)=\dfrac{U_0}{R}$、$u_R(0_+)=U_0$ 都发生了跃变。实际上 RC 一阶电路零输入响应就是电容放电的过程。电路换路后，电容通过电阻释放能量，最终能量全部被电阻吸收转换成热能。

9.3.2 电路的时间常数

在式(9-5)、式(9-6)和式(9-7)中，当增大或减小 RC 的数值时，u_C、i 和 u_R 的暂态过程时间就会增加或缩短。所以，将 RC 称为电路的时间常数，单位为 s。单位运算为

$$\Omega\cdot\mathrm{F}=\Omega\cdot\frac{\mathrm{C}}{\mathrm{V}}=\Omega\cdot\frac{\mathrm{A\cdot s}}{V}=\Omega\cdot\frac{\mathrm{s}}{\mathrm{V/A}}=\Omega\cdot\frac{\mathrm{s}}{\Omega}=\mathrm{s}$$

设 $\tau=RC$，则 u_C、u_R 和 i 的表达式又可以表示为

$$u_C = u_C(0_+)e^{-\frac{t}{\tau}} \tag{9-8}$$

$$i=i(0_+)e^{-\frac{t}{\tau}} \tag{9-9}$$

$$u_R = u_R(0_+)e^{-\frac{t}{\tau}} \tag{9-10}$$

由式(9-8)、式(9-9)和式(9-10)可知，τ 的大小影响着电路暂态过程的时间长短，理论分

析认为，暂态过程需经过无穷长的时间才结束，而实际上暂态过程需经过多长时间才结束？下面以电容电压为例，用 τ 来度量电路暂态过程的时间。

在式(9-8)中，当 $t=\tau$ 时，有

$$u_C=u_C(0_+)e^{-1}=\frac{U_0}{e}=\frac{U_0}{2.718}=0.368U_0=36.8\%U_0$$

可见，经过时间 τ，电压 u_C 已经下降到初始值 U_0 的 36.8%。也就是说，τ 为 u_C 衰减到初始值 U_0 的 36.8%所需的时间。$t=1\tau\sim6\tau$ 时，电压 u_C 随时间的增加而按指数规律衰减的情况如表 9-1 所示。从表 9-1 可以看出，换路后经过 $3\tau\sim5\tau$，u_C 已衰减到初始值 U_0 的 5%～0.67%。此时，一般在工程上认为暂态过程已结束。

表 9-1　u_C 随 τ 变化的衰减情况

t	0	τ	2τ	3τ	4τ	5τ	…	$+\infty$
$u_C(t)$	U_0	$0.368U_0$	$0.135U_0$	$0.05U_0$	$0.018U_0$	$0.0067U_0$	…	0

时间常数 τ 可以通过电路参数求出，也可以通过测试 u_C 的变化曲线上的时间求出，即时间常数 τ 等于 u_C 衰减到初始值 U_0 的 36.8%所需的时间。事实上，在过渡过程中从任意时刻开始算起，经过一个时间常数 τ 后响应都会衰减 63.2%。例如在 $t=t_0$ 时，其响应为

$$u_C(t_0)=U_0e^{-\frac{t_0}{\tau}}$$

经过一个时间常数 τ，即在 $t=t_0+\tau$ 时，响应变化为

$$u_C(t_0+\tau)=U_0e^{-\frac{t_0+\tau}{\tau}}=e^{-1}U_0e^{-\frac{t_0}{\tau}}=0.368u_C(t_0)$$

即经过一个时间常数 τ 后，电压衰减到原值的 36.8%。可以证明，响应曲线上任一点的次切距都等于时间常数 τ。工程上可用示波器观测 u_C 等曲线，并利用作图法测出时间常数 τ。例如，设图 9-6(a)所示曲线上初始值 $u_C(t_0)$ 这一点为点 A，通过点 A 作切线相交于点 B，则 CB 段的时间等于 τ。

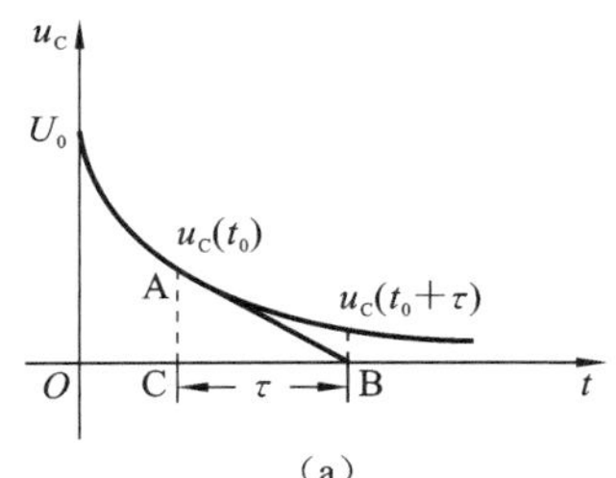

(a)

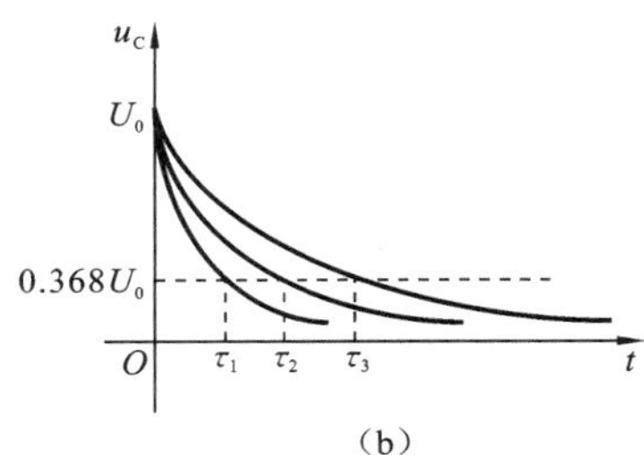

(b)

图 9-6　时间常数的物理意义

注：次切距是切点在定直线(通常为 x 轴)上的垂足，与切线与定直线交点间的距离。

时间常数 τ 的大小决定了一阶电路过渡过程的进展速度，而 $p=-\frac{1}{RC}=-\frac{1}{\tau}$ 正是电路特征方程的特征根，它仅取决于电路的结构和电路参数，而与电路的初始值无关。因而电路响应的性状是电路所固有的，所以零输入响应又称为电路的固有响应。

τ 越小，响应衰减得越快，过渡过程的时间越短。由 $\tau=RC$ 知，R、C 值越小，τ 越小。这在物理概念上是很容易理解的。当 U_0 一定时，C 越小，电容储存的初始能量就越少，同样条件下放电的时间也就越短；R 越小，放电电流越大，同样条件下能量消耗得越快。所以改变电路参

数 R 或 C 即可控制过渡过程的快慢。图 9-6(b)所示的为不同 τ 值下电容电压随时间变化而变化的曲线。

在放电过程中，电容不断放出能量，电阻则不断地消耗能量，最后储存在电容中的电场能量全部被电阻吸收转换成热能，即

$$W_R = \int_0^{+\infty} i^2(t)R\mathrm{d}t = \int_0^{+\infty}\left(\frac{U_0}{R}\mathrm{e}^{-\frac{t}{RC}}\right)^2 R\mathrm{d}t = \frac{U_0^2}{R}\int_0^{+\infty}\mathrm{e}^{-\frac{2t}{RC}}\mathrm{d}t = \frac{1}{2}CU_0^2 = W_C$$

【例 9-3】 一组 80 μF 的电容器从 3.5 kV 的高压电网上切除，等效电路如图 9-7 所示。切除后，电容器经自身漏电电阻 R_C 放电，现测得 $R_C=40\ \mathrm{M\Omega}$，试求电容器电压下降到 1 kV 所需的时间。

解 由题意可知，此电路的工作状态是零输入响应。求解如下。

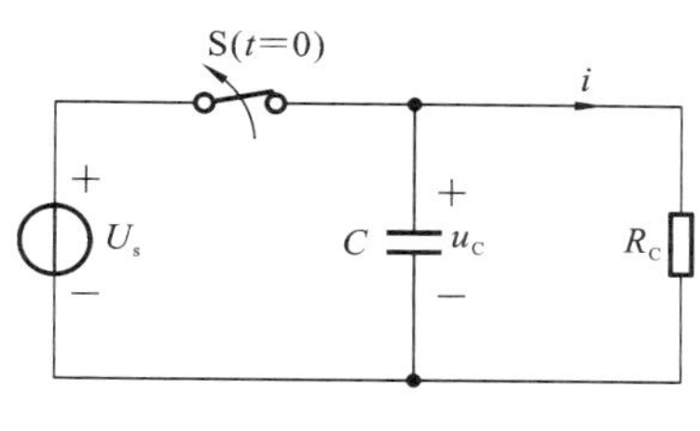

图 9-7 例 9-3 图

设 $t=0$ 时电容器从电网上切除，故有

$$u_C(0_+) = u_C(0_-) = 3500\ \mathrm{V}$$

$t \geqslant 0$ 时电容电压的表达式为

$$u_C(t) = u_C(0_+)\mathrm{e}^{-\frac{t}{R_C C}} = 3500\mathrm{e}^{-\frac{t}{R_C C}}$$

设 $t=t_1$ 时电容电压下降到 1000 V，则有

$$1000 = 3500\mathrm{e}^{-\frac{t_1}{40\times10^6\times80\times10^{-6}}} = 3500\mathrm{e}^{-\frac{t_1}{3200}}$$

解得

$$t_1 = \left(-3200\ln\frac{1}{3.5}\right)\ \mathrm{s} \approx 4008\ \mathrm{s} \approx 1.11\ \mathrm{h}$$

由计算得知，该电容器与电网断开 1.11 h 后仍能够保持高达 1000 V 的电压，因此在检修具有大电容器的电力设备之前，必须采取措施使设备充分地放电，以保证工作人员的生命安全。

9.3.3 RL 电路的零输入响应

在图 9-8(a)所示电路中，在开关 S 断开时，电感 L 储能，$i_L(0_-)=I_0$，电路为原稳态。在 $t=0$ 时，开关 S 闭合，电感脱离电流源仅与 R 接通，如图 9-8(b)所示。在图 9-8(b)所示电路中，电感 L 从初始值 I_0 向电阻释放能量，最终将能量全部释放掉。这也是一种典型的零输入响应。

根据图 9-8(b)所示电路中选取的参考方向，由 KVL 及 VCR 可得

$$u_L + u_R = 0,\quad t>0$$

将 $u_R = Ri_L$ 及 $u_L = L\frac{\mathrm{d}i_L}{\mathrm{d}t}$ 代入上式，得

$$L\frac{\mathrm{d}i_L}{\mathrm{d}t} + Ri_L = 0,\quad t>0 \qquad (9\text{-}11)$$

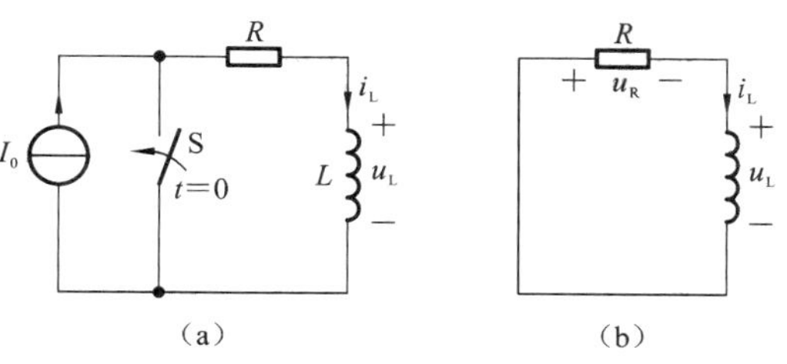

图 9-8 RL 电路的零输入响应

式(9-11)为一阶齐次微分方程，其方程的通解为

$$i_L = A\mathrm{e}^{pt},\quad t>0 \qquad (9\text{-}12)$$

式中：p 为特征方程的特征根；A 为积分常数。

将式(9-12)代入式(9-11)，求出特征方程为

$$Lp+R=0$$

特征根为

$$p=-\frac{R}{L}$$

故式(9-11)又可为

$$i_L=Ae^{pt}=Ae^{-\frac{R}{L}t} \tag{9-13}$$

在 $t=0_+$ 时，由换路定则知，$i_L(0_+)=i_L(0_-)=I_0$，代入式(9-13)，可得

$$A=i_L(0_+)=I_0$$

则电感电流为

$$i_L=i_L(0_+)e^{-\frac{R}{L}t}=I_0e^{-\frac{R}{L}t},\quad t>0 \tag{9-14}$$

电感上的电压为

$$u_L=L\frac{di_L}{dt}=-RI_0e^{-\frac{R}{L}t}=u_L(0_+)e^{-\frac{R}{L}t},\quad t>0 \tag{9-15}$$

电阻上的电压为

$$u_R=i_LR=RI_0e^{-\frac{R}{L}t}=u_R(0_+)e^{-\frac{R}{L}t},\quad t>0 \tag{9-16}$$

RL 电路和 RC 电路相似，$\frac{L}{R}$的单位也是 s，$\frac{L}{R}$称为一阶 RL 电路的时间常数，即 $\tau=\frac{L}{R}$。则 i_L、u_L 和 u_R 的表达式又可以表示为

$$i_L=i_L(0_+)e^{-\frac{t}{\tau}},\quad t>0 \tag{9-17}$$

$$u_L=u_L(0_+)e^{-\frac{t}{\tau}},\quad t>0 \tag{9-18}$$

$$u_R=u_R(0_+)e^{-\frac{t}{\tau}},\quad t>0 \tag{9-19}$$

i_L、u_L 和 u_R 随时间变化而变化的曲线如图 9-9 所示。RL 电路的零输入响应实际上是电感释放能量的过程。在整个过渡过程中，储存在电感中的磁场能量 $W_L=\frac{1}{2}LI_0^2$ 全部被电阻吸收转换成热能。

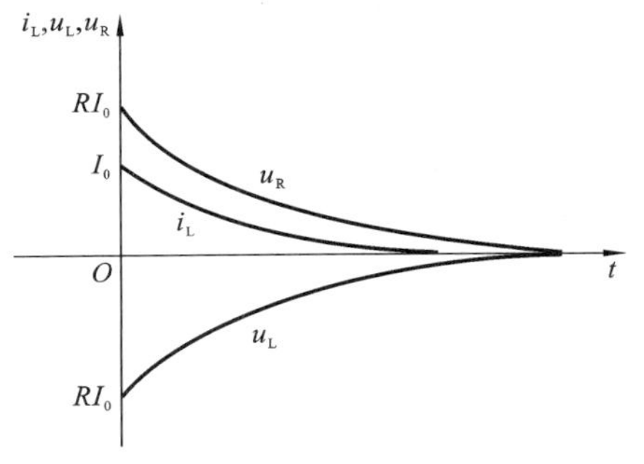

图 9-9 i_L、u_L 和 u_R 随时间变化而变化的曲线

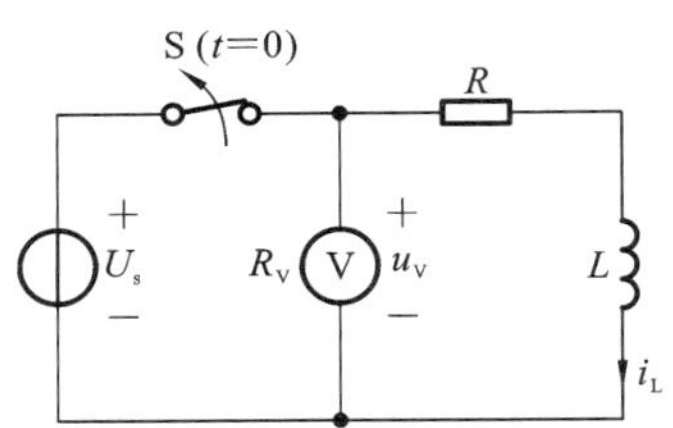

图 9-10 例 9-4 图

【例 9-4】 图 9-10 所示电路中 $U_s=30$ V，$R=4$ Ω，电压表内阻 $R_V=5$ kΩ，$L=0.4$ H。求 $t>0$ 时的电感电流 i_L 及电压表两端的电压 u_V。

解 由题意可知,电路的工作状态是零输入响应,求解如下。

开关S打开前电路的状态为直流稳态,忽略电压表中的分流,有

$$i_L(0_-)=\frac{U_s}{R}=7.5\ \text{A}$$

换路后电感通过电阻 R 及电压表释放能量,有

$$i_L(0_+)=i_L(0_-)=7.5\ \text{A}$$

$$\tau=\frac{L}{R_{eq}}=\frac{L}{R+R_V}\approx 8\times10^{-5}\ \text{s}$$

式中:R_{eq} 为换路后从储能元件两端看进去的等效电阻。由式(9-17),可写出 $t>0$ 时的电感电流 i_L 及电压表两端的电压 u_V 分别为

$$i_L(t)=i_L(0_+)e^{-\frac{t}{\tau}}=7.5e^{-1.25\times10^4 t}\ \text{A}$$

$$u_V(t)=-R_V i_L=-3.75\times10^4 e^{-1.25\times10^4 t}\ \text{V}$$

由上式可得

$$u_V(0_+)=-i_L(0_+)R_V=-3.75\times10^4\ \text{V}$$

可见,换路瞬间电压表和负载都要承受很高的电压,有可能会损坏电压表。此外,在切断开关的瞬间,电路产生的高压会在开关两端造成空气击穿,引起强烈的电弧。因此,在切断大电感负载时必须采取必要的措施,避免出现高电压。

为了保护电压表和开关,可在电感线圈两端并联一个半导体二极管。半导体二极管的作用相当于电子开关。当开关S打开时,二极管在线圈的感应电压作用下导通,将电压表短接,电感的能量通过与二极管构成的电路释放掉。

9.4 一阶电路的零状态响应

所谓零状态响应,是指换路前储能元件未储能,换路后仅由独立电源单独作用在电路中产生的响应。此时储能元件的初始储能为零,响应仅由外加电源激励产生,因此该过渡过程即能量的建立过程。

9.4.1 一阶电路的零状态响应

在图9-11所示的电路中,开关S动作前电路处于稳态,即 $u_C(0_-)=0$。在 $t=0$ 时,开关S闭合,RC电路与直流电源接通,直流电源通过电阻向电容充电,电容的电压最后充电至 U_s,电路达到新的稳态。根据图9-11所示电路中选取的参考方向,由KVL及VCR,可得

$$u_R+u_C=U_s,\quad t>0$$

将 $u_R=iR$,$i=C\dfrac{du_C}{dt}$ 代入上式,得

$$RC\frac{du_C}{dt}+u_C=U_s,\quad t>0 \tag{9-20}$$

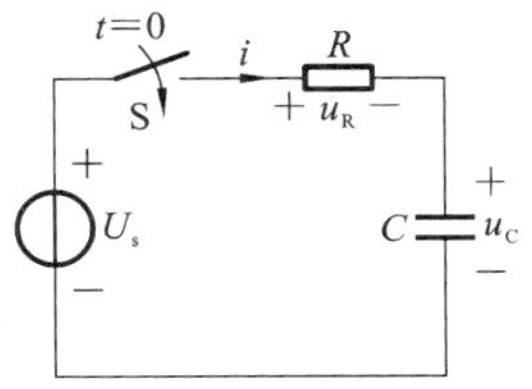

图9-11 RC电路的零状态响应

式(9-20)为一阶常系数线性非齐次微分方程,其一般解由非齐次微分方程的特解 u_C' 和相应的齐次微分方程的通解 u_C''

构成，即

$$u_C = u'_C + u''_C$$

特解 u'_C 是电源强制建立起来的，当 $t\to+\infty$ 时过渡过程结束，电路达到新的稳态，因此 u'_C 就是换路后电路新的稳定状态的解，所以 u'_C 又称为响应的稳态分量。稳态分量与输入函数密切相关，二者具有相同的变化规律。对于图 9-11 所示直流激励电路，则有 $u'_C = u_C(+\infty) = U_s$。

u''_C 是齐次微分方程 $RC\dfrac{du_C}{dt}+u_C=0$ 的通解，即

$$u''_C = Ae^{-\frac{t}{\tau}}, \quad t>0$$

这是一个随时间增加而衰减的指数函数，其变化规律与激励无关。当 $t\to+\infty$ 时，$u''_C\to 0$，因此 u''_C 又称为响应的暂态分量。将稳态分量与暂态分量相加，即得

$$u_C = U_s + Ae^{-\frac{t}{\tau}}, \quad t>0 \tag{9-21}$$

将初始值 $u_C(0_+)=0$ 代入式(9-21)，得

$$A=-U_s$$

所以

$$u_C = U_s - U_s e^{-\frac{t}{\tau}} = U_s(1-e^{-\frac{t}{\tau}}) = u_C(+\infty)(1-e^{-\frac{t}{\tau}}), \quad t>0 \tag{9-22}$$

充电电流 i 随时间变化而变化的表达式为

$$i = C\frac{du_C}{dt} = \frac{U_s}{R}e^{-\frac{t}{\tau}} = i(0_+)e^{-\frac{t}{\tau}}, \quad t>0$$

电阻电压 u_R 随时间变化而变化的表达式为

$$u_R = iR = U_s e^{-\frac{t}{\tau}} = u_R(0_+)e^{-\frac{t}{\tau}}, \quad t>0$$

可见，$t>0$ 后，u_C、i 和 u_R 都是随时间增加而按指数规律变化的，$t\to+\infty$ 时，电路达到新的稳态。在新稳态下，电容相当于开路，此时 u_C、i 和 u_R 的值称为稳态值，记为 $u_C(+\infty)$、$i(+\infty)$ 和 $u_R(+\infty)$。u_C、i 和 u_R 随时间变化而变化的曲线如图 9-12 所示。

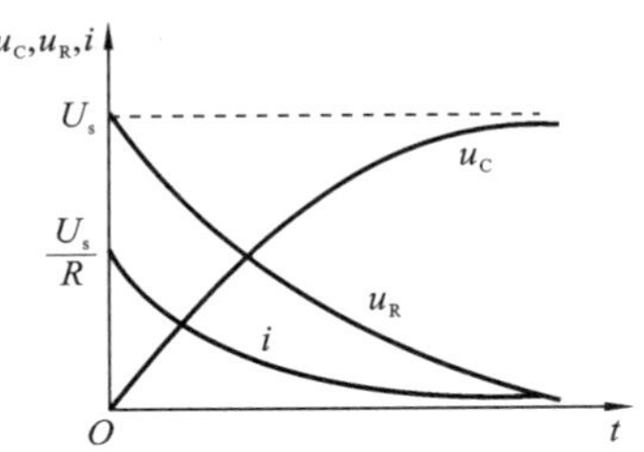

图 9-12　u_C、i 和 u_R 随时间变化而变化的曲线

RC 电路的零状态响应实际上就是电容的充电过程。电容电压 u_C 由零逐渐充电至 U_s，而充电电流在换路瞬间由零跃变到 $\dfrac{U_s}{R}$，$t>0$ 后，再逐渐衰减至零。在此过程中，电容不断充电，最终储存的电场能为

$$W_C = \frac{1}{2}CU_s^2$$

而电阻消耗的能量为

$$\begin{aligned} W_R &= \int_0^{+\infty} i^2(t)R\,dt = \int_0^{+\infty}\left(\frac{U_s}{R}e^{-\frac{t}{RC}}\right)^2 R\,dt = \frac{U_s^2}{R}\int_0^{+\infty} e^{-\frac{2t}{RC}}\,dt \\ &= \frac{U_s^2}{R}\left(-\frac{RC}{2}\right)e^{-\frac{2t}{RC}}\Big|_0^{+\infty} = \frac{1}{2}CU_s^2 \end{aligned}$$

可见，不论电容 C 和电阻 R 的大小为多少，总有 $W_C=W_R$，故电容充电效率只有 50%。

【例 9-5】　在图 9-13(a)所示电路中，已知 $U_s=10\ \text{V}$，$C=0.01\ \mu\text{F}$，$R=10\ \text{k}\Omega$。$t=0$ 时，

开关 S 置于位置 1，RC 电路与直流电源 U_s 接通，电容充电；$t=t_1=200\ \mu s$ 时，开关 S 从位置 1 换到位置 2，电容放电。试求：(1) 电容电压 u_C 随时间变化而变化的规律，并画出变化曲线；(2) $t=\tau$ 时，电容充电电压为多少？；(3) 电容放电需要多长时间？

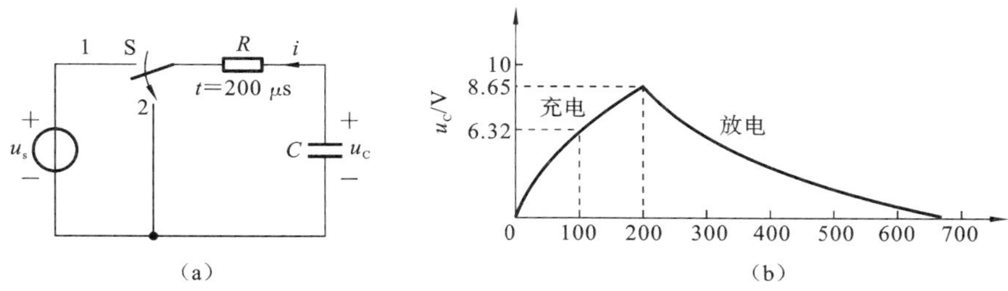

图 9-13 例 9-5 图

解 由题意可知，$t=0$ 时，RC 电路第一次换路，换路后电容充电；$t=200\ \mu s$ 时，第二次换路，换路后电容放电。由于此电路换路两次，所以要进行分段求解。

(1) 在 $0<t<t_1$ 内，开关 S 接到位置 1，电路的工作状态为零状态响应，电容的充电电压为

$$u_C=u_C(+\infty)(1-e^{-\frac{t}{\tau}}),\quad 0<t<t_1$$

因为 $\tau=RC=10^3\times0.1\times10^{-6}\ s=10^{-4}\ s$，$u_C(+\infty)=U_s=10\ V$。所以有

$$u_C(t)=U_s(1-e^{-\frac{t}{\tau}})=10\times(1-e^{-10^4t})\ V,\quad 0<t<t_1$$

在 $t>t_1$ 后，电路的工作状态为零输入响应，电容的放电电压为

$$u_C=u_C(t_{1+})e^{-\frac{(t-t_1)}{\tau}},\quad t>t_1$$

由零状态响应结果，求出 $t=t_1=200\ \mu s$ 时电容电压初始值 $u_C(t_{1+})$，即

$$u_C(t_{1+})=10\times(1-e^{-10^4\times200\times10^{-6}})\ V=10\times(1-e^{-2})\ V=8.65\ V$$

代入 u_C，则得

$$u_C(t)=u_C(t_{1+})e^{-\frac{(t-t_1)}{\tau}}=8.65e^{-10^4(t-t_1)}\ V,\quad t>t_1$$

所以，在 $0\leqslant t<+\infty$ 时电容电压的表达式为

$$u_C(t)=\begin{cases}10\times(1-e^{-10^4t})\ V, & 0\leqslant t<200\ \mu s\\ 8.65e^{-10^4(t-t_1)}\ V, & t\geqslant200\ \mu s\end{cases}$$

电容充电、放电的电压波形如图 9-13(b)所示。

(2) 当 $t=\tau=100\ \mu s$ 时，电容电压 u_C 为

$$u_C=10\times(1-e^{-\frac{t}{\tau}})=10\times(1-e^{-1})\ V=10\times0.632\ V=6.32\ V$$

可见，经过一个时间 τ，电容电压上升到稳态值 U_s 的 63.2%。

(3) 电容放电需要的时间近似为 5τ，由表 9-1 可知，当 $t=5\tau$ 时，有

$$u_C=0.007U_0=0.007u_C(t_{1+})=0.007\times8.65\ V=0.06\ V$$

9.4.2 RL 电路的零状态响应

图 9-14 所示的为 RL 储能电路。在开关 S 闭合前，由于电路不存在电流流通的回路，因此，电感上的电流为零。显然，换路前的电路没有初始储能，即 $i_L(0_-)=0$，所以电路在 $t>0$ 时满足零状态条件。

$t=0$ 时，开关闭合（换路），将电源 U_s 加在 RL 电路上。根据图 9-14 所示电路中选取的参考方向，由 KVL 及 VCR，可得

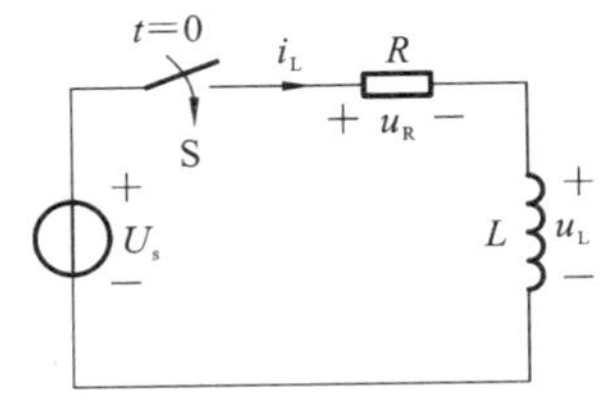

图 9-14　RL 电路的零状态电路

$$u_R+u_L=U_s,\quad t>0$$

将 $u_R=i_LR$，$u_L=L\dfrac{di_L}{dt}$ 代入上述方程，整理得

$$\frac{L}{R}\frac{di_L}{dt}+i_L=\frac{U_s}{R},\quad t>0 \tag{9-23}$$

式(9-23)与式(9-20)具有相同形式的解，由两部分组成，即

$$i_L=i'_L+i''_L$$

式中：i'_L 是非齐次微分方程的特解；i''_L 是齐次微分方程的通解，即

$$i''_L=Ae^{-\frac{t}{\tau}}$$

在图 9-14 所示电路中，

$$i'_L=i'_L(+\infty)=\frac{U_s}{R}$$

所以
$$i_L(t)=i'_L(t)+i''_L(t)=\frac{U_s}{R}+Ae^{-\frac{R}{L}t}=\frac{U_s}{R}+Ae^{-\frac{t}{\tau}},\quad t>0 \tag{9-24}$$

式中：$\tau=L/R$，是 RL 电路的时间常数。将 $i_L(0_+)=0$ 代入式(9-24)，求出积分常数为

$$A=-\frac{U_s}{R}$$

所以

$$i_L=\frac{U_s}{R}(1-e^{-\frac{R}{L}t})=i_L(+\infty)(1-e^{-\frac{t}{\tau}}),\quad t>0 \tag{9-25}$$

式(9-25)就是电感存储能量过程中，电流 i_L 随时间变化而变化的表达式。

电感电压随时间变化而变化的表达式为

$$u_L=L\frac{di_L}{dt}=U_se^{-\frac{t}{\tau}}=u_L(0_+)e^{-\frac{t}{\tau}},\quad t>0$$

电阻电压随时间变化而变化的表达式为

$$u_R=iR=U_s(1-e^{-\frac{t}{\tau}})=U_R(+\infty)(1-e^{-\frac{t}{\tau}}),t>0$$

i_L、u_L 和 u_R 随时间变化而变化的曲线如图 9-15 所示。

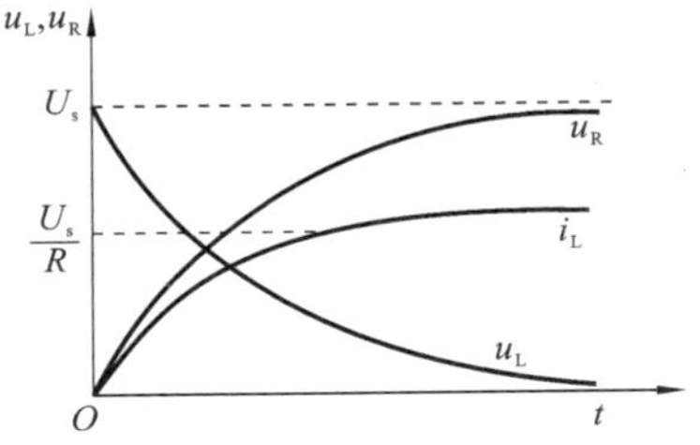

图 9-15　i_L、u_L 和 u_R 随时间变化而变化的曲线

RL 电路的零状态响应实际上就是电感储存能量的过程。电感量 L 越大，自感电压 u_L 阻碍电流变化的作用越强，从而能量储存的时间就越长。

【例 9-6】　电路如图 9-16(a)所示，已知电感电流 $i_L(0_-)=0$。$t=0$ 时开关闭合，求 $t>0$ 时的电感电流 $i_L(t)$ 和电感电压 $u_L(t)$。

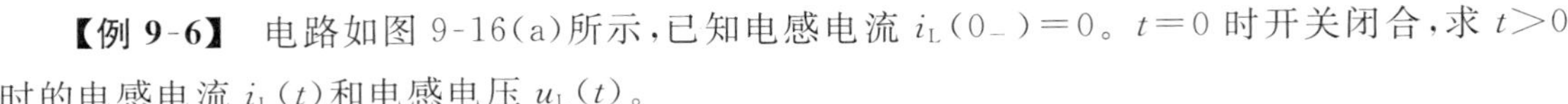

解　由题意可知，此时电路的工作状态为零状态响应。求解如下。

开关闭合后的电路如图 9-16(b)所示，稳态时电感的电流为

$$i_L(\infty)=\frac{36}{24}\ A=1.5\ A$$

利用诺顿定理，将图 9-16(b)所示的电路等效变换为图 9-16(c)所示电路。由此求得时间常数为

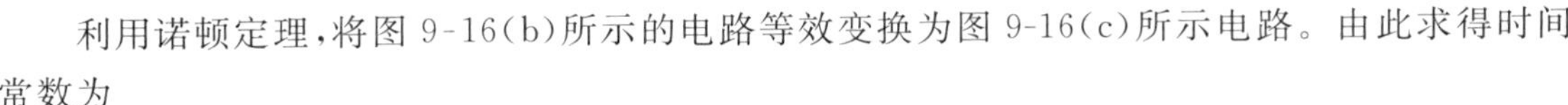

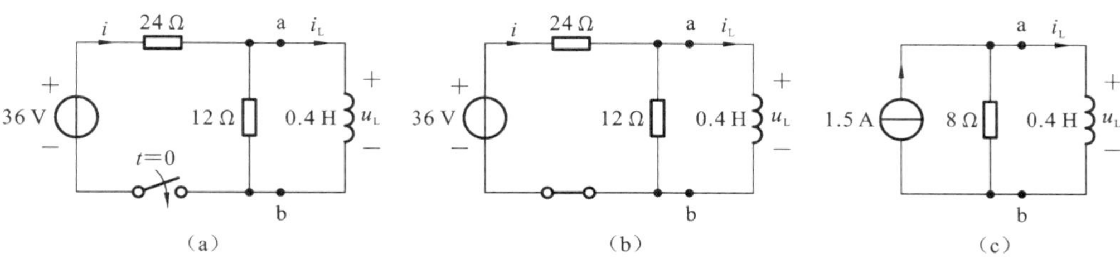

图 9-16 例 9-6 图

$$\tau=\frac{L}{R}=\frac{0.4}{8}\ \text{s}=0.05\ \text{s}$$

电感电流的零状态响应为

$$i_L=1.5\times(1-e^{-20t})\ \text{A},\quad t>0$$

电感电压为

$$u_L=L\frac{di_L}{dt}=0.4\times1.5\times20e^{-20t}\ \text{V}=12e^{-20t}\ \text{V},\quad t>0$$

9.5 一阶电路的全响应及三要素法

所谓全响应，是指换路前储能元件已经储能，换路后由储能元件和独立电源共同作用在电路中产生的响应。

9.5.1 一阶电路的全响应

在图 9-17 所示电路中，开关 S 置于位置 1 时，电容 C 由电源 U_{s1} 提供能量，即 $u_C(0_-)=U_{s1}$，电路为原稳态。$t=0$ 时，开关 S 置于位置 2，电容 C 由电源 U_{s2} 提供能量，电路达到新稳态时，即 $u_C=u_C(+\infty)=U_{s2}$。

电路处于全响应工作状态时，u_C 的方程式与零状态响应的方程式(9-20)相同，即

$$RC\frac{du_C}{dt}+u_C=U_{s2},\quad t>0 \tag{9-26}$$

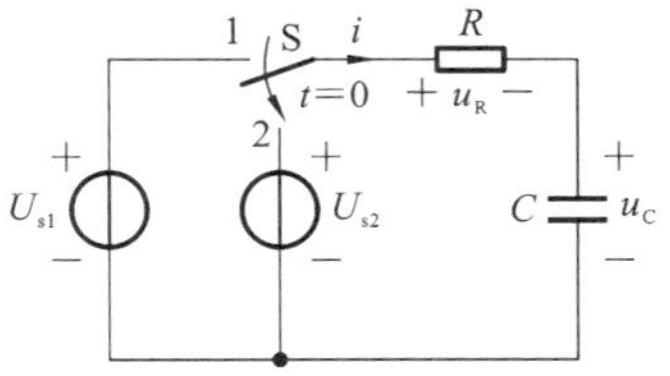

方程的解也与式(9-21)相同，即

$$u_C=U_{s2}+Ae^{-\frac{t}{\tau}},\quad t>0 \tag{9-27}$$

图 9-17 RC 电路的全响应

不同的是，电路的积分常数的值与零状态响应时的不同。将初始值 $u_C(0_+)=U_{s1}$ 代入式(9-27)，得

$$A=U_{s1}-U_{s2}$$

故电容电压 u_C 为

$$u_C=U_{s2}+(U_{s1}-U_{s2})e^{-\frac{t}{\tau}} \tag{9-28}$$

式(9-28)说明，响应的第一项是由外加电源强制建立起来的，称为响应的强制分量；第二项是由电路本身的结构和参数决定的，称为响应的固有分量。所以全响应可表示为

$$\text{全响应}=\text{强制分量}+\text{固有分量}$$

一般情况下，电路的时间常数都是正的，因此固有分量将随着时间的推移而最终消失，电路达到新的稳态。此时固有分量又称为瞬态分量（或自由分量），强制分量称为稳态分量，所以全响应又可表示为

$$\text{全响应}=\text{稳态分量}+\text{瞬态分量}$$

如果把求得的电容电压改写成

$$u_C=U_{s1}e^{-\frac{t}{\tau}}+U_{s2}(1-e^{-\frac{t}{\tau}})$$

可以发现，上式的第一项正是由初始值单独激励下的零输入响应，而第二项则是外加电源单独激励时的零状态响应，这正是线性电路叠加性质的体现。所以，全响应又可表示为

$$\text{全响应}=\text{零输入响应}+\text{零状态响应}$$

以上第一、二种分解方式说明了电路过渡过程的物理实质，第三种分解方式则说明了初始状态和激励与响应之间的因果关系，只是分解方法不同而已。

9.5.2　一阶电路的三要素法

将式(9-28)中的初始值 U_{s1} 用 $u_C(0_+)$ 表示、稳态值 U_{s2} 用 $u_C(+\infty)$ 表示，式(9-28)又可表示为

$$u_C=u_C(+\infty)+[u_C(0_+)-u_C(+\infty)]e^{-\frac{t}{\tau}},t>0 \tag{9-29}$$

式(9-29)也可以写成

$$u_C=u_C(0_+)e^{-\frac{t}{\tau}}+u_C(+\infty)(1-e^{-\frac{t}{\tau}}),\quad t>0$$

可见，不论用（稳态分量＋瞬态分量）或用（零输入响应＋零状态响应）求解电路的全响应，都需要初始值、稳态值和时间常数。也就是说，只要求出电路的初始值、稳态值和时间常数，就可以方便地求出电路的零输入响应、零状态响应和全响应。所以仿照式(9-29)，可以写出在直流电源激励下，求解一阶线性电路全响应的通式，即

$$f(t)=f(+\infty)+[f(0_+)-f(+\infty)]e^{-\frac{t}{\tau}},\quad t>0 \tag{9-30}$$

式中：初始值 $f(0_+)$、稳态值 $f(+\infty)$ 和时间常数 τ 称为一阶电路的三要素。所以，式(9-30)称为三要素公式，这种利用三要素公式求解暂态过程的方法称为三要素法。

三要素法具有方便、实用和物理概念清楚等特点，是求解一阶电路常用的方法。以 RC 电路为例，求解三要素需要注意如下事项。

(1) 初始值 $u_C(0_+)=u_C(0_-)$，即求换路前终了瞬间电容上的电压 $u_C(0_-)$。如果换路前电路已处于稳态，$u_C(0_-)$ 就是换路前电容两端的开路电压。求出 $u_C(0_-)$ 后，其他电压或电流的初始值可由换路瞬间 $t=0_+$ 时的等效电路求得。

(2) 稳态值 $u_C(+\infty)$，即求换路后稳态时电容两端的开路电压。其他电压或电流的稳态值也可在换路后的稳态电路中求得。

(3) 时间常数 $\tau=RC$，其中，R 应是换路后电容两端除源网络的等效电阻（即戴维南等效电阻）。

【例 9-7】 在图 9-18 所示电路中，已知 $U_s=9\ \text{V}$，$I_s=1\ \text{A}$，$R_1=3\ \Omega$，$R_2=6\ \Omega$，$R_3=R_4=2\ \Omega$，$C=10\ \mu\text{F}$。试求：(1) 开关 S 打开后的 $u_C(t)$ 和 $i_1(t)$；(2) 画出 $u_C(t)$ 和 $i_1(t)$ 的变化曲线。

解 (1) 由题意可知，换路后的电路为全响应，用三要素法求解 $u_C(t)$ 和 $i_1(t)$。

① 首先求 $u_C(t)$。

$$u_C(0_+)=u_C(0_-)=\frac{R_2}{R_1+R_2}U_s=\frac{6}{3+6}\times 9\ \text{V}=6\ \text{V}$$

$$u_C(+\infty)=\frac{R_2}{R_1+R_2}U_s-I_sR_4=\left(\frac{6}{3+6}\times 9-1\times 2\right)\ \text{V}=4\ \text{V}$$

$$\tau=R_{eq}C=\left(\frac{R_1R_2}{R_1+R_2}+R_4\right)C=\left(\frac{3\times 6}{3+6}+2\right)\times 10\times 10^{-6}\ \text{s}=40\ \mu\text{s}$$

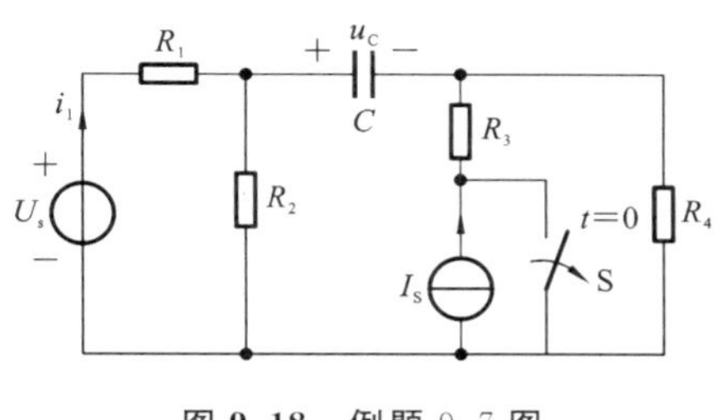

图 9-18 例题 9-7 图

R_{eq}是电路中所有独立电源不起作用，从储能元件两端看进去的等效电阻。求解 R_{eq}的方法与求戴维南定理等效电阻的方法相同。将初始值、稳态值和时间常数代入三要素公式，得出电容的电压为

$$u_C(t)=u_C(+\infty)+(u_C(0_+)-u_C(+\infty))e^{-\frac{t}{\tau}}=(4+(6-4)e^{-25\times 10^3 t})\ \text{V}=(4+2e^{-25\times 10^3 t})\ \text{V}$$

(2) 求解 $i_1(t)$。

$i_1(0_+)$根据 $t=0_+$的等效电路求出。$t=0_+$时的等效电路如图 9-19(a)所示，其中电容用 6 V 的理想电压源替代。用电源等效变换求 $i_1(0_+)$，变换步骤如图 9-19(b)、(c)、(d)所示。

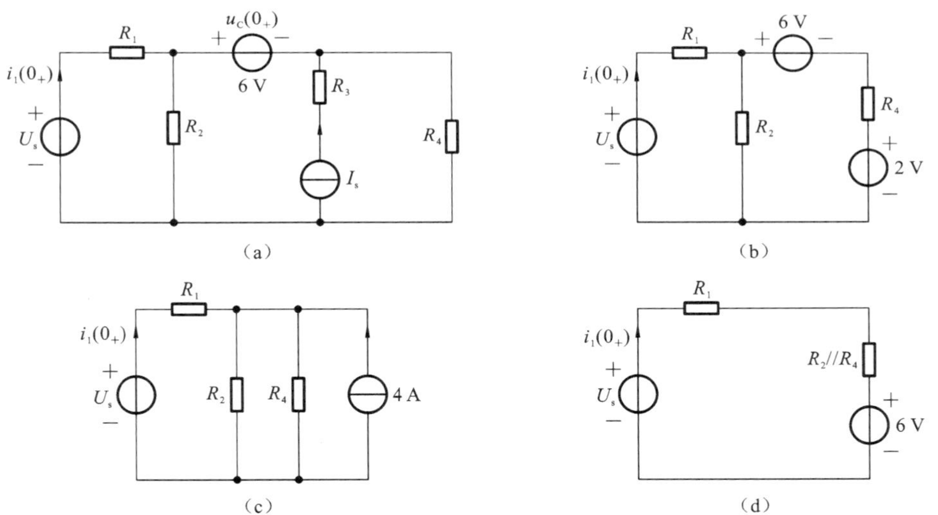

图 9-19 用电源等效变换求 $i_1(0_+)$

由图 9-19(d)所示电路得初始值为

$$i_1(0_+)=\frac{U_s-6}{R_1+R_2//R_4}=\frac{9-6}{3+1.5}\ \text{A}=0.67\ \text{A}$$

在新稳态时，电容相当于开路，如图 9-20 所示，所以电流 i_1 的稳态值为

$$i_1(+\infty)=\frac{U_s}{R_1+R_2}=\frac{9}{3+6}\ \text{A}=1\ \text{A}$$

时间常数 τ 不变。所以有

$$i_1(t)=i_1(+\infty)+[i_1(0_+)-i_1(+\infty)]\mathrm{e}^{-\frac{t}{\tau}}=[1+(0.66-1)\mathrm{e}^{-25\times10^3 t}]\ \mathrm{A}$$
$$=(1-0.34\mathrm{e}^{-25\times10^3 t})\ \mathrm{A},\quad t>0$$

(2) $u_C(t)$和$i_1(t)$随时间变化而变化的曲线如图 9-21 所示。

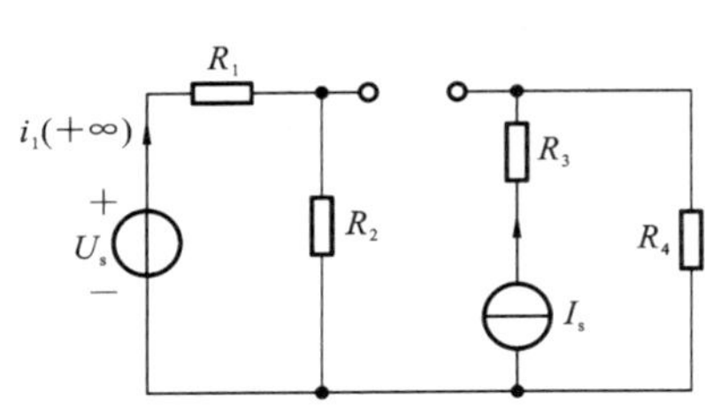

图 9-20 新稳态电路

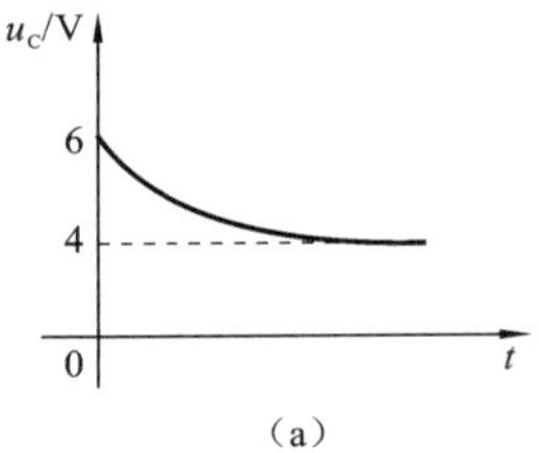

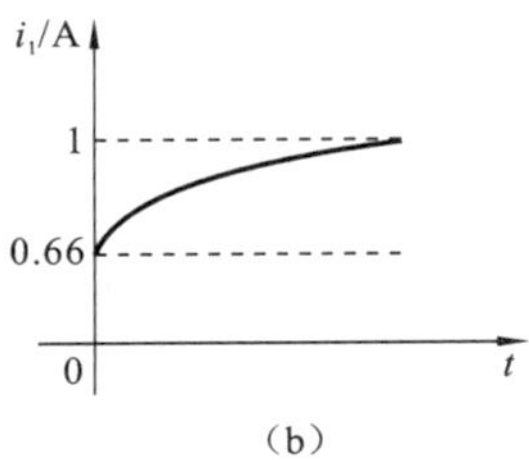

图 9-21 $u_C(t)$和$i_1(t)$随时间变化而变化的曲线

【例 9-8】 在图 9-22 所示电路中，$t=0$ 时开关 S 闭合。试求：(1) 开关 S 闭合后的 $i_L(t)$ 和 $u_L(t)$；(2) 画出 $i_L(t)$和$u_L(t)$的变化曲线。

解 由题意可知，换路后的电路响应为全响应。用三要素法求解 $i_L(t)$和$u_L(t)$，得

$$i_L(0_+)=i_L(0_-)=\frac{5}{10}\ \mathrm{A}=0.5\ \mathrm{A}$$

$$i_L(+\infty)=\frac{5i}{20}-i=\left(\frac{-5\times0.5}{20}+0.5\right)\ \mathrm{A}=0.375\ \mathrm{A}$$

式中：$i=-\frac{5}{10}\ \mathrm{A}=-0.5\ \mathrm{A}$。

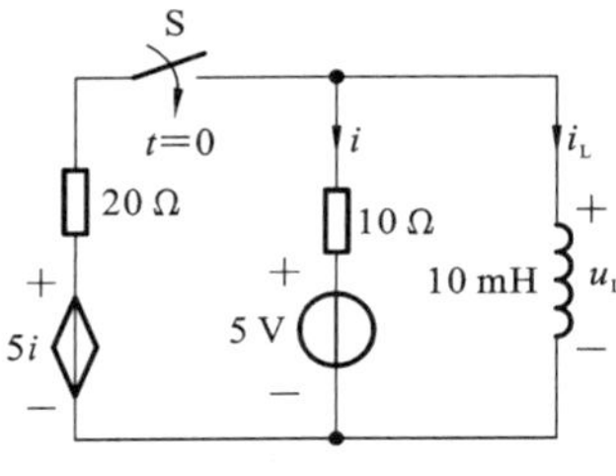

图 9-22 例 9-8 图

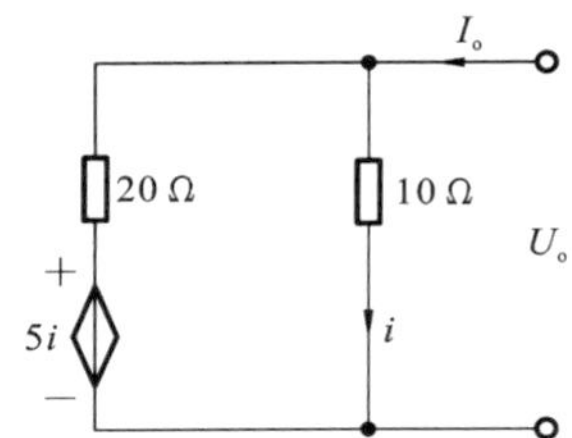

图 9-23 求等效电阻的电路

由于电路含有受控源，应用外加电压法求时间常数 τ 中的等效电阻。由图 9-23 可知，

$$R_{eq}=\frac{U_o}{I_o}=\frac{U_o}{\frac{U_o-5i}{20}+\frac{U_o}{10}}=\frac{U_o}{\frac{U_o-5\times\frac{U_o}{10}}{20}+\frac{U_o}{10}}=\frac{20}{2.5}\ \Omega=8\ \Omega$$

$$\tau=\frac{L}{R_{eq}}=\frac{10\times10^{-3}}{8}\ \mathrm{s}=1.25\times10^{-3}\ \mathrm{s}=1.25\ \mathrm{ms}$$

将初始值、稳态值和时间常数代入三要素公式，可得电感中的电流为

$$i_L=i_L(+\infty)+[i_L(0_+)-i_L(+\infty)]\mathrm{e}^{-\frac{t}{\tau}}=[0.375+(0.5-0.375)\mathrm{e}^{-800t}]\ \mathrm{A}$$
$$=(0.375+0.125\mathrm{e}^{-800t})\ \mathrm{A}$$

电感电压为 $$u_L=L\frac{\mathrm{d}i_L}{\mathrm{d}t}=-10\times10^{-3}\times800\times0.125\mathrm{e}^{-800t}\ \mathrm{V}=-\mathrm{e}^{-800t}\ \mathrm{V}$$

u_L 也可以用三要素法求解。求 $u_L(0_+)$时，画出 $t=0_+$ 时的等效电路，将电感用 0.5 A 的

理想电流源替代，如图 9-24 所示。

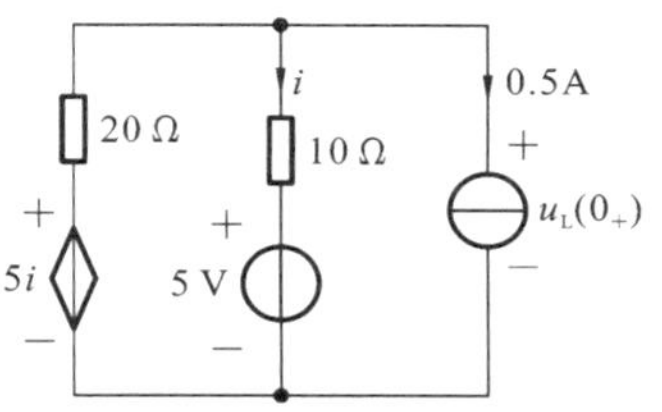

图 9-24 $t=0_+$ 时的等效电路

在图 9-24 所示电路中，应用节点电压法求 u_L 的初始值。对于仅有两个节点的电路，使用节点电压分析法的弥尔曼定理即可，其公式为

$$u_{n1}=\frac{\sum\frac{U_{si}}{R_i}}{\sum\frac{1}{R_i}}$$

代入相应参数，得

$$u_L(0_+)=\frac{\frac{5i}{20}+\frac{5}{10}-0.5}{\frac{1}{20}+\frac{1}{10}}=\frac{5i}{3} \qquad ①$$

$$i=\frac{u_L(0_+)-5}{10} \qquad ②$$

联立式①和式②，得

$$u_L(0_+)=-1\ \text{V}$$

$$u_L(+\infty)=0\ \text{V}$$

$$\tau=\frac{L}{R_{eq}}=1.25\ \text{ms}$$

则 $u_L=u_L(+\infty)+[u_L(0_+)-u_L(+\infty)]e^{-\frac{t}{\tau}}=[0+(-1-0)e^{-800t}]\ \text{V}=-e^{-800t}\ \text{V},\quad t>0$

(2) $i_L(t)$ 和 $u_L(t)$ 随时间变化而变化的曲线如图 9-25 所示。

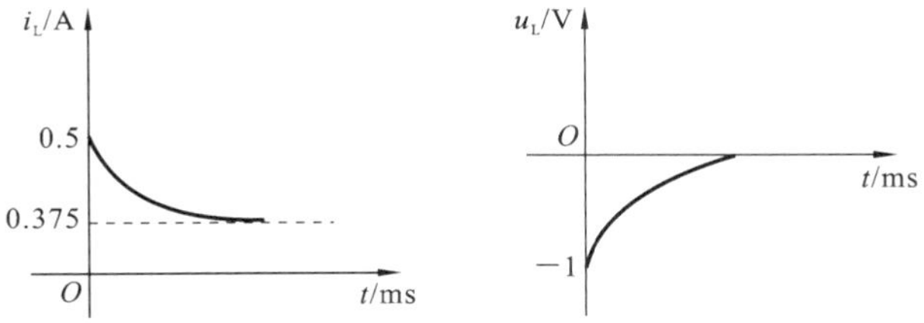

图 9-25 $i_L(t)$ 和 $u_L(t)$ 的变化曲线

9.6 积分电路与微分电路

前面章节详细介绍了一阶电路的零输入响应、零状态响应和全响应的分析方法和计算实例。本节主要介绍 RC、RL 积分电路和微分电路，所谓积分电路和微分电路，是指在特定的条件下，电路的输出与输入之间近似为积分关系和微分关系的电路。积分电路和微分电路在工程上应用广泛，如将输入的脉冲信号转换为三角波信号、锯齿波信号、尖脉冲波信号等。

9.6.1 积分电路

图 9-26(a) 所示的为 RC 积分电路，输入电压 u_i 的脉冲宽度为 t_w（$t_w=T/2$，占空比为

50%)，其输出电压从电容两端取出。

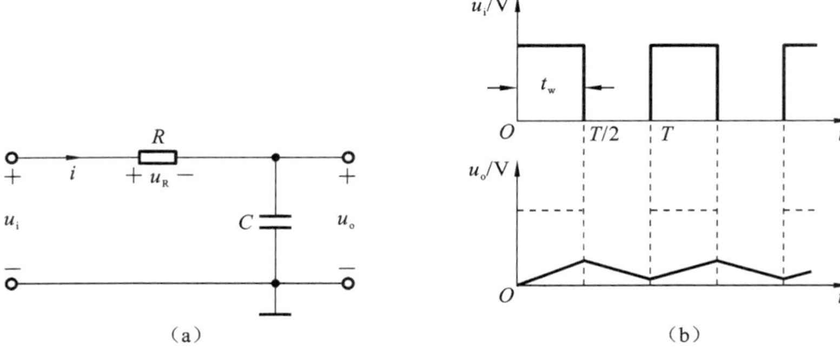

图 9-26　RC 积分电路

当电路的时间常数 $\tau \gg t_w$ 时，电路在脉冲持续期间的暂态过程衰减得很慢(与脉冲持续时间相比)，因此，电路的响应以暂态响应为主，即 $u_R \gg u_o$，从而有

$$u_i = u_R + u_o \approx u_R$$

输出电压为

$$u_o = \frac{1}{C}\int i\mathrm{d}t = \frac{1}{C}\int \frac{u_R}{R}\mathrm{d}t \approx \frac{1}{RC}\int u_i \mathrm{d}t \tag{9-31}$$

由式(9-31)可以看出，电路的输出电压 u_o实现了对输入电压 u_i的积分计算。由于输出电压与输入电压的积分成正比，所以该电路称为 RC 积分电路，其输出电压波形如图 9-26(b)所示。从波形上可以看出，积分电路将输入矩形脉冲转换成锯齿波输出。如果输入信号为对称方波信号，则输出为三角波信号。

应该注意的是，在输入周期性矩形脉冲信号的作用下，RC 积分电路必须满足以下两个条件。

(1) 时间常数远大于输入脉冲宽度，即 $\tau \gg t_w$，工程上一般要求 $\tau = RC > 5t_w$。

(2) 从电容器两端取输出电压 u_o。

事实上，积分电路利用了一阶电路暂态响应的指数曲线在较小区间(与时间常数相比)的等效线性特性。因此，脉冲持续时间与电路时间常数相比越短，输出积分曲线的线性越好，输出锯齿波电压的幅度也越小，故输出幅度与线性度是一对矛盾。

同样，也可以利用 RL 一阶电路实现对输入信号的积分运算，但要从电阻两端取输出电压 u_o。

9.6.2　微分电路

图 9-27(a)所示的为 RC 微分电路，输入电压 u_i 的脉冲宽度为 t_w($t_w = T/2$)，其输出电压从电阻两端取出。

当电路时间常数 $\tau \ll t_w$(一般取 $\tau < 0.2t_w$)时，电路的暂态过程将持续较短时间(与脉冲持续时间相比)，因此，电路响应在脉冲期间以稳态响应为主，即 $u_C \gg u_o$，从而有

$$u_i = u_C + u_o \approx u_C$$

输出电压为

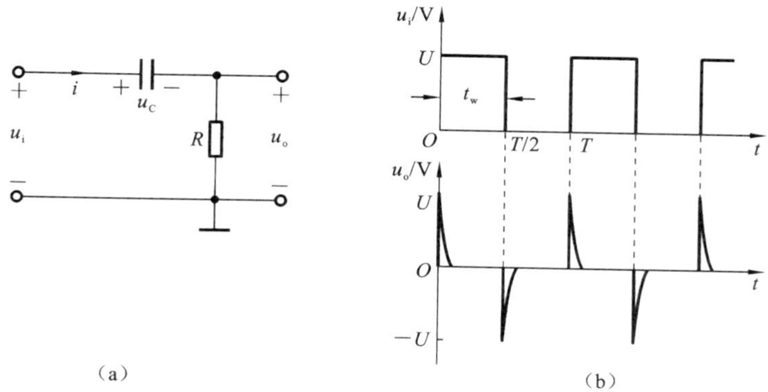

(a)　　　　(b)

图 9-27　RC 微分电路

$$u_o = iR = RC\frac{du_C}{dt} \approx RC\frac{du_i}{dt} \tag{9-32}$$

可见电路对输入电压实现了微分运算。由于输出电压与输入电压的微分成正比，所以该电路称为微分电路。其输出波形如图 9-27(b)所示。

在电子技术中，常用微分电路将矩形波转换为尖脉冲波，作为触发器的触发信号，或用来触发晶闸管，其用途非常广泛。

应该注意的是，在输入周期性矩形脉冲信号的作用下，RC 微分电路必须满足以下两个条件。

(1) 时间常数远小于输入脉冲的宽度 $\tau \ll t_w$，一般工程上要求 $\tau = RC < 0.2t_w$。

(2) 从电阻器两端取输出电压 u_o。

以上分析微分电路时没有考虑电路输出端接负载后要求输出电流的情况。在实际应用中，一般将负载归并到电阻 R 中，即电路中确定时间常数的电阻包含了负载电阻的影响。

同样地，RL 电路也可构成微分电路，设电感上的初始储能为零，电路的输出电压取自电感器件两端的电压。

对于图 9-27(a)所示的 RC 微分电路，当电路参数 RC 不满足 $\tau \ll t_w$ 的条件时，输出电压的波形将不会是正、负相间的尖脉冲波形。当 $\tau \gg t_w$ 时，电路的充放电过程极慢，此时电容 C 两端的电压几乎不变，电容在电路中起"隔直、通交"的耦合作用，故称此电路为耦合电路。在电子技术的多级交流放大电路中，常使用 RC 耦合电路将前级的输出交流信号传输给下一级继续放大，而将反映各级放大电路静态工作点的直流分量互相隔离，例如晶体管放大器中的阻容耦合电路。

9.7　一阶电路的阶跃响应

电路的激励除了直流激励和正弦激励之外，还有另外两种常见的以奇异函数表达激励，即阶跃函数表达的激励和冲激函数表达的激励。以下两节将分别讨论这两种函数的定义、性质及作用于动态电路时产生的响应。

9.7.1 单位阶跃信号

单位阶跃函数用 $\varepsilon(t)$ 表示，其数学表达式为

$$\varepsilon(t)=\begin{cases}0, & t\leqslant 0_-\\ 1, & t\geqslant 0_+\end{cases} \tag{9-33}$$

信号在 $(0_-, 0_+)$ 时域内发生了跃变，因其跃变的幅度为 1，故称为单位阶跃信号。单位阶跃信号无量纲，其波形如图 9-28(a)所示。

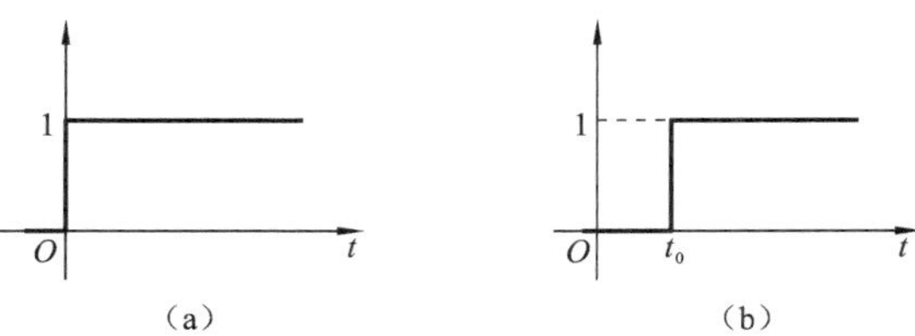

图 9-28 单位阶跃函数和延时单位阶跃函数

若单位阶跃函数的阶跃点不在 $t=0$ 处，而在 $t=t_0$ 处，如图 9-28(b)所示，则称其为延时的单位阶跃函数，用 $\varepsilon(t-t_0)$ 表示。其数学表达式为

$$\varepsilon(t-t_0)=\begin{cases}0, & t\leqslant t_{0-}\\ 1, & t\geqslant t_{0+}\end{cases} \tag{9-34}$$

阶跃函数可以作为开关的数学模型，所以也称为开关函数。如把电路在 $t=t_0$ 时刻与一个 2 A 直流电流源接通，则此外施电流就可写作 $2\varepsilon(t-t_0)$ A。

单位阶跃函数还可用来"起始"任意一个函数 $f(t)$。例如对于线性函数 $f(t)=Kt$(K 为常数)，$f(t)$、$f(t)\varepsilon(t)$、$f(t)\varepsilon(t-t_0)$、$f(t-t_0)\varepsilon(t-t_0)$分别具有不同的含义，如图 9-29 所示。

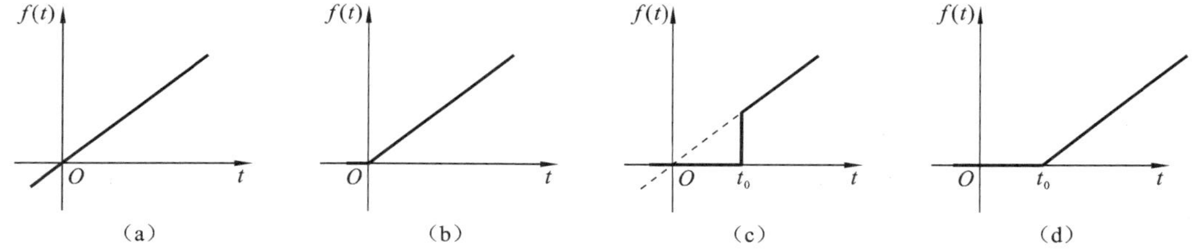

图 9-29 单位阶跃函数的起始作用

9.7.2 阶跃响应分析

电路对于单位阶跃电源激励的零状态响应称为单位阶跃响应，记为 $s(t)$。若已知电路的 $s(t)$，则该电路在恒定激励 $u_s(t)=U_0\varepsilon(t)$（或 $i_s(t)=I_0\varepsilon(t)$）下的零状态响应即为 $U_0 s(t)$（或 $I_0 s(t)$）。

单位阶跃信号作用在电路中时，电路的工作状态为零状态响应，与 1 V 直流电源作用在电路中时产生的结果相同。单位阶跃信号有许多应用，常用于以下两种情况。

(1) 单位阶跃信号具有截取任一信号的功能，利用其完成对检测信号的取舍。

(2) 利用阶跃函数和延时阶跃函数将复杂的跃变信号分解成单位阶跃信号或者一般的阶

跃信号的叠加。这样处理信号之后，用叠加原理求解比用分段定义信号分析电路的暂态过程要方便许多。

【例 9-9】 在图 9-30(a)所示电路中，已知 $R=100\ \text{k}\Omega$，$C=10\ \mu\text{F}$ 电路的输入信号为方波信号。试求 $t>0$ 后的 $u_C(t)$，并画出其变化曲线。

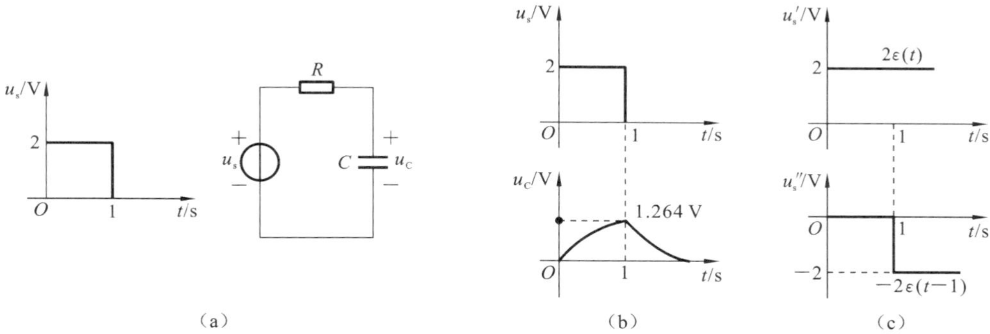

图 9-30 例 9-9 图

解 此题可用两种方法求解电路的响应。

(1) 用三要素法分段求解。

在 $0<t<1$ s 的时间内，电路为零状态响应，有

$$u_C(0_+)=u_C(0_-)=0\ \text{V},\quad u_C(+\infty)=2\ \text{V},\tau=RC=100\times10^3\times10\times10^{-6}\ \text{s}=1\ \text{s}$$

则

$$u_C(t)=u_C(+\infty)(1-\text{e}^{-\frac{t}{\tau}})=2\times(1-\text{e}^{-t})\ \text{V}$$

在 $t>1$ s 的时间内，电路为零输入响应。当 $t=1$ s 时，有

$$u_C(1\ \text{s})=2\times(1-\text{e}^{-\frac{t}{\tau}})=2\times(1-\text{e}^{-1})=2\times0.632\ \text{V}=1.264\ \text{V}$$

所以

$$u_C(t)=u_C(1_+)\text{e}^{-\frac{(t-1)}{\tau}}=1.264\text{e}^{-(t-1)}\ \text{V}$$

电容电压随时间变化而变化的曲线如图 9-30(b)所示。

(2) 用阶跃信号求解。

首先将输入方波信号分解为两个一般的阶跃信号，如图 9-30(c)所示，其表达式为

$$u_s(t)=u'_s(t)+u''_s(t)=[2\varepsilon(t)-2\varepsilon(t-1)]\ \text{V}$$

然后应用叠加原理求阶跃响应，即在 $u'_s(t)$单独作用时，电容在 2 V 电压作用下充电，则

$$u'_C(t)=2\times(1-\text{e}^{-\frac{t}{\tau}})\varepsilon(t)\ \text{V}=2\times(1-\text{e}^{-t})\varepsilon(t)\ \text{V}$$

在 $u''_s(t)$单独作用时，电容在 −2 V 电压作用下充电，则

$$u''_C(t)=-2\times(1-\text{e}^{-\frac{(t-1)}{\tau}})\varepsilon(t-1)\ \text{V}=-2\times(1-\text{e}^{-(t-1)})\varepsilon(t-1)\ \text{V}$$

所以有

$$u_C(t)=u'_C(t)+u''_C(t)=[2\times(1-\text{e}^{-t})\varepsilon(t)-2\times(1-\text{e}^{-(t-1)})\varepsilon(t-1)]\ \text{V}$$

将两个输出分量叠加，就可得到图 9-30(b)所示的电容充、放电的电压波形。

【例 9-10】 设 RL 串联电路由图 9-31(a)所示波形的电压源 $u_s(t)$激励，试求它的零状态响应 $i(t)$。

解 根据阶跃函数的定义，将输入电压表示成

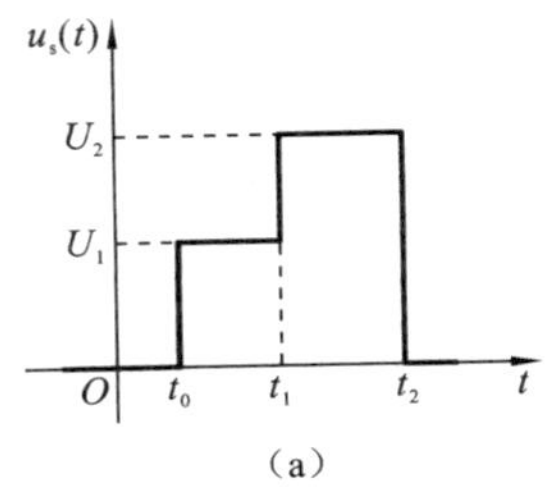

(a)

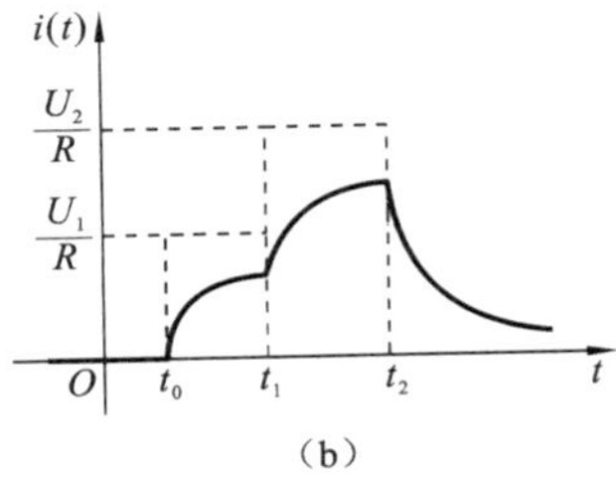

(b)

图 9-31　例 9-10 图

$$u_s(t)=U_1\varepsilon(t-t_0)+(U_2-U_1)\varepsilon(t-t_1)-U_2\varepsilon(t-t_2)$$

电路的时间常数为 $\tau=\frac{L}{R}$，$U_1\varepsilon(t-t_0)$单独作用于电路时产生的零状态响应 i' 为

$$i'=\frac{U_1}{R}(1-\mathrm{e}^{-\frac{t-t_0}{\tau}})\varepsilon(t-t_0)$$

$(U_2-U_1)\varepsilon(t-t_1)$单独作用于电路时产生的零状态响应 i'' 为

$$i''=\frac{U_2-U_1}{R}(1-\mathrm{e}^{-\frac{t-t_1}{\tau}})\varepsilon(t-t_1)$$

$-U_2\varepsilon(t-t_2)$单独作用于电路时产生的零状态响应 i''' 为

$$i'''=-\frac{U_2}{R}(1-\mathrm{e}^{-\frac{t-t_2}{\tau}})\varepsilon(t-t_2)$$

由叠加原理即可得到所要求的响应为

$$i=i'+i''+i'''=\frac{U_1}{R}(1-\mathrm{e}^{-\frac{t-t_0}{\tau}})\varepsilon(t-t_0)+\frac{U_2-U_1}{R}(1-\mathrm{e}^{-\frac{t-t_1}{\tau}})\varepsilon(t-t_1)-\frac{U_2}{R}(1-\mathrm{e}^{-\frac{t-t_2}{\tau}})\varepsilon(t-t_2)$$

该电路的零状态响应电流波形如图 9-31(b)所示。

9.8　一阶电路的冲激响应

9.8.1　单位冲激函数的定义及性质

单位冲激函数即单位冲激信号，也是一种常用函数。单位冲激函数用 $\delta(t)$表示，定义为

$$\delta(t)=\begin{cases}+\infty, & t=0\\ 0, & t\neq 0\end{cases}，\quad 且满足\int_{-\infty}^{+\infty}\delta(t)\mathrm{d}t=1 \tag{9-35}$$

单位冲激函数可以看作是单位脉冲函数的极限情况。图 9-32(a)所示的为一个单位矩形脉冲函数 $p(t)$的波形。其高为 $1/\Delta$、宽为 Δ，当脉冲宽度 $\Delta\to 0$ 时，可以得到一个宽度趋于零，幅度趋于无限大，而面积始终保持为 1 的脉冲，这就是单位冲激函数 $\delta(t)$，记作

$$\delta(t)=\lim_{\Delta\to 0}p(t)$$

单位冲激函数的波形如图 9-32(b)所示，箭头旁注明“1”。图 9-32(c)所示的为强度为 K 的冲激函数。类似单位阶跃函数，可以把发生在 $t=t_0$ 时刻的单位冲激函数写为 $\delta(t-t_0)$；用 $K\delta(t-t_0)$表示信号强度为 K、发生在 $t=t_0$ 时刻的冲激函数。

冲激函数具有如下性质。

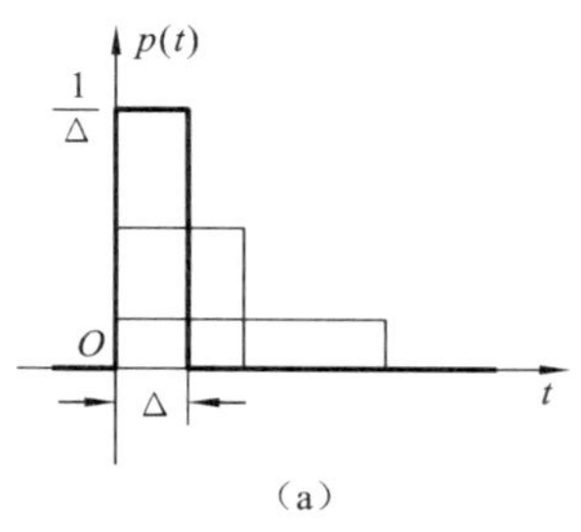

(a)

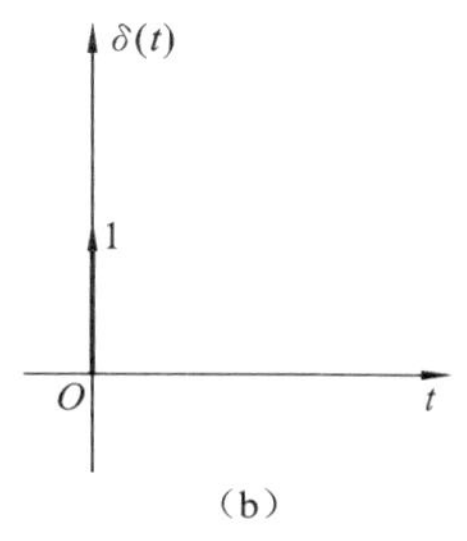

(b)

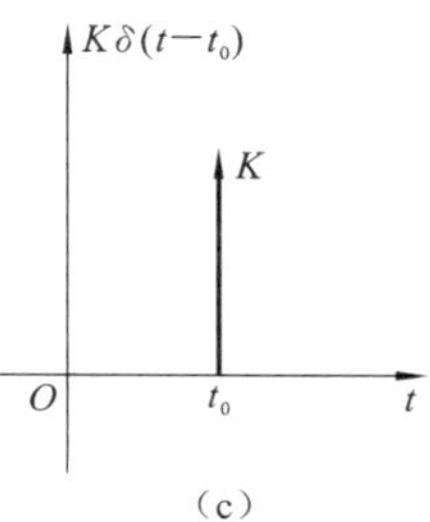

(c)

图 9-32 冲激函数

(1) 单位冲激函数 $\delta(t)$ 对时间的积分等于单位阶跃函数 $\varepsilon(t)$，即

$$\int_{-\infty}^{t}\delta(\xi)\mathrm{d}\xi=\varepsilon(t) \tag{9-36}$$

反之，阶跃函数 $\varepsilon(t)$ 对时间的一阶导数等于冲激函数 $\delta(t)$，即

$$\frac{\mathrm{d}\varepsilon(t)}{\mathrm{d}t}=\delta(t) \tag{9-37}$$

(2) 单位冲激函数具有“筛分性质”。

对于任意一个在 $t=0$ 和 $t=t_0$ 时连续的函数 $f(t)$，都有

$$\int_{-\infty}^{+\infty}f(t)\delta(t)\mathrm{d}t=f(0) \tag{9-38}$$

$$\int_{-\infty}^{+\infty}f(t)\delta(t-t_0)\mathrm{d}t=f(t_0) \tag{9-39}$$

可见冲激函数具有将一个函数在某一时刻“筛”选出来的能力，所以称单位冲激函数具有“筛分性质”，或具有采样性。

在式(9-35)中，由于 t 表示时间，所以 $\delta(t)$ 具有时间倒数的量纲，在国际单位制中为 s^{-1}。一般冲激函数 $K\delta(t)$ 中的 K 常带有量纲，对于冲激电流，K 的量纲为电荷，而 $K\delta(t)$ 的量纲就为电流(A)；对于冲激电压，K 的量纲为磁链，$K\delta(t)$ 的量纲就为电压(V)。

9.8.2 冲激响应分析

所谓冲激响应，是指以冲激电源作为激励使电路产生的零状态响应。当把一个单位冲激电流 $\delta_i(t)$(单位为 A)加到初始电压为零的电容 C 上时，电容电压 u_C 为

$$u_C=\frac{1}{C}\int_{0_-}^{0_+}\delta_i(t)\mathrm{d}t=\frac{1}{C}$$

可见

$$q(0_-)=Cu_C(0_-)=0$$
$$q(0_+)=Cu_C(0_+)=1$$

即单位冲激电流在 0_- 到 0_+ 的瞬时把 1 C 的电荷转移到电容上，使得电容电压从零跃变为 $\frac{1}{C}$。

即电容由原来的零初始状态 $u_C(0_-)=0$ 转变到非零初始状态 $u_C(0_+)=\frac{1}{C}$。

同理，当把一个单位冲激电压 $\delta_u(t)$(单位为 V)加到初始电流为零的电感 L 上时，电感电流为

$$i_L=\frac{1}{L}\int_{0_-}^{0_+}\delta_u(t)\mathrm{d}t=\frac{1}{L}$$

有

$$\Psi(0_-)=Li_L(0_-)=0$$
$$\Psi(0_+)=Li_L(0_+)=1$$

即单位冲激电压在 0_- 到 0_+ 的瞬时在电感中建立了 $\left\{\frac{1}{L}\right\}$ A 的电流，使电感由原来的零初始状态 $i_L(0_-)=0$ 转变为非零初始状态 $i_L(0_+)=\frac{1}{L}$。

在 $t>0_+$ 后，冲激函数为零，但 $u_C(0_+)$ 和 $i_L(0_+)$ 不为零，所以电路的响应相当于换路瞬间由冲激函数建立起来的非零初始状态引起的零输入响应。因此，一阶电路冲激响应的求解关键在于计算在冲激函数作用下的储能元件的初始值 $u_C(0_+)$ 或 $i_L(0_+)$。

电路对于单位冲激函数激励的零状态响应称为单位冲激响应，记为 $h(t)$。下面以图 9-33 所示电路为例讨论其响应。

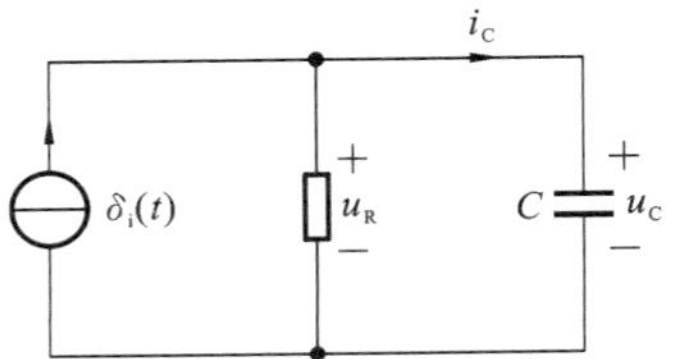

图 9-33 RC 电路的冲激响应

根据 KCL，有

$$C\frac{\mathrm{d}u_C}{\mathrm{d}t}+\frac{u_C}{R}=\delta_i(t)$$

而 $u_C(0_-)=0$。

为了求 $u_C(0_+)$ 的值，对上式两边从 0_- 到 0_+ 积分，即

$$\int_{0_-}^{0_+}C\frac{\mathrm{d}u_C}{\mathrm{d}t}\mathrm{d}t+\int_{0_-}^{0_+}\frac{u_C}{R}\mathrm{d}t=\int_{0_-}^{0_+}\delta(t)\mathrm{d}t$$

若 u_C 为冲激函数，则 $\mathrm{d}u_C/\mathrm{d}t$ 将为冲激函数的一阶导数，这样 KCL 方程式将不能成立，因此 u_C 只能是有限值，于是第二个积分项为零，从而可得

$$C[u_C(0_+)-u_C(0_-)]=1$$

故

$$u_C(0_+)=\frac{1}{C}+u_C(0_-)=\frac{1}{C}$$

于是便可得到 $t>0_+$ 时电路的单位冲激响应为

$$u_C=u_C(0_+)\mathrm{e}^{-\frac{t}{RC}}=\frac{1}{C}\mathrm{e}^{-\frac{t}{RC}}$$

式中：$\tau=RC$，为给定电路的时间常数。

利用阶跃函数将该冲激响应记为

$$u_C=\frac{1}{C}\mathrm{e}^{-\frac{t}{RC}}\varepsilon(t)$$

由此可进一步求出电容电流为

$$i_C=C\frac{\mathrm{d}u_C}{\mathrm{d}t}=\mathrm{e}^{-\frac{t}{RC}}\delta(t)-\frac{1}{RC}\mathrm{e}^{-\frac{t}{RC}}\varepsilon(t)$$
$$=\delta(t)-\frac{1}{RC}\mathrm{e}^{-\frac{t}{RC}}\varepsilon(t)$$

图 9-34 所示的为 u_C 和 i_C 的变化曲线。其中，电容电流在 $t=0$ 时有一冲激电流，正是该电流使电容电压在此瞬间由零跃变到了 $1/C$。

由于阶跃函数 $\varepsilon(t)$ 和冲激函数 $\delta(t)$ 之间具有微分和积分的关系，可以证明，线性电路中单

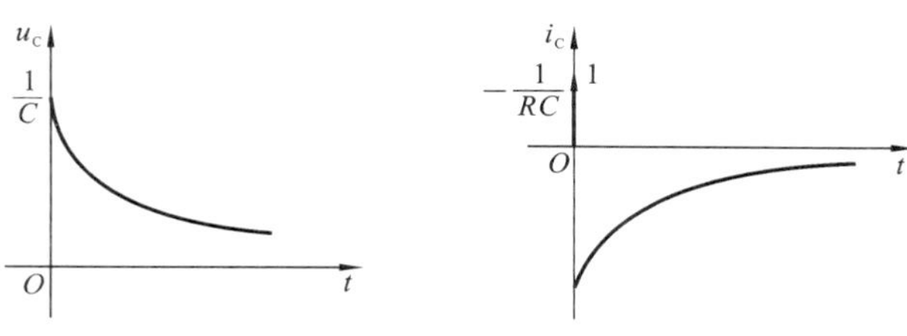

图 9-34 u_C 和 i_C 的变化曲线

位阶跃响应 $s(t)$ 和单位冲激响应 $h(t)$ 之间具有相似的关系，即

$$h(t)=\frac{\mathrm{d}s(t)}{\mathrm{d}t} \tag{9-40}$$

$$s(t)=\int_{-\infty}^{t}h(\xi)\mathrm{d}\xi \tag{9-41}$$

有了以上关系，就可以先求出电路的单位阶跃响应，然后将其对时间求导，便可得到所求的单位冲激响应。事实上，阶跃函数 $\varepsilon(t)$ 和冲激函数 $\delta(t)$ 之间具有的这种微积分的关系可以推广到线性电路的任一激励与响应中。当已知某一激励函数 $f(t)$ 的零状态响应 $r(t)$ 时，若激励变为 $f(t)$ 的微分（或积分）函数，则其响应也将是 $r(t)$ 的微分（或积分）函数。

【例 9-11】 求图 9-35(a)所示电路的冲激响应 $i_L(t)$。

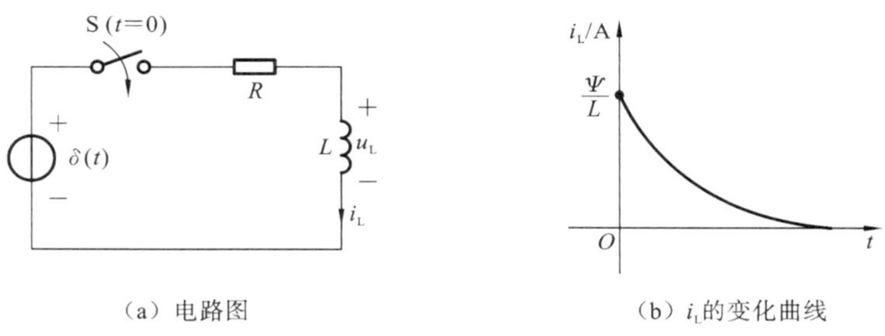

(a) 电路图　　(b) i_L的变化曲线

图 9-35 例 9-11 图($\Psi=1$)

解法一

$t<0$ 时，由于 $\delta(t)=0$，故 $i_L(0_-)=0$。

$t=0$ 时，由 KVL，有

$$L\frac{\mathrm{d}i_L}{\mathrm{d}t}+Ri_L=\delta(t)$$

对上式两边从 0_- 到 0_+ 求积分，得

$$\int_{0_-}^{0_+}L\frac{\mathrm{d}i_L}{\mathrm{d}t}\mathrm{d}t+\int_{0_-}^{0_+}Ri_L\mathrm{d}t=\int_{0_-}^{0_+}\delta(t)\mathrm{d}t$$

由于 i_L 为有限值，有

$$L[i_L(0_+)-i_L(0_-)]=1$$

故

$$i_L(0_+)=\frac{1}{L}+i_L(0_-)=\frac{1}{L}$$

所求电路的冲激响应为

$$i_L=\frac{1}{L}\mathrm{e}^{-\frac{R}{L}t}\varepsilon(t)=\frac{1}{L}\mathrm{e}^{-\frac{t}{\tau}}\varepsilon(t)$$

式中：$\tau=\dfrac{L}{R}$。i_L 随时间变化而变化的曲线如图 9-35(b)所示。

解法二

先求 i_L 的单位阶跃响应，再利用阶跃响应与冲激响应之间的微分关系求解。当激励为单位阶跃函数时，因为

$$i_L(0_+)=i_L(0_-)=0$$

$$i_L(+\infty)=\frac{1}{R}$$

故 i_L 的单位阶跃响应为

$$s(t)=\frac{1}{R}(1-e^{-\frac{R}{L}t})\varepsilon(t)$$

再由 $h(t)=\dfrac{ds(t)}{dt}$ 便可求得其单位冲激响应 i_L 为

$$i_L=\frac{ds(t)}{dt}=\frac{1}{R}(1-e^{-\frac{R}{L}t})\delta(t)+\frac{1}{L}e^{-\frac{R}{L}t}\varepsilon(t)=\frac{1}{L}e^{-\frac{R}{L}t}\varepsilon(t)$$

由以上分析可见，电路的输入为冲激函数时，电容电压和电感电流会发生跃变。此外，当换路后出现 C-E 回路或 L-J 割集[①]时，电路状态也有可能发生跃变。在这种情况下，一般可先利用 KCL、KVL 及电荷守恒定律或磁链守恒定律求出电容电压或电感电流的跃变值，然后再进一步分析电路的动态过程。

【例 9-12】 已知 $U_s=24$ V，$R=2$ Ω，$R_1=3$ Ω，$R_2=6$ Ω，$L_1=0.5$ H，$L_2=2$ H，$t=0$ 时打开开关 S，电路如图 9-36 所示。求 $t>0$ 时的 i_1、i_2、u_1，并画出波形。

解 换路前，电感电流分别为

$$i_1(0_-)=\frac{U_s}{R+\dfrac{R_1R_2}{R_1+R_2}}\frac{R_2}{R_1+R_2}=\frac{24}{2+2}\times\frac{2}{3}\ \text{A}=4\ \text{A}$$

$$i_2(0_-)=\frac{U_s}{R+\dfrac{R_1R_2}{R_1+R_2}}\frac{R_1}{R_1+R_2}=\frac{24}{2+2}\times\frac{1}{3}\ \text{A}=2\ \text{A}$$

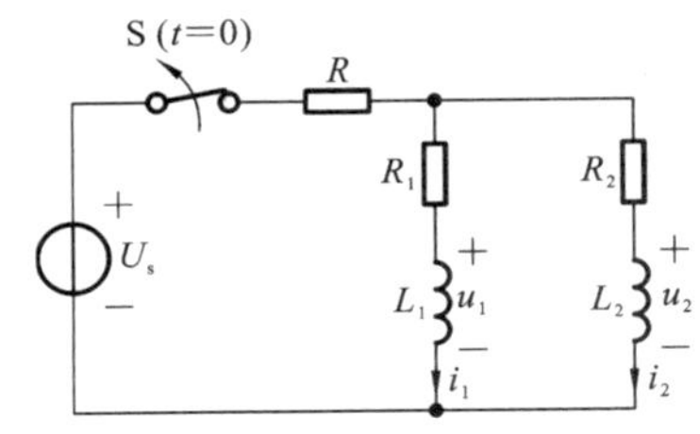

图 9-36 例 9-12 图

换路后，由 KCL，有

$$i_1(0_+)+i_2(0_+)=0 \qquad ①$$

因为 $i_1(0_-)\neq i_2(0_-)\neq 0$，可见在 $t=0$ 时两电感电流均发生了跃变，由磁链守恒定律可以得到换路前后两个电感构成的回路中磁链平衡方程式为

$$L_1i_1(0_-)-L_2i_2(0_-)=L_1i_1(0_+)-L_2i_2(0_+) \qquad ②$$

联立方程式①、②，并代入数据，可解得

$$i_1(0_+)=-0.8\ \text{A},\quad i_2(0_+)=0.8\ \text{A}$$

换路后电路的时间常数为

$$\tau=\frac{L_{eq}}{R_{eq}}=\frac{L_1+L_2}{R_1+R_2}=\frac{5}{18}\ \text{s}$$

故电感电流分别为

---

① 注：C-E 回路是指仅由电容和电压源组成的回路，L-J 割集是指仅由电感和电流源组成的割集。

$$i_1 = i_1(0_+)\mathrm{e}^{-\frac{t}{\tau}} = -0.8\mathrm{e}^{-3.6t}\ \mathrm{A},\quad t>0$$

$$i_2 = i_2(0_+)\mathrm{e}^{-\frac{t}{\tau}} = 0.8\mathrm{e}^{-3.6t}\ \mathrm{A},\quad t>0$$

若写成整个时间轴上的表达式，则分别为

$$i_1 = (4+(-4-0.8\mathrm{e}^{-3.6t})\varepsilon(t))\ \mathrm{A}$$

$$i_2 = (2+(-2+0.8\mathrm{e}^{-3.6t})\varepsilon(t))\ \mathrm{A}$$

电感 L_1 上的电压为

$$u_1 = L_1\frac{\mathrm{d}i_1}{\mathrm{d}t} = 0.5\times\{[-4-0.8\mathrm{e}^{-9t}]\delta(t)+[(-0.8)(-3.6)\mathrm{e}^{-3.6t}]\varepsilon(t)\}$$

$$=0.5\times[-4.8\delta(t)+2.88\mathrm{e}^{-3.6t}\varepsilon(t)] = [-2.4\delta(t)+1.44\mathrm{e}^{-3.6t}\varepsilon(t)]\ \mathrm{V}$$

i_1、i_2、u_1 随时间变化而变化的波形如图 9-37 所示。从图中可以清楚地看出，各电路变量在换路前后及换路时刻的变化。

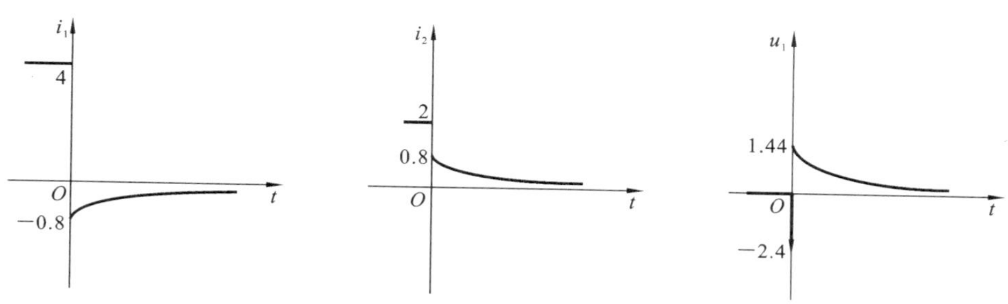

图 9-37 i_1、i_2、u_1 随时间变化而变化的波形

9.9 二阶电路的动态过程

用二阶微分方程描述的电路称为二阶电路。与一阶电路类似，二阶电路的全响应也可以分解为零输入响应和零状态响应的叠加。其中零输入响应只含固有响应项，其函数形式取决于电路的结构与参数，即二阶微分方程的特征根。对于不同的电路，特征根可能是实数、虚数或共轭复数。因此电路的动态过程将呈现不同的变化规律。

下面以 RLC 串联电路的零输入响应为例加以讨论。

图 9-38 所示电路中电容原已充电至 $u_C(0_-)=U_0$，开关在 $t=0$ 时闭合（为简单起见，设电感电流的初始值为零）。

根据 KVL 及 VCR 列出电路方程为

$$u_L + u_R - u_C = L\frac{\mathrm{d}i}{\mathrm{d}t} + Ri - u_C = 0$$

将 $i=-C\dfrac{\mathrm{d}u_C}{\mathrm{d}t}$ 代入式中求得 u_C 满足的微分方程为

$$\frac{\mathrm{d}^2u_C}{\mathrm{d}t^2}+\frac{R}{L}\frac{\mathrm{d}u_C}{\mathrm{d}t}+\frac{1}{LC}u_C = 0 \tag{9-42}$$

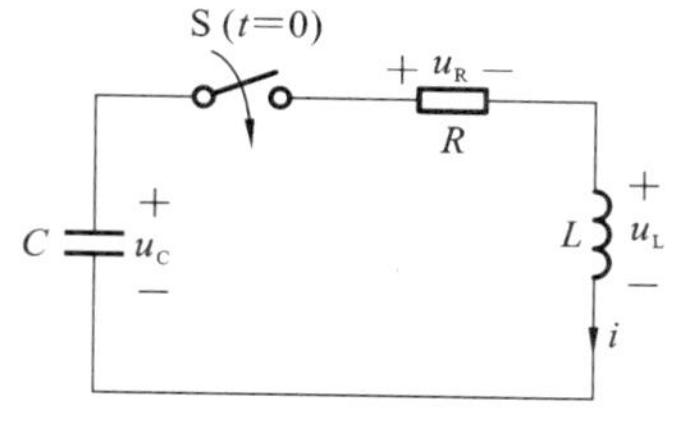

图 9-38 RLC 串联电路

式(9-42)是以 u_C 为未知量的二阶齐次微分方程。对于该微分方程，可先求得两个初始值，即

$$u_C(0_+)=u_C(0_-)=U_0$$

$$\left.\frac{\mathrm{d}u_C}{\mathrm{d}t}\right|_{t=0_+}=-\frac{1}{C}i(0_+)=-\frac{1}{C}i(0_-)=0$$

此齐次微分方程的特征方程及特征根分别为

$$p^2+\frac{R}{L}p+\frac{1}{LC}=0$$

$$p_{1,2}=-\frac{R}{2L}\pm\sqrt{\left(\frac{R}{2L}\right)^2-\frac{1}{LC}}$$

齐次微分方程的通解为

$$u_C=A_1\mathrm{e}^{p_1t}+A_2\mathrm{e}^{p_2t} \tag{9-43}$$

特征根 p_1、p_2 是由电路参数决定的,可能出现以下三种情况。

(1) 两个不相等的负实数。

(2) 一对实部为负的共轭复数。

(3) 一对相等的负实数。

下面对三种情况分别加以讨论。

1. 特征根为两个不相等的负实数

特征根为不相等的负实数表示电路的响应为非振荡放电过程。

当 $R>2\sqrt{\frac{L}{C}}$ 时,p_1 和 p_2 是两个不相等的负实数。此时电容电压随时间的增加而以指数规律衰减,响应式(9-41)中的待定系数 A_1 和 A_2 可由初始条件确定如下。

$$u_C(0_+)=A_1+A_2=U_0$$

$$\left.\frac{\mathrm{d}u_C}{\mathrm{d}t}\right|_{t=0_+}=A_1p+A_2p=0$$

得

$$A_1=\frac{p_2}{p_2-p_1}U_0$$

$$A_2=-\frac{p_1}{p_2-p_1}U_0$$

将 A_1 和 A_2 代入式(9-41)求得响应 u_C 为

$$u_C=\frac{U_0}{p_2-p_1}(p_2\mathrm{e}^{p_1t}-p_1\mathrm{e}^{p_2t}),\quad t>0 \tag{9-44}$$

放电电流和电感电压分别为

$$i=-C\frac{\mathrm{d}u_C}{\mathrm{d}t}=-\frac{U_0}{L(p_2-p_1)}(\mathrm{e}^{p_1t}-\mathrm{e}^{p_2t}),\quad t>0 \tag{9-45}$$

$$u_L=L\frac{\mathrm{d}i}{\mathrm{d}t}=-\frac{U_0}{p_2-p_1}(p_1\mathrm{e}^{p_1t}-p_2\mathrm{e}^{p_2t}),\quad t>0 \tag{9-46}$$

式中:$p_1p_2=\frac{1}{LC}$。

图 9-39 所示的为 u_C、i、u_L 随时间变化而变化的曲线。从图中可以看出,在整个过程中电容一直在释放储存的电能,因此称为非振荡放电,又称为过阻尼放电。放电电流从零开始增大,$t=t_m$ 时达到最大,然后逐渐减小,最后趋于零。

t_m 可由$\frac{di}{dt}=0$ 求得为

$$t_m=\frac{\ln(p_2/p_1)}{p_1-p_2}$$

$t=t_m$ 是电感电压过零的时刻。$t<t_m$ 时，电感吸收能量，建立磁场，$t>t_m$ 时，电感释放能量，磁场逐渐减弱，最后趋于消失。

在 $0<t<t_m$ 时间内，电阻始终吸收能量，最终能量全部被电阻消耗。

2. 特征根为一对实部为负的共轭复数

特征根为一对实部为负的共轭复数表示电路的响应为振荡放电过程。

当 $R<2\sqrt{\frac{L}{C}}$时，特征根 p_1、p_2 是一对共轭复数。令 $p_{1,2}=-\alpha\pm j\omega$，其中，$\alpha=\frac{R}{2L}$，$\omega^2=\frac{1}{LC}-\left(\frac{R}{2L}\right)^2$，由图 9-40 可知，$\omega_0=\sqrt{\alpha^2+\omega^2}$，$\beta=\arctan\frac{\omega}{\alpha}$，$\alpha=\omega_0\cos\beta$，$\omega=\omega_0\sin\beta$，根据欧拉方程 $e^{j\beta}=\cos\beta+j\sin\beta$ 可进一步求得

$$p_1=-\omega_0 e^{-j\beta},\quad p_2=-\omega_0 e^{j\beta}$$

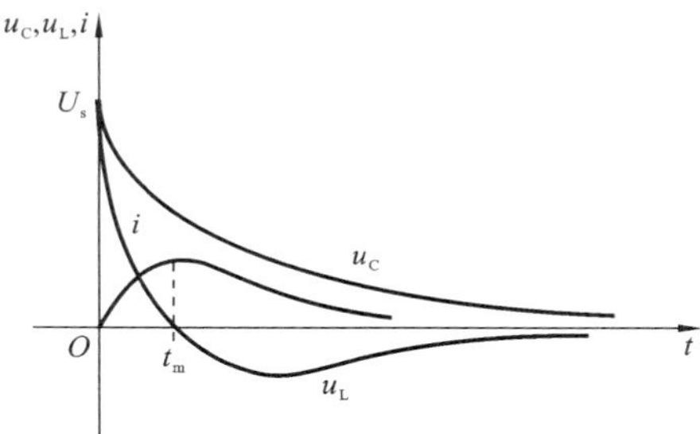

图 9-39 u_C、i、u_L 的变化曲线

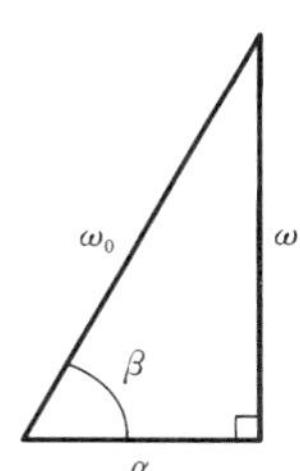

图 9-40

由前面的分析可得

$$u_C=\frac{U_0}{p_2-p_1}(p_2 e^{p_1 t}-p_1 e^{p_2 t})=\frac{U_0}{-j2\omega}[-\omega_0 e^{j\beta}e^{(-\alpha+j\beta)t}+\omega_0 e^{-j\beta}e^{(-\alpha-j\beta)t}]$$

$$=\frac{U_0\omega_0}{\omega}e^{-\alpha t}\left[\frac{e^{j(\omega t+\beta)}-e^{-j(\omega t+\beta)}}{j2}\right]=\frac{U_0\omega_0}{\omega}e^{-\alpha t}\sin(\omega t+\beta)$$

可求得电流和电感电压分别为

$$i=-C\frac{du_C}{dt}=\frac{U_0}{\omega L}e^{-\alpha t}\sin(\omega t)$$

$$u_L=L\frac{di}{dt}=-\frac{U_0\omega_0}{\omega}e^{-\alpha t}\sin(\omega t-\beta)$$

可见，在整个过渡过程中 u_C、i、u_L 周期性地改变方向，呈现衰减振荡的状态。即电容和电感周期性地交换能量，电阻则始终消耗能量，电容上原有的电能最终全部转化为热能消耗掉。

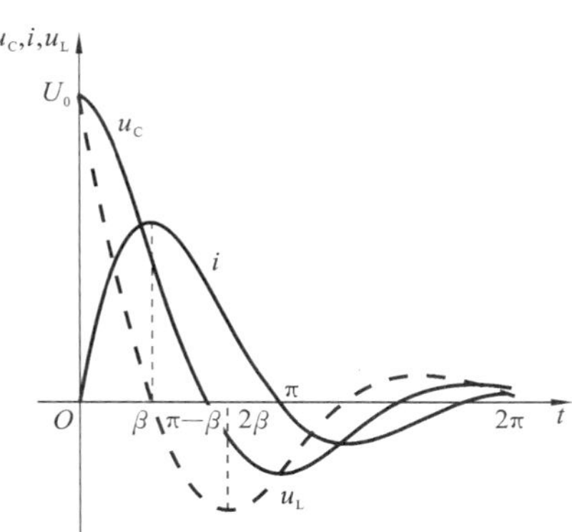

图 9-41 u_C、i、u_L 的波形

u_C、i、u_L 的波形如图 9-41 所示，这种振荡称为衰减振荡或阻尼振荡。其中，$\alpha=\frac{R}{2L}$ 称为阻尼(衰减)系

数，$\omega=\sqrt{\frac{1}{LC}-\left(\frac{R}{2L}\right)^2}$称为振荡角频率。

表 9-2 列出了换路后第一个$\frac{1}{2}$周期内元件之间能量转换、吸收的情况。

表 9-2　元件之间能量转换表

	$0<\omega t<\beta$	$\beta<\omega t<\pi-\beta$	$\pi-\beta<\omega t<\pi$
电容	释放	释放	吸收
电感	吸收	释放	释放
电阻	消耗	消耗	消耗

在特殊条件下，即 $R=0$ 时，$\alpha=\frac{R}{2L}=0$，$\omega=\omega_0$。在这种情况下，特征根 p_1 和 p_2 是一对纯虚数。此时可求得 u_C、i、u_L 分别为

$$u_C=U_0\cos(\omega_0 t)$$

$$i=\frac{U_0}{\omega_0 L}\sin(\omega_0 t)=\frac{U_0}{\sqrt{\frac{L}{C}}}\sin(\omega_0 t)$$

$$u_L=U_0\cos(\omega_0 t)=u_C$$

由于回路中无电阻，因此电压与电流均为不衰减的正弦量，该现象称为无阻尼自由振荡。电容上原有的能量在电容和电感之间相互转换，而总能量不变，即为等幅振荡。

3. 特征根为一对相等的负实数

特征根为一对相等的负实数表示电路响应为临界振荡放电过程。

当 $R=2\sqrt{\frac{L}{C}}$ 时，特征方程存在二重根，$p_1=p_2=-\frac{R}{2L}\overset{\text{def}}{=\!=}-\alpha$。此时微分方程的通解为

$$u_C=(A_1+A_2 t)\mathrm{e}^{-\alpha t} \tag{9-47}$$

由初始条件得

$$A_1=U_0,\quad A_2=\alpha U_0$$

所以

$$u_C=U_0(1+\alpha t)\mathrm{e}^{-\alpha t} \tag{9-48}$$

$$i=-C\frac{\mathrm{d}u_C}{\mathrm{d}t}=\alpha^2 CU_0 t\mathrm{e}^{-\alpha t}=\frac{U_0}{L}t\mathrm{e}^{-\alpha t} \tag{9-49}$$

式中：

$$\alpha^2=\frac{1}{LC}$$

$$u_L=L\frac{\mathrm{d}i}{\mathrm{d}t}=U_0(1-\alpha t)\mathrm{e}^{-\alpha t} \tag{9-50}$$

可以看出特征根为一对相等的负实数时动态电路的响应与特征根为一对不相等的负实数时的响应类似，即 u_C、i、u_L 具有非振荡的性质，二者的波形相似。由于这种过渡过程刚好介于振荡与非振荡之间，故称为临界状态。

以上讨论了 RLC 串联电路在 $u_C(0_-)=U_0$、$i_L(0_-)=0$ 的特定初始条件下的零输入响应。尽管电路响应的形式与初始条件无关，但积分常数的确定却与初始条件有关。因此当初始条

件改变时积分常数也需作出相应的改变。

此外，如果要求计算在外加电源作用下的零状态响应或全响应，则既要计算强制分量，又要计算自由分量。其强制分量由外加激励决定，自由分量与零输入响应的形式一样，仍取决于电路的结构与参数。二阶电路的阶跃响应和冲激响应也可仿照一阶电路的方法做类似的分析。

【例 9-13】 在图 9-42 所示电路中，已知 $U_s=40\ \text{V}$，$R=R_s=10\ \Omega$，$L=2\ \text{mH}$，$C=20\ \mu\text{F}$，换路前电路处于稳态。求换路后的电容电压 u_C。

解 换路前电路已达稳态，电容相当于开路，电感相当于短路，所以

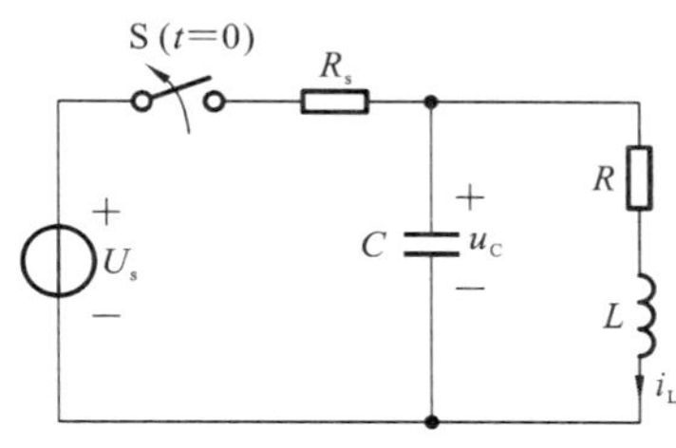

图 9-42 例 9-13 图

$$i_L(0_-)=\frac{U_s}{R+R_s}=\frac{40}{10+10}\ \text{A}=2\ \text{A}$$

$$u_C(0_-)=Ri_L(0_-)=20\ \text{V}$$

换路后的 RLC 串联电路中，有

$$\alpha=\frac{R}{2L}=\frac{10}{2\times2\times10^{-3}}=2500$$

$$\omega_0=\frac{1}{LC}=\frac{1}{2\times10^{-3}\times2\times10^{-5}}=2.5\times10^7$$

因为 $\alpha<\omega_0$，由前面的分析可见换路后电路的二阶微分方程的特征根为一对共轭复数，所以电路响应为衰减振荡型的，而且

$$\omega=\sqrt{\frac{1}{LC}-\left(\frac{R}{2L}\right)^2}=\sqrt{2.5\times10^7-2500^2}=4330$$

电容电压的通解可以写为

$$u_C=Ae^{-\alpha t}\sin(\omega t+\theta)=Ae^{-2500t}\sin(4330t+\theta)\ \text{V}$$

利用初始条件确定待定系数，有

$$\begin{cases}u_C(0_+)=u_C(0_-)=20\ \text{V}\\ \left.\dfrac{du_C}{dt}\right|_{t=0_+}=-\dfrac{1}{C}i_L(0_+)=-\dfrac{1}{C}i_L(0_-)=-10^5\end{cases}$$

$$\begin{cases}A\sin\theta=20\\ -2500A\sin\theta+4330A\cos\theta=-10^5\end{cases}$$

解得

$$\begin{cases}A=22.03\\ \theta=65.2^\circ\end{cases}$$

于是所求响应为

$$u_C=22.03e^{-2500t}\sin(4330t+65.2^\circ)\ \text{V}$$

本章小结

1. 换路定则

在含有电感、电容的电路中，在电路换路（除冲激信号作用）时，电容的电压和电感的电流不能跃变，即 $u_C(0_+)=u_C(0_-)$，$i_L(0_+)=i_L(0_-)$。

2. 初始值和稳态值的求解

(1) 初始值的求解。

首先根据换路定则求出独立初始值 $u_C(0_+)$ 或 $i_L(0_+)$，然后再根据 $t=0_+$ 时的等效电路图，应用 KCL 和 KVL，或其他电路分析方法求出非独立初始值。

先画出 $t=0_+$ 时的等效电路图，再根据 $u_C(0_+)$ 和 $i_L(0_+)$ 的数值将电容和电感进行等效替代：

当 $u_C(0_+)=0$，电容相当于短路。

$u_C(0_+)=U_0$，电容相当于一个电压值为 U_0 的电压源。

当 $i_L(0_+)=0$，电感相当于开路。

$i_L(0_+)=I_0$，电容相当于一个电流值为 I_0 的电流源。

(2) 稳态值的求解。

换路后 $t\to+\infty$ 时的电压值或电流值称为稳态值。在求电路的稳态值时，电容相当于开路，电感相当于短路。

3. 时间常数的意义及求解方法

τ 的大小影响着电路暂态过程时间的长短，一般经过 $3\tau\sim5\tau$，电路暂态过程结束。一阶 RC 电路的时间常数为 $\tau=R_{eq}C$，一阶 RL 电路的时间常数为 $\tau=\frac{L}{R_{eq}}$。

求解换路后的时间常数 τ，关键是求等效电阻 R_{eq}。求解等效电阻 R_{eq} 的方法与戴维南定理求解等效电源内阻的方法相同。

4. 暂态过程的分析方法

电路的暂态过程分为零输入响应、零状态响应和全响应。求解直流电源激励的一阶电路最简单的方法是三要素法。三要素公式为

$$f(t)=f(+\infty)+[f(0_+)-f(+\infty)]e^{-\frac{t}{\tau}},\quad t>0$$

利用三要素公式可以很方便地求出电路的零输入响应、零状态响应和全响应。

当电路的输入信号是方波脉冲信号时，可将输入信号按持续时间和消失时间分段，用三要素法逐段求解其电路响应。

5. 积分电路与微分电路

积分电路与微分电路是利用电路的暂态过程进行波形变换的典型应用电路。积分电路可将方波信号转换为三角波信号或锯齿波信号，微分可将方波信号转换为尖脉冲信号。积分电路的条件是 $\tau=RC>5t_w$；RC 积分电路从电容两端取输出电压 u_o，RL 积分电路从电阻两端取输出电压 u_o。微分电路的条件是 $\tau=RC<\frac{1}{5}t_w$；RC 微分电路从电阻两端取输出电压 u_o，RL 微分电路从电感两端取输出电压 u_o。

6. 一阶电路的阶跃响应与冲激响应

当电路加入方波脉冲信号时，除了用三要素法分段求解电路的响应外，也可以将方波脉冲信号分解为一般的阶跃函数 $U_s\varepsilon(t)$ 或 $I_s\varepsilon(t)$、$U_s\varepsilon(t-t_0)$ 或 $I_s\varepsilon(t-t_0)$；然后利用叠加原理求解电路的零状态响应。用阶跃函数法求解比用三要素法分段求解过程简单。

当电路加入冲激信号 $K\delta(t)$ 时，电容的电压和电感的电流会发生跃变。在求解复杂电路

的冲激响应时，本书介绍了两种方法：(1) 根据 $h(t)=\frac{ds(t)}{dt}$，先求出电路的阶跃响应，再求冲激响应；(2) 求 i_L 的单位阶跃响应，再利用阶跃响应与冲激响应之间的微分关系求解。

7. 二阶电路的零输入响应

二阶电路的零输入响应可根据二阶微分方程的两个特征根 p_1 和 p_2 的不同分为非振荡放电过程、振荡放电过程和临界振荡放电过程三种情况。

习 题 9

1. 如图题 1 所示电路中，已知换路前电路已经处于稳态。开关 S 在 $t=0$ 时动作，试求换路后 $i(t)$、$u_C(t)$、$i_C(t)$的初始值和稳态值。

2. 如图题 2 所示电路中，已知换路前电路已经处于稳态。开关 S 在 $t=0$ 时动作，试求换路后 $i(t)$、$i_L(t)$和 $u_L(t)$的初始值和稳态值。

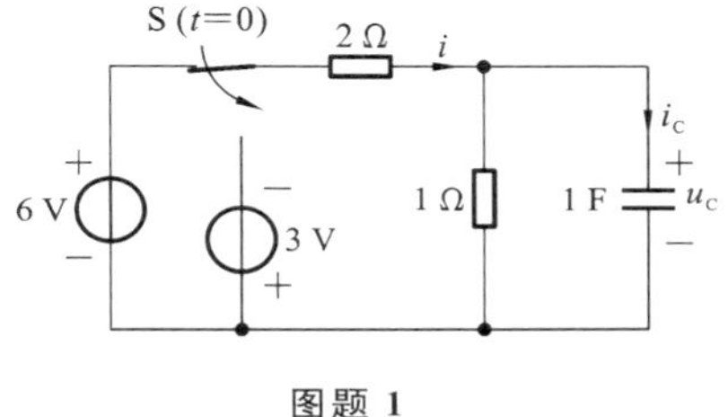

图题 1

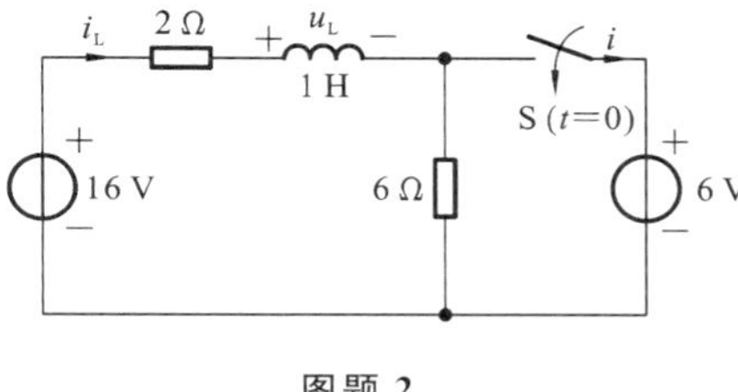

图题 2

3. 如图题 3 所示电路中，开关 S 闭合前电路处于稳态，求 $u_L(t)$、$i_C(t)$和 $i_R(t)$的初始值和稳态值。

4. 如图题 4 所示电路中，已知换路前电路已经处于稳态。开关 S 在 $t=0$ 时动作，求 $t\geqslant0$ 时的 $u_C(t)$和 $i(t)$，并画出其随时间变化而变化的曲线。

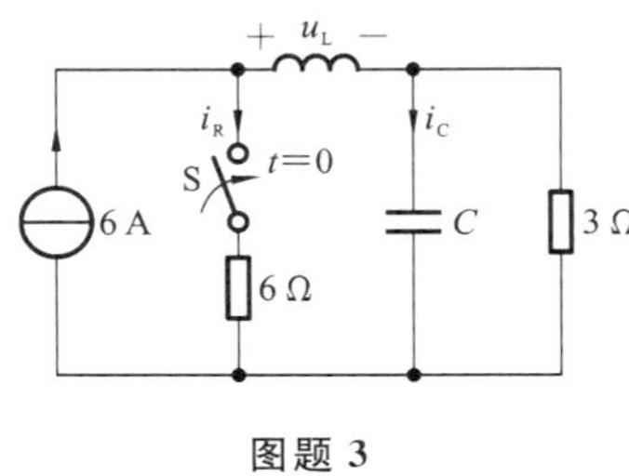

图题 3

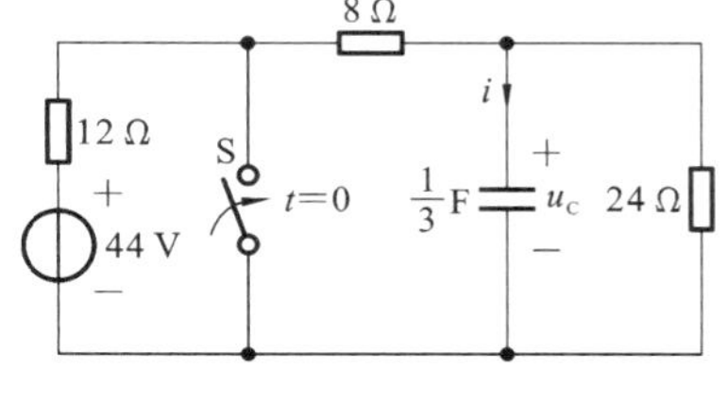

图题 4

5. 如图题 5 所示电路中，已知换路前电路已处于稳态，求 $t\geqslant0$ 时的 $i(t)$、$i_L(t)$和 $u_L(t)$，并画出其随时间变化而变化的曲线。

6. 有一 RC 放电电路，经 0.1 s，电容电压变为原来的 20%，求时间常数。

7. 今有一 100 μF 的电容元件，充电到 100 V 后从电路中断开，经 10 s 后电压下降到 36.8 V，则该电容元件的绝缘电阻为多少？

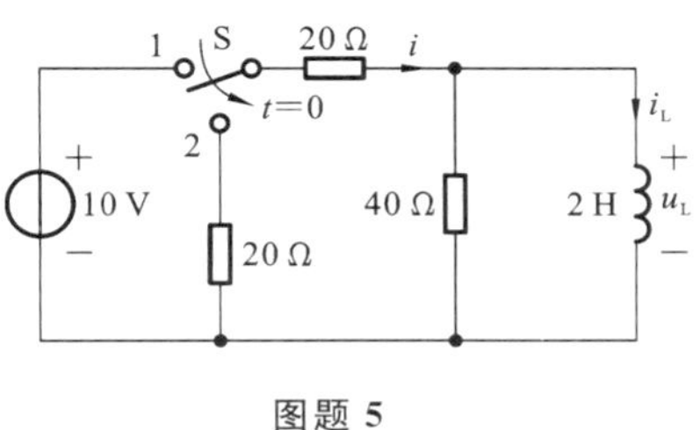

图题 5

8. 如图题 8 所示电路中，$t=0$ 时，开关 S 合上。已知电容电压的初始值为零，求 $u_C(t)$ 和 $i(t)$，并画出其随时间变化而变化的曲线。

9. 如图题 9 所示电路中，已知开关 S 合上前电感中无电流，求 $t\geqslant 0$ 时的 $i_L(t)$ 及 $u_L(t)$，并画出其随时间变化而变化的曲线。

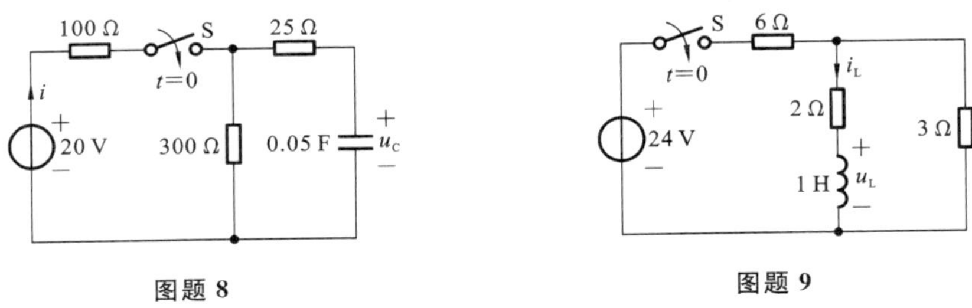

图题 8　　图题 9

10. 如图题 10 所示电路中，开关 S 在 $t=0$ 时闭合，求 $t\geqslant 0$ 时的 $u_C(t)$ 及 $i_1(t)$，并画出其随时间变化而变化的曲线。

11. 如图题 11 所示电路中，在换路前已达稳态，求 $t\geqslant 0$ 时的全响应 $u_C(t)$，并把 $u_C(t)$ 的稳态分量、暂态分量、零输入响应和零状态响应分量分别写出来。

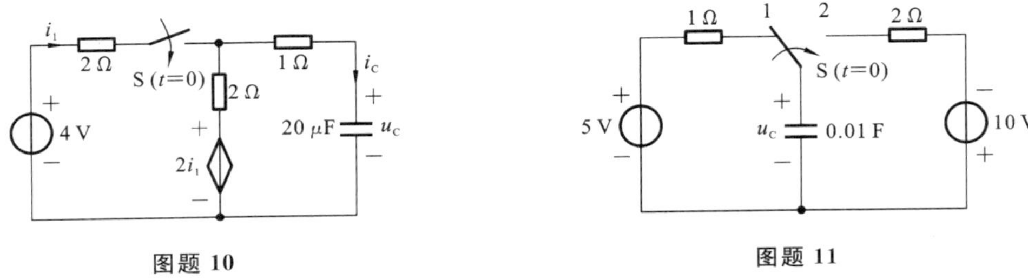

图题 10　　图题 11

12. 如图题 12 所示电路中，已知 $U_s=12$ V，$R_1=100$ Ω，$C=0.1$ μF，$R_2=10$ Ω，$I_s=2$ A，开关 S 在 $t=0$ 时由 1 合到 2，设开关 S 动作前电路已处于稳态。求 $t\geqslant 0$ 时的 $u_C(t)$，并画出其随时间变化而变化的曲线。

13. 如图题 13 所示电路，在开关 S 闭合前已处于稳态，$t=0$ 时开关 S 闭合。求开关闭合后的电流 $i_L(t)$，并画出其随时间变化而变化的曲线。

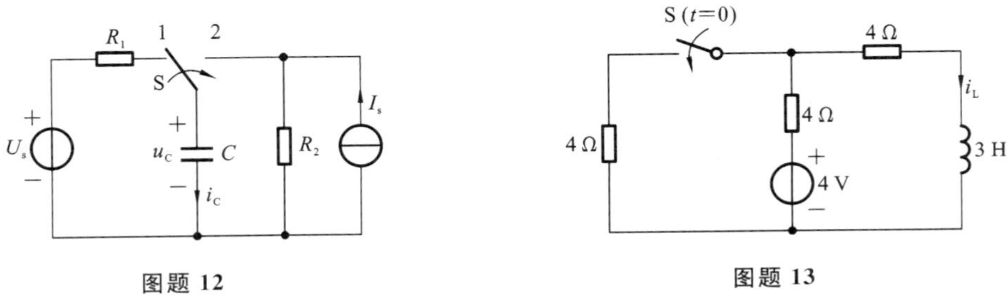

图题 12　　图题 13

14. 如图题 14 所示电路中，开关 S 在 $t=0$ 时闭合，试用三要素法求 $t\geqslant 0$ 时的 $i_L(t)$ 及 $u_L(t)$，并画出它们随时间变化而变化的曲线。

15. 如图题 15 所示电路中，换路前电路已经达到稳态，试用三要素法求 $t\geqslant 0$ 时的电容电压 $u_C(t)$ 和电容电流 $i_C(t)$，并画出它们随时间变化而变化的曲线。

16. 如图题16(a)所示电路中，$u_C(0)=1$ V，开关S在$t=0$时闭合，求得$u_C(t)=(6-5e^{-\frac{t}{2}t})$ V。若将电容换成1 H的电感，如图题16(b)所示，且知$i_L=1$ A，求$i_L(t)$。

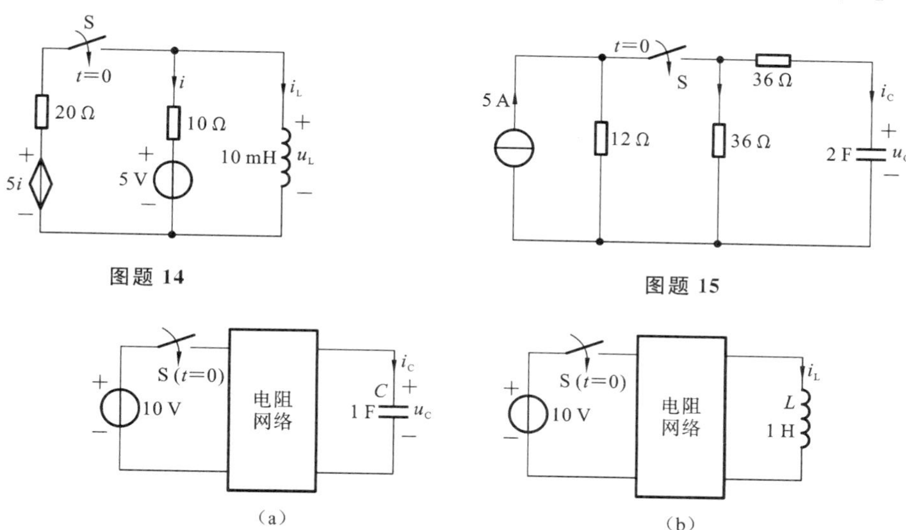

图题14

图题15

图题16

17. 图题17(a)所示电路中，电压源$u_s(t)$的波形如图题17(b)所示。试求电流$i_L(t)$。

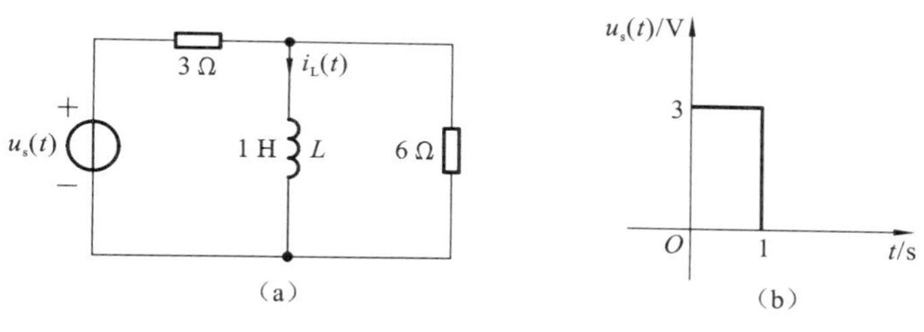

图题17

18. 已知RC电路对单位阶跃电流的零状态响应为$s(t)=2(1-e^{-t})\varepsilon(t)$，求该电路对图题18所示输入电流$i(t)$的零状态响应。

19. 图题19所示电路中，求单位冲激响应$u_C(t)$。

20. 图题20所示电路中，已知$R=4000$ Ω，$C=1$ μF，$L=1$ H，$u_C(0_-)=10$ V，$i_L(0_-)=2$ A，开关S在$t=0$时闭合。求$t\geqslant0$时的$u_C(t)$、$i(t)$。

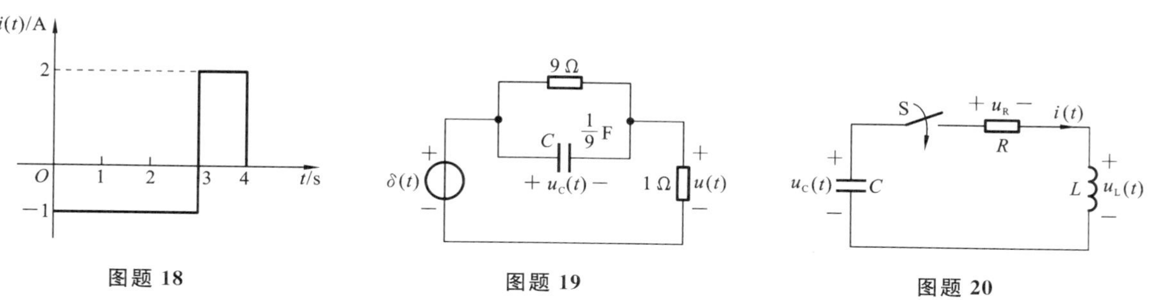

图题18

图题19

图题20

第 10 章 二端口网络

知识要点

- 了解二端口网络的 Z、Y、T、H 4 组参数方程和参数的计算方法；
- 熟悉二端口网络的等效电路与连接方式；
- 理解并掌握二端口网络参数矩阵及其相应等效电路的分析计算方法。

10.1 概　　述

端口：从端子 1 流入的电流等于从端子 1′流出的电流，则 1、1′两个端子构成一个端口。

二端口网络：具有两个端口的电路，如图 10-1 所示。1、1′为输入端口，2、2′为输出端口，以便与其他设备相连接。

在二端口网络中，端口电压的参考方向的选取和电流参考方向相关联，即从端子 1 指向端子 1′，端子 2 指向端子 2′，如图 10-1 所示。本章的二端口网络均采用这种表示形式。图 10-1 所示的二端口网络，可以用 4 个变量表示，分别为$\dot{U}_1$、$\dot{U}_2$ 和$\dot{I}_1$、$\dot{I}_2$。

在实际电路中，我们会遇到各种各样的二端口网络，例如变压器、滤波器等均属于二端口网络，如图 10-2 所示。

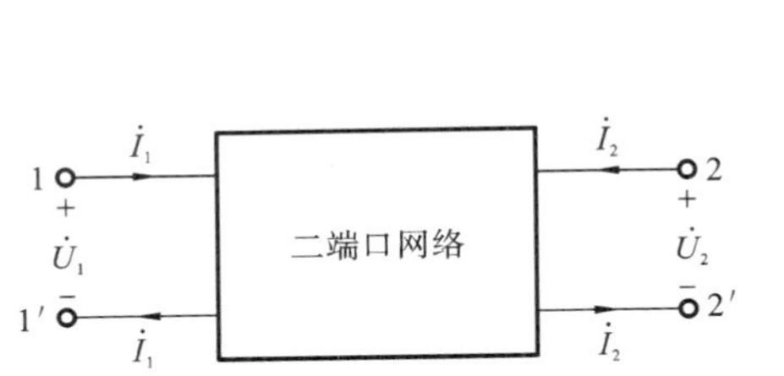

图 10-1　二端口网络的端口条件

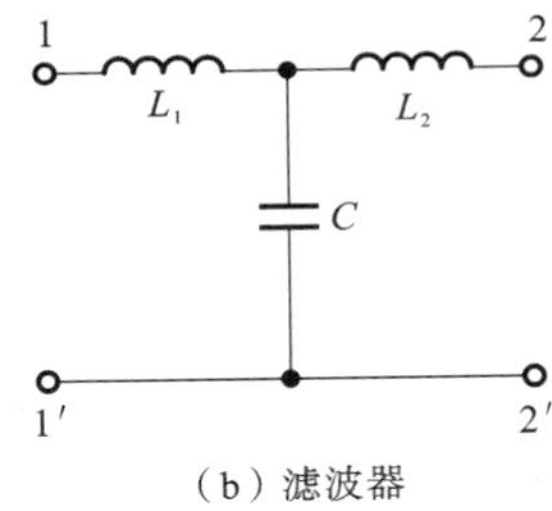

图 10-2　二端口网络

对于二端口网络，可以用 6 组参数表示，而本章只学习其中的 Z、Y、T 和 H 4 组参数。

10.2 二端口网络的阻抗参数和导纳参数

10.2.1 二端口网络的阻抗参数

在图 10-1 所示的二端口网络中，如果以端口电流$\dot{I}_1$ 和$\dot{I}_2$ 表示端口电压$\dot{U}_1$ 和$\dot{U}_2$，则可以得到一组用开路阻抗参数表示的方程。用替代定理将端口电流$\dot{I}_1$和$\dot{I}_2$分别用独立电流源替代，用叠加定理求出端口电压$\dot{U}_1$和$\dot{U}_2$，即

$$\left.\begin{aligned}\dot{U}_1=Z_{11}\dot{I}_1+Z_{12}\dot{I}_2\\ \dot{U}_2=Z_{21}\dot{I}_1+Z_{22}\dot{I}_2\end{aligned}\right\}\tag{10-1}$$

式(10-1)称为开路阻抗参数方程，也称为Z参数方程，而Z_{11}、Z_{21}、Z_{12}和Z_{22}称为二端口网络的Z参数。其实，阻抗参数方程也就是一组电压方程。

Z参数方程也可以用矩阵形式表示为

$$\begin{bmatrix}\dot{U}_1\\ \dot{U}_2\end{bmatrix}=\begin{bmatrix}Z_{11} & Z_{12}\\ Z_{21} & Z_{22}\end{bmatrix}\begin{bmatrix}\dot{I}_1\\ \dot{I}_2\end{bmatrix}=\boldsymbol{Z}\begin{bmatrix}\dot{I}_1\\ \dot{I}_2\end{bmatrix}\tag{10-2}$$

式中：$\boldsymbol{Z}$称为二端口网络的Z参数的矩阵。

$$\boldsymbol{Z}=\begin{bmatrix}Z_{11} & Z_{12}\\ Z_{21} & Z_{22}\end{bmatrix}$$

不难看出Z参数属于阻抗性质。

Z参数可以通过实验测量得到，也可以通过Z参数方程求得。用实验的方法测量Z参数时，Z参数可通过输入端口、输出端口时求出，故Z参数也称为开路阻抗参数。

如果在端口$11'$上外施电流源$\dot{I}_1$，而端口$22'$开路，即$\dot{I}_2=0$，如图10-3(a)所示，则可求得Z_{11}和Z_{21}分别为

$$Z_{11}=\left.\frac{\dot{U}_1}{\dot{I}_1}\right|_{\dot{I}_2=0},\quad Z_{11}\text{为端口}22'\text{开路时端口}11'\text{的输入阻抗}$$

$$Z_{21}=\left.\frac{\dot{U}_2}{\dot{I}_1}\right|_{\dot{I}_2=0},\quad Z_{21}\text{为端口}22'\text{开路时端口}22'\text{和端口}11'\text{之间的转移阻抗}$$

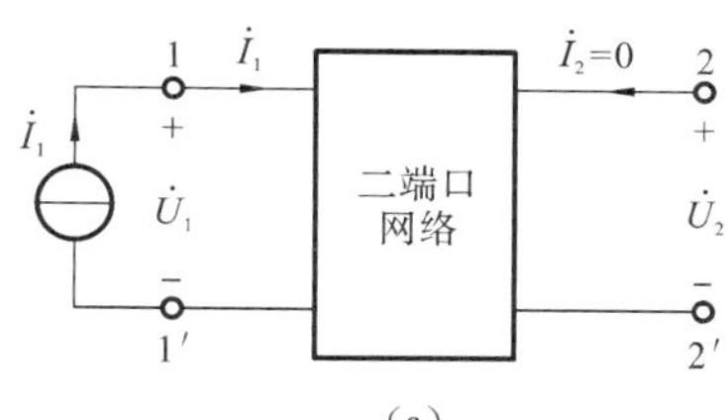

(a)

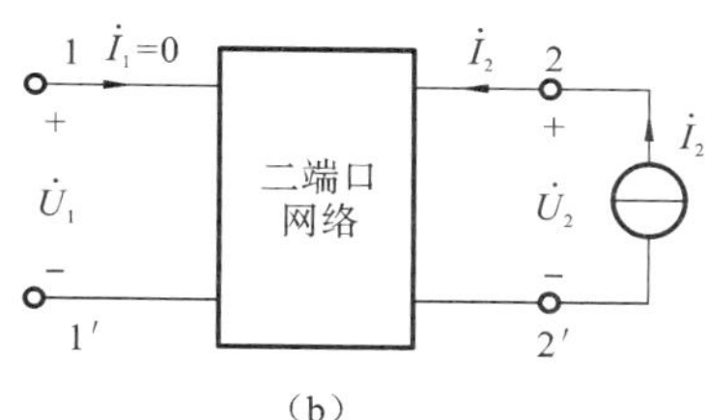

(b)

图10-3 开路阻抗参数的测定

如果在端口$22'$上外施电流源$\dot{I}_2$，而端口$11'$开路时，即$\dot{I}_1=0$，如图10-3(b)所示，则可求得Z_{12}和Z_{22}分别为

$$Z_{12}=\left.\frac{\dot{U}_1}{\dot{I}_2}\right|_{\dot{I}_1=0},\quad Z_{12}\text{为端口}11'\text{开路时端口}11'\text{与端口}22'\text{之间的转移阻抗}$$

$$Z_{22}=\left.\frac{\dot{U}_2}{\dot{I}_2}\right|_{\dot{I}_1=0},\quad Z_{22}\text{为端口}11'\text{开路时端口}22'\text{的输入阻抗}$$

【例10-1】 求图10-4所示电路的Z参数。

解 根据式(10-1)可先求出Z_{11}和Z_{21}。当端口$22'$开路时，电流$\dot{I}_2=0$。此时，电阻R和电容C串联，电感L虚短路，则

$$Z_{11}=\left.\frac{\dot{U}_1}{\dot{I}_1}\right|_{\dot{I}_2=0}=R+\frac{1}{\mathrm{j}\omega C}$$

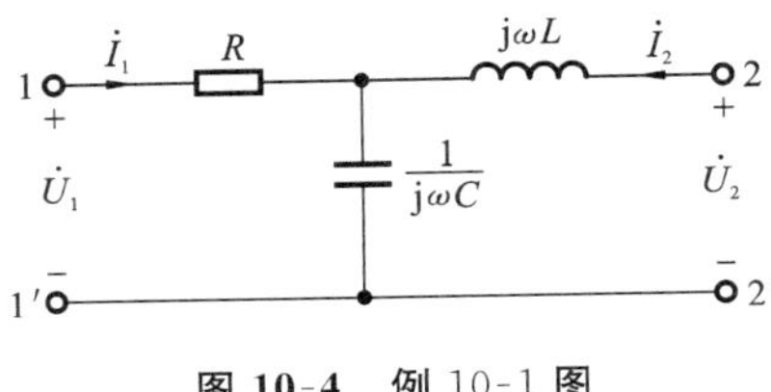

图 10-4　例 10-1 图

$$Z_{21}=\frac{\dot{U}_2}{\dot{I}_1}\bigg|_{\dot{I}_2=0}=\frac{1}{j\omega C}$$

同理，当端口 11′ 开路时，电流 $\dot{I}_1=0$，电阻 R 虚短路，电感 L 和电容 C 串联，则

$$Z_{12}=\frac{\dot{U}_1}{\dot{I}_2}\bigg|_{\dot{I}_1=0}=\frac{1}{j\omega C}$$

$$Z_{22}=\frac{\dot{U}_2}{\dot{I}_2}\bigg|_{\dot{I}_1=0}=j\omega L+\frac{1}{j\omega C}$$

故 Z 参数的矩阵为

$$\boldsymbol{Z}=\begin{bmatrix} R+\frac{1}{j\omega C} & \frac{1}{j\omega C} \\ \frac{1}{j\omega C} & j\omega L+\frac{1}{j\omega C} \end{bmatrix}$$

由 $\boldsymbol{Z}$ 矩阵可知，$Z_{12}=Z_{21}$，即二端口网络可用 3 个参数表征其工作性能。

【例 10-2】 求图 10-5 所示二端口网络的 Z 参数的矩阵。

解　解法一　根据开路阻抗参数定义求解

列出 Z 参数方程，然后在规定的端口条件下求解，即

$$\begin{cases}\dot{U}_1=Z_{11}\dot{I}_1+Z_{12}\dot{I}_2 \\ \dot{U}_2=Z_{21}\dot{I}_1+Z_{22}\dot{I}_2\end{cases}$$

当电流 $\dot{I}_2=0$ 时，受控电压源 $3\dot{I}_2=0$，可以把图 10-5 等效成图 10-6 所示电路，受控电流源 $2\dot{U}_3$ 和 2 Ω 电阻并联，由图 10-6 可求出

$$Z_{11}=\frac{\dot{U}_1}{\dot{I}_1}\bigg|_{\dot{I}_2=0}=(1+2)\ \Omega=3\ \Omega$$

$$Z_{21}=\frac{\dot{U}_2}{\dot{I}_1}\bigg|_{\dot{I}_2=0}=\frac{-4\dot{U}_3+\dot{U}_3}{\dot{I}_1}=\frac{-3\times(2\dot{I}_1)}{\dot{I}_1}\ \Omega=-6\ \Omega$$

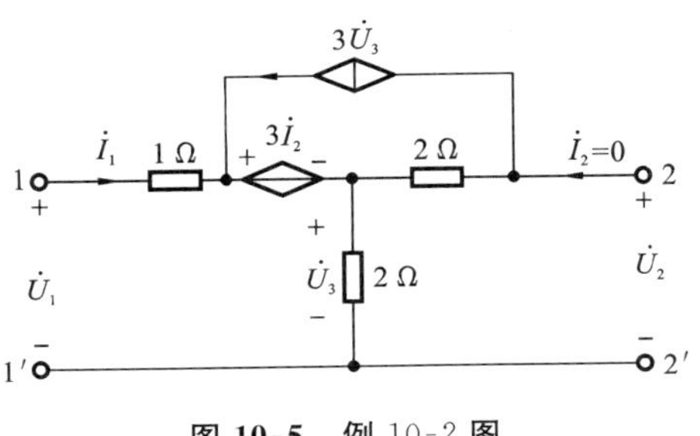

图 10-5　例 10-2 图

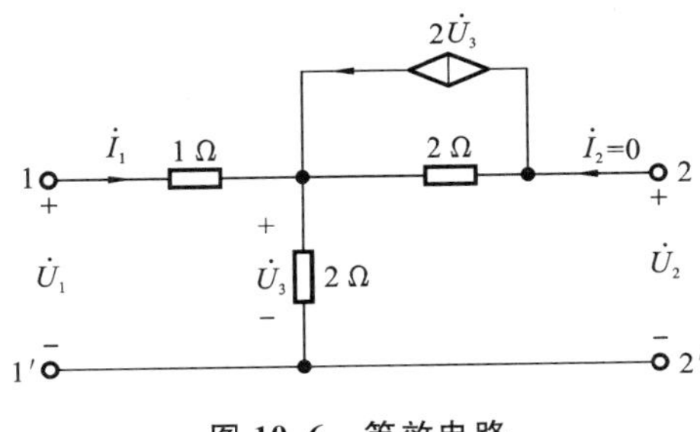

图 10-6　等效电路

当电流 $\dot{I}_1=0$ 时，通过化简可求出

$$Z_{12}=\frac{\dot{U}_1}{\dot{I}_2}\bigg|_{\dot{I}_1=0}=\frac{3\dot{I}_2+\dot{U}_3}{\dot{I}_2}=\frac{3\dot{I}_2+2\dot{I}_2}{\dot{I}_2}=5\ \Omega$$

$$Z_{22}=\frac{\dot{U}_2}{\dot{I}_2}\bigg|_{\dot{I}_1=0}=\frac{2(\dot{I}_2-2\dot{U}_3)+\dot{U}_3}{\dot{I}_2}=\frac{2\dot{I}_2-3\times2\dot{I}_2}{\dot{I}_2}=-4\ \Omega$$

由所得参数，可列出 Z 参数的矩阵为

$$\boldsymbol{Z}=\begin{bmatrix}3 & 5 \\ -6 & -4\end{bmatrix}$$

解法二　利用网孔电流法求解，选取回路方向如图10-7所示，故可列出网孔方程为

$$\begin{cases}(1+2)\dot{I}_1+2\dot{I}_2=-3\dot{I}_2+\dot{U}_1\\ 2\dot{I}_1+(2+2)\dot{I}_2-2(2\dot{U}_3)=\dot{U}_2\\ \dot{U}_3=2(\dot{I}_1+\dot{I}_2)\end{cases}$$

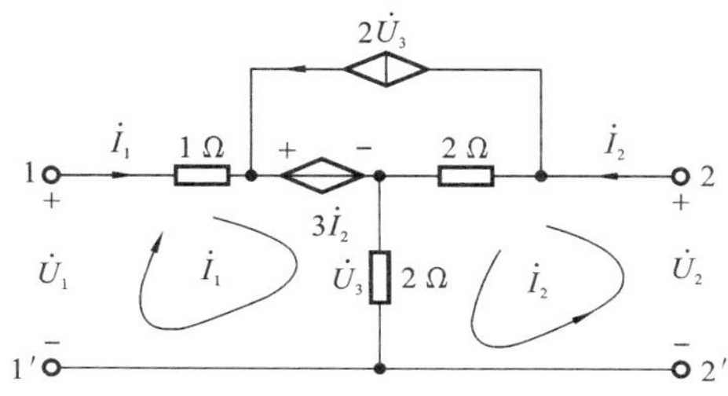

图10-7　用网孔电流法求Z参数

化简后可得

$$\begin{cases}\dot{U}_1=3\dot{I}_1+5\dot{I}_2\\ \dot{U}_2=-6\dot{I}_1-4\dot{I}_2\end{cases}$$

可得Z参数的矩阵为

$$\boldsymbol{Z}=\begin{bmatrix}3 & 5\\ -6 & -4\end{bmatrix}$$

由此结果可知，当二端口网络含有受控源时，$Z_{12}\neq Z_{21}$。表明此二端口网络必须用4个参数表征其电路的工作性能。

10.2.2　二端口网络的导纳参数

在如图10-1所示的二端口网络中，同样以端口电压$\dot{U}_1$和$\dot{U}_2$表示端口电流$\dot{I}_1$和$\dot{I}_2$，则可得到一组用导纳参数表示的方程。用替代定理将端口电压$\dot{U}_1$和$\dot{U}_2$分别用独立电压源替代，根据叠加定理求出电流$\dot{I}_1$和$\dot{I}_2$分别为

$$\left.\begin{aligned}\dot{I}_1=Y_{11}\dot{U}_1+Y_{12}\dot{U}_2\\ \dot{I}_2=Y_{21}\dot{U}_1+Y_{22}\dot{U}_2\end{aligned}\right\}\tag{10-3}$$

式(10-3)称为短路导纳参数方程，也称为Y参数方程，而Y_{11}、Y_{21}、Y_{12}、Y_{22}称为二端口网络的Y参数。同样地，导纳参数方程也就是一组电流方程。

Y参数方程可以写成矩阵形式为

$$\begin{bmatrix}\dot{I}_1\\ \dot{I}_2\end{bmatrix}=\begin{bmatrix}Y_{11} & Y_{12}\\ Y_{21} & Y_{22}\end{bmatrix}\begin{bmatrix}\dot{U}_1\\ \dot{U}_2\end{bmatrix}=\boldsymbol{Y}\begin{bmatrix}\dot{U}_1\\ \dot{U}_2\end{bmatrix}\tag{10-4}$$

式中：$\boldsymbol{Y}$称为二端口网络的Y参数的矩阵。

$$\boldsymbol{Y}=\begin{bmatrix}Y_{11} & Y_{12}\\ Y_{21} & Y_{22}\end{bmatrix}$$

Y参数可以通过实验测量得到，也可以通过Y参数方程求得。用实验的方法测量Y参数时，Y参数可通过将输入端口、输出端口短路求出，故Y参数又称为短路导纳参数。

如图10-8(a)所示，在端口11′上外施电压$\dot{U}_1$，而把端口22′短路，即$\dot{U}_2=0$，就可求得Y_{11}和Y_{21}分别为

$$Y_{11}=\left.\frac{\dot{I}_1}{\dot{U}_1}\right|_{\dot{U}_2=0}，\quad Y_{11}\text{为端口22′短路时端口11′的输入导纳}$$

$$Y_{21}=\left.\frac{\dot{I}_2}{\dot{U}_1}\right|_{\dot{U}_2=0}，\quad Y_{21}\text{为端口22′短路时端口11′与端口22′之间的转移导纳}$$

同理，如图10-8(b)所示，在端口22′外施电压$\dot{U}_2$，而把端口11′短路，即$\dot{U}_1=0$，就可求得Y_{12}和Y_{22}分别为

$$Y_{12}=\left.\frac{\dot{I}_1}{\dot{U}_2}\right|_{\dot{U}_1=0}，\quad Y_{12}\text{为端口11′短路时端口22′与端口11′之间的转移导纳}$$

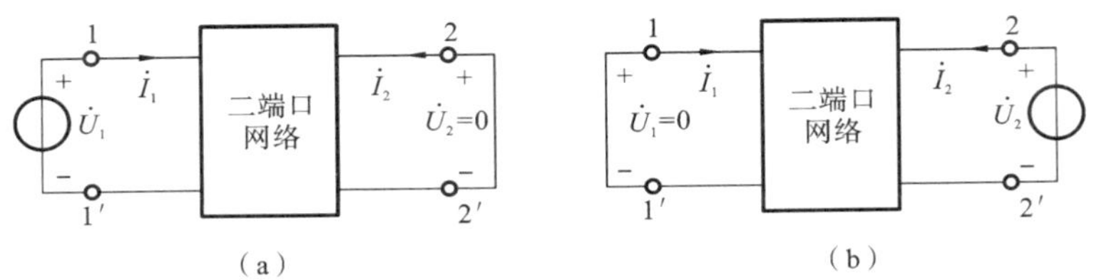

图 10-8 短路导纳参数的测定电路

$$Y_{22}=\frac{\dot{I}_2}{\dot{U}_2}\bigg|_{\dot{U}_1=0},\quad Y_{22}\text{为端口 }11'\text{短路时端口 }22'\text{的输入导纳}$$

【例 10-3】 求图 10-9(a)所示二端口网络的 Y 参数。

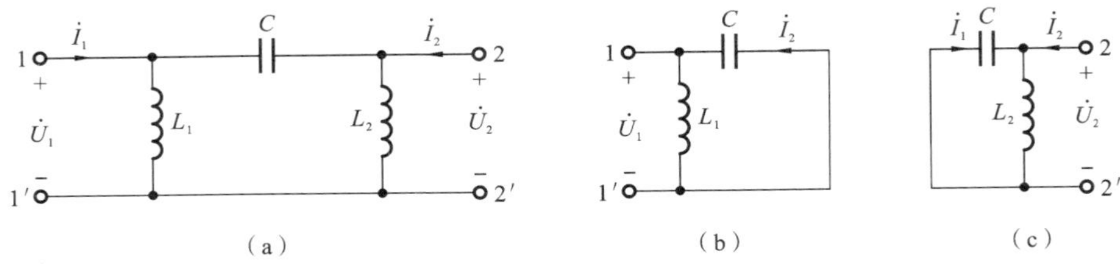

图 10-9 例 10-3 图

解 当端口 22′短路时，$\dot{U}_2=0$，图 10-9(a)所示电路可简化为图 10-9(b)所示电路，根据式(10-3)可求出相应导纳分别为

$$Y_{11}=\frac{\dot{I}_1}{\dot{U}_1}\bigg|_{\dot{U}_2=0}=\mathrm{j}\omega C+\frac{1}{\mathrm{j}\omega L_1}$$

$$Y_{21}=\frac{\dot{I}_2}{\dot{U}_1}\bigg|_{\dot{U}_2=0}=-\mathrm{j}\omega C$$

同理，当端口 11′短路时，$\dot{U}_1=0$，图 10-9(a)所示电路可简化为图 10-9(c)所示电路，可求得

$$Y_{12}=\frac{\dot{I}_1}{\dot{U}_2}\bigg|_{\dot{U}_1=0}=-\mathrm{j}\omega C$$

$$Y_{22}=\frac{\dot{I}_2}{\dot{U}_2}\bigg|_{\dot{U}_1=0}=\mathrm{j}\omega C+\frac{1}{\mathrm{j}\omega L_2}$$

由所得参数写出该电路的 Y 参数的矩阵为

$$\boldsymbol{Y}=\begin{bmatrix}\mathrm{j}\omega C+\frac{1}{\mathrm{j}\omega L_1} & -\mathrm{j}\omega C\\ -\mathrm{j}\omega C & \mathrm{j}\omega C+\frac{1}{\mathrm{j}\omega L_2}\end{bmatrix}$$

10.3 二端口网络的传输参数和混合参数

10.3.1 二端口网络的传输参数

在实际电路的分析研究中，参数方程的形式往往需要变化。例如，在放大电路中，由于输

入的电压信号是小信号，即电压的数量级是毫伏级，而输出信号往往是几伏的电压信号，通常单级放大电路的放大倍数是几十倍到一百多倍，如果达不到单元电路信号放大倍数的要求，此时需要连接几个放大电路，把前一级的输出电压、电流作为下一级的输入电压、电流。对于复杂网络系统还需要引入传输参数方程来解决问题。

如果以电压$\dot{U}_2$和电流$\dot{I}_2$作为独立变量，由图 10-10 所示电路可以得到传输参数方程为

$$\left.\begin{aligned}\dot{U}_1&=A\dot{U}_2-B\dot{I}_2\\ \dot{I}_1&=C\dot{U}_2-D\dot{I}_2\end{aligned}\right\}\qquad(10\text{-}5)$$

图 10-10 输入电压、电流激励的二端口网络

式(10-5)可以写成传输参数矩阵形式，即

$$\begin{bmatrix}\dot{U}_1\\ \dot{I}_1\end{bmatrix}=\begin{bmatrix}A & B\\ C & D\end{bmatrix}\begin{bmatrix}\dot{U}_2\\ -\dot{I}_2\end{bmatrix}=\boldsymbol{T}\begin{bmatrix}\dot{U}_2\\ -\dot{I}_2\end{bmatrix}\qquad(10\text{-}6)$$

式中：传输参数 A、B、C、D 也称为 T 参数。为了方便分析，在$\dot{I}_2$前面加了负号。式(10-5)中各参数通过端口 22′开路和短路时分别求出，其参数计算及物理含义如下。

当输出端口 22′开路时，可求出参数 A、C 分别为

$$A=\left.\frac{\dot{U}_1}{\dot{U}_2}\right|_{\dot{I}_2=0}，\quad \text{输入电压和输出电压之比}$$

$$C=\left.\frac{\dot{I}_1}{\dot{U}_2}\right|_{\dot{I}_2=0}，\quad \text{端口 22′和端口 11′之间的转移导纳}$$

当输出端口 22′短路时，可求出参数 B、D 分别为

$$B=-\left.\frac{\dot{U}_1}{\dot{I}_2}\right|_{\dot{U}_2=0}，\quad \text{端口 11′和端口 22′之间的转移阻抗}$$

$$D=-\left.\frac{\dot{I}_1}{\dot{I}_2}\right|_{\dot{U}_2=0}，\quad \text{输入电流和输出电流之比}$$

参数 A、D 无量纲，参数 B 的量纲为电阻量纲(Ω)，参数 C 的量纲为电导量纲(S)。

【例 10-4】 求图 10-11 所示理想变压器的 T 参数。

解 根据理想变压器的伏安特性可列出如下方程：

$$\begin{cases}\dot{U}_1=K\dot{U}_2\\ \dot{I}_1=-\dfrac{1}{K}\dot{I}_2\end{cases}$$

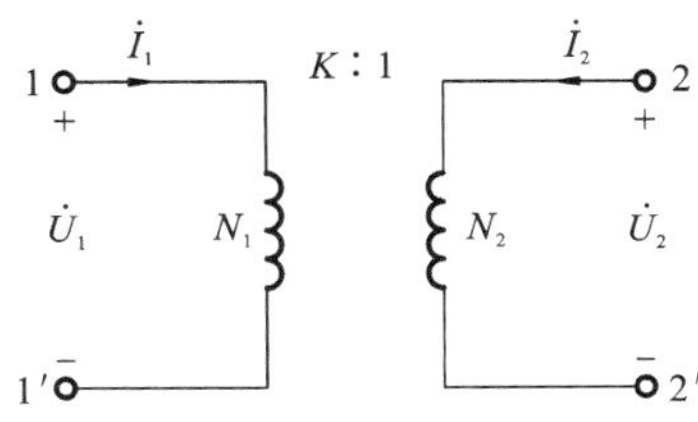

图 10-11 例 10-4 图

由上式和传输参数方程比较，可得出对应的 T 参数，则该电路的 T 参数的矩阵为

$$\boldsymbol{T}=\begin{bmatrix}K & 0\\ 0 & \dfrac{1}{K}\end{bmatrix}$$

【例 10-5】 求图 10-12 所示二端口网络的 T 参数的矩阵。

解 根据式(10-5)，先令图 10-12 所示电路的端口 22′开路，可分别求出参数 A、C 分别为

$$A=\left.\frac{\dot{U}_1}{\dot{U}_2}\right|_{\dot{I}_2=0}=\frac{\dot{U}_1}{\dfrac{4}{2+4}\dot{U}_1}=\frac{6}{4}=1.5$$

$$C=\left.\frac{\dot{I}_1}{\dot{U}_2}\right|_{\dot{I}_2=0}=\frac{\dot{I}_1}{4\dot{I}_1}\ \text{S}=0.25\ \text{S}$$

再令图 10-12 所示电路的端口 22′短路，可分别求出参数 B、D 分别为

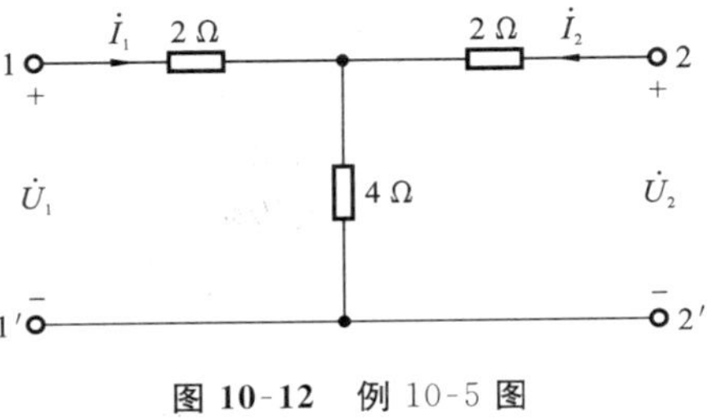

图 10-12　例 10-5 图

$$B=-\frac{\dot{U}_1}{\dot{I}_2}\bigg|_{\dot{U}_2=0}=\frac{(2+2//4)\times\dot{I}_1}{-\frac{4}{4+2}\dot{I}_1}\ \Omega=-5\ \Omega$$

$$D=-\frac{\dot{I}_1}{\dot{I}_2}\bigg|_{\dot{U}_2=0}=-\frac{\dot{I}_1}{-\frac{4}{4+2}\dot{I}_1}=\frac{6}{4}=1.5$$

由所得参数可写出 T 参数的矩阵为

$$\boldsymbol{T}=\begin{bmatrix}1.5 & -5\\ 0.25 & 1.5\end{bmatrix}$$

10.3.2　二端口网络的混合参数

在二端口网络中，如果选取端口电流 $\dot{I}_1$ 和电压 $\dot{U}_2$ 作为独立变量，相当于在一端口加上电流源的作用，而另一端口加上电压源的作用，如图 10-13 所示。列出二端口网络的方程采用的是 H 参数。

图 10-13　电流源、电压源激励的二端口网络

由图 10-13 所示电路得出二端口网络的 H 参数方程为

$$\left.\begin{aligned}\dot{U}_1&=H_{11}\dot{I}_1+H_{12}\dot{U}_2\\ \dot{I}_2&=H_{21}\dot{I}_1+H_{22}\dot{U}_2\end{aligned}\right\}\tag{10-7}$$

式(10-7)也可以写成矩阵的形式为

$$\begin{bmatrix}\dot{U}_1\\ \dot{I}_1\end{bmatrix}=\begin{bmatrix}H_{11} & H_{12}\\ H_{21} & H_{22}\end{bmatrix}\begin{bmatrix}\dot{I}_1\\ \dot{U}_2\end{bmatrix}=\boldsymbol{H}\begin{bmatrix}\dot{I}_1\\ \dot{U}_2\end{bmatrix}\tag{10-8}$$

式中：$\boldsymbol{H}$ 称为二端口网络的 H 参数的矩阵。

$$\boldsymbol{H}=\begin{bmatrix}H_{11} & H_{12}\\ H_{21} & H_{22}\end{bmatrix}$$

H 参数可由端口 11′开路和端口 22′短路求出。若端口 22′短路，即 $\dot{U}_2=0$，则可求出 H_{11} 和 H_{21} 分别为

$$H_{11}=\frac{\dot{U}_1}{\dot{I}_1}\bigg|_{\dot{U}_2=0}，\quad 端口 11′的输入阻抗$$

$$H_{21}=\frac{\dot{I}_2}{\dot{I}_1}\bigg|_{\dot{U}_2=0}，\quad 输出电流和输入电流之比$$

若二端口网络的端口 11′开路，即 $\dot{I}_1=0$，则可求出 H_{12} 和 H_{22} 分别为

$$H_{12}=\frac{\dot{U}_1}{\dot{U}_2}\bigg|_{\dot{I}_1=0}，\quad 输入电压和输出电压之比$$

$$H_{22}=\frac{\dot{I}_2}{\dot{U}_2}\bigg|_{\dot{I}_1=0}，\quad 端口 22′和端口 11′之间的转移导纳$$

H_{12}、H_{21} 无量纲，H_{11} 的量纲为电阻量纲(Ω)，H_{22} 的量纲为电导量纲(S)。

【例 10-6】　在图 10-14 所示电路中，已知 $R_1=R_2=R_3=1\ \Omega$，求 H 参数。

解　由图 10-14 所示电路可列出方程为

$$\dot{U}_1=\left(\dot{I}_1-\frac{\dot{U}_1}{R_1}\right)R_2+2\dot{U}_2$$

$$\dot{I}_2=\frac{\dot{U}_2-2\dot{U}_2}{R_3}$$

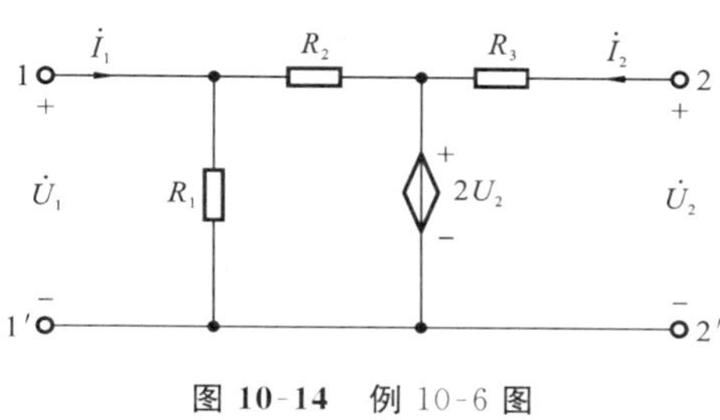

图 10-14　例 10-6 图

解得

$$\dot{U}_1=\frac{1}{2}\dot{I}_1+\dot{U}_2$$

$$\dot{I}_2=-\dot{U}_2$$

得 **H** 矩阵为

$$\boldsymbol{H}=\begin{bmatrix}\frac{1}{2} & 1\\ 0 & -1\end{bmatrix}$$

10.4　二端口等效电路

"等效"的概念在电路分析中的应用非常广泛。在电路中，如果电路 A 和电路 B 对于电路 C 有相同的电压和电流，就可以说电路 A 和电路 B 是等效的。二端口网络的等效电路有戴维南等效电路和诺顿等效电路。它们都含有一个理想电源和一个电阻。对于无源(不含受控源)二端口网络，可用含三个元件的等效电路进行替代，简单的二端口网络有 T 形和 Π 形两种形式。

下面对常用的 Z、Y 参数的等效电路进行分析。首先建立 Z 参数的等效电路，Z 参数的等效电路可以通过两种方法求得。

方法 1　直接由参数方程得到等效电路。根据式(10-1)可以得到 Z 参数的等效电路，该电路中包含两个受控源，也称双源 Z 参数等效电路，如图 10-15 所示。

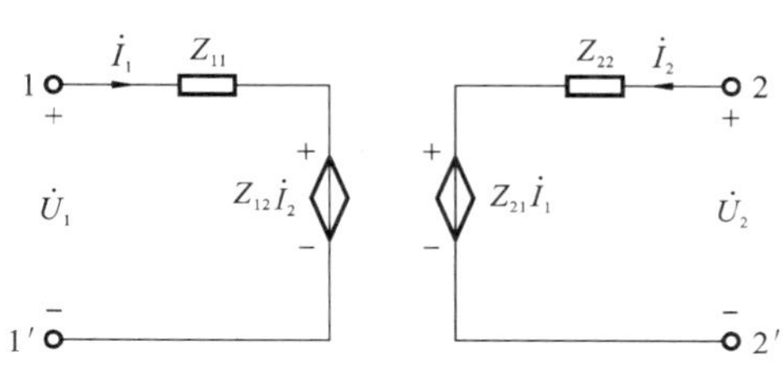

图 10-15　双源 Z 参数等效电路

方法 2　采用等效变换的方法。

方法 1 虽然能得到等效电路，但等效电路的结构不是最简单的。若要得到等效电路的 T 形电路，则需要进行如下变换。

第一种情况，当 $Z_{12}=Z_{21}$ 时，式(10-1)可写成

$$\left.\begin{aligned}\dot{U}_1&=Z_{11}\dot{I}_1+Z_{12}\dot{I}_2\\ \dot{U}_2&=Z_{12}\dot{I}_1+Z_{22}\dot{I}_2\end{aligned}\right\}\tag{10-9}$$

式中：Z_{12} 中流过 $\dot{I}_1$ 和 $\dot{I}_2$，所以 Z_{12} 就是互阻抗。故式(10-9)可写为

$$\left.\begin{aligned}\dot{U}_1&=Z_{11}\dot{I}_1+Z_{12}\dot{I}_2=(Z_{11}-Z_{12})\dot{I}_1+Z_{12}(\dot{I}_1+\dot{I}_2)\\ \dot{U}_2&=Z_{12}\dot{I}_1+Z_{22}\dot{I}_2=Z_{12}(\dot{I}_1+\dot{I}_2)+(Z_{22}-Z_{12})\dot{I}_2\end{aligned}\right\}\tag{10-10}$$

由式(10-10)画出的 T 形等效电路如图 10-16 所示。

第二种情况，当 $Z_{12}\neq Z_{21}$ 时，电路含有受控电压源，在 T 形电路结构不变的情况下，将式(10-1)进行如下变换：

$$\left.\begin{aligned}\dot U_1&=Z_{11}\dot I_1+Z_{12}\dot I_2=(Z_{11}-Z_{12})\dot I_1+Z_{12}(\dot I_1+\dot I_2)\\ \dot U_2&=Z_{12}\dot I_1+Z_{22}\dot I_2=Z_{12}(\dot I_1+\dot I_2)+(Z_{22}-Z_{12})\dot I_2+(Z_{21}-Z_{12})\dot I_1\end{aligned}\right\}\quad(10\text{-}11)$$

由式(10-11)画出的等效电路如图 10-17 所示。

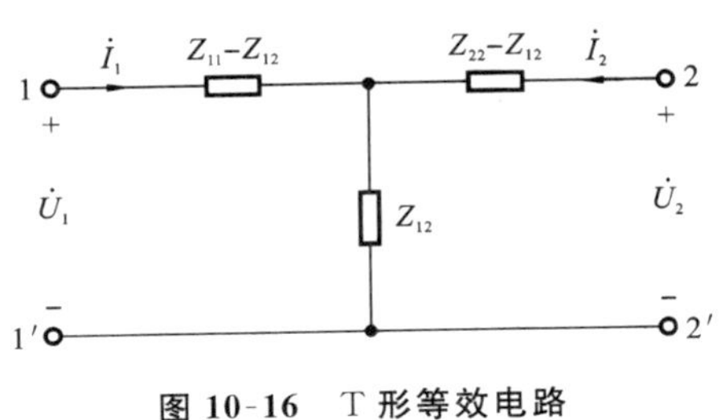

图 10-16　T 形等效电路

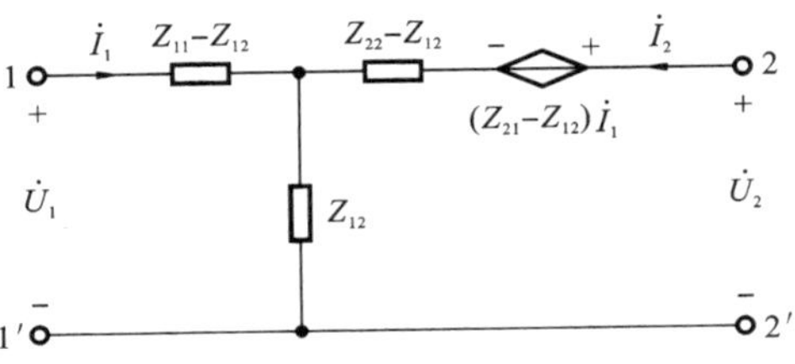

图 10-17　含有受控源的 T 形等效电路

10.5　二端口网络的连接

大多数网络是复杂的，由多个二端口网络组成。二端口网络的连接方式包含串联、并联和级联。

10.5.1　二端口网络的串联

一个二端口网络的串联电路如图 10-18 所示。两个二端口网络 N_1 和 N_2 串联形成一个新的二端口网络 N 后，网络 N_1 和网络 N_2 可能是二端口网络，也可能不是二端口网络，如何保证各二端口网络在连接后仍然保持端口的电流约束关系，本章不进行讨论。但是，如果两个二端口网络在串联后仍然保持各自端口的电流约束关系，则串联后的二端口网络的 Z 参数等于网络 N_1、N_2 的 Z 参数之和。所以可以通过开路阻抗参数进行计算。

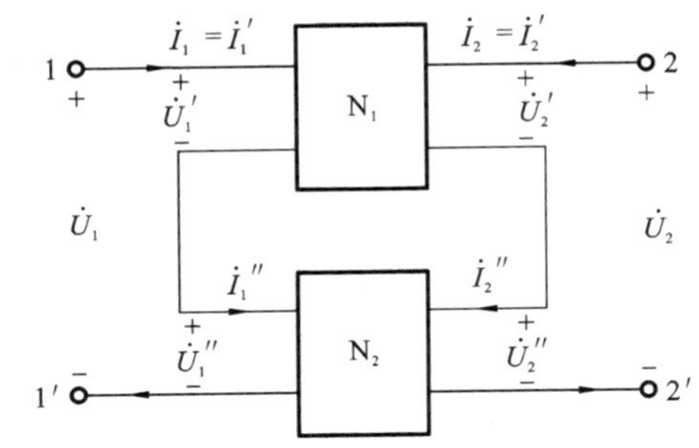

图 10-18　二端口网络的串联

由图 10-18 可知，对于串联的二端口网络，流过两个网络的电流相等，即 $\dot I_1=\dot I'_1=\dot I''_1$，$\dot I_2=\dot I'_2=\dot I''_2$。设二端口网络 N_1 和 N_2 的 $\boldsymbol Z$ 矩阵分别是 $\boldsymbol Z_1$ 和 $\boldsymbol Z_2$，即

$$\begin{bmatrix}\dot U'_1\\ \dot U'_2\end{bmatrix}=\boldsymbol Z_1\begin{bmatrix}\dot I'_1\\ \dot I'_2\end{bmatrix}$$

$$\begin{bmatrix}\dot U''_1\\ \dot U''_2\end{bmatrix}=\boldsymbol Z_2\begin{bmatrix}\dot I''_1\\ \dot I''_2\end{bmatrix}$$

由其串联性质可得

$$\begin{bmatrix}\dot U_1\\ \dot U_2\end{bmatrix}=\begin{bmatrix}\dot U'_1\\ \dot U'_2\end{bmatrix}+\begin{bmatrix}\dot U''_1\\ \dot U''_2\end{bmatrix}=\boldsymbol Z_1\begin{bmatrix}\dot I'_1\\ \dot I'_2\end{bmatrix}+\boldsymbol Z_2\begin{bmatrix}\dot I''_1\\ \dot I''_2\end{bmatrix}=(\boldsymbol Z_1+\boldsymbol Z_2)\begin{bmatrix}\dot I_1\\ \dot I_2\end{bmatrix}=\boldsymbol Z\begin{bmatrix}\dot I_1\\ \dot I_2\end{bmatrix}$$

复合网络的 $\boldsymbol Z$ 矩阵为

$$\boldsymbol{Z}=\boldsymbol{Z}_1+\boldsymbol{Z}_2 \tag{10-12}$$

式(10-12)说明串联二端口网络的开路阻抗矩阵等于各个二端口网络的开路阻抗矩阵之和。要注意的是，当两个二端口网络串联时，应当保证二端口网络的输入、输出端口条件不被破坏，称为有效串联。

【例 10-7】 二端口网络 N_1、N_2 如图 10-19 所示。试求：(1) 两个二端口网络的 Z 参数；(2) 如果把两个二端口网络串联起来，求串联后网络的 Z 参数。

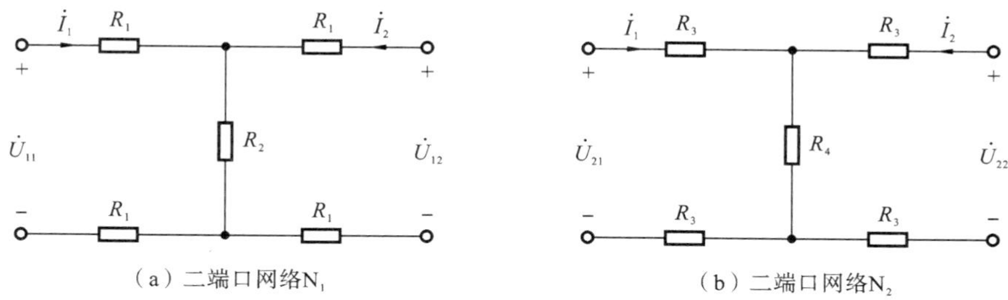

图 10-19 例 10-7 图

解 (1) 求出图 10-19(a)所示二端口网络的 Z 参数，由回路电流法列方程，得

$$\dot{U}_{11}=(2R_1+R_2)\dot{I}_1+R_2\dot{I}_2$$

$$\dot{U}_{12}=R_2\dot{I}_1+(2R_1+R_2)\dot{I}_2$$

可得

$$\boldsymbol{Z}_1=\begin{bmatrix}2R_1+R_2 & R_2\\ R_2 & 2R_1+R_2\end{bmatrix}$$

(2) 求出图 10-19(b)所示二端口网络的 Z 参数，由回路电流法列方程，得

$$\dot{U}_{21}=(2R_3+R_4)\dot{I}_1+R_4\dot{I}_2$$

$$\dot{U}_{22}=R_4\dot{I}_1+(2R_3+R_4)\dot{I}_2$$

可得

$$\boldsymbol{Z}_2=\begin{bmatrix}2R_3+R_4 & R_4\\ R_4 & 2R_3+R_4\end{bmatrix}$$

所以

$$\boldsymbol{Z}=\boldsymbol{Z}_1+\boldsymbol{Z}_2=\begin{bmatrix}2(R_1+R_3)+R_2+R_4 & R_2+R_4\\ R_2+R_4 & 2(R_1+R_3)+R_2+R_4\end{bmatrix}$$

对于例 10-7 所示电路，若按照图 10-18 所示方式把网络 N_1 和网络 N_2 进行串联，可得出两个二端口网络串联的电路。由此电路可求出串联后的二端口网络的 Z 参数的矩阵为

$$\boldsymbol{Z}=\begin{bmatrix}\frac{2}{3}(R_1+R_3)+R_2+R_4 & R_2+R_4+\frac{1}{2}(R_1+R_3)\\ R_2+R_4+\frac{1}{2}(R_1+R_3) & \frac{2}{3}(R_1+R_3)+R_2+R_4\end{bmatrix}$$

由上述两式比较得知，电路串联后的 $\boldsymbol{Z}$ 矩阵不等于两个参数矩阵 $\boldsymbol{Z}_1$、$\boldsymbol{Z}_2$ 之和。如何判断二端口网络连接的有效性呢？应当保证二端口网络的输入和输出端口条件不被破坏。对于串联来说，设在两个端口各连接相同的电流源，则两个网络能够进行有效的串联，否则要另外计算。

10.5.2 二端口网络的并联

同理，如果两个二端口网络并联后仍能保持端口电流的约束关系，则并联后的二端口网络的 Y 参数等于各 Y 参数之和。

二端口网络并联电路如图 10-20 所示。对于二端口并联网络，由图 10-20 可得

$$\begin{cases}\dot{I}_1=\dot{I}'_1+\dot{I}''_1\\ \dot{I}_2=\dot{I}'_2+\dot{I}''_2\end{cases}$$

由 Y 参数方程得二端口网络 N_1 的 Y 参数的矩阵为 $\boldsymbol{Y}_1$，有

$$\begin{bmatrix}\dot{I}'_1\\ \dot{I}'_2\end{bmatrix}=\begin{bmatrix}Y'_{11} & Y'_{12}\\ Y'_{21} & Y'_{22}\end{bmatrix}\begin{bmatrix}\dot{U}'_1\\ \dot{U}'_2\end{bmatrix}=\boldsymbol{Y}_1\begin{bmatrix}\dot{U}'_1\\ \dot{U}'_2\end{bmatrix}$$

二端口网络 N_2 的 Y 参数的矩阵为 $\boldsymbol{Y}_2$，有

$$\begin{bmatrix}\dot{I}''_1\\ \dot{I}''_2\end{bmatrix}=\begin{bmatrix}Y''_{11} & Y''_{12}\\ Y''_{21} & Y''_{22}\end{bmatrix}\begin{bmatrix}\dot{U}''_1\\ \dot{U}''_2\end{bmatrix}=\boldsymbol{Y}_2\begin{bmatrix}\dot{U}''_1\\ \dot{U}''_2\end{bmatrix}$$

根据电路并联的特性，电压和电流要满足

$$\begin{cases}\dot{U}_1=\dot{U}'_1=\dot{U}''_1\\ \dot{I}_1=\dot{I}'_1=\dot{I}''_1\\ \dot{U}_2=\dot{U}'_2=\dot{U}''_2\\ \dot{I}_2=\dot{I}'_2=\dot{I}''_2\end{cases}$$

可得

$$\begin{bmatrix}\dot{I}_1\\ \dot{I}_2\end{bmatrix}=\begin{bmatrix}\dot{I}'_1\\ \dot{I}'_2\end{bmatrix}+\begin{bmatrix}\dot{I}''_1\\ \dot{I}''_2\end{bmatrix}=\begin{bmatrix}Y'_{11}+Y''_{11} & Y'_{12}+Y''_{12}\\ Y'_{21}+Y''_{21} & Y'_{22}+Y''_{22}\end{bmatrix}\begin{bmatrix}\dot{U}_1\\ \dot{U}_2\end{bmatrix}=\begin{bmatrix}Y_{11} & Y_{12}\\ Y_{21} & Y_{22}\end{bmatrix}\begin{bmatrix}\dot{U}_1\\ \dot{U}_2\end{bmatrix}$$

则二端口网络并联的 $\boldsymbol{Y}$ 矩阵为

$$\boldsymbol{Y}=\boldsymbol{Y}_1+\boldsymbol{Y}_2 \tag{10-13}$$

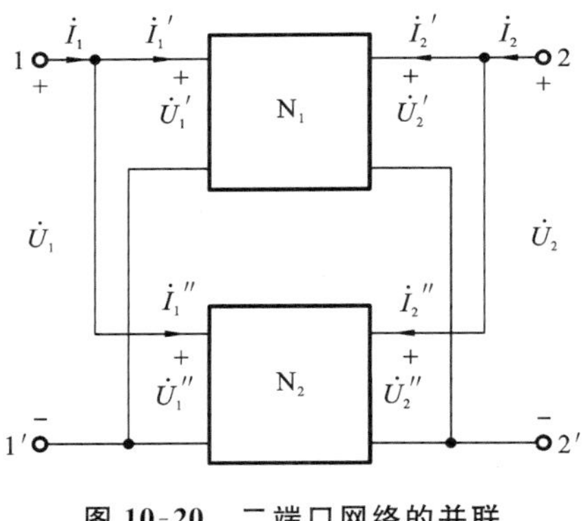

图 10-20 二端口网络的并联

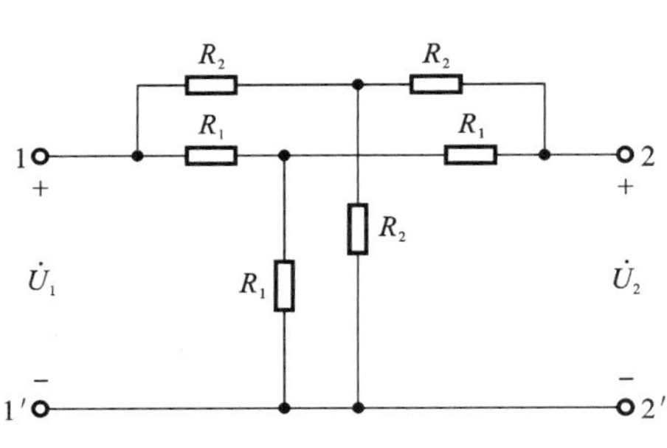

图 10-21 例 10-8 图

【例 10-8】 求图 10-21 所示二端口网络并联的 Y 参数，已知 $R_1=2\ \Omega$，$R_2=4\ \Omega$。

解 图 10-21 所示电路可看成是两个二端口网络的并联电路，两个二端口网络分别如图 10-22(a)、(b)所示。

(1) 由图 10-22(a)所示电路求出 Y_1 参数，由网孔电流法列方程得

$$\dot{U}_1=2R_1\dot{I}'_1+R_1\dot{I}'_2$$

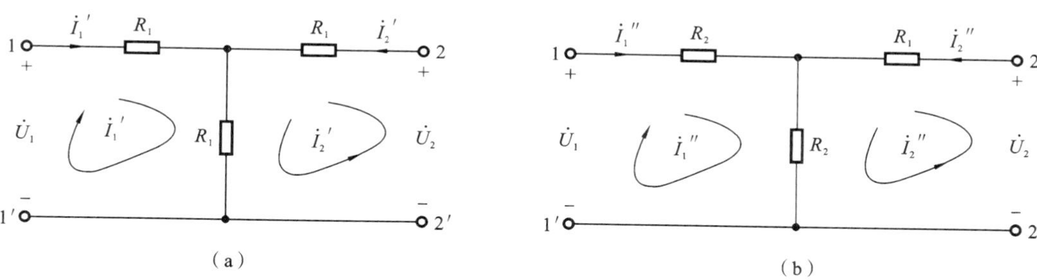

图 10-22 图 10-21 的分解

$$\dot{U}_2 = R_1 \dot{I}'_1 + 2R_1 \dot{I}'_2$$

得 Z_1 参数的矩阵为

$$\boldsymbol{Z}_1 = \begin{bmatrix} 2R_1 & R_1 \\ R_1 & 2R_1 \end{bmatrix}$$

代入 $R_1 = 2\ \Omega$，得出 $\boldsymbol{Z}_1 = \begin{bmatrix} 4 & 2 \\ 2 & 4 \end{bmatrix}$

$$\boldsymbol{Y}_1 = \boldsymbol{Z}_1^{-1} = \begin{bmatrix} \frac{1}{3} & -\frac{1}{6} \\ -\frac{1}{6} & \frac{1}{3} \end{bmatrix}$$

(2) 由图 10-22(b)所示电路求出 Y_2 参数，由网孔电流法列方程得

$$\dot{U}_1 = 2R_2 \dot{I}''_1 + R_2 \dot{I}''_2$$

$$\dot{U}_2 = R_2 \dot{I}''_1 + 2R_2 \dot{I}''_2$$

得 Z_2 参数的矩阵为

$$\boldsymbol{Z}_2 = \begin{bmatrix} 2R_2 & R_2 \\ R_2 & 2R_2 \end{bmatrix}$$

代入 $R_2 = 4\ \Omega$，得出 $\boldsymbol{Z}_2 = \begin{bmatrix} 8 & 4 \\ 4 & 8 \end{bmatrix}$

$$\boldsymbol{Y}_2 = \boldsymbol{Z}_2^{-1} = \begin{bmatrix} \frac{1}{6} & -\frac{1}{12} \\ -\frac{1}{12} & \frac{1}{6} \end{bmatrix}$$

总的 $\boldsymbol{Y}$ 矩阵为

$$\boldsymbol{Y} = \boldsymbol{Y}_1 + \boldsymbol{Y}_2 = \begin{bmatrix} \frac{1}{2} & -\frac{1}{4} \\ -\frac{1}{4} & \frac{1}{2} \end{bmatrix}$$

注：以 2×2 矩阵为例，将主对角线元素互换，次对角线元素添加负号(不换)，然后除以原始矩阵的行列式就可求得矩阵的逆矩阵。

10.5.3 二端口网络的级联

二端口网络的级联是将后一级的输入和前一级的输出相连，如图 10-23 所示。由传输参数矩阵的特性可知，在分析级联的二端口网络时，可以采用传输参数。

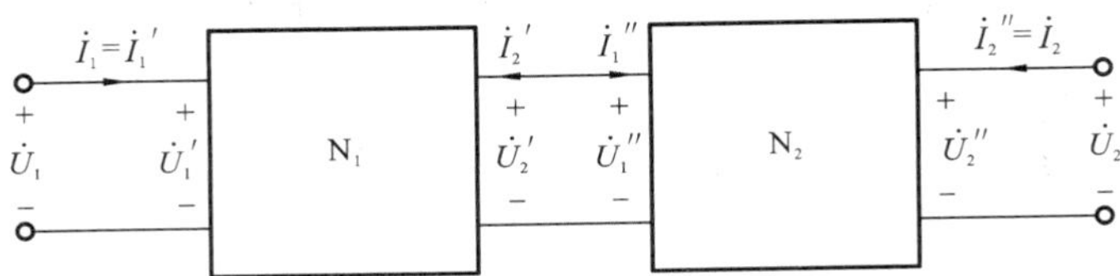

图 10-23　二端口网络的级联

二端口网络 N_1 的传输方程矩阵形式为

$$\begin{bmatrix}\dot{U}_1\\ \dot{I}_1\end{bmatrix}=\begin{bmatrix}A_1 & B_1\\ C_1 & D_1\end{bmatrix}\begin{bmatrix}\dot{U}'_2\\ -\dot{I}'_2\end{bmatrix}$$

二端口网络 N_2 的传输方程矩阵形式为

$$\begin{bmatrix}\dot{U}''_1\\ \dot{I}''_1\end{bmatrix}=\begin{bmatrix}A_2 & B_2\\ C_2 & D_2\end{bmatrix}\begin{bmatrix}\dot{U}_2\\ -\dot{I}_2\end{bmatrix}$$

由于$\dot{U}'_2=\dot{U}''_1$，$-\dot{I}'_2=\dot{I}''_1$，所以有

$$\begin{bmatrix}\dot{U}_1\\ \dot{I}_1\end{bmatrix}=\begin{bmatrix}A_1 & B_1\\ C_1 & D_1\end{bmatrix}\begin{bmatrix}A_2 & B_2\\ C_2 & D_2\end{bmatrix}\begin{bmatrix}\dot{U}_2\\ -\dot{I}_2\end{bmatrix}=T_1T_2\begin{bmatrix}\dot{U}_2\\ -\dot{I}_2\end{bmatrix}$$

由上式可得，二端口网络的级联，其 T 参数的矩阵等于两个二端口网络的 T 参数的矩阵的乘积，即

$$\boldsymbol{T}=\boldsymbol{T}_1\boldsymbol{T}_2 \tag{10-14}$$

如果网络由多个线性二端口网络连接时，可得到总的传输参数的矩阵为

$$\boldsymbol{T}=\boldsymbol{T}_1\boldsymbol{T}_2\cdots\boldsymbol{T}_n \tag{10-15}$$

【例 10-9】 求图 10-24 所示二端口网络的总的传输矩阵。

解　将图 10-24 所示二端口网络看成两个网络 N_1 和 N_2 的级联，如图 10-25 虚线的分割所示。对于左侧网络 N_1，有

$$\dot{U}_1=\dot{U}'_2$$
$$\dot{I}_1=Y\dot{U}'_2-\dot{I}'_2$$

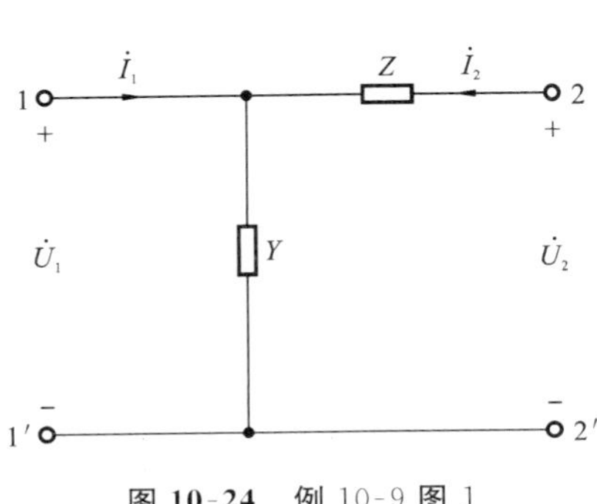

图 10-24　例 10-9 图 1

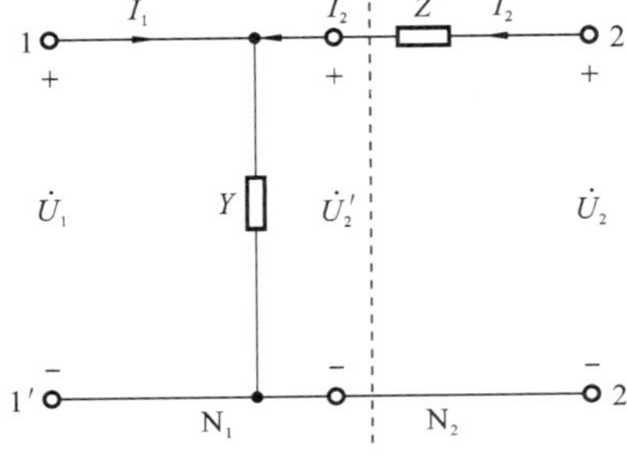

图 10-25　例 10-9 图 2

其矩阵形式为

$$\begin{bmatrix}\dot{U}_1\\ \dot{I}_1\end{bmatrix}=\begin{bmatrix}1 & 0\\ Y & 1\end{bmatrix}\begin{bmatrix}\dot{U}'_2\\ -\dot{I}'_2\end{bmatrix}$$

网络 N_1 的 T_1 参数的矩阵为

$$\boldsymbol{T}_1=\begin{bmatrix}1 & 0\\ Y & 1\end{bmatrix}$$

对于右侧网络 N_2，有

$$\dot{U}'_2=\dot{U}_2-Z\dot{I}_2$$
$$-\dot{I}'_2=-\dot{I}_2$$

其矩阵形式为

$$\begin{bmatrix}\dot{U}'_2\\ -\dot{I}'_2\end{bmatrix}=\begin{bmatrix}1 & Z\\ 0 & 1\end{bmatrix}\begin{bmatrix}\dot{U}_2\\ -\dot{I}_2\end{bmatrix}$$

网络 N_2 的 T_2 参数的矩阵为

$$\boldsymbol{T}_2=\begin{bmatrix}1 & Z\\ 0 & 1\end{bmatrix}$$

级联的 $\boldsymbol{T}$ 矩阵为

$$\boldsymbol{T}=\boldsymbol{T}_1\boldsymbol{T}_2=\begin{bmatrix}1 & 0\\ Y & 1\end{bmatrix}\begin{bmatrix}1 & Z\\ 0 & 1\end{bmatrix}=\begin{bmatrix}1 & Z\\ Y & YZ+1\end{bmatrix}$$

本章小结

1. 二端口网络的组成

二端口网络是由两个端口组成的网络。在同一个端口上，流入一端的电流等于从另一端流出的电流。二端口网络的分析需要在统一的参考方向下进行。

2. 二端口网络参数的确定

二端口网络参数可用如下两个方法计算。

(1) 用定义计算网络的 Z 参数、Y 参数、T 参数和 H 参数。

(2) 用网络方程计算 Z 参数、Y 参数、T 参数和 H 参数。对于一般的二端口网络，可列写网络方程或节点电压方程求得其参数，经过比较方程中的系数可以得到 Z 参数和 Y 参数。

3. 二端口网络的等效电路

二端口网络的等效电路可以用 T 形电路和 Π 形电路表示，Z 参数可以等效成 T 形，Y 参数可以等效成 Π 形。

4. 二端口网络的连接

一个复杂的网络可看成由若干个简单的二端口网络按照一定的方式连接而成。常见的连接方式有串联、并联和级联。如果各个网络为串联连接且满足端口条件，则复合二端口的 Z 参数的矩阵为 $\boldsymbol{Z}=\boldsymbol{Z}_1+\boldsymbol{Z}_2$。如果各个网络为并联连接且满足端口条件，则复合二端口的 Y 参数的矩阵为 $\boldsymbol{Y}=\boldsymbol{Y}_1+\boldsymbol{Y}_2$。级联二端口网络的传输矩阵等于各个二端口网络的传输矩阵的乘积，即 $\boldsymbol{T}=\boldsymbol{T}_1\boldsymbol{T}_2$。

习　题　10

1. 试求图题 1 所示二端口网络的 Z 参数的矩阵。

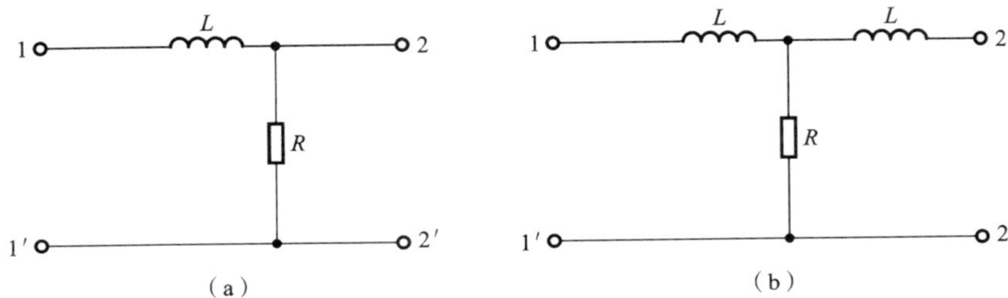

（a）　　（b）

图题 1

2. 试求图题 2 所示二端口网络的 Y 参数的矩阵。

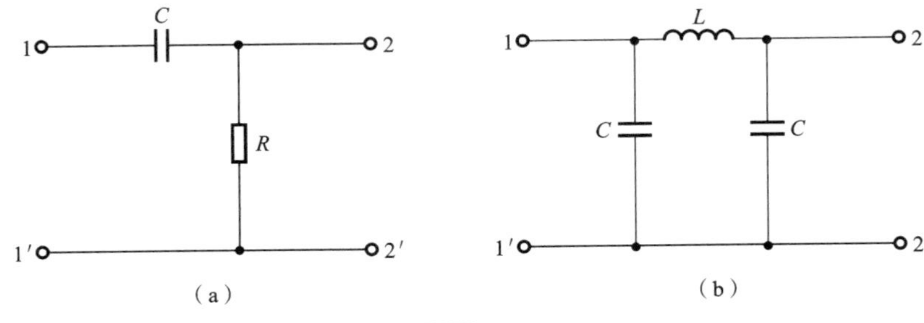

（a）　　（b）

图题 2

3. 试求图题 3 所示的二端口网络的 Z 参数的矩阵。

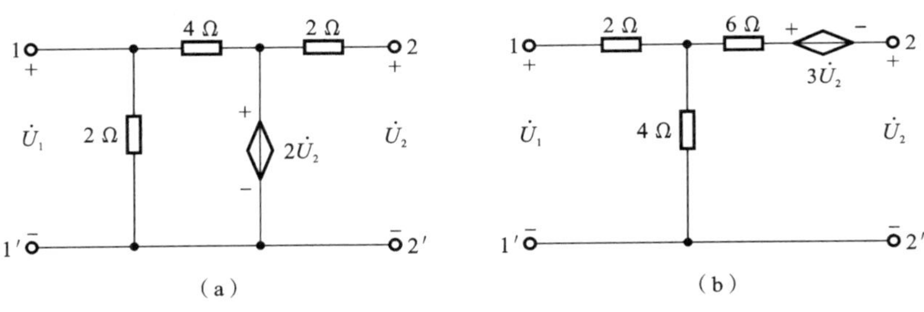

（a）　　（b）

图题 3

4. 试求图题 4 所示的二端口网络的 Y 参数的矩阵。

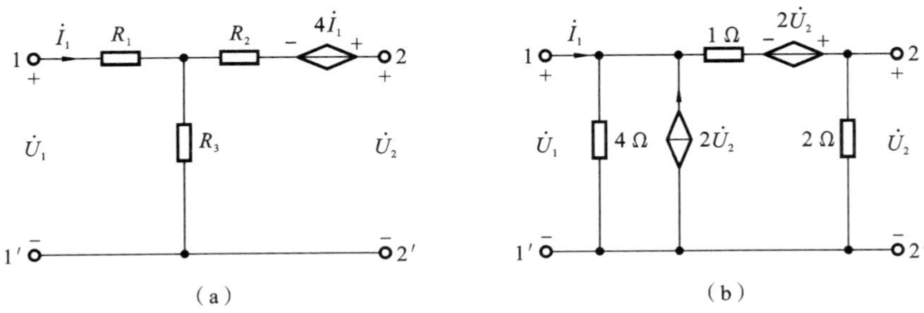

（a）　　（b）

图题 4

5. 试求图题 5 所示二端口网络的 T 参数的矩阵。

6. 试求图题 6 所示二端口网络的 T 参数的矩阵。

7. 试求图题 7 所示二端口网络的 H 参数的矩阵。

8. 试求图题 8 所示的复合二端口网络的 T 参数的矩阵。

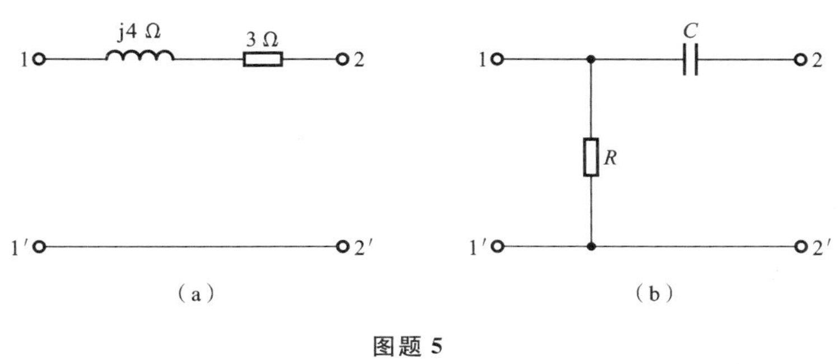

图题 5

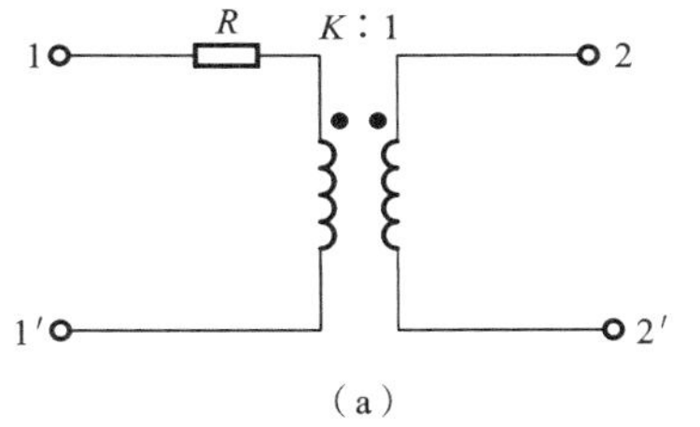

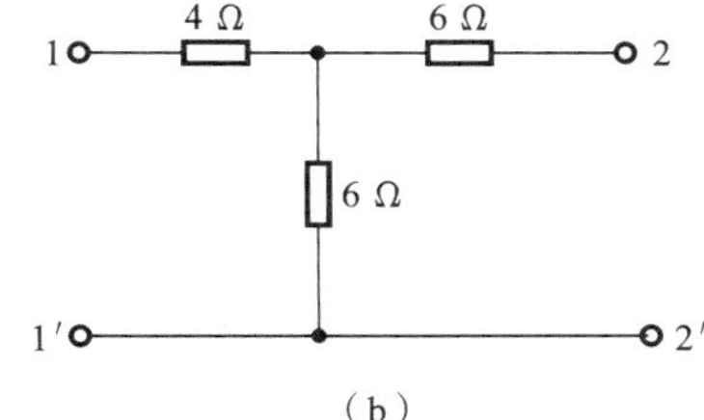

图题 6

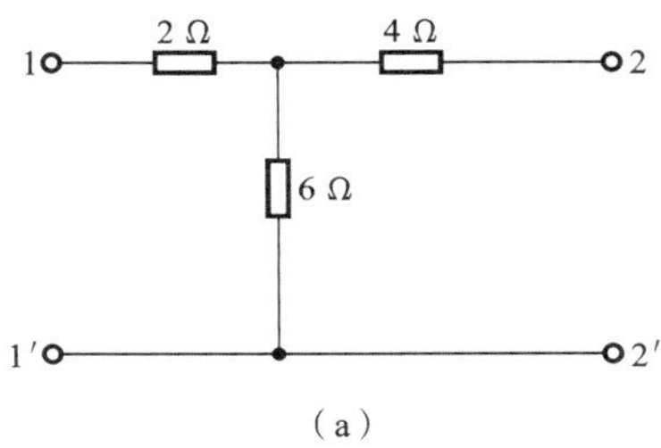

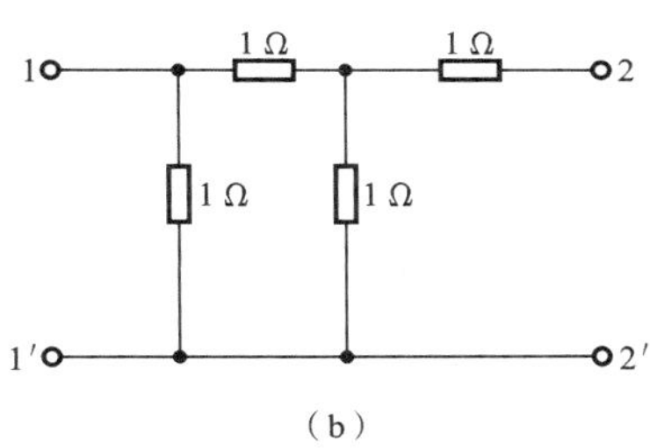

图题 7

9. 已知 Z 参数的矩阵为 $\boldsymbol{Z}=\begin{bmatrix} \mathrm{j}3 & 8 \\ 8 & \mathrm{j}6 \end{bmatrix}$，求其等效电路。

10. 试求图题 10 所示的复合二端口网络的 Z 参数。

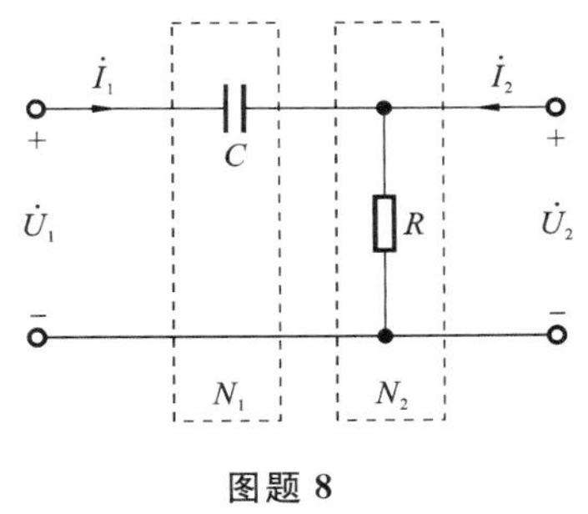

图题 8

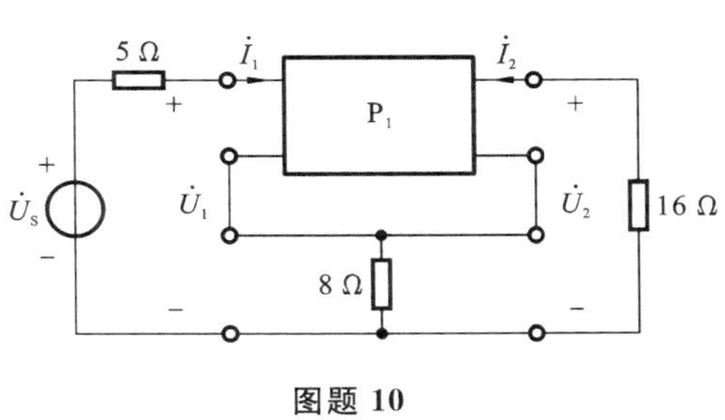

图题 10

11. 试求图题 11 所示二端口网络的 H 参数的矩阵。

12. 已知图题 12 所示二端口网络 N_S 的 Z 参数为 $Z_{11}=100\ \Omega$，$Z_{12}=-500\ \Omega$，$Z_{21}=10^3\ \Omega$，$Z_{22}=10\ \Omega$，求：Z_L 等于多少时其吸收功率最大？

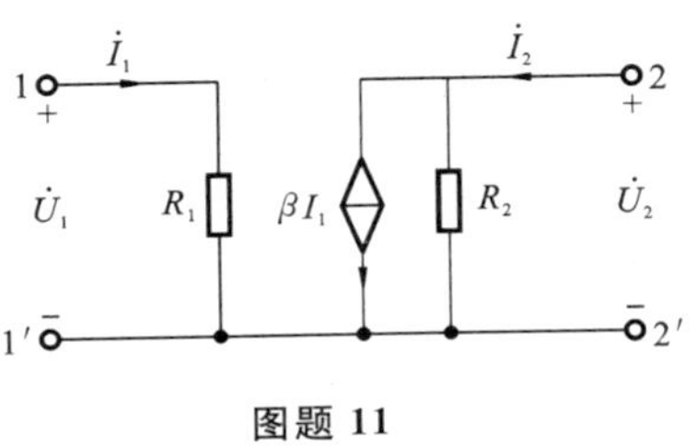

图题 11

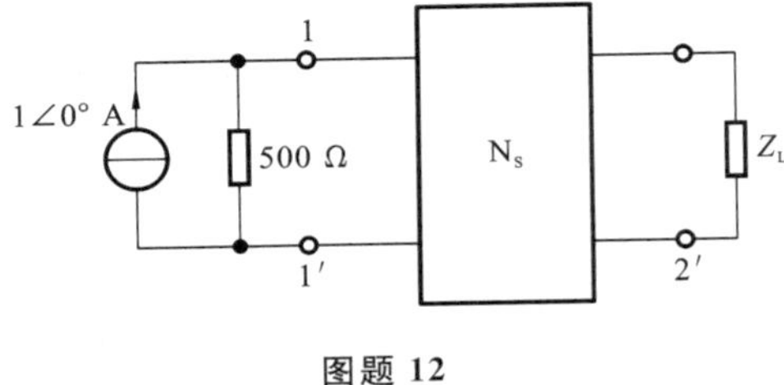

图题 12

部分习题答案

第1章

3. 电阻参数为 500 Ω，$P_R=0.2$ W，选 0.5 W。

4. $R=63$ Ω，$P_R=7$ W，选 10 W。

5. $U_2=2$ V。

6. 在 a 点时，$U_O=4$ V，在 b 点时，$U_O=0$ V；c 在中间位置时，$U_O=2$ V。

7. A 点电位：$U_A=12$ V；B 点电位：$U_B=0$ V；C 点电位：$U_C=-12$ V。

8. $U_{ab}=-2$ V。

9. 电流源：$P_{IS}=4$ W；电压源：$P_{US}=-6$ W；电阻：$P_R=2$ W；功率平衡。

10. $I=-9$ A；$P_{IS}=-120$ W；$P_{US}=108$ W；$P_R=12$ W；功率平衡。

11. $U_{ab}=6.6$ V。

12. $I_1=(4/3)$ A。

13. $U_{AB}=1$ V，$I=5$ A。

14. (1) S 打开时，$V_A=6$ V，$V_B=9$ V；(2) S 闭合时，$V_A=V_B=7.2$ V。

15. $V_a=1$ V。

16. 变化范围为-5 V～5 V。

第2章

1. (a) 1 Ω； (b) 2 Ω。

2. (1) $U_o=100$ V；(2) $U_o=66.67$ V；(3) $U_o=99.95$ V。

3. (a) $R_{in}=30$ Ω； (b) $R_{in}=3$Ω W。

4. $R_{AB}=150$ Ω。

5. S 打开时，$R_{ab}=1.5$ Ω；S 闭合时，是平衡电桥电路，$R_{ab}=1.5$ Ω。

6. $I_5=2.08$ A。

7. $I_1=3$ A，$U=18$ V。

10. $U_S=12$ V。

11. (2) 若电阻 R_1 增大，会使电流源端电压增大，电流源发出的功率增大。

12. (a) $R_i=1.5$ kΩ；(b) $R_i=5.6$ Ω。

13. $R=3$ Ω。

14. (a) $P_R=54$ W；$P_{IS}=54$ W；受控电流源：$P_{VCCS}=-108$ W。

(b) $P_{4\Omega上}=7.1$ W；$P_{4\Omega下}=16$ W；$P_{US}=-26.64$ W；受控电压源 $P_{VCVS}=3.54$ W。

15. $U_{ab}=8$ V。

第 3 章

1. $I_1=3$ A, $I_2=4$ A, $I_2=1$ A。
2. $I_1=-2$ A, $I_2=3$ A。
3. $I=1.5$ A, $U=6.5$ V。
4. $r=3$, $R=1$ Ω。
5. $I=6$ A。
6. $i_x=1$ A。
7. $U_x=8$ V。
8. $g=2$。
9. $U=4$ V。
10. $I=1$ A。
11. $I_1=\frac{8}{7}$ A, $I_2=-\frac{3}{7}$ A, $I_3=\frac{5}{7}$ A。
12. $I=1.5$ A。
13. $U=6$ V。
14. $U=-12$ V。
15. $I=6.5$ A, $U=7.5$ V。
16. $u_o=18$ V。
17. $U_{ab}=(5/8)$ V。
18. $I_1=2$ A, $I_2=1.5$ A。
19. (a) $U_{ab}=10$ V, $R_{eq}=0.67$ Ω;(b) $U_{ab}=15$ V, $R_{eq}=-7.5$ Ω。
20. (1) -1.4 A;(2) $P_{IS}=-8.2$ W(发出功率);$P_{US}=-34$ W(发出功率)。
21. $R=1$ Ω, $I=0.33$ A;$R=3$ Ω, $I=0.25$ A;$R=5$ Ω, $I=0.2$ A。
22. $R_{ab}\approx 35$ Ω。
23. $R=10$ Ω。
24. $U=8$ V。
25. $U_{OC}=-30$ V, $R_{eq}=90$ Ω。
26. $R_L=2$ Ω, $P_{max}=4.5$ W。
27. $R_L=1.6$ Ω, $P_{max}=0.225$ W。
28. $R_5=20$ Ω, $P_{max}=125$ W。
29. (1) 8 欧姆和 8 欧姆串联与 16 欧姆并联;(2) 不能。

第 4 章

1. $U=70.7$ V;$\omega=314$ rad/s;$f=50$ Hz;$u(0)=50$ V。
2. $I=14.142$ A;$U=10$ V;$f=50$ Hz;$\Delta\varphi_{ui}=-180°$。
3. $F_1=\sqrt{2}\angle -135°$;$F_2=5\angle 143.13°$。
4. $F_3=-\mathrm{j}10$;(2) $F_4=-22\sqrt{2}+\mathrm{j}22\sqrt{2}$。
6. (1) $\dot{I}_1=5\sqrt{2}\angle 60°$ A;$\dot{I}_2=2.5\sqrt{2}\angle -30°$ A;$\dot{I}_3=2\sqrt{2}\angle -120°$ A。

(2) i_1 与 i_2 的相位差为 $\Delta\varphi=90°$；i_1 与 i_3 的相位差为 $\Delta\varphi=180°$。

(4) i_1 的周期 $T=0.02$ S，频率 $f=50$ Hz。

7. $u=5\sqrt{2}\sin(314t+51.13°)$ V。

8. A2 的读数应为 4.24 A，A3 的读数应为 3 A。

9. (a) u_R 和 i 的初相角为 120°，u_L 的初相角为 −150°。

(b) i_R 和 u 的初相角为 60°，i_C 的初相角为 150°。

10. (1) A 表的读数为 $10\sqrt{2}$ A；(2) A 表的读数为 $10\sqrt{26}$ A。

12. $I=27.6$ mA；$\cos\varphi=0.15$。

13. $\dot{I}_2=\mathrm{j}5$ A。

14. $R=2\ \Omega$，$L=0.4$ H。

15. $L=0.02$ H，$C=50\ \mu$F。

16. $i\approx2\cos(t-122°)$ A，$P=8.02$ W。

17. $I=0.377$ A，$U_R=113.2$ V。

18. $X_L=528\ \Omega$，$L=1.68$ H，$\cos\varphi\approx0.5$。

19. 电容参数为 220 V/117.65 μF。

20. $Z_L=(8.294+\mathrm{j}3.452)\Omega$，$P_{max}=142.449$ W。

第 5 章

1. (1) $\dot{I}_A=5.5\angle-25°$ A、$\dot{I}_B=5.5\angle-145°$ A、$\dot{I}_C=5.5\angle95°$ A。

2. 相电流：$\dot{I}_{AB}=38\angle-37°$ A；$\dot{I}_{BC}=38\angle-157°$ A；$\dot{I}_{CA}=38\angle83°$ A。

线电流：$\dot{I}_A=66\angle-67°$ A；$\dot{I}_B=66\angle-187°$ A；$\dot{I}_C=66\angle53°$ A。

3. (1) △接法时，阻值为 $R=28.9\ \Omega$；(2) Y 接法时，阻值为 $R=9.68\ \Omega$。

4. Y 接法时，最大允许电流为 5.5 A；△接法时，最大允许电流为 9.5 A，故采用 Y 形接法。

5. $P=8712$ W。

6. $P=3290$ W。

7. $R_P=15.2\ \Omega$，$X_P=34.96\ \Omega$。

8. $U_L=1018.2$ V；$Q=5819.8$ Var；$Z=106.9\angle36.9°\ \Omega$。

9. (1) $220\angle-60°$ V；(2) $44\angle30°\ \Omega$；(3) 0.866；(4) 2850 W。

10. $R=15.2\ \Omega$，$X_L=34.96\ \Omega$。

11. $I_P=I_L=44$ A，$P=23230$ W。

14. $I_A=6.05$ A，$P_{总}=2389.5$ W。

15. $C\approx1.62$ mF。

第 6 章

1. 1 和 4 端是同名端，2 和 3 端是同名端。

2. (a) 正确；(b) 正确。

3. 可以。

6. $u_{34}=0.1\sin(t-90°)$ V。

7. $\dot{U}_2=50\angle 0°$V。

8. $n=1$。

9. $Z_L=(0.4-j4.6)$ Ω。

10. $i_1=5.52\sin(5t-43.21°)$A,$i_2=2.208\sin(5t+173.66°)$A。

11. $M=52.86$ mH。

12. $\dot{U}_{oc}=30\angle 0°$ V,$Z_{eq}=(3+j7.5)$Ω。

14. $\dot{I}_1=1.104\angle -83.66°$ A,$\dot{I}_2=0$。

15. $Z=j1$Ω。

16. $n=0.01$,$P_{max}=0.25$ W。

第 7 章。

1. $R=0.1$ Ω,$L=1$ mH,$C=10$ μF, $Q=100$,$u_C=10\sqrt{2}\cos(10^4t-90°)$ V。

2. $C=0.1$ μF,$u_R=\sqrt{2}\sin(5000t)$V,$u_L=40\sqrt{2}\sin(5000t+90°)$V。

   $u_C=40\sqrt{2}\sin(5000t-90°)$V。

5. $Q=50$,$R=10$ Ω,$L=50$ μH,$C=200$ pF,$\Delta f=31.8$ kHz。

6. $C=10^{-7}$ F。

8. $L=0.02$ H,$R=1$ Ω,$Q=50$。

9. $R=100$ kΩ,$C=0.1$ μF,$L=0.253$ H。

12. 低通特性。

第 8 章

1. $u=\frac{8U_m}{\pi^2}\left(\sin\omega t-\frac{1}{9}\sin3\omega t+\frac{1}{25}\sin5\omega t-\cdots\right)$。

2. 13 V。

3. 2 W。

4. 电容。

5. $C_1=9.39$ μF,$C_2=75.1$ μF。

6. $I=5$ A,$U=20$ V。

7. $I=3.64$ A,$U=14.7$ V,$P=23$ W。

第 9 章

1. $u_C(0_+)=2$ V,$i(0_+)=-2.5$ A,$i_C(0_+)=-4.5$ A,$u_C(\infty)=-1$ V,$i(\infty)=-1$ A,$i_C(\infty)=0$ A。

2. $i_L(0_+)=2$ A,$i(0_+)=1$ A,$u_L(0_+)=6$ V,$i_L(\infty)=5$ A,$i(\infty)=4$ A,$u_L(\infty)=0$ V。

3. $u_L(0_+)=-18$ V,$i_C(0_+)=0$,$i_R(0_+)=0$,$u_L(\infty)=0$ V,$i_C(\infty)=0$ V,$i_R(\infty)=2$ A。

4. $u_C(t)=24e^{-\frac{t}{2}}$ V,$i(t)=-4e^{-\frac{t}{2}}$ A。

5. $i_L(t)=0.5e^{-10t}$ A,$i(t)=0.25e^{-10t}$ A,$u_L(t)=-10e^{-10t}$ V。

6. $\tau=0.062\ \mathrm{s}$。

7. $R=100\ \mathrm{k\Omega}$。

8. $u_C(t)=15(1-\mathrm{e}^{-0.2t})\mathrm{V}, i=(0.05+0.1125\mathrm{e}^{-0.2t})\mathrm{A}$。

9. $i_L(t)=2(1-\mathrm{e}^{-4t})\mathrm{A}, u_L(t)=8\mathrm{e}^{-4t}\mathrm{V}$。

10. $u_C(t)=\dfrac{8}{3}(1-\mathrm{e}^{-3\times10^4t})\mathrm{V}, i_1(t)=\left(\dfrac{2}{3}+\dfrac{8}{15}\mathrm{e}^{-3\times10^4t}\right)\mathrm{A}$。

11. $u_C(t)=(-10+15\mathrm{e}^{-50t})\mathrm{V}$，$u_C(t)$的稳态分量为$-10\ \mathrm{V}$，$u_C(t)$的暂态分量为$15\mathrm{e}^{-50t}\mathrm{V}$。$u_C(t)$的零输入响应为$5\mathrm{e}^{-50t}\ \mathrm{V}$，$u_C(t)$的零状态响应为$-10(1-\mathrm{e}^{-50t})\ \mathrm{V}$。

12. $u_C(t)=(20-8\mathrm{e}^{-10^6t})\mathrm{V}$。

13. $i_L(t)=\left(\dfrac{1}{3}+\dfrac{1}{6}\mathrm{e}^{-2t}\right)\mathrm{A}$。

14. $i_L(t)=(0.375+0.125\mathrm{e}^{-800t})\mathrm{A}, u_L(t)=(-\mathrm{e}^{-800t})\mathrm{V}$。

15. $u_C(t)=45(1-\mathrm{e}^{-\frac{t}{90}})\mathrm{V}, i_C(t)=0.5\mathrm{e}^{-\frac{1}{90}t}\mathrm{A}$。

16. $i_L(t)=(3-2\mathrm{e}^{-2t})\mathrm{A}$。

参 考 文 献

[1] 邱关源.电路[M].4版.北京:高等教育出版社,1999.
[2] 毕淑娥.电路分析基础[M].北京:机械工业出版社,2010.
[3] 郭亚红,袁照刚. 电路分析基础[M].西安:西安电子科技大学出版社,2008.
[4] 傅恩锡. 电路分析简明教程[M].北京:高等教育出版社,2004.
[5] 王淑敏.电路分析基础[M].北京:高等教育出版社,2004.
[6] 燕庆明.电路分析教程[M].3版.北京:高等教育出版社,2012.
[7] 李瀚荪,吴锡龙.电路分析基础(第4版)学习指导[M].北京:高等教育出版社,2006.
[8] 江缉光,刘秀成.电路原理[M].2版.北京:清华大学出版社,2007.
[9] 于歆杰,朱桂萍,陆文娟.电路原理[M].北京:清华大学出版社,2007.
[10] 刘原.电路分析基础[M].北京:电子工业出版社,2006.
[11] 周守昌.电路原理[M].北京:高等教育出版社,1999.